D1690795

H.-J. Bullinger · W. Eversheim · H.-D. Haasis · F. Klocke (Hrsg.)

Auftragsabwicklung optimieren nach Umwelt- und Kostenzielen

Springer
Berlin
Heidelberg
New York
Barcelona
Hongkong
London
Mailand
Paris
Singapur
Tokio

Hans-Jörg Bullinger · Walter Eversheim
Hans-Dietrich Haasis · Fritz Klocke (Hrsg.)

Auftragsabwicklung optimieren nach Umwelt- und Kostenzielen

OPUS – Organisationsmodelle
und Informationssysteme
für einen produktionsintegrierten Umweltschutz

Mit 137 Abbildungen

Springer

Univ.-Prof. Dr.-Ing. habil. Prof. e.h. Dr. h.c. HANS-JÖRG BULLINGER
Fraunhofer-Institut für Arbeitswirtschaft und Organisation IAO, Nobelstr. 12, 70569 Stuttgart

Prof. Dr.-Ing. Dr. h.c. Dipl.-Wirt. Ing. WALTER EVERSHEIM
Laboratorium für Werkzeugmaschinen und Betriebslehre (WZL), der RWTH Aachen,
Steinbachstr. 53, 52056 Aachen

Prof. Dr. HANS-DIETRICH HAASIS
Lehrstuhl für Allgemeine Betriebswirtschaftslehre,
Produktionswirtschaft und Industriebetriebslehre, Universität Bremen, Wilhelm-Herbst-Str. 5,
28359 Bremen

Prof. Dr.-Ing. FRITZ KLOCKE
Fraunhofer-Institut für Produktionstechnologie IPT, Steinbachstr. 17, 52074 Aachen

Redaktion
Dipl.-Ing. GUNNAR JÜRGENS
Institut für Arbeitswissenschaft und Technologiemanagement (IAT)
Universität Stuttgart, Nobelstr. 12, 70569 Stuttgart

ISBN 3-540-67189-7 Springer-Verlag Berlin Heidelberg New York

Die Deutsche Bibliothek – CIP-Einheitsaufnahme

Auftragsabwicklung optimieren nach Umwelt- und Kostenzielen: OPUS – Organisationsmodelle
und Informationssysteme für einen produktionsintegrierten Umweltschutz / Hrsg.: Hans-Jörg
Bullinger; Walter Eversheim; Hans-Dietrich Haasis; Fritz Klocke. – Berlin; Heidelberg; New York;
Barcelona; Hongkong; London; Mailand; Paris; Singapur; Tokio: Springer, 2000
ISBN 3-540-67189-7

Dieses Werk ist urheberrechtlich geschützt. Die dadurch begründeten Rechte, insbesondere die der
Übersetzung, des Nachdrucks, des Vortrags, der Entnahme von Abbildungen und Tabellen, der
Funksendung, der Mikroverfilmung oder Vervielfältigung auf anderen Wegen und der Speicherung
in Datenverarbeitungsanlagen, bleiben, auch bei nur auszugsweiser Verwertung, vorbehalten. Eine
Vervielfältigung dieses Werkes oder von Teilen dieses Werkes ist auch im Einzelfall nur in den
Grenzen der gesetzlichen Bestimmungen des Urheberrechtsgesetzes der Bundesrepublik Deutschland vom 9. September 1965 in der jeweils geltenden Fassung zulässig. Sie ist grundsätzlich
vergütungspflichtig. Zuwiderhandlungen unterliegen den Strafbestimmungen des Urheberrechtsgesetzes.

Springer-Verlag ist ein Unternehmen der Fachverlagsgruppe BertelsmannSpringer
© Springer-Verlag Berlin Heidelberg 2000
Printed in Germany

Die Wiedergabe von Gebrauchsnamen, Handelsnamen, Warenbezeichnungen usw. in diesem Buch
berechtigt auch ohne besondere Kennzeichnung nicht zu der Annahme, daß solche Namen im Sinne
der Warenzeichen- und Markenschutz-Gesetzgebung als frei zu betrachten wären und daher von
jedermann benutzt werden dürften.

Sollte in diesem Werk direkt oder indirekt auf Gesetze, Vorschriften oder Richtlinien (z.B.DIN, VDI,
VDE) Bezug genommen oder aus ihnen zitiert worden sein, so kann der Verlag keine Gewähr für die
Richtigkeit, Vollständigkeit oder Aktualität übernehmen. Es empfiehlt sich, gegebenenfalls für die
eigenen Arbeiten die vollständigen Vorschriften oder Richtlinien in der jeweils gültigen Fassung
hinzuzuziehen.

Einbandentwurf: de'blik, Berlin
Satzstellung: Reprofertige Vorlagen von Autoren
Gedruckt auf säurefreiem Papier   SPIN: 10756556   7/3020 - 5 4 3 2 1 0

Vorwort

Der betriebliche Umweltschutz gewinnt durch stetig steigende Anforderungen seitens Politik, Gesellschaft, Markt und Wettbewerb immer mehr an Bedeutung. Additive Umweltschutztechniken stoßen dabei zunehmend an ökologische und ökonomische Grenzen. Wesentlich nachhaltiger und wirtschaftlich effizienter wirken dagegen produktionsintegrierte Umweltschutzmaßnahmen. Diese erstrecken sich entlang der inner- bzw. überbetrieblichen Auftragsabwicklungs- und Wertschöpfungskette und erschließen zahlreiche Möglichkeiten der Produkt- und Prozessinnovation durch die Verbindung von Ökologie und Ökonomie.

Das vom Bundesministerium für Bildung, Wissenschaft, Forschung und Technologie geförderte Vorhaben OPUS – Organisationsmodelle und Informationssysteme für einen produktionsintegrierten Umweltschutz – liefert umsetzungsnahe Lösungsansätze, wie Produktentwicklungs- und Produktentstehungsprozesse in bzw. zwischen Unternehmen im Sinne einer Umweltorientierung zu organisieren sind und durch welche informationstechnischen Maßnahmen und Systeme eine flankierende Unterstützung – auch im Rahmen überbetrieblicher Logistiknetzwerke – gewährleistet werden kann. Die dafür notwendigen Grundlagen in den Bereichen Konstruktion, Arbeitsvorbereitung, Produktionsplanung und -steuerung, Prozesssteuerung, Bilanzierung und Controlling sowie überbetriebliches Umweltmanagement sind in Form von Methoden, Modellen und informationstechnischen Prototypen erarbeitet worden. Die wissenschaftlichen Ergebnisse wurden im Rahmen betrieblicher Umsetzungsprojekte in den Branchen Maschinenbau, Flugzeugbau, Chemische Industrie, sowie Elektronikindustrie und Softwareentwicklung in industriellen Anwendungsgebieten umgesetzt, evaluiert und optimiert.

Im vorliegenden Buch werden die im Rahmen von OPUS entwickelten Lösungsansätze für eine Optimierung von betrieblichen Geschäftsprozessen nach Umwelt- und Kostengesichtspunkten vorgestellt. Das Buch teilt sich in einen wissenschaftlichen Grundlagenteil, einen Fallstudien- und Implementierungsteil sowie einen Perspektiventeil. Im wissenschaftlichen Grundlagenteil werden zunächst die entwickelten Methoden und Konzepte, gegliedert nach den Prozessen der Auftragsabwicklung, erläutert und in einem übergreifenden Organisations- und Informationsmodell zusammengefasst. Im Umsetzungsteil werden die Erfahrungen aus insgesamt sechs Einzelprojekten erläutert. Leitfäden zur Implementierung der einzelnen Themenbereiche runden diesen Teil ab. Der Perspektiventeil dieses Buches enthält Einzelbeiträge, die sich auf der Grundlage der entwickelten Methoden und

Konzepte mit weiterführenden Ansätzen des Integrierten Umweltschutzes auseinandersetzen.

Die Erstellung dieses Buch wäre nicht ohne das engagierte Zusammenwirken einer Vielzahl von Beteiligten möglich gewesen. Zunächst danken wir dem Bundesministerium für Bildung, Wissenschaft, Forschung und Technologie, das durch die Förderung des Verbundforschungsvorhabens OPUS – Organisationsmodelle und Informationssysteme für einen produktionsintegrierten Umweltschutz (Projektträger Umwelttechnik, Kennzeichen 01 RK 9602/5) – die Durchführung der diesem Buch zugrundliegenden Forschungsarbeiten möglich gemacht hat. Unser besonderer Dank gilt insbesondere auch den vielen Unternehmen, die als Umsetzungspartner innerhalb des Forschungsprojektes aktiv an einer praktischen Erprobung der wissenschaftlichen Forschungsergebnisse mitgewirkt haben. Unser Dank gilt weiterhin den vielen Autoren, die durch ihre Forschungsarbeiten und deren Ausführung innerhalb der Teilbeiträge maßgeblich zu dem Gelingen dieses umfangreichen Buches beigetragen haben. Namentlich möchten wir an dieser Stelle Herrn Dipl.-Ing. Gunnar Jürgens und Herrn Dipl.-Ing. Andreas Weller für die Koordination des Verbundprojektes sowie die Redaktion des vorliegenden Buches danken.

Dem Springer Verlag danken wir für die freundliche Unterstützung und die gute Zusammenarbeit bei der Begleitung des Bucherstellungsprozesses.

Wir hoffen, dass wir dem Leser mit den in diesem Buch vorgestellten Methoden und Konzepten neue Anregungen und Impulse in die Hand geben können, die zu einer stärkeren Verankerung des Umweltschutzes in Prozesse der Auftragsabwicklung beitragen können.

Stuttgart/Aachen/Bremen, Frühjahr 2000

Prof. Bullinger
Prof. Eversheim
Prof. Haasis
Prof. Klocke

Inhaltsverzeichnis

Teil A
Wissenschaftliche Grundlagen

1 Einleitung 3

   1.1 Neue Forschungsansätze für den betrieblichen Umweltschutz 3
       1.1.1 Umweltschutz als Managementaufgabe 3
       1.1.2 Umweltschutz als Planungsparameter in der
             betrieblichen Auftragsabwicklung 4
   1.2 Das Projekt OPUS im Überblick 4
   1.3 Aufbau des Buches 7

2 Grundlagen der umweltorientierten Auftragsabwicklung 9

   2.1 Organisationsmodell 9
       2.1.1 Zielsystem der umweltorientierten Auftragsabwicklung .. 9
       2.1.2 Gesamtaufgabenmodell der umweltorientierten
             Auftragsabwicklung 12
       2.1.3 Gesamtprozessmodell der umweltorientierten
             Auftragsabwicklung 16
   2.2 Informationsmodell 20
       2.2.1 Informationstechnische Infrastruktur 20
       2.2.2 Anforderungsmodell 22
       2.2.3 Abbildung eines OPUS-Netzes auf unterstützende
             Programmsysteme und Datenstrukturen 25

**3 Integration von Umweltaspekten in
betriebliche Funktionsbereiche** 27

   3.1 Konstruktion 27
       3.1.1 Grundlagen der Methodik zur lebenszyklusorientierten
             Produktgestaltung 28
       3.1.2 Integriertes Produkt-, Lebenszyklus- und
             Ressourcenmodell 29
       3.1.3 Systematische Vorgehensweise zur
             lebenszyklusorientierten Produktgestaltung 39
       3.1.4 Entwicklungsleitsystem für die
             lebenszyklusorientierte Produktgestaltung 46
   3.2 Arbeitsplanung 47
       3.2.1 Grundlagen und Systemabgrenzung 47

3.2.2 Erstellung eines organisatorischen Gesamtkonzepts einer umweltorientierten Arbeitsplanung 48
3.2.3 Konzeption der informationstechnischen Unterstützung einer umweltorientierten Arbeitsplanung 57
3.2.4 Implementierung des informationstechnischen Unterstützungssystems 63
3.3 Umweltorientierte Produktionsplanung und -steuerung 67
3.3.1 Grundlagen 67
3.3.2 Konzept einer Stoffstromorientierten PPS 68
3.3.2.1 Einführung 68
3.3.2.2 Spezifikation 68
3.3.2.3 Implementierung 75
3.3.2.4 Zusammenfassung 81
3.3.3 Spezifikation einer erweiterten Standard-PPS 82
3.3.3.1 Grundlagen der umweltorientierten Produktionsplanung und -steuerung (PPS) 83
3.3.3.2 Spezifikation 84
3.3.3.3 Implementierung der konzipierten umweltorientierten Standard-PPS 100
3.4 Produktionsleitsysteme 102
3.4.1 Umweltschutzorientierte Produktionslenkung auf Ebene der kurzfristigen Termin- und Kapazitätsplanung 105
3.4.2 Umweltschutzorientierte Produktionslenkung auf Ebene der Feinsteuerung 111
3.4.3 Integration eines umweltschutzorientierten Produktionsleitsystems in die betriebliche Organisations- und Systemarchitektur 117
3.5 Bilanzierung und Controlling 119
3.5.1 Ressourcenorientierte Ansätze für das Umweltmanagement 119
3.5.2 Operationalisierung von Umweltzielen 122
3.5.3 Integration in betriebliche Abläufe 136
3.5.4 Informationstechnische Unterstützung 137

4 Informationstechnische Infrastruktur 139

4.1 Aufnahme und Analyse von Architekturanforderungen 139
4.1.1 Anforderung der Arbeitsschwerpunkte an die IT-Infrastruktur 140
4.1.2 Zusammenfassung und Analyse der genannten Anforderungen 141
4.1.3 Anforderungsmodell 142
4.2 Entwicklung von unterstützenden Programmsystemen 143
4.3 Schnittstellen und Kommunikation 148
4.3.1 Schnittstellen 150
4.4 Szenario und Test 153
4.5 Zusammenfassung 159

5 Überbetriebliche Aspekte der umweltorientierten Auftragsabwicklung ... 161

5.1 Umweltorientierung in Kooperationen ... 161
5.2 Einflussmöglichkeiten und Aufgaben betrieblicher Funktionsbereiche ... 169
    5.2.1 Konstruktion ... 169
    5.2.2 Arbeitsplanung ... 172
    5.2.3 Produktionsplanung und -steuerung ... 175
    5.2.4 Bilanzierung und Controlling ... 178

Teil B
Fallstudien und Implementierung

6 Einführung eines Konzeptes zur Entwicklung umweltgerechter Produkte ... 185

6.1 Fallstudie: Entwicklung umweltgerechter Produkte ... 185
    6.1.1 Ausgangssituation im Unternehmen ... 185
    6.1.2 Vorgehensweise ... 186
    6.1.3 Diskussion der Ergebnisse ... 196
6.2 Implementierung einer umweltgerechten Produktentwicklung ... 197
    6.2.1 Projektstart und Problemanalyse ... 197
    6.2.2 Zieldefinition ... 199
    6.2.3 Maßnahmenplanung ... 202
    6.2.4 Umsetzung und Erprobung ... 203
    6.2.5 Konsolidierung und Projektabschluss ... 203

7 Einführung von umweltorientierten Funktionalitäten in ERP-Systemen ... 205

7.1 Fallstudie: Umweltorientierte Funktionalitäten in infor:COM ... 205
    7.1.1 Ausgangssituation im Unternehmen ... 206
    7.1.2 Vorgehensweise ... 208
    7.1.3 Ergebnisse der Anforderungserhebung ... 210
7.2 Implementierung von umweltorientierten Funktionalitäten in einem ERP-System ... 213
    7.2.1 Projektstart und Softwareanalyse ... 214
    7.2.2 Softwaredesign ... 215
    7.2.3 Implementierung ... 222
    7.2.4 Umsetzung und Erprobung ... 224
    7.2.5 Konsolidierung und Projektabschluss ... 224

8 Einführung einer umweltorientierten Auftragsabwicklung und Produktionsplanung und -steuerung ... 227

8.1 Fallstudie: Einführung einer umweltorientierten Auftragsabwicklung und Produktionsplanung und -steuerung ... 227
    8.1.1 Ausgangssituation im Unternehmen ... 227
    8.1.2 Vorgehensweise ... 230

        8.1.3 Diskussion der Ergebnisse 233
   8.2 Implementierungskonzept 238
        8.2.1 Projektstart und Zieldefinition................................ 238
        8.2.2 Problemanalyse 240
        8.2.3 Maßnahmenplanung 241
        8.2.4 Umsetzung und Erprobung... 244
        8.2.5 Projektabschluss und Zusammenfassung 245

9 **Einführung eines betrieblichen Stoffstrommanagement** 247
   9.1 Fallstudie: Einführung eines betrieblichen
        Stoffstrommanagement 247
        9.1.1 Ausgangssituation im Unternehmen 248
        9.1.2 Vorgehensweise 249
        9.1.3 Diskussion der Ergebnisse 252
   9.2 Implementierung eines betrieblichen Stoffstrommanagement...... 259
        9.2.1 Projektstart und Problemanalyse 259
        9.2.2 Zieldefinition 265
        9.2.3 Maßnahmenplanung 266
        9.2.4 Umsetzung und Erprobung... 267
        9.2.5 Konsolidierung und Projektabschluss 268

10 **Einführung eines umweltschutzorientierten
    Produktionsleitsystems**.. 271
   10.1 Fallstudie: Umsetzung eines umweltschutzorientierten
        Produktionsleitsystems anhand eines Beispiels
        aus dem Bereich Oberflächenschutz 271
        10.1.1 Beschreibung und Modellierung des
               Produktionssystems 272
        10.1.2 Vorgehensweise zur Umsetzung eines
               umweltschutzorientierten Produktionsleitsystems 275
        10.1.3 Diskussion der Ergebnisse 280
   10.2 Leitfaden zur Einführung eines umweltschutzorientierten
        Produktionsleitsystems... 281
        10.2.1 Problemanalyse und Zieldefinition 281
        10.2.2 Maßnahmenplanung, Umsetzung und Erprobung............ 284
        10.2.3 Integration in die betriebliche
               Informationssystemarchitektur.................................. 290

11 **Einführung eines ressourcenorientierten Bilanzierungs-
    und Controllingkonzepts** 293
   11.1 Fallstudie: Ressourcenorientierte Optimierung einer
        Bildröhrenfertigung.. 293
        11.1.1 Ausgangssituation im Unternehmen 293
        11.1.2 Vorgehensweise 297
        11.1.3 Diskussion der Ergebnisse 298
   11.2 Implementierung: Ressourcenorientiertes Bilanzierungs-
        und Controllingkonzept.. 305
        11.2.1 Projektstart und Problemanalyse 305

11.2.2 Zieldefinition 305
11.2.3 Maßnahmenplanung 307
11.2.4 Umsetzung und Erprobung.. 308
11.2.5 Konsolidierung und Projektabschluss 310

Teil C
Weiterführende Aspekte des Integrierten Umweltschutzes

12 Integrierter Umweltschutz als Instrument Nachhaltigen Wirtschaftens 315

12.1 Wirtschafts- und umweltpolitische Bedeutung eines Nachhaltigen Wirtschaftens 315
12.2 Unternehmensbezogene Präzisierung eines Nachhaltigen Wirtschaftens 316
12.3 Unternehmensbezogene Instrumente eines Nachhaltigen Wirtschaftens – die Bedeutung des Integrierten Umweltschutzes 319
12.4 Konsequenzen für Unternehmensstrategien und -entscheidungen 321

13 Umweltinformationen – entscheidender Faktor für den Unternehmenserfolg 323

13.1 Die neuen Herausforderungen für das betriebliche Umweltmanagement 323
13.2 Das 'House of Ecology' – Leitbild für den integrierten Umweltschutz 325
13.3 Umweltinformationen unterstützen neue Aufgaben des Umweltmanagements 326
    13.3.1 Integration und Unterstützung von strategischen und operativen Managementaufgaben............................. 326
    13.3.2 Ökonomisch-ökologische Prozess- und Produktoptimierung... 327
    13.3.3 Zielgruppenspezifische Unternehmenskommunikation 328
13.4 Fazit: Umweltinformationen – Grundlage für neue Aufgaben des Umweltmanagements 330

Anhang

Literatur 335

Autoren

ABRAHAM, Hans-Walter,
   SCHOTT GLAS, Mainz

AGHTE, Ingo, Dipl.-Ing.,
   Forschungsinstitut für Rationalisierung (FIR) an der RWTH Aachen

AUWÄRTER, Birgit, Dipl.-Ing. (FH),
   Institut für Arbeitswissenschaft und Technologiemanagement (IAT),
   Universität Stuttgart

BECKER, Hans-Günter,
   Philips GmbH Glasfabrik Aachen

BEUCKER, Severin, Dipl.-Ing.,
   Institut für Arbeitswissenschaft und Technologiemanagement (IAT),
   Universität Stuttgart

BULLINGER, Hans-Jörg, Univ. Prof. Dr.-Ing. habil. Prof. e.h. Dr. h.c.,
   Fraunhofer-Institut für Arbeitswirtschaft und Organisation IAO, Stuttgart

DÖPPER, Frank, Dipl.-Ing.,
   Fraunhofer-Institut für Produktionstechnologie IPT, Aachen

DORNER, Fritz, Dr.-Ing.,
   Battenfeld GmbH, Meinerzhagen

EUL, Dominik, Dipl.-Geophys.,
   infor business solutions AG, Karlsruhe

EVERSHEIM, Walter, Prof. Dr.-Ing. Dr. h.c. Dipl.-Wirt. Ing.,
   Fraunhofer-Institut für Produktionstechnologie IPT, Aachen,
   Forschungsinstitut für Rationalisierung (FIR) an der RWTH Aachen,
   Laboratorium für Werkzeugmaschinen und Betriebslehre (WZL) der
   RWTH Aachen,

FIDALGO, José, Dipl.-Ing.,
   Philips GmbH Bildröhrenfabrik Aachen

FRANKE, Stephan, Dipl.-Wi.-Ing.,
   Lehrstuhl für Allgemeine Betriebswirtschaftslehre, Produktionswirtschaft
   und Industriebetriebslehre, Universität Bremen

GÖRSCH, Rüdiger, Dipl.-Inform.,
   Fraunhofer-Institut für Arbeitswirtschaft und Organisation IAO, Stuttgart

HAASIS, Hans-Dietrich, Prof. Dr.,
   Lehrstuhl für Allgemeine Betriebswirtschaftslehre, Produktionswirtschaft und Industriebetriebslehre, Universität Bremen

HEITSCH, Jens-Uwe, Dipl.-Ing.,
   Fraunhofer-Institut für Produktionstechnologie IPT, Aachen

HILLEKE, Markus, Dr.-Ing.,
   SCHOTT GLAS, Mainz

HOLSTEN, Anja, Dipl.-Inform.,
   Lehrstuhl für Allgemeine Betriebswirtschaftslehre, Produktionswirtschaft und Industriebetriebslehre, Universität Bremen

JÜRGENS, Gunnar, Dipl.-Ing.,
   Institut für Arbeitswissenschaft und Technologiemanagement (IAT), Universität Stuttgart

KLAPPERT, Sascha, Dipl.-Ing.,
   Fraunhofer-Institut für Produktionstechnologie IPT, Aachen

KLOCKE, Fritz, Prof. Dr.-Ing.,
   Fraunhofer-Institut für Produktionstechnologie IPT, Aachen,
   Laboratorium für Werkzeugmaschinen und Betriebslehre (WZL) der RWTH Aachen

KNUPFER, Thomas, Dipl.-Ing. (FH),
   TRUMPF GmbH + Co. KG., Ditzingen

KÖLSCHEID, Wilfried, Dr.-Ing.,
   Laboratorium für Werkzeugmaschinen und Betriebslehre (WZL) der RWTH Aachen

KRIWALD, Torsten, Dipl.-Oek.,
   Lehrstuhl für Allgemeine Betriebswirtschaftslehre, Produktionswirtschaft und Industriebetriebslehre, Universität Bremen

KUPKE, Manfred, Dipl.-Ing.,
   DaimlerChrysler Aerospace Airbus GmbH, Bremen

MISCHKE, Bernhard, Dipl.-Ing. Dipl.-Wirt. Ing.,
   Fraunhofer-Institut für Produktionstechnologie IPT, Aachen

PILLEP, Ralf, Dipl.-Ing.,
   Forschungsinstitut für Rationalisierung (FIR) an der RWTH Aachen

RATHJEN, Klaus D., Dipl.-Ing.,
   DaimlerChrysler Aerospace Airbus GmbH, Bremen

REY, Uwe, Dipl.-Math.,
   Fraunhofer-Institut für Arbeitswirtschaft und Organisation IAO, Stuttgart

SCHENKE, Franz-Bernd, Dipl.-Ing.,
   Laboratorium für Werkzeugmaschinen und Betriebslehre (WZL) der RWTH Aachen

SCHIEFERDECKER, Richard, Dipl.-Ing.,
  Forschungsinstitut für Rationalisierung (FIR) an der RWTH Aachen

SCHNEIDER, Udo, Dipl.-Ing. (FH),
  Fraunhofer-Institut für Produktionstechnologie IPT, Aachen

SCHUTH, Sascha, Dipl.-Ing. Dipl.-Wirt. Ing.,
  Laboratorium für Werkzeugmaschinen und Betriebslehre (WZL) der RWTH Aachen

STEINAECKER, Jörg v., Dipl.-Wirtsch.-Ing.,
  Fraunhofer-Institut für Arbeitswirtschaft und Organisation IAO, Stuttgart

TILING, Wolfgang, Dipl.-Ing.,
  STAWAG Stadtwerke Aachen AG

TUMA, Axel, PD Dr.,
  Lehrstuhl für Allgemeine Betriebswirtschaftslehre, Produktionswirtschaft und Industriebetriebslehre, Universität Bremen

UNTIEDT, Dirk, Dipl.-Ing.,
  Fraunhofer-Institut für Produktionstechnologie IPT, Aachen

WEBER, Peter, Dipl.-Ing.,
  Laboratorium für Werkzeugmaschinen und Betriebslehre (WZL) der RWTH Aachen

WEIDEL, Dieter, Dipl.-Ing.,
  Deutsche Castrol Industrieoel GmbH, Hamburg

WELLER, Andreas, Dipl.-Ing.,
  Fraunhofer-Institut für Arbeitswirtschaft und Organisation IAO, Stuttgart

WÜRTZ, Christoph, Dr.-Ing.,
  Fraunhofer-Institut für Produktionstechnologie IPT, Aachen

Teil A   Wissenschaftliche Grundlagen

1 Einleitung

von Gunnar Jürgens

1.1 Neue Forschungsansätze für den betrieblichen Umweltschutz

Die Aufgaben im betrieblichen Umweltschutz sind vielfältiger geworden. Die schnelle Zunahme gesetzlicher Anforderungen auf deutscher und auf europäischer Ebene, die steigenden Erwartungen von Kunden und Anspruchsgruppen an eine zielgruppenspezifische Umweltberichterstattung und der anhaltende Wettbewerbsdruck in einer von Globalisierung geprägten Wirtschaft erfordern neue Perspektiven und Lösungsansätze für eine Berücksichtigung von Umweltaspekten im unternehmerischen Handeln.

Von wissenschaftlicher Seite muß die Dynamik der sich verändernden Rahmenbedingungen durch die Entwicklung von Methoden und Vorgehensweisen für den betrieblichen Umweltschutz begleitet werden, die flexibler einsetzbar sind als Werkzeuge, die zur Lösung isolierter Probleme konstruiert worden sind. Im Mittelpunkt der Diskussion stehen vor diesem Hintergrund zunehmend Ansätze für eine weitgehende Einbettung von Umweltaspekten in das unternehmerische Handeln. Dabei kann in zwei sich ergänzende Ansätze unterschieden werden:

– Umweltschutz als Managementaufgabe.
– Umweltschutz als Planungsparameter in der betrieblichen Auftragsabwicklung.

Aus Unternehmenssicht wird mit diesen Ansätzen ein unterschiedlicher Nutzen verbunden. Auf diesen wird im Folgenden eingegangen.

1.1.1 Umweltschutz als Managementaufgabe

Will man den betrieblichen Nutzen einer Einführung von Umweltmanagementsystemen beschreiben, so stellt sich das Problem, dass sich die meisten der durchgeführten Maßnahmen auf die Anpassung der Aufbau- und Ablauforganisation beziehen. Der Nutzen dieser Anpassungen ist jedoch schwer quantifizierbar.

In Unternehmensbefragungen werden häufig die durchschnittlichen Einführungskosten den quantifizierbaren Vorteilen in Form von jährlichen Einsparpotentialen gegenübergestellt. Dabei werden Amortisationszeiten von unter 1,5 Jahren errechnet (vgl. Günther et al. 1997).

Betrachtet man den nicht quantifizierbaren Nutzen, so wirkt sich nach Unternehmensaussagen die Einführung von Umweltmanagementsystemen v.a. auf die folgenden Bereiche aus (vgl. Steger et al. 1998):

- Verbesserung der Rechtssicherheit,
- Verbesserung der innerbetrieblichen Organisation und
- Erhöhung der Mitarbeitermotivation.

1.1.2
Umweltschutz als Planungsparameter in der betrieblichen Auftragsabwicklung

Viele Beispiele aus der Praxis des betrieblichen Umweltschutzes zeigen, dass durch geeignete Maßnahmen in Unternehmen nicht nur Umweltauswirkungen reduziert, sondern auch Kosten gespart werden können (vgl. Gege 1997). Hierbei erweisen sich v.a. solche Maßnahmen als erfolgreich, die eine Integration des Umweltschutzes in betrieblichen Geschäftsprozessen beinhalten (vgl. Eversheim et al. 1999, Weller et al. 1997). Dies ist v.a. dann der Fall, wenn Verbesserungsmaßnahmen auf eine gezielte Reduktion des Stoff- und Energieeinsatzes sowie von Abfällen und produktionsbedingten Emissionen ausgerichtet sind.

Vor diesem Hintergrund gewinnt die Frage an Bedeutung, ob eine sich an Managementaufgaben orientierende Berücksichtigung des Umweltschutzes ausreichend ist. Aktuelle Forschungsansätze konzentrieren sich zunehmend auf eine Integration des Umweltschutzes als Planungsparameter in operativen Geschäftsprozessen eines Unternehmens (vgl. Bullinger u. Jürgens 1999).

Das vorliegende Buch widmet sich der Fragestellung, wie Umweltschutz als Planungsparameter in Geschäftsprozesse der betrieblichen Auftragsabwicklung integriert werden kann.

1.2
Das Projekt OPUS im Überblick

Im Projekt OPUS (Organisationsmodelle und Informationssysteme für einen produktionsintegrierten Umweltschutz)[1] wurden Konzepte für eine Integration des Umweltschutzes in betriebliche Geschäftsprozesse entwickelt. Die untersuchten Prozesse orientieren sich an der betrieblichen Auftragsabwicklung (vgl. Abb. 1.2-1).

---

[1] Gefördert durch das BMBF, Förderkennzeichen 01 RK 9602

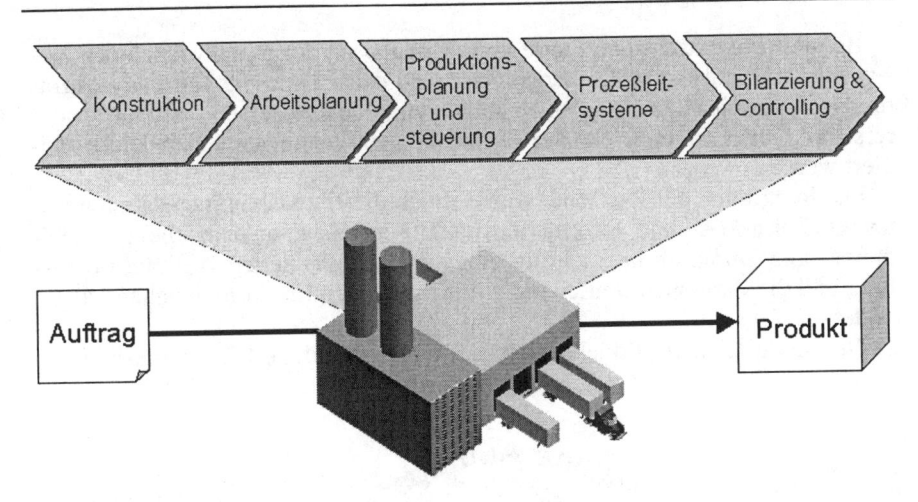

Abb. 1.2-1 Geschäftsprozesse der betrieblichen Auftragsabwicklung

Die Ausrichtung auf Geschäftsprozesse der betrieblichen Auftragsabwicklung wurde durch eine Betrachtung überbetrieblicher Aspekte des Integrierten Umweltschutzes ergänzt.

Die Forschungsarbeiten wurden im Rahmen einer engen Zusammenarbeit der folgenden Forschungsinstitutionen durchgeführt:

- Institut für Arbeitswissenschaft und Technologiemanagement (IAT), Universität Stuttgart,
- Fraunhofer-Institut für Arbeitswirtschaft und Organisation IAO, Stuttgart,
- Forschungsinstitut für Rationalisierung (FIR) an der RWTH Aachen,
- Fraunhofer-Institut für Produktionstechnologie IPT, Aachen,
- Lehrstuhl für Allgemeine Betriebswirtschaftslehre, Produktionswirtschaft und Industriebetriebslehre, Universität Bremen,
- Laboratorium für Werkzeugmaschinen und Betriebslehre (WZL) der RWTH Aachen.

Die Integration des Umweltschutzes in betriebliche Geschäftsprozesse ist sowohl mit organisatorischen als auch mit informatorischen Fragestellungen verbunden. Vor diesem Hintergrund wurde eine parallele Betrachtung der Bereiche Organisation und Information als zentrales Merkmal aller durchgeführten Arbeiten gewählt.

Im *Bereich Organisation* wurde untersucht, welche organisatorischen Veränderungen in der Auftragsabwicklung vorgenommen werden müssen, um eine Integration des Umweltschutzes zu erreichen. Dabei wurde ein Schwerpunkt auf ablauforganisatorische Fragestellungen gelegt.

Im *Bereich Information* wurde betrachtet, welche umweltbezogenen Informationen innerhalb einer umweltorientierten Auftragabwicklung erfasst und zwischen den einzelnen Geschäftsprozessen ausgetauscht werden müssen. Darüber hinaus wurde untersucht, wie die Geschäftsprozesse durch den Einsatz von Informationssystemen unterstützt werden können.

Bei den Projektarbeiten wurde eine Modularität der zu entwickelnden Lösungsansätze angestrebt. Die Ergebnisse sind daher einerseits für eine Integration des Umweltschutzes in den einzelnen Geschäftsprozessen geeignet. Andererseits können die entwickelten Konzepte auch beliebig miteinander kombiniert werden.

Die Integration der Konzepte wurde durch die Entwicklung eines integrierten Organisations- und Informationsmodells erreicht, in dem alle Entscheidungs- und Durchführungsschritte einer umweltorientierten Auftragsabwicklung und die darin auszutauschenden Informationen im Zusammenhang abgebildet (MaG) sind.

Die Modularität der Projektergebnisse ist in Abbildung 1.2-2 dargestellt.

Q1: Organisationsmodell
Q2: Informations- und Kommunikationsmodell

AP1: Überbetriebliches Umweltmanagement
AP2: Konstruktion
AP3: Arbeitsplanung
AP4: Produktionsplanung und -steuerung
AP5: Prozeßleitsysteme
AP6: Bilanzierung und Controlling

Integrationsbasis Q1 und Q2

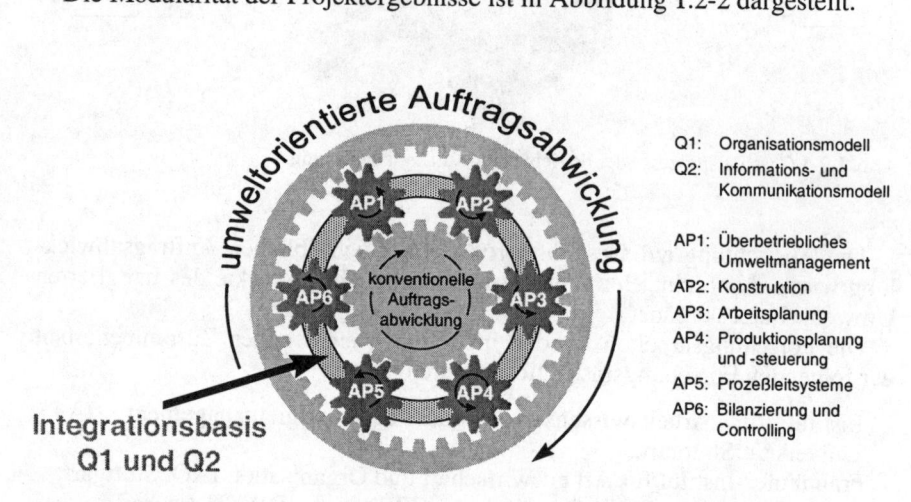

Abb. 1.2-2 Modularer Lösungsansatz in OPUS auf Basis eines integrierten Organisations- und Informationsmodells

Die in OPUS entwickelten Konzepte für eine Integration des Umweltschutzes in die betriebliche Auftragsabwicklung wurden in industriellen Umsetzungsvorhaben erprobt und optimiert. Dabei waren die im Folgenden genannten Unternehmen beteiligt:

- Battenfeld GmbH, Meinerzhagen,
- Deutsche Castrol Industrieoel GmbH, Hamburg,
- DaimlerChrysler Aerospace Airbus GmbH, Bremen,
- infor business solutions AG, Karlsruhe,
- Philips GmbH Bildröhrenfabrik u. Glasfabrik, Aachen,
- SCHOTT GLAS, Mainz,
- STAWAG Stadtwerke Aachen AG, Aachen,
- TRUMPF GmbH + Co. KG., Ditzingen.

1.3 Aufbau des Buches

Das vorliegende Buch gliedert sich in drei Teile:
- Teil A: Wissenschaftliche Grundlagen
- Teil B: Fallstudien und Implementierung
- Teil C: Weiterführende Aspekte des Integrierten Umweltschutzes

In *Teil A* werden die entwickelten Lösungsansätze beschrieben. Hierzu gibt Kapitel 2 einen Überblick über das integrierte Organisations- und Informationsmodell. Anschließend werden in Kapitel 3 die Konzepte zur Integration des Umweltschutzes in die betriebliche Auftragsabwicklung ausführlich beschrieben. In Kapitel 4 werden die dargestellten Lösungsansätze durch die Fragestellung ergänzt, wie eine umweltorientierte Auftragsabwicklung mit Informationssystemen unterstützt werden kann. Abschließend werden die Projektergebnisse um eine Betrachtung überbetrieblicher Aspekte eines Integrierten Umweltschutzes in Kapitel 5 erweitert.

Die Erprobung der Projektergebnisse in den beteiligten Industrieunternehmen wird in *Teil B* beschrieben. Die in den Kapitel 6-11 ausgeführten Fallstudien werden jeweils durch einen Implementierungsleitfaden ergänzt, in dem die einzelnen Schritte zur Umsetzung der entwickelten Konzepte erläutert sind.

Teil C enthält Beiträge, die den Rahmen der untersuchten Fragestellungen um neue Ansätze eines Integrierten Umweltschutzes erweitern.

In der beiliegenden *CD-ROM* werden die Buchbeiträge durch folgende Darstellungen ergänzt:

- Grafische Aufbereitung des integrierten Organisations- und Informationsmodells (dreidimensional).
- Ausführliche Darstellung überbetrieblicher Aspekte des Umweltschutzes.
- Vorstellung der Funktionalität der entwickelten informationstechnischen Prototypen am Beispiels einer Getriebewellenfertigung (animiert).

2 Grundlagen der umweltorientierten Auftragsabwicklung

2.1 Organisationsmodell

von Richard Schieferdecker

Die umweltorientierte Auftragsabwicklung betrachtet alle Entscheidungs- und Durchführungsschritte, die von der Annahme eines Kundenauftrags bis zur Auslieferung des fertigen Produktes aus Umweltgesichtspunkten zu beachten sind. Das Organisationsmodell ist dabei als Referenzmodell für die umweltorientierte Auftragsabwicklung angelegt und bildet die Grundlage für das Informationsmodell (vgl. Kap. 2.2). Es typisiert bzw. verallgemeinert die möglichen Vorgänge der Auftragsabwicklung (vgl. Schütte 1998).

Das Organisationsmodell integriert die behandelten Themen *Konstruktion, Arbeitsplanung, Produktionsplanung und -steuerung (PPS), Prozessleitsysteme* und *Bilanzierung & Controlling* (vgl. Kap. 3.1–3.5) auf der Ebene der Ziele, Aufgaben und Prozesse.

2.1.1 Zielsystem der umweltorientierten Auftragsabwicklung

Mit den nachfolgend beschriebenen Aufgaben und Prozessen sollen die Umweltschutzziele im Rahmen der umweltorientierten Auftragsabwicklung erreicht werden. Das Zielsystem der umweltorientierten Auftragsabwicklung ist dabei in das Gesamtzielsystem eines Unternehmens eingebunden.

Das folgende Gesamtzielsystem der umweltorientierten Auftragsabwicklung beschreibt formale Ziele des betrieblichen Umweltschutzes. An Stellen, an denen sich konkrete Kosteneffekte erzielen lassen, wurden monetäre Unterziele integriert. In erster Linie handelt es sich um stoff- und energiebezogene Ziele, mit denen Umweltbelastungen direkt reduziert werden sollen. Das Ziel der Verbesserung der Umweltmanagementorganisation wird implizit durch die Integration der umweltbezogenen Aufgaben in die gesamte Auftragsabwicklung verfolgt.

An oberster Stelle der formalen Umweltziele steht die Forderung, die Umweltauswirkungen zu reduzieren. Für den produktionsintegrierten Umweltschutz ergeben sich daraus zwei Oberziele (vgl. Abbildung 2.1-1): die Reduktion der konstruktionsbedingten und die Reduktion der produktionsbezogenen Umweltauswirkungen. Die Umweltziele unterteilen sich dabei nach den Kategorien Material, Energie und Information.

konstruktionsbedingte Auswirkungen reduzieren / produktionsbedingte Auswirkungen reduzieren

Material
- geringe Abfallmengen
  - niedrige Entsorgungskosten
- gute Recyclingfähigkeit
- hohe Demontagefähigkeit
- geringe Abwassermengen
  - niedrige Abwasserkosten
- wenig umweltrelevante Einsatzstoffe
  - niedrige Risikokosten

- geringe Abfallmengen
  - niedrige Entsorgungskosten
- niedrige Abfallbestände
- hohe Sekundärmaterialverfügbarkeit
- hohe Sekundärmaterialqualität
- niedrige Sekundärmaterialbestände
- geringer Hilfs-/Betriebsstoffverbrauch
- geringe Abwassermengen
  - niedrige Abwasserkosten
- wenig umweltrelevante Einsatzstoffe
  - niedrige Risikokosten

Energie
- geringer Energieverbrauch
  - niedrige Energiekosten
- niedrige Emissionen

- geringer Energieverbrauch
  - niedrige Energiekosten
- niedrige Emissionen
  - wenig produktionsbedingte Emiss.
  - wenig transportbedingte Emiss.

Information
- hohe Auskunftsbereitschaft bzgl.
  - Abfall- u. Sekundärmaterialien
  - Energiebedarf und Emissionen
  - Wasser und Abwasser
  - umweltrelevanter Einsatzstoffe
- hohe Informationsbereitschaft
  - Daten für externe Prozesse
  - Daten von externen Prozessen

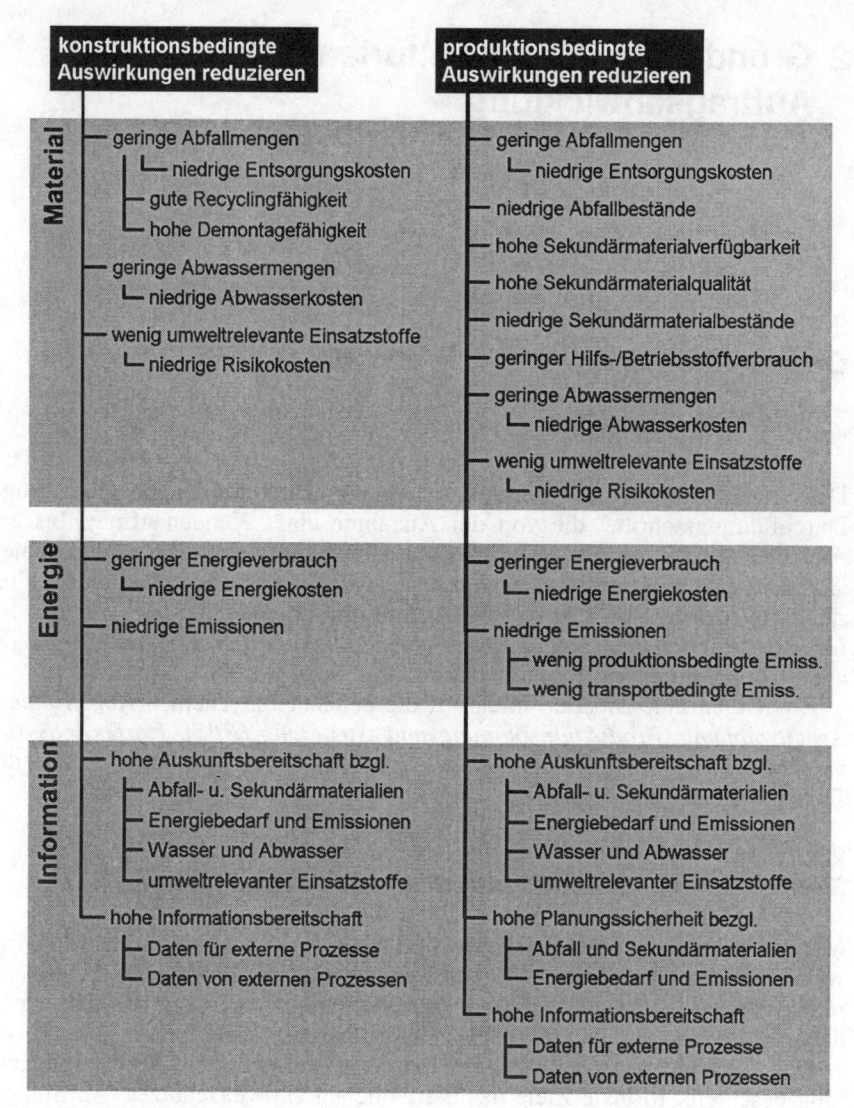

- hohe Auskunftsbereitschaft bzgl.
  - Abfall- u. Sekundärmaterialien
  - Energiebedarf und Emissionen
  - Wasser und Abwasser
  - umweltrelevanter Einsatzstoffe
- hohe Planungssicherheit bzgl.
  - Abfall und Sekundärmaterialien
  - Energiebedarf und Emissionen
- hohe Informationsbereitschaft
  - Daten für externe Prozesse
  - Daten von externen Prozessen

Abb. 2.1-1 Gesamtzielsystem der umweltorientierten Auftragsabwicklung

Konstruktionsbedingte Umweltauswirkungen reduzieren

Produktionsbezogene Umweltziele der Konstruktion betreffen in erster Linie die Kategorien Material und Energie. Zielsetzung ist, die Umweltauswirkungen in der Produktion zu reduzieren, die durch die konstruktiv festgelegten Produkteigenschaften verursacht werden.

Die Produkteigenschaften bestimmen im wesentlichen die Folgeprozesse in Produktion und Entsorgung. Beispielsweise sind bei der Auswahl von engen Toleranzfeldern häufig Schleifarbeiten erforderlich. Bei Festlegung einer niedrigen Passungsstufe reicht in der Regel eine Drehoperation. Dieses Beispiel zeigt, daß Ressourcen (in Form von Energie und Material) direkt durch die Produkteigenschaften beeinflußt werden. Auch die Wahl der Oberflächenbehandlung (z.B. Härten) hat einen wesentlichen Anteil am Energieverbrauch in der Produktion. Aus dem Ziel, geringe Abfallmengen zu realisieren, ergibt sich die Forderung einer Wiederverwendung möglichst vieler Materialien aus den Altprodukten. Hierdurch läßt sich ein hoher Sekundärmaterialeinsatz erreichen. Das bedingt, daß die Produkte eine hohe Demontagefreundlichkeit besitzen und die Materialien eine gute Recyclingfähigkeit aufweisen müssen. Die Materialauswahl und die Bestimmung der Teilegeometrie in der Konstruktion sollte so erfolgen, daß in der Produktion möglichst wenig Späne anfallen und der Verbrauch weiterer Ressourcen (z.B. Wasser oder Kühlschmierstoffe) gering gehalten wird sowie wenig Abfälle (z.B. Schleifschlamm oder Abwasser) entstehen. Durch den Einsatz weniger umweltgefährlicher Materialien lassen sich die Risiken reduzieren, die in der Produktion (und im Gebrauch) auftreten. Aus der Sicht der Kategorie Information besteht das Ziel, eine hohe Auskunftsbereitschaft für nachgelagerte Arbeitsschritte zu erreichen.

Produktionsbedingte Umweltauswirkungen reduzieren

Umweltziele der Produktion betreffen ebenfalls in hohem Maße die Ressourcenkategorien Material und Energie. Darüber hinaus ist jedoch auch die Kategorie Information betroffen. Die Umweltziele der Produktion ergeben sich in erster Linie aus den umweltorientiert erweiterten Zielen der Produktionsplanung und -steuerung (vgl. Nicolai et al. 1999).

Materialbezogene Umweltziele betreffen in erster Linie die Reduzierung der Abfallmengen (und damit verbunden auch geringeren Materialeinsatz und geringere Entsorgungskosten), eine möglichst hohe Verfügbarkeit von Sekundärmaterialien für den Wiedereinsatz sowie die Reduzierung des Verbrauchs an Hilfs- und Betriebsstoffen. Durch die Verwendung weniger umweltgefährdender Einsatzstoffe lassen sich die Risiken in der Produktion (und damit verbunden auch die Risikokosten) minimieren.

Energiebezogene Umweltziele betreffen die Reduzierung des Energiebedarfs, verbunden mit dem Ziel niedriger Energiekosten. Gekoppelt mit dem Energiebedarf sind in der Regel entstehende Emissionen. Dabei lassen sich die Ziele Reduzierung der produktionsbezogenen Emissionen und Reduzierung der transportbezogene Emissionen unterscheiden.

Informationsbezogene Ziele lassen sich in drei Unterziele aufteilen: hohe Auskunftsbereitschaft, hohe Planungssicherheit und hohe Informationsbereitschaft. Die hohe Auskunftsbereitschaft verfolgt das Ziel, jederzeit exakte und ausreichend detaillierte Daten über Abfall und Sekundärmaterialien, Energiebedarf und Emissionen, Wasser und Abwasser sowie umweltrelevante Einsatzstoffe bereitstellen zu können. Aufbauend darauf ergibt sich das Ziel hohe Planungssicherheit bezüglich Abfall und Sekundärmaterialien bzw. Energie und Emissionen. Die hohe Informationsbereitschaft hat den gesicherten Informationsaustausch mit externen Prozessen zum Ziel.

2.1.2
Gesamtaufgabenmodell der umweltorientierten Auftragsabwicklung

Auf dem Zielsystem der umweltorientierten Auftragsabwicklung basiert die Aufgabensicht. Hier werden für die betrachteten Bereiche *Konstruktion, Arbeitsplanung, Produktionsplanung und -steuerung, Prozessleitsysteme* und *Bilanzierung & Controlling* die inhaltlichen Teilaufgaben im Rahmen der umweltorientierten Auftragsabwicklung beschrieben.

Ausgangspunkt des Gesamtaufgabenmodells ist die Aufgabensicht des Aachener PPS-Modells (vgl. Schotten 1999). Die zugrundeliegende Modellstruktur gliedert und detailliert die Aufgaben in einer allgemeingültigen hierarchischen Ordnung. Die Modellstruktur genügt dabei den folgenden Kriterien:

- Die Aufgaben sind unabhängig von der Aufbauorganisation strukturiert.
- Das Aufgabenmodell enthält keine organisatorischen Ablaufstrukturen und ist unabhängig vom Betriebstypen.
- Das Aufgabenmodell gewährleistet eine eindeutige Zuordnung der betriebsspezifischen Aufgaben.
- Das Aufgabenmodell ist einfach und transparent aufgebaut.

Die Aufgaben werden in Kern- und Querschnittsaufgabe unterschieden. Kernaufgaben dienen der direkten Zielerreichung und bewirken einen Arbeitsfortschritt. Die übergreifenden Querschnittsaufgaben unterstützen die Integration der Kernaufgaben und optimieren sie. Das vollständige Aufgabenmodell befindet sich auf der beiliegenden *CD-ROM*.

Die Aufgaben der Konstruktion

Die Aufgaben der Konstruktion ergeben sich aus der VDI-Richtlinie 2221. Unter Umweltgesichtspunkten sind die Teilaufgaben in einigen Bereichen umweltorientiert zu erweitern. Dazu gehört z.B. eine umfassende Berücksichtigung der Phasen Nutzung und Entsorgung und der Informationsaustausch mit vor- und nachgelagerten Bereichen der Auftragsabwicklung.

Abbildung 2.1-2 zeigt exemplarisch das Aufgabenmodell der Konstruktion. Für die schwarz hinterlegten bzw. grauen Teilaufgaben werden in jedem Konstruktionsschritt eine Vielzahl von umweltrelevanten Informationen im Produkt-, Lebenszyklus- und Ressourcenmodell hinterlegt. Jedem Prozess liegt ein Problemlösezyklus zugrunde. Hierbei werden im Rahmen der Systemanalyse neben technischen und ökonomischen auch ökologische Eigenschaften der Lösungskomponenten ermittelt. Auf dieser Basis lassen sich alternative Konstruktionslösungen auch unter Umweltgesichtspunkten bewerten und auswählen.

Die Aufgaben der Arbeitsplanung

Der Aufgabenbereich der Arbeitsplanung umfaßt in OPUS in erster Linie alle einmalig auftretenden Planungsvorgänge, die zur Herstellung der Produkte notwendig sind. Damit stellt sie die Verbindung zwischen Konstruktion und Fertigung/Montage dar. Wie bei der Konstruktion sind unter Umweltgesichtspunkten Teilaufgaben zu erweitern bzw. neu einzuführen.

Kernaufgaben

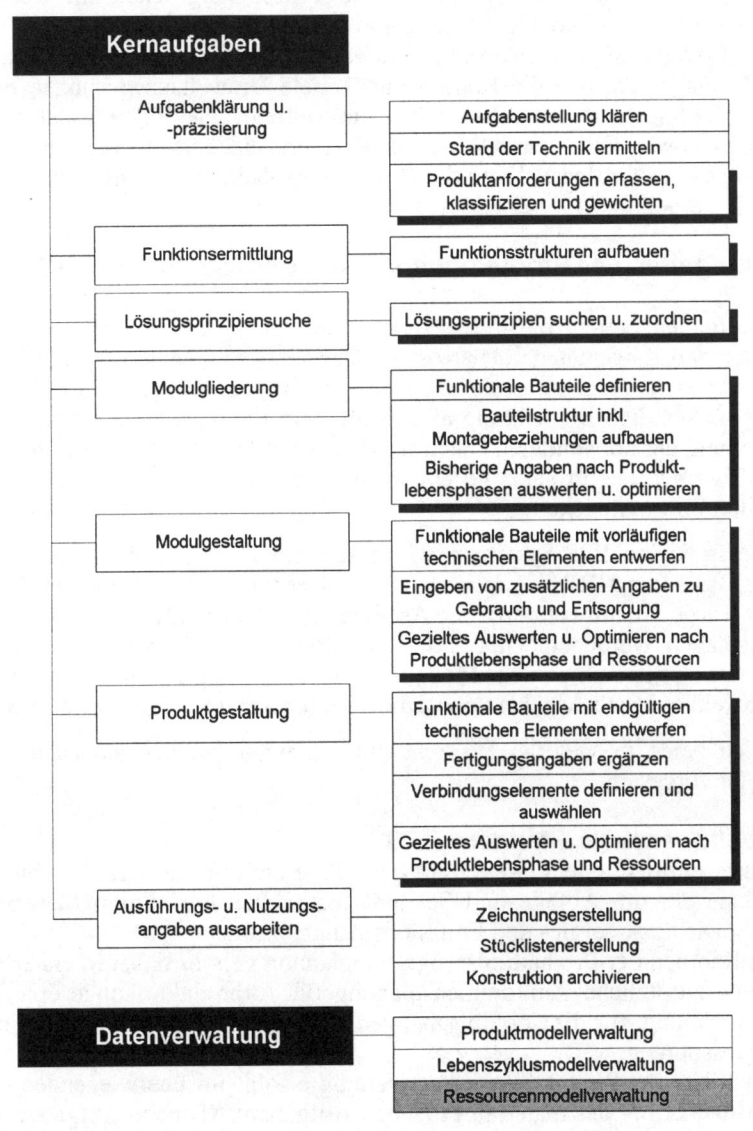

- Aufgabenklärung u. -präzisierung
  - Aufgabenstellung klären
  - Stand der Technik ermitteln
  - Produktanforderungen erfassen, klassifizieren und gewichten
- Funktionsermittlung
  - Funktionsstrukturen aufbauen
- Lösungsprinzipiensuche
  - Lösungsprinzipien suchen u. zuordnen
- Modulgliederung
  - Funktionale Bauteile definieren
  - Bauteilstruktur inkl. Montagebeziehungen aufbauen
  - Bisherige Angaben nach Produktlebensphasen auswerten u. optimieren
- Modulgestaltung
  - Funktionale Bauteile mit vorläufigen technischen Elementen entwerfen
  - Eingeben von zusätzlichen Angaben zu Gebrauch und Entsorgung
  - Gezieltes Auswerten u. Optimieren nach Produktlebensphase und Ressourcen
- Produktgestaltung
  - Funktionale Bauteile mit endgültigen technischen Elementen entwerfen
  - Fertigungsangaben ergänzen
  - Verbindungselemente definieren und auswählen
  - Gezieltes Auswerten u. Optimieren nach Produktlebensphase und Ressourcen
- Ausführungs- u. Nutzungsangaben ausarbeiten
  - Zeichnungserstellung
  - Stücklistenerstellung
  - Konstruktion archivieren

Datenverwaltung
- Produktmodellverwaltung
- Lebenszyklusmodellverwaltung
- Ressourcenmodellverwaltung

Abb. 2.1-2 Aufgabenmodell der *Konstruktion*. Unter Umweltgesichtspunkten erweiterte Arbeitsschritte sind mit einem schwarzen Schatten hinterlegt, neue Arbeitsschritte sind grau markiert.

Kernaufgaben der Arbeitsplanung sind die Prozessplanung, die Operationsplanung und die NC-Programmierung. Umweltorientierte Erweiterungen bzw.

Ergänzungen ergeben sich z.B. bei der weiteren Unterteilung der Prozessplanung. Sie untergliedert sich in die umweltorientierte erweiterte Arbeitsplanerstellung (Ausgangsteilbestimmung unter Berücksichtigung von Sekundärrohstoffen und Arbeitsvorgangfolgeermittlung und Energie-, Hilfs- und Betriebsstoff- sowie Abfallgesichtspunkten), die Prüfplanung, eine um Recyclingaspekte erweiterte Montageplanung und die Demontageplanung.

Die Erweiterung der Querschnittsaufgaben betrifft vor allem das Betriebsmittelmanagement. Da die Betriebsmittel viele Umweltauswirkungen bereits im Vorfeld festgelegen, müssen hier umweltrelevante Planungsdaten (z.B. Energie- sowie Hilfs- und Betriebsstoffverbrauch, entstehende Emissionen etc.) für die folgenden Schritte der Produktionsplanung und -steuerung bereitgestellt werden.

Die Aufgaben der Produktionsplanung und -steuerung (PPS)

Die Aufgabenbereiche der PPS betreffen die Planung und Steuerung von Materialien und Kapazitäten unter Kosten-, Termin- und Qualitätsaspekten. Unter Umweltgesichtspunkten erfolgt eine Erweiterung der Aufgaben um die möglichst vollständige Betrachtung aller Stoff- und Energieströme sowie die Bereitstellung der notwendigen Daten für das betriebliche Öko-Controlling.

Im Rahmen des Projekts OPUS wurden zwei PPS-Ansätze analysiert und erweitert bzw. entwickelt:

- Die in vielen PPS-Systemen wiederzufindende Standard-Architektur auf der Basis von MRP II, wie sie auch im Aachener PPS-Modells beschrieben ist, wurde um umweltbezogene Aspekte erweitert (vgl. Kap. 3.3.3).
- Zusätzlich wurde eine neues stoffstromorientiertes PPS-Konzept entwickelt, welches sich auf ein Modell und eine Planungsarchitektur stützt, die umweltbezogene Aspekte von vornherein berücksichtigt (vgl. Kap. 3.3.2).

Da sich beide in vielerlei Hinsicht unterscheiden, werden sie nachfolgend getrennt vorgestellt.

Umweltorientierte Standard-PPS

Die umweltorientierte Erweiterung der PPS-Kernaufgaben erfolgt unter den Aspekten der um Abfälle und Sekundärmaterialien erweiterten Materialplanung sowie des Energie- und Emissionsmanagements.

Im Rahmen der Produktionsprogrammplanung geht es dabei in erster Linie um eine zusätzliche Aufkommensplanung für Altprodukte sowie eine Deckungsrechnung für Entsorgungsmengen und die Grobplanung der Entsorgungsressourcen.

Auch bei der Produktionsbedarfsplanung erfolgt im überwiegenden Maße eine Erweiterung der materialbezogenen Aufgaben. Als neue Aufgaben kommen die Brutto- und Nettosekundärbedarfsermittlung für Sekundärmaterialien und die Berechnung der entstehenden Entsorgungsmengen sowie die Zuordnung der Entsorgungsarten dazu. Zusätzlich zur Erweiterung der materialbezogenen Aufgaben ist für die Durchlaufterminierung sowie Kapazitätsbedarfsermittlung und -abstimmung eine Erweiterung unter Energie- und Emissionsaspekten notwendig.

In der Eigenfertigungsplanung und -steuerung fallen ähnliche Aufgaben an wie in der Produktionsbedarfsplanung, jedoch auf einem feineren Planungsniveau. Die umweltorientierten Erweiterungen bewegen sich daher im gleichen Rahmen.

Die Fremdbezugsplanung und -steuerung erweitert ihren Aufgabenbereich um den Bezug von Sekundärmaterialien und die Auswahl der entsprechenden Lieferanten. Analog entsteht noch das Aufgabengebiet der Fremdentsorgungsplanung und -steuerung, das die Entsorgung aller nicht im Unternehmen verwertbaren Stoffe durch externe Entsorger betrachtet.

Die umweltorientierte Erweiterung der Querschnittsaufgaben betrifft einerseits das Deponiewesen im Rahmen des Lagerwesens und andererseits die Informationsaufbereitung und -bewertung (soweit das nicht durch Bilanzierung & Controlling geschieht) für das betriebliche Öko-Controlling.

Im Rahmen der Datenverwaltung fallen die neuen Aufgaben der Abfall- und Sekundärmaterialverwaltung sowie die Entsorger- und Entsorgungsauftragsverwaltung an. Alle anderen Aufgaben der Datenverwaltung erfahren mehr oder weniger umfangreiche Erweiterungen unter Umweltaspekten.

Stoffstromorientierte PPS

Der stoffstromorientierte Ansatz sieht eine lebenszyklusorientierte PPS vor, welche die gängigerweise eingesetzten Arbeitspläne und Stücklisten zu Stoffstromnetzen erweitert und sie unter Mengen-, Zeit- und Ressourcenaspekten plant. Die Planung dieser Netze geschieht nicht wie in den MRP II-gestützten PPS-Systemen nach einem sukzessiven Vorgehen, indem Mengen-, Zeit- und Kapazitätsfunktionen nacheinander abgearbeitet werden. Vielmehr sollen hierarchisch, über mehrere Ebenen, von der Grobplanung bis hin zur Feinplanung in jeder Ebene die Aufgaben Mengen-, Termin- und Kapazitätsplanung simultan gelöst werden. Beispielhaft wird in diesem Projekt eine zweistufige Planung skizziert, eine zentrale Grobplanung auf Unternehmensebene und mehrere dezentrale Feinplanungen auf Ebene der Produktionseinheiten.

Das Aufgabenmodell sieht dabei für jede Ebene identische Aufgaben vor, die sich nur durch den betrachteten Planungsraum unterscheiden. In der Bedarfsplanung werden Mengen prognostiziert, die Auftragskoordination nimmt Kundenaufträge entgegen und koordiniert diese vor der Einplanung. Die zentrale Produktionsplanung bzw. die dezentralen Feinplanungen terminieren die Mengen-/Terminvorschläge auf der Zeitachse und weisen sie ggf. den Ressourcen zu. Die hierbei ermittelten Bedarfe werden an die untergeordneten Planungsobjekte (dezentrale Feinplanung oder Leitstände) weitergemeldet, damit diese ihre Planung darauf aufsetzen können.

Die Querschnittsfunktionen umfassen die Datenhaltung und das überbetriebliche Stoffstrommanagement. Die Datenhaltung hat die Aufgabe, alle PPS-relevanten Daten zu pflegen und so aufzubereiten daß sie den Funktionen der Kernaufgaben zugeführt werden können. Das überbetriebliche Stoffstrommanagement hat die Aufgabe, sowohl Informationen von externen Kooperationspartnern entgegenzunehmen und der Datenhaltung zur Verfügung zu stellen als auch interne Informationen an externe Partner weiterzugeben.

Die Aufgaben des Prozessleitsystems

Die Kernaufgaben des Prozessleitsystems unterteilen sich in drei Hauptaufgaben: die kurzfristige Termin- und Kapazitätsplanung, die Feinsteuerung sowie die Automatisierung und Betriebsdatenerfassung (BDE).

Umweltrelevante Erweiterungen der kurzfristigen Termin- und Kapazitätsplanung betreffen in erster Linie die Erweiterung von Verfügbarkeitsprüfung und Kapazitätsabgleich um die Betrachtung von Sekundärrohstoffen, Hilfs- und Betriebsstoffen, Energie und Emissionen, die Kapazitäten von Aufbereitungs- und Entsorgungseinrichtungen sowie von Lagerstätten für Abfallstoffe.

Die umweltschutzorientierten Erweiterungen der Feinsteuerung beziehen sich auf die Vermeidung von liege-, umrüst- und auslastungsbedingten Emissionen sowie die Abstimmung der Stoffströme bei der Auftragseinlastung. Die umweltorientierte Intensitätssteuerung betrachtet die Aufgabe, die einzelnen Aggregate unter Emissions- bzw. Ressourcenaspekten optimal zu fahren.

Die Erweiterungen der Automatisierungs- bzw. BDE-Aufgaben betrifft die Betrachtung der Abfälle und Gefahrstoffe bei den Lagerbewegungen, die Realisierung eines emissionseffizienten innerbetrieblichen Transports, die Umweltauswirkungen der Instandhaltung, die Rückmeldung von Emissionen, Abfällen und Abwässern sowie die Interpretation der umweltrelevanten Daten im Rahmen der Datenanalyse.

Die Aufgaben von Bilanzierung & Controlling

Die Struktur eines ressourcenorientierten Bilanzierungs- und Controllingkonzeptes ist der eines betriebswirtschaftlichen Bilanzierungs- und Controllingkonzeptes ähnlich. Unter Umweltgesichtspunkten ergeben sich jedoch einige Besonderheiten bezüglich der zu erfüllenden Aufgaben.

Im Rahmen der Zielplanung werden die Umweltziele abgeleitet und die zu betrachtenden umweltrelevanten Ressourcen ausgewählt, klassifiziert und gewichtet. Im operativen Controlling werden der Bilanzraum und die Soll-, Warn- und Grenzwerte festgelegt. Anschließend erfolgt der Vergleich der Soll- und Ist-Werte. Bei der Bewertung werden Prozessgüteindikatoren und Zielerreichungsgrad errechnet sowie Prozess- und Ressourcenkosten ermittelt. Beim strategischen Controlling sind die Kennzahlenauswahl, -berechnung und die Berichterstattung um die umweltrelevanten Ressourcen zu erweitern. Das Maßnahmencontrolling verfolgt und überprüft die eingeleiteten Maßnahmen zur Verbesserung der Umweltsituation im Unternehmen.

Die Datenverwaltung eines ressourcenorientierten Controlling verwaltet die Ressourcenmatrizen, Prozessdatenblätter, Plan-/Ist-Daten und die eingeleiteten Maßnahmen.

2.1.3 Gesamtprozessmodell der umweltorientierten Auftragsabwicklung

Die Beschreibung des Gesamtprozessmodells der umweltorientierten Auftragsabwicklung erfolgt hier nur unter dem Aspekt der inner- und überbetrieblichen Informationsflüsse. Die detaillierte Beschreibung erfolgt in den jeweiligen Kapiteln. Abbildung 2.1-3 zeigt eine Übersicht. Die detaillierte Darstellung des Prozessmodells sowie die detaillierte Beschreibung der Informationsflüsse findet sich auf der beiliegenden *CD-ROM*.

Das Prozessmodell ordnet die Aufgaben und Arbeitsschritte in Abläufen (Prozessen) an. Es legt damit die zeitlich-logischen Verknüpfungen fest, die im Aufgabenmodell nicht abgebildet werden. Die modellierten Aufgaben laufen i.d.R. in einer zeitlichen Reihenfolge ab bzw. werden parallel bearbeitet.

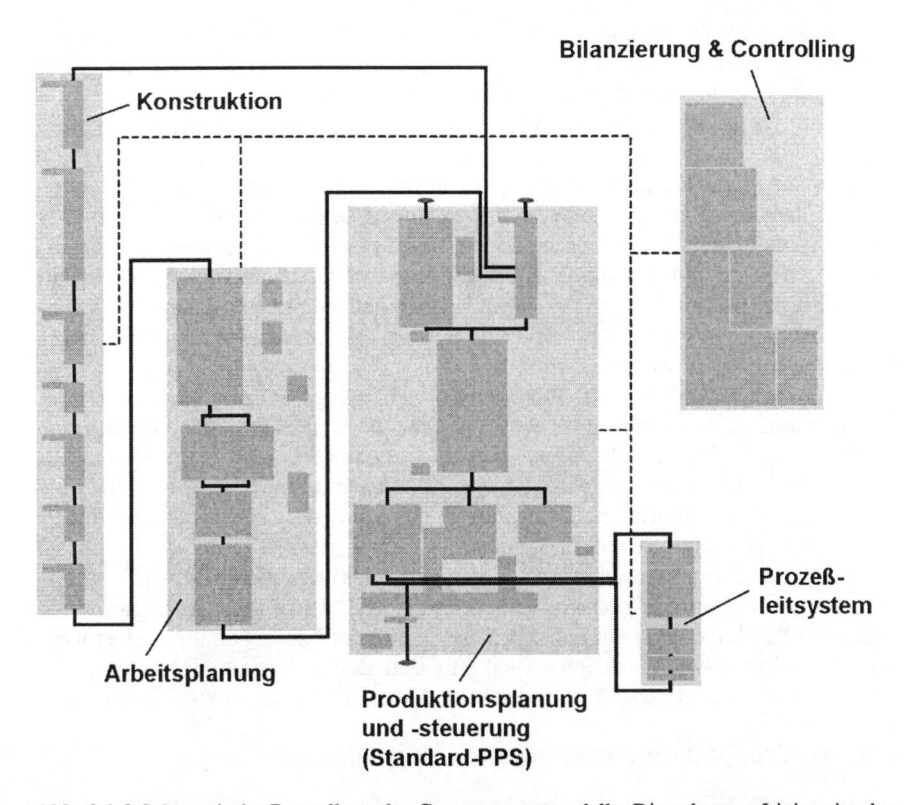

Abb. 2.1-3 Schematische Darstellung des Gesamtprozessmodells. Die schwarze Linie zeigt den Informationsfluß der Auftragsabwicklung. Die gestrichelte Linie symbolisiert den Informationsaustausch zwischen *Bilanzierung & Controlling* sowie den anderen Bereichen der Auftragsabwicklung. In dieser Darstellung wurde das Prozessmodell der Standard-PPS gewählt (vgl. Kap. 3.3.1). Es kann durch das der stoffstromorientierten PPS (vgl. Kap 3.3.2) ersetzt werden.

Innerbetriebliche umweltrelevante Informationsflüsse

Die innerbetrieblichen umweltrelevanten Informationsflüsse beschreiben alle Informationen, die aus Umweltgesichtspunkten zwischen den einzelnen Bereichen der Auftragsabwicklung ausgetauscht werden müssen.

Einen Schwerpunkt bildet dabei der Informationsaustausch mit Bilanzierung & Controlling zur Bewertung unterschiedlicher Alternativen unter Umweltgesichtspunkten. Da dafür ggf. weitere Daten zur Verfügung stehen müssen, ergeben sich weitere Informationsflüsse zwischen den einzelnen Bereichen der Auftragsabwicklung.

In Konstruktion, Arbeitsplanung, Standard-PPS und stoffstromorientierter PPS werden in unterschiedlichen Arbeitsschritten alternative Vorschläge unter Umweltgesichtspunkten ermittelt. Diese werden jeweils zur Bewertung an Bilanzierung & Controlling übergeben und erhalten ein Bewertungsergebnis zurück.

Sofern in der Konstruktion die dazu notwendigen Daten nicht zur Verfügung stehen, werden sie von der Arbeitsplanung beschafft. Die Standard-PPS übergibt zusätzlich Produktions-, Eigenfertigungs-, Fremdbezugs- und Fremdentsorgungsprogramme sowie Betriebsdaten zur laufenden Bilanzierung an Bilanzierung & Controlling. Aus dem Prozessleitsystem werden die Betriebsdaten über das Prozessdatenblatt Bilanzierung & Controlling für die Sachbilanzerstellung zur Verfügung gestellt.

Damit die Bewertung der alternativen Vorschläge möglich ist, muß von Bilanzierung & Controlling zunächst die Struktur des Datenaustauschs zur Verfügung gestellt werden. Wenn die eingehenden Plan-Daten ergeben, daß festgelegte Warn- oder Eingriffsgrenzen überschritten werden, wird eine entsprechende Abweichungsmeldung ausgegeben und die daraus resultierenden Maßnahmen verfolgt.

Um den anderen Bereichen der Auftragsabwicklung die Entscheidungsfindung zu erleichtern, werden von Bilanzierung & Controlling die vergangenen Bilanzierungsdaten in Form einer Prozessdatenbank bereit gehalten. Hier werden die dokumentierten Alternativen mit den dazugehörigen Bewertungsergebnissen strukturiert abgelegt und stehen damit für Abfragen zur Verfügung.

Überbetriebliche umweltrelevante Informationsflüsse

Die überbetrieblichen umweltrelevanten Informationsflüsse beschreiben alle Informationen, die unter Umweltgesichtspunkten zwischen den einzelnen Bereichen der Auftragsabwicklung des Unternehmens und den externen Partnern ausgetauscht werden müssen. Externer Informationsaustausch findet zum Beispiel statt mit Entwicklungspartnern, Lieferanten, anderen Produktionsunternehmen, Kunden oder Entsorgern.

Zu Beginn des Konstruktionsprozesses müssen zunächst umweltorientierte Entwicklungspartnerschaften installiert werden. Ziel der Partnerschaft ist die gemeinsame Entwicklung von Produkten mit reduziertem Energie- und Materialverbrauch. Mit den Kooperationspartnern sind Konstruktionsrichtlinien (durch die die umweltorientierte Verträglichkeit der Konstruktionsobjekte sichergestellt wird) und unternehmensübergreifende Bewertungsmaßstäbe zu vereinbaren. Außerdem muß eine Abstimmung zur frühzeitigen Berücksichtigung umweltrelevanter Effekte bzw. Auswirkungen von Produkten erfolgen, indem Informationen über den gesamten Produktlebenszyklus ausgetauscht werden. Von den Lieferanten müssen der Konstruktion die umweltrelevanten Informationen über Zukaufteile für die Produktentwicklung zur Verfügung gestellt werden, und mit externen Entsorgern kann ein Informationsaustausch über die recyclinggerechte Konstruktion in Abhängigkeit von den Demontagemöglichkeiten erfolgen.

Die Arbeitsplanung stimmt mit Lieferanten oder Fremdfertigern die Zulieferung ab und betrachtet dabei die Umweltrelevanz der eingesetzten Transportmittel. Außerdem werden Möglichkeiten der gemeinsamen Ressourcennutzung installiert. Der Informationsaustausch mit externen Partner ermöglicht einen Vergleich der Fertigungsverfahren in Bezug auf den Hilfs- und Betriebsstoffeinsatz bzw. Energieverbrauch und die Entscheidung für Fremd- oder Eigenfertigung. Von Sekundärrohstoff-Lieferanten und Demontage-Betrieben werden Informationen über Sekundärrohstoffe und Demontage-Materialien von externen Recycling-Dienstleistern bereitgestellt.

Die PPS stimmt mit externen Kooperationspartnern den Bedarf und das Angebot an unternehmensübergreifend genutzten umweltrelevanten Ressourcen ab. Mit den Lieferanten werden Informationen über die Möglichkeiten zur Auslagerung bestimmter Produktionsverfahren zur Ausnutzung umweltorientierter Degressionseffekte sowie zum Einsatz von Sekundärmaterialien ausgetauscht. Ebenfalls vom Lieferanten werden umweltrelevante Informationen über die Zukaufteile für die Beschaffungsartzuordnung und die Lieferantenauswahl bereitgestellt. Zur möglichst vollständigen Ausnutzung der verfügbaren Sekundärenergie sind mit externen Kooperationspartnern Energieangebote und –bedarfe abzustimmen. Um das Abfallaufkommen zu verringern, erfolgt die Abstimmung unternehmensübergreifender Sekundärmaterialströme. Zur Verringerung der transportbedingten Umweltbelastungen müssen die überbetrieblichen logistischen Abläufe abgestimmt werden.

Durch Bilanzierung & Controlling werden produktbezogene Sachbilanzen zur kumulierten Bilanzierung entlang der Wertschöpfungskette weitergegeben. Außerdem muß zur übergreifenden Bilanzierung ein gemeinsames Zielsystem mit Zulieferern und Abnehmer entwickelt werden. Letztlich werden die internen Umweltinformationen den Kooperationspartnern bereitgestellt, um eine kombinierte inner- und überbetriebliche Bewertung von Entscheidungsalternativen zu ermöglichen.

2.2 Informationsmodell

von Rüdiger Görsch und Uwe Rey

Mittels einem Informationsmodell werden die in den Arbeitsschwerpunkten Konstruktion, Arbeitsplanung, Produktionsplanung und -steuerung, Produktionsleitstand und Bilanzierung & Controlling (vgl. Kap. 3.1–3.5) entwickelten Prototypen zur informationstechnischen Unterstützung zur Umsetzung eines produktionsintegrierten Umweltschutzes integriert.

2.2.1 Informationstechnische Infrastruktur

Die informationstechnische Infrastruktur bildet das Rückgrat des im Rahmen des Verbundprojekts OPUS in seinen Einzelteilen und spezifischen Schwerpunkten angestrebten inner- und überbetrieblichen produktionsintegrierten Umweltschutzes, indem sie:

- Erfordernisse an informationstechnische Unterstützungssysteme aus den verschiedenen Arbeitsschwerpunkten des Projekts in ein Anforderungsmodell integriert,
- geeignete Realisierungsplattformen im Hard- und Software-Bereich auswählt, um das Anforderungsmodell implementieren zu können und
- prototypisch ein Informationssystem zur Abbildung des Anforderungsmodells implementiert.

Im Anforderungsmodell werden dabei die informationstechnischen Einzelanforderungen zusammengefasst und abgeglichen, welche die gemeinsame Nutzung von Daten und Funktionen betreffen, so dass über eine reine Nachrichten-Netzwerk-Struktur hinaus auch Funktionsverteilungsaspekte berücksichtigt werden können.

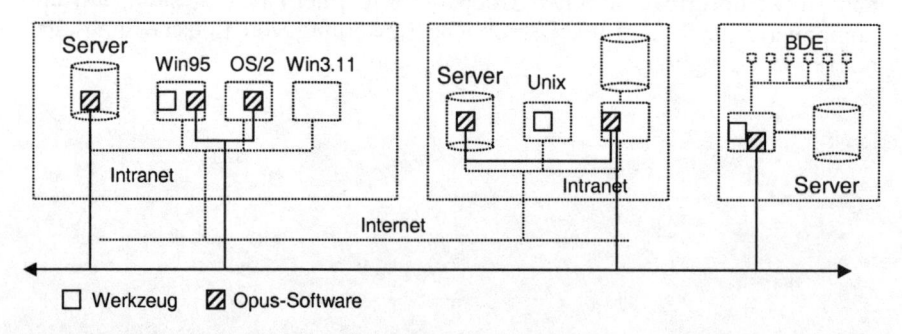

Abb. 2.2-1 Zusammenspiel verteilter Unterstützungssysteme

Die Einzelimplementierungen der verschiedenen Software-Werkzeuge, die in den spezifischen Arbeitsschwerpunkten des Projekts bzw. den dargestellten Unterstützungssystemen genutzt werden (etwa spezielle CAD- oder PPS-Systeme), erfolgen jeweils dort und werden hier nur unter dem Gesichtspunkt sich überdeckender Funktions- und Kommunikationsanforderungen betrachtet.

Für eine umweltorientierte Auftragsabwicklung lassen sich im wesentlichen zwei zentrale Anforderungen finden, die in fast allen Arbeitsschwerpunkten genannt oder intendiert wurden:

- Gemeinsame Nutzung von Daten in Form von Modellen, Referenzmodellen, aktuellen oder planerischen Inhalts sowie
- Kopplung oder Erweiterung vorhandener Informationstechnik (Hardware und Software) mit anderen im Projekt verwendeten Teilsystemen.

Erläuterndes Beispiel

Diese zentralen Anforderungen sollen an folgenden Beispielen verdeutlicht werden:

1. Die ökologische Bewertung eines Produkts soll über den gesamten Produktlebenszyklus erfolgen können. Dies ist erforderlich, um z.B. in der Konstruktion ökologisch verträglicherer Konstruktionsalternativen zu entdecken.
2. Einzelne Unterstützungssysteme wie z.B. ein CAD- oder PPS-System müssen deshalb spezifisch funktional erweitert werden, um entweder direkt ökologische Bewertungsverfahren zu integrieren oder über eine Kommunikation zu einer auch von anderen genutzten Einheit eines OPUS-Netzwerks eine entsprechende ökologische Bewertung eines Prozesses bzw. eines Produkts zu erhalten.
3. Es müssen Schnittstellen z.B. von der Arbeitsplanung zu vor- und nachgelagerten Produktionsbereichen ermöglicht werden, etwa der Produktionsplanung und -steuerung (PPS), damit im jeweiligen Kontext spezifischer Teilfunktionen innerhalb des Produktlebenszyklus die ökologisch günstigste Arbeitsplanalternative gewählt werden kann. Dazu sollen in den einzelnen Unterstützungssystemen entsprechende Erweiterungen erfolgen, die dann ihre Informationen mit den vor- und nachgelagerten Unterstützungssystemen austauschen.
4. Es sollen Schnittstellen für den überbetrieblichen Umweltschutz geschaffen werden. Die Ziele und damit auch die Maßnahmen dazu unterscheiden sich vom innerbetrieblichen Umweltschutz, so dass hier spezifische Funktionsanforderungen gelten, etwa die Bereitstellung spezieller Informationen zur Dokumentation von ökologisch bewerteten Prozessen.

2.2.2
Anforderungsmodell

Für die Entwicklung eines Anforderungsmodells können die o.g. Anforderungen verwendet werden. Diese sind relativ abstrakt, legen aber wesentliche Kriterien für ein gemeinsames Modell nahe:

- Die einzelnen Unterstützungssysteme bilden ein Netzwerk.
- In einem Knoten dieses Netzwerks können unterschiedliche für das Gesamtsystem erforderliche Teilsysteme oder Komponenten enthalten sein.
- Es lassen sich Unterscheidungen hinsichtlich der Netznutzung auf inner- und überbetrieblicher Ebene feststellen.
- Temporale oder konditionale Aspekte der Partizipation eines Knotens im Netzwerk sind nicht bekannt.
- Es werden Datenmodelle zur Erfassung umweltrelevanter Größen mit entsprechenden Funktionsschnittstellen entwickelt. Diese enthalten Informationen zur ökologischen Bewertung von Prozessen und Produkten und werden durch die anzukoppelnden Werkzeuge gemeinsam genutzt.

Entitäten des Netzwerks

Aus der abstrakten Beschreibung der Anforderung soll im folgenden ein Modell abgeleitet werden. Dazu werden zunächst die Entitäten[1] des Netzwerks beschrieben und danach die Relationen, die sie verbinden.

Die einzelnen Unterstützungssysteme befinden sich jeweils auf einer Plattform, einem Computer. Eine Plattform ist eindeutig im gesamten Netzwerk und wird hier mit P_i bezeichnet. Damit sei eine implizite Aufzählung der einzelnen Plattformen des Gesamtnetzwerks gemeint. Beispiel: P_i sei der PC am Arbeitsplatz des Konstrukteurs X der Firma Y.

Auf einer Plattform P_i können sich unterschiedliche Unterstützungssysteme aber auch im Rahmen des Projekts zu entwickelnde Teilsysteme zur ökologischen Bewertung von Prozessen und Produkten sowie auch spezielle Teilsysteme für die überbetrieblichen Schnittstellen befinden. Diese Unterstützungssysteme, bzw. allgemeiner Programme, sollen mit T_i gekennzeichnet werden. Werden im Netzwerk unterschiedliche Instanzen (Lizenzen) desselben Programms betrieben, werden diese trotzdem durch unterschiedliche T_i unterschieden. Beispiel: Konstrukteur X von Firma Y benutzt ein Programm UmweltCAD[2], so dass T_i als UmweltCAD zu verstehen ist. Beispiel: Es gibt bei Firma Y eine Plattform, die als zentrale Stelle für die ökologische Bewertung von Arbeitsplänen verwendet wird, diese heißt P_{42} und verwendet ein Programm ÖkoPlus, so dass für ein T_{77} gelte: T_{77} = ÖkoPlus. Ein Programm bietet spezifische Schnittstellen an, häufig grafisch-interaktive Benutzungsschnittstellen, aber auch sogenannte Programmierschnittstellen (Application Programming Interface API). Für die nachfolgend zu beschreibende Kopplung

---

[1] Eine Entität ist ein Themenkreis, welcher Elemente mit gleichen Merkmalen umfasst. Verschiedene Entitäten können zueinander in Beziehung stehen, diese wird Relation genannt.
[2] Die hier genannten Produktnamen sind frei erfunden, etwaige Übereinstimmungen mit tatsächlichen Produktnamen wären rein zufällig und ungewollt.

von Programmen sind im Prinzip nur die Programmierschnittstellen interessant, da nur mit diesen die Möglichkeit verbunden ist, das Programm von „außen", also durch ein anderes Programm, das sich ggf. auf derselben Plattform, aber auch auf einer entfernten Plattform befinden kann, zu steuern. Die Möglichkeit, über die grafisch-interaktive Benutzungsschnittstelle einen äußeren Prozess zu vergleichbaren Abläufen zu veranlassen, ist nur äußerst bedingt interessant, da dazu stets ein Benutzer erforderlich ist, der die entsprechenden Funktionen am Programm auslöst, die dann erst die externen Prozesse auslösen. Diese Möglichkeit wird daher im folgenden nicht weiter betrachtet. Die Programmierschnittstelle eines Programms, im folgenden nur noch Schnittstelle genannt, ist im wesentlichen durch einen funktionalen Charakter geprägt, d.h. ein Programm T_i, das irgendeinen Informationsbedarf an einem Programm T_j, z.B. eine Instanz von UmweltCAD an einer ökologischen Bewertung durch das Programm ÖkoPlus, hat, ruft an dessen Schnittstelle eine Funktion F_i auf. Programm T_j bearbeitet die Funktion im Kontext des internen Programmzustands und gemäß der spezifischen Semantik des Programms. Das Ergebnis des Funktionsaufrufs wird dann an T_i zurück gegeben. Die Schnittstelle eines Programms wird daher über die Gesamtheit der Funktionen des Programms an dieser Schnittstelle definiert: $IF_i = \{F_j \mid F_j$ ist aufrufbare Funktion von Programm T_i $\}$.

Die Funktionen einer Schnittstellen-Funktion F_i sind allgemein dadurch bestimmt, dass sie einen bestimmten Satz von Parametern enthalten und eine Menge von Daten als Antworten erzeugen können. Sie können darüber hinaus auch den Zustand des Programms verändern. Mit dem Zustand des Programms sind die Daten zu verstehen, die innerhalb des Programms gespeichert werden und die den Ablauf der Funktionen des Programms bestimmen. In Worten objektorientierter Programmierung ist der Zustand eines Objekts durch die Belegung seiner Attribute bestimmt. Für jedes Programm muss bestimmt werden, ob und welche Funktionen aus der Schnittstelle IF_i den internen Zustand des Programms ändern können. So ist es möglich, rein funktionale Programme zu verwenden, die also keine Zustandsinformation benötigen und daher besser geeignet sind, von vielen verschiedenen anderen Programme benutzt zu werden, etwa ein Programm zur ökologischen Bewertung eines Arbeitsplans. Diese zustandslosen bzw. funktionalen Programme lassen sich als Spezialfall von zustandsbehafteten Programmen interpretieren[3], so dass es hinreichend erscheint, nur von zustandsbehafteten auszugehen.

Relationen der Entitäten

Durch die Definition von Schnittstellenfunktionen eines Programms ist schon ein erheblicher Teil der Kopplung und damit der Relationen der Entitäten des OPUS-Netzwerks erfasst. Dieser Teil ist jedoch eher als statisch anzusehen. Im folgenden wird daher näher auf die dynamischen Aspekte des OPUS-Netzwerks eingegangen, d.h. die konkreten Funktionsaufrufe an den Schnittstellen.

---

[3] Man muss dabei definieren, dass das Programm genau einen Zustand besitzt und jede Schnittstellenfunktion des Programms dazu führt, dass dieser Zustand angenommen wird.

Einen Funktionsaufruf kann durch folgendes Tripel beschrieben werden:

$(T_i, T_j, F_k(<in>,<out>)) = Call_l$

Das Programm T_i ruft beim Programm T_j die Schnittstellenfunktion F_k mit den Eingabeparametern <in> (Vektor über entsprechende Eingabeparameter) auf und erhält als Antwort den Ausgabevektor <out>. Ein solcher Aufruf kann dann als $Call_l$ bezeichnet werden.

Anwendung des Modells

Mit dem beschriebenen Ansatz lassen sich nun konkrete OPUS-Netze spezifizieren, indem die möglichen Plattformen und die Programme samt deren Schnittstellen in entsprechende Mengen erfasst und anschließend deren schon jetzt erkennbare funktionalen Abhängigkeiten über entsprechende Call-Spezifikationen erstellt werden.

Als Beispiel kann folgendes Modell dienen, in dem die o.g. zentralen Anforderungen beispielhaft modelliert werden:

T1 = ÖkoPlus, T2 = UmweltCAD, T3 = OPUS-spezifische Erweiterung für UmweltCAD

T = {T1, T2, T3}

IF1 = {ÖkoBewertung(<Konstruktionsdaten>,<Ökobewertung>)}

IF2 = { }, IF3 = { }

P1 = PC von Konstrukteur X, nur während der Arbeitszeit von X aktiv

P2 = Server-PC der Firma Y, permanent verfügbar

P = {P1, P2}

Call1 = (T3, T1,ÖkoBewertung(<in>,<out>))

Calls = {Call1}

OPUS-Netz = (T, P, Calls)

Das OPUS-Netz ist somit durch die Plattformen, die Programme und (in diesem Fall) einen Funktionsaufruf bestimmt, mit dem UmweltCAD über eine erforderliche Erweiterung, die auf derselben Plattform wie UmweltCAD läuft, auf ÖkoPlus zugreift. Mit diesem Beispiel soll auch demonstriert werden, daß nicht jedes Programm eine Schnittstelle bietet, die von anderen im OPUS-Netz vorhandenen Programmen genutzt werden kann.

Diskussion des Modells

Die Unterscheidung zwischen Plattformen und Programmen ist eigentlich wegen der Eindeutigkeit der Programme im OPUS-Netz nicht erforderlich. Es bietet sich jedoch an, diese Unterscheidung beizubehalten, da die Identifizierung eines Programms im OPUS-Netz bisher nicht angesprochen wurde. Es ist nämlich noch zu entscheiden, ob es eine zentrale Administration im OPUS-Netz geben wird oder durch den Bezug zu einer Plattform und den dort proprietären Unterscheidungsmöglichkeiten bei Programmen die Eindeutigkeit der Identifizierung der Programme bewirkt wird.

Es ist auch anzumerken, dass die oben getroffenen Formalisierung nur eine mögliche Form ist, die Komponenten des OPUS-Netzes hinsichtlich einer integrierten Modellierung zu erfassen. Es lassen sich, insbesondere im Bereich der Indizierung bzw. Referenzierung diverse andere Methoden anwenden; die hier gewählten Ansätze sollen nur eine grundsätzliche Basis darstellen. Erst durch die konkrete Nennung von Plattformen, Programmen und der Spezifikation deren Schnittstellen sowie der Darstellung inhaltlicher Abhängigkeiten kann ein konkretes Modell entwickelt werden.

Bis dahin wird von dem skizzierten generischen Modell ausgegangen und darauf aufsetzend grundlegende Funktionalitäten modelliert.

2.2.3
Abbildung eines OPUS-Netzes auf unterstützende Programmsysteme und Datenstrukturen

Die Umsetzung eines spezifizierten OPUS-Netzes in lauffähige Programme macht es i. a. erforderlich, dass zusätzliche Programme in das Netz mit aufgenommen werden, die insbesondere Brücken zwischen den proprietären Unterstützungssystemen (z.B. UmweltCAD) und im Rahmen der OPUS-Netz-Spezifikation erstellten Funktionsaufrufen schlagen.

Auf der Ebene technischer Realisierung muss dabei, wie auch der Abbildung 2.2-1 zu entnehmen, von folgenden Fakten ausgegangen werden:

Die Unternehmen eines OPUS-Netzes verwenden über- und innerbetrieblich unterschiedliche technische Basissysteme, das sind in der Regel lokale Netzwerke unterschiedlicher Art (Ethernet, Token Ring etc.), unterschiedliche Geräte und Rechner (mit allgemeinen und speziellen Funktionen), unterschiedliche Betriebssysteme (Windows, OS/2, Unix Derivate, Novell Netware usw.), Geräte oder Rechner, die in irgendeiner Weise im OPUS-Netz eine Rolle spielen. Rechner und deren Betriebssysteme wurden unter dem Begriff Plattformen zusammengefasst (s.o.).

Für die Auswahl geeigneter Plattformen im Rahmen von OPUS kann folgendes festgehalten werden:

- Die Kopplung der einzelnen Programme wird am einfachsten über eine TCP/IP-Verbindung realisiert. Damit sind auch die im Umfeld von TCP/IP liegenden Protokolle wie ICMP oder UDP gemeint. Andere Protokolle wie IPX/SPX oder AppleTalk sind nach dem derzeitigen Trend nicht mehr zu beachten.
- Einzelne Plattformen sollten Multitasking-Betriebssysteme mit Interprozesskommunikationsmechanismen enthalten, damit zu proprietären Programmen entsprechende Zusatzprogramme entwickelt werden können, die diese steuern und gleichzeitig an das OPUS-Netz koppeln. Liegt eine Plattform vor, die diese Anforderung nicht erfüllt, muss das Programm, das auf dieser Plattformen im Rahmen des OPUS-Netzes betrieben werden soll, im Quellcode vorliegen, damit es um die erforderliche Funktionalität zur Ankopplung an das OPUS-Netz erweitert werden kann.

- Sämtliche Programme, die für die Verwendung im OPUS-Netz in Betracht kommen, müssen eine hinreichend funktionale Programmierschnittstelle aufweisen. Ist dies bei bestimmten Fällen nicht möglich, entscheidet sich die Nutzung innerhalb von OPUS danach, ob das entsprechende Programm aufgrund des Charakters einer Informationssenke trotzdem weiter verwendet werden kann. Dies ist z.B. denkbar bei CAD-Systemen, die nicht von anderen Programmen des OPUS-Netzes „angestoßen" werden, d.h. denen es nicht Informationen liefern muss. In diesem Fall kann ein Benutzer über eine Benutzungsschnittstelle, die in einem Zusatzprogramm aufgenommen wird, die Kopplung zum OPUS-Netz herstellen.
- Denkbar ist die Nutzung von WWW-Servern und Browsern, um Benutzern visuellen Zugriff auf die umweltrelevanten Daten zu liefern; dies ist insbesondere im Bereich der überbetrieblichen Kopplung sinnvoll.

In den folgenden Arbeiten sind Modelle nach der beschriebenen Methode zu entwickeln, die konkrete OPUS-Netze und deren Informationsabhängigkeiten erfassen. Dazu wird unter Nutzung der vereinfachten objektorientierten Modellierung auf die Konkretisierung von Datentypen, Funktionen, Klassen usw. hingearbeitet. Diese werden anschließend auf der Basis von TCP/IP-Kommunikation prototypisch implementiert.

3 Integration von Umweltaspekten in betriebliche Funktionsbereiche

3.1 Konstruktion

von Wilfried Kölscheid, Franz-Bernd Schenke, Peter Weber

Neben den klassischen Zielen, z.B. Optimierung von Kosten, Zeit und Qualität, gewinnt der Faktor Umwelt zunehmend an Relevanz (Alting u. Legarth 1995, Spur 1995). Diese Entwicklung ist auf das wachsende Umweltbewusstsein in der Bevölkerung zurückzuführen. Politik und Gesellschaft haben, auch vor dem Hintergrund einer wachsenden Weltbevölkerung und eines steigenden Lebensstandards, die Notwendigkeit erkannt, die natürlichen Ressourcen für nachfolgende Generationen zu schonen und zu erhalten. Emissionsvorschriften, Schadstoffbegrenzungen sowie Gesetze zur Kreislaufwirtschaft sind Randbedingungen, die produzierende Unternehmen zukünftig verstärkt berücksichtigen müssen (Eversheim et al. 1999, Eversheim et al. 1998a).

Aus dieser Erkenntnis resultieren Forderungen, die Umwelteinflüsse eines Produktes während seines gesamten Lebenszyklus, ausgehend von der Entstehung über die Nutzung bis hin zur Entsorgung, zu reduzieren beziehungsweise zu minimieren. Die Schwierigkeit liegt zunächst darin, dass die Zusammenhänge zwischen den ökologischen Eigenschaften der Produkte und den Prozessen und Entscheidungen in der Produktentwicklung nicht direkt erkennbar sind. Darüber hinaus beeinträchtigt die Vielzahl der zu berücksichtigenden Parameter die Transparenz der zu beschreibenden Zusammenhänge. In der Produktentwicklung liegt das größte Potential, neben der Festlegung der Eigenschaften von innovativen Produkten, maßgeblich auch deren Lebenszyklus zu gestalten (Eversheim et al. 1998b). Um die Umweltauswirkungen während des gesamten Produktlebenszyklus minimieren zu können, müssen die zugehörigen Umwelteinflüsse bereits in der Produktentwicklung ermittelt werden. Voraussetzung ist, dass neben dem Produkt auch dessen Lebenszyklusprozesse, die benötigten Ressourcen sowie deren Umweltwirkungen bekannt sind. Diese Leistung kann nicht durch die Produktentwicklung eigenständig erbracht werden, sondern bedarf der interdisziplinären Zusammenarbeit. Neue Lösungskonzepte für Produkte können heute nur dann gefunden werden, wenn durch eine Integration aller im Produktlebenszyklus involvierten Bereiche ein gegenseitiges Verständnis neue Blickwinkel ermöglicht (vgl. Kölscheid 1999). Ziel muss es sein, den Konstruktionsprozess methodisch zu unterstützen, damit zukünftige Produkte möglichst ressourceneffizient, umweltökonomisch und lebenszyklusorientiert gestaltet werden können.

3.1.1 Grundlagen der Methodik zur lebenszyklusorientierten Produktgestaltung

Die Methodik zur lebenszyklusorientierten Produktgestaltung umfaßt ein Integriertes Produkt-, Lebenszyklus- und Ressourcenmodell (IPLRM) sowie eine systematische Vorgehensweise zur lebenszyklusorientierten Produktgestaltung. Die praktische Anwendung der Methode wird durch eine EDV-technische Unterstützung realisiert.

Das Integrierte Produkt-, Lebenszyklus- und Ressourcenmodell repräsentiert die Grundlage für die lebenszyklusorientierte Gestaltung von Produkten. Hierbei werden die Produkte, die zugehörigen Prozesse in den verschiedenen Lebenszyklusphasen, die erforderlichen Ressourcen sowie die Zusammenhänge zwischen den aufgeführten Informationen analysiert und strukturiert abgebildet (vgl. Kölscheid 1999).

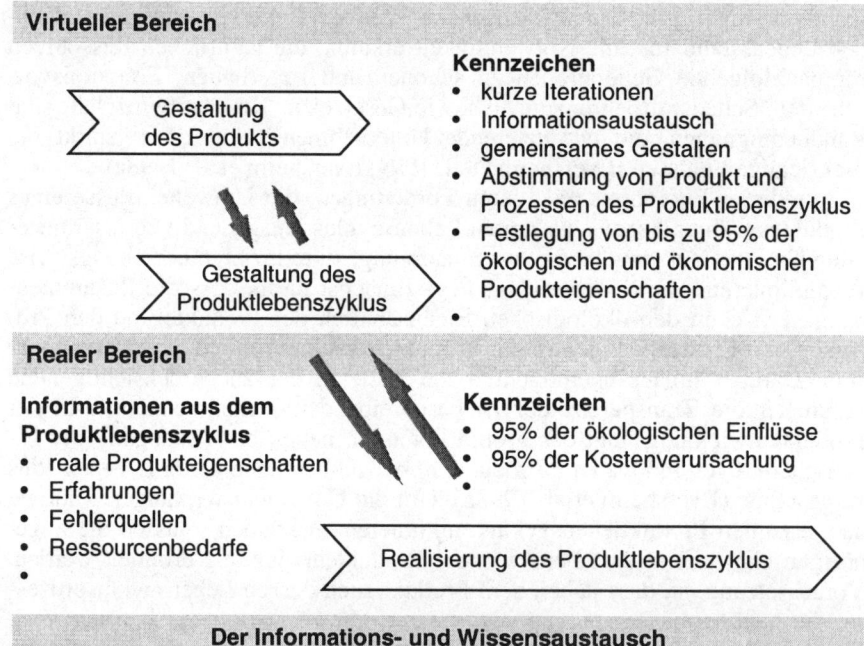

Virtueller Bereich

Gestaltung des Produkts

Gestaltung des Produktlebenszyklus

Kennzeichen
- kurze Iterationen
- Informationsaustausch
- gemeinsames Gestalten
- Abstimmung von Produkt und Prozessen des Produktlebenszyklus
- Festlegung von bis zu 95% der ökologischen und ökonomischen Produkteigenschaften

Realer Bereich

Informationen aus dem Produktlebenszyklus
- reale Produkteigenschaften
- Erfahrungen
- Fehlerquellen
- Ressourcenbedarfe

Kennzeichen
- 95% der ökologischen Einflüsse
- 95% der Kostenverursachung

Realisierung des Produktlebenszyklus

Der Informations- und Wissensaustausch zwischen virtuellem und realem Bereich muß gewährleistet werden!

Abb. 3.1-1 Virtueller und realer Betrachtungsbereich (nach Kölscheid 1999)

Um die Interdependenzen zwischen der planenden, gestaltenden Phase und dem realisierten Lebenszyklus eines Produktes differenzieren zu können, wird bei der Betrachtung von Produktlebenszyklen zwischen einem virtuellen und einem realen Bereich unterschieden (Abb. 3.1-1).

Im virtuellen Bereich werden sowohl das Produkt als auch dessen Lebenszyklus gestaltet. Dieser Bereich soll durch kurze Iterationen zwischen der Produkt- und Prozessgestaltung eine enge Abstimmung zwischen Produkt- und Lebenszyklusgestaltung ermöglichen. Auf Änderungen der Produkteigenschaften kann hierbei direkt mit einer entsprechenden Anpassung bei der Planung der Prozesse reagiert werden. Um Produkt und Produktlebenszyklus effizient gestalten zu können, sind jedoch Informationen aus dem realen Bereich notwendig. Die Erfassung, Aufbereitung und Bereitstellung der – zur Bewertung der Produkt- und Lebenszyklusgestaltung hinsichtlich der Ressourceneffizienz und Umweltökonomie – notwendigen Informationen aus dem realen Bereich ist zwingend erforderlich, um reale Randbedingungen und Erfahrungswerte aus vorhergehenden Produkten und deren Lebenszyklen bereits frühzeitig in der Produkt- und Lebenszyklusgestaltung zu berücksichtigen (vgl. Kölscheid 1999).

Voraussetzung für die Entwicklung einer Methodik zur lebenszyklusorientierten Produktgestaltung ist die Ermittlung aller relevanten Anforderungen, damit die einzelnen Elemente der Methodik konkret an diesen Anforderungen ausgerichtet und entsprechend realisiert werden können. Um ausgehend von der Problemstellung die dargestellte Zielsetzung realisieren zu können, liegen folgende Anforderungen der Entwicklung der Methode zur lebenszyklusorientierten Produktgestaltung zugrunde:

- Sicherstellung des Anwendungsbezugs,
- Koordination der Entwicklungsaufgaben,
- Erweiterung oder Ergänzung sowie Integration existierender Methoden,
- Unterstützung verschiedener Gestaltungsebenen,
- Berücksichtigung des vollständigen Produktlebenszyklus,
- Abbildung von Produkt-, Lebenszyklus- und Ressourcendaten,
- Bereitstellung internen und externen Wissens,
- Gestaltung mit Hilfe unsicherer Informationen,
- technische, ökonomische und ökologische Bewertung sowie
- Konfiguration und „Lernfähigkeit" der Methodik.

3.1.2
Integriertes Produkt-, Lebenszyklus- und Ressourcenmodell

Das Integrierte Produkt-, Lebenszyklus- und Ressourcenmodell (IPLRM) umfasst im einzelnen ein Produkt-, Lebenszyklus- und Ressourcenmodell sowie ein Hilfs- und Bewertungsmodell. Zentrales Element des IPLRM ist die Integrierte Produkt-, Lebenszyklus- und Ressourcen-Einheit (IPLR-Einheit), die zusammengehörende Informationen miteinander kombiniert (Abb. 3.1-2). Sie umfasst mindestens je eine Information über eine Komponente, ein Lebenszykluselement und eine Ressource. Hierbei durchläuft die Komponente einen Produktlebenszyklus beziehungsweise Prozesse der einzelnen Produktlebensphasen. Dabei werden Ressourcen benötigt und Abfälle und Emissionen erzeugt. Beispiel: Für ein Getriebegehäuse (Produktinformation) werden in der Entstehung (Lebenszyklusinformation) 3kg Stahl St52 (Ressourceninformation) benötigt.

Produktmodell
- Anforderung
- Funktion
- Gestalt

Hilfs- und Bewertungsmodell
- Parameter
- Unsicherheit
- Gleichung
- Sachbilanz
- Wirkbilanz

IPLR-Einheit
- Komponente
- Lebenszykluselement
- Ressource
- Bewertung

Lebenszyklusmodell
- Entstehung
- Nutzung
- Entsorgung

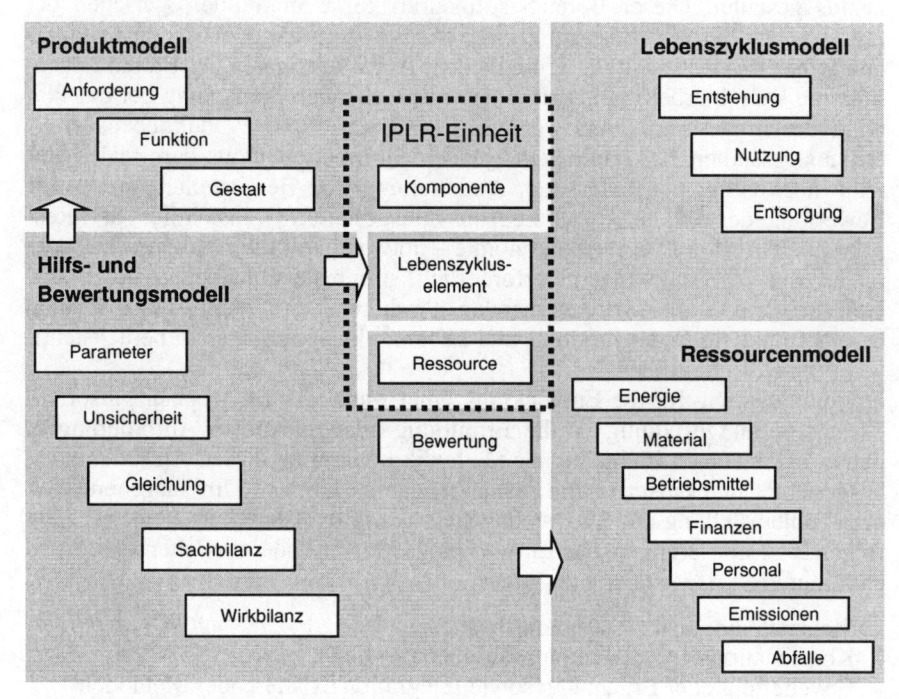

Ressourcenmodell
- Energie
- Material
- Betriebsmittel
- Finanzen
- Personal
- Emissionen
- Abfälle

Abb. 3.1-2 Partialmodelle des IPLRM (nach Kölscheid 1999)

Die ökologische und ökonomische Bewertung einer IPLR-Einheit erfordert den Zugriff auf Informationen aus dem Hilfs- und Bewertungsmodell, in dem sowohl Basisinformationen für die ökologische und ökonomische Bewertung als auch Rechenvorschriften für die Berechnung der ökologischen und ökonomischen Kenngrößen abgelegt sind. Durch eine entsprechende Analyse können die ökologisch und ökonomisch kritischen Komponenten und Lebenszyklusprozesse identifiziert werden. Hieraus lassen sich Produkt- und Prozessoptimierungen ableiten. Aus Ressourcensicht können schädliche Materialien, Abfälle und Emissionen ermittelt sowie deren Ursache untersucht werden, um alternative Lösungen abzuleiten (vgl. Kölscheid 1999).

Die detaillierte Darstellung der Partialmodelle des IPLRM erfolgt in Anlehnung an den Standard for the Exchange of Product Model Data (STEP) mit Hilfe von EXPRESS_G, der graphischen Version von EXPRESS. Dies ermöglicht eine objektorientierte Modellierung. Für die einzelnen Partialmodelle wurde eine generische Beschreibung zugrunde gelegt, um alle Produkte, Lebenszyklusprozesse und Ressourcen abbilden zu können. Durch diesen generischen und neutralen Aufbau der Modelle kann sichergestellt werden, dass eine Integration von unternehmens- oder branchenspezifischen Modellen möglich ist.

Der unterschiedliche Status während der Entwicklung wird nach dem Schema des IPLR-Modells in Datenbanken gespeichert. Auf diese Weise können die Evolution der Entwicklung beziehungsweise des Produktes über die Lebensphasen nachvollzogen werden und die gewonnenen Erfahrungen für die Entwicklung neuer Produktgenerationen genutzt werden. Des weiteren ist damit der Vergleich zwischen virtuellem und realem Bereich der Lebenszyklen möglich. Dies führt zu wichtigen Informationen bezüglich der Optimierungsmöglichkeiten für nachfolgende Generationen und auch bezüglich der notwendigen Modellierungsgenauigkeiten (vgl. Kölscheid 1999).

Produktmodell

Wesentliches Element einer lebenszyklusorientierten Produktgestaltung ist das Produktdatenmodell. Die Entwicklung basiert auf bestehenden Ansätzen für die Abbildung von produktbeschreibenden Informationen (Anderl et al. 1993, Baumann 1995, Kläger 1993, Polly et al. 1996, Rude 1991, Benz 1990, SFB 361, SFB 346). Hierzu gehören der Aufbau des Produktes oder seiner Komponenten, die Anforderungen, Funktionen und Gestalt (Abb. 3.1-3). Durch die objektorientierte Modellierung wird die Möglichkeit geschaffen, weitere Partialmodelle, die zur unternehmensspezifischen Beschreibung der Komponenten benötigt werden, nachträglich zu integrieren, ohne die Grundstruktur ändern zu müssen. Die Struktur der einzelnen Schemata wird im Folgenden kurz erläutert.

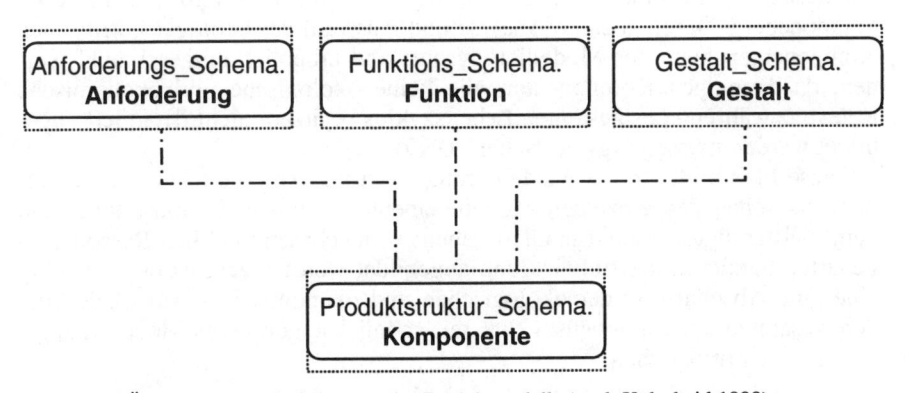

Abb. 3.1-3 Übersicht über die Schemata des Produktmodells (nach Kölscheid 1999)

Produktstruktur_Schema

Ein zentrales Element des IPLRM bildet die „Komponente", die Bestandteil des Produktstruktur_Schemas ist. Eine Komponente kann entweder ein Einzelteil, eine Baugruppe, ein Modul oder sogar das gesamte Produkt repräsentieren. Bis auf das Einzelteil können alle Komponenten wiederum aus Komponenten aufgebaut sein (Abb. 3.1-4).

```
Parameter_Schema.   beschrieben_durch S[1:?]      Lebenszyklus_Schema.
    Parameter                                       Lebenszykluselement

                                                 Bezeichnung
                              Komponente                      STRING
    besteht_aus L[1:?]
                                   1

           Produkt         Modul         Baugruppe         Einzelteil
              besteht_aus L[1:?]
                         besteht_aus L[2:?]
```

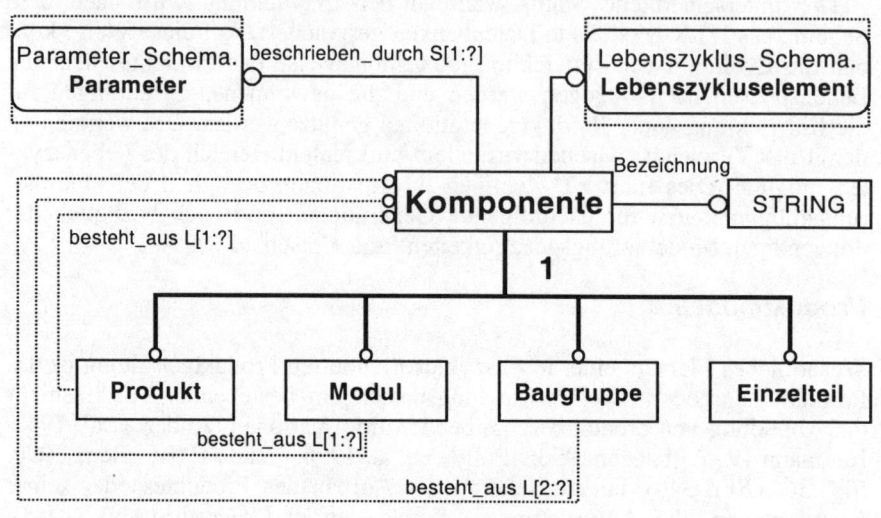

Abb. 3.1-4 Produktstruktur_Schema (nach Kölscheid 1999)

Das Attribut „besteht aus" ist optional, damit die Struktur der Produkte in Abhängigkeit von ihrer Komplexität und im Verlauf der Entwicklungsprozesse konkretisiert und detailliert werden kann. Diese Differenzierung ist die Voraussetzung für eine isolierte Lebenszyklusbetrachtung einzelner Produktkomponenten. Durch gezielte Analyse und Auswahl der ökologisch kritischen Komponenten kann der Modellierungsaufwand erheblich eingeschränkt werden, da diejenigen Komponenten, die keine ökologische und ökonomische Relevanz während des gesamten Lebenszyklus besitzen, nicht detailliert abgebildet werden müssen (vgl. Kölscheid 1999).

Diese Flexibilität in der Modellierung ist nur durch eine adäquate Verbindung zwischen den einzelnen Modellelementen möglich. Es muss und kann kein vollständiges Produkt in allen Lebenszyklusphasen mit allen Ressourcenbedarfen bereits in der Entwicklung abgebildet werden. Ziel ist es, frühzeitig eine gute Abschätzung der ökologischen und ökonomischen Aufwände über den gesamten Produktlebenszyklus mit möglichst geringem Modellierungsaufwand zu ermöglichen.

Anforderungs_Schema
Die Anforderungen an das Produkt werden in einer Anforderungsliste dokumentiert. Hierbei wird zwischen Fest-, Mindest- und Wunschforderungen unterschieden. Darüber hinaus werden Restriktionen in Form von Schnittstellenanforderungen spezifiziert, die aus den Wechselwirkungen des Produktes mit seiner Umwelt resultieren. Die Anforderungen werden über die Zuordnung von Gewichtungsfaktoren ihrer Bedeutung entsprechend gegliedert. Und,

wo notwendig, möglich und sinnvoll, auf einzelne Komponenten vererbt. Bei der Gestaltung werden zusätzliche komponentenspezifische Anforderungen in der Anforderungsliste ergänzt. Dadurch entsteht eine dynamischen Anforderungsliste, die ausgehend von den Grundanforderungen mit zunehmendem Detaillierungsgrad ergänzt wird (Baumann 1995, Kläger 1993, Anderl et al. 1993).

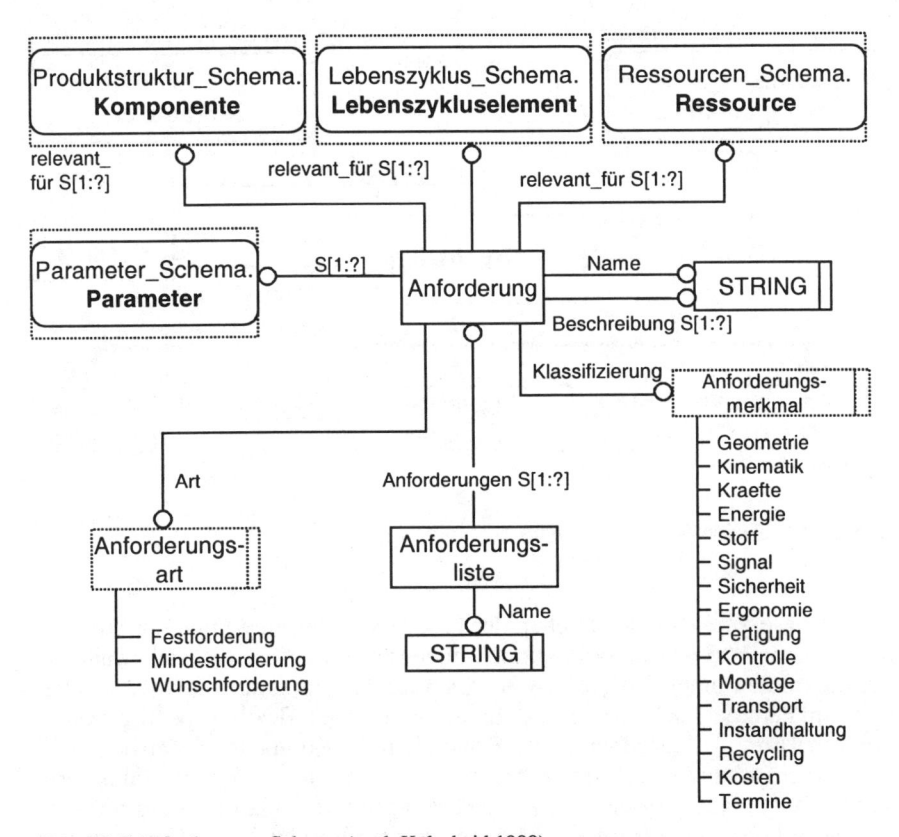

Abb. 3.1-5 Anforderungs_Schema (nach Kölscheid 1999)

Um eine integrierte Gestaltung von Produkten und deren Lebenszyklen zu ermöglichen, müssen die zumeist technischen und ökonomischen Anforderungen um ökologische Anforderungen ergänzt werden. Dies wird im Anforderungsschema durch die Formulierung von Anforderungen an Komponenten, Lebenszykluselementen und Ressourcen erreicht (Abb. 3.1-5). Die Anwendung des Parameter_Schemas ermöglicht eine flexible Gestaltung von Anforderungen (vgl. Kölscheid 1999).

Funktions_Schema
Entscheidend für die Nutzung der Komponenten sind deren Funktionen, die den eigentlichen Zweck, zu dem die Komponenten hergestellt werden, beschreiben. Vor diesem Hintergrund muss im IPLRM jeder Komponente mindestens eine Funktion zugeordnet werden, da diese Zuordnung für die Definition des Lebenszyklus der Komponente benötigt wird (Abb. 3.1-6).

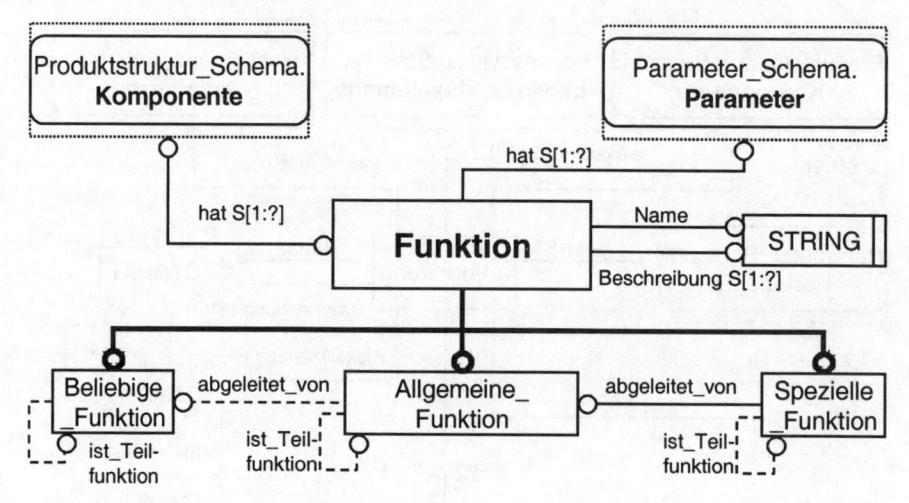

Abb. 3.1-6 Funktions_Schema (nach Kölscheid 1999)

Auf diese Weise entsteht neben der Produktstruktur eine Funktionsstruktur, in der dem Produkt Hauptfunktionen zugeordnet werden, die sich weiter in Teilfunktionen untergliedern lassen. Auch im Funktionsschema wird der Bezug zum Parameterschema hergestellt, um Funktionen flexibel spezifizieren zu können. Um eine Zuordnung von Funktionen zu Komponenten zu vereinfachen, kann produkt- und unternehmensspezifisch ein allgemeiner Funktionskatalog aufgebaut werden. Die Beschränkung und Standardisierung der „allgemeinen Funktionen" ermöglicht einen späteren Vergleich von Komponenten gleicher Funktion. Auf diese Weise können für Funktionen anderer Produkte Lösungsalternativen mit besseren ökologischen und ökonomischen Eigenschaften ausgewählt und gleichzeitig die zugehörigen Komponenten identifiziert werden (vgl. Kölscheid 1999).

Gestalt_Schema
Die Gestalt beziehungsweise die Geometrie der Komponenten werden im Produktmodell abgelegt. Die Gestaltrepräsentation ist erforderlich, um die Lebenszyklusprozesse planen zu können (Abb. 3.1-7).

Während für den Konstrukteur und Entwickler die detaillierte, elementare Repräsentation der Produktgestalt entscheidend ist, sind für die Experten der anderen an der lebenszyklusorientierten Produktgestaltung beteiligten Bereiche die Gestalt – nicht aber deren elementare Zusammensetzung – relevant.

3.1 Konstruktion

Aus diesem Grund werden nicht die elementaren Ebenen – Linien, Punkte, Flächen etc. – eines CAD-Modells betrachtet. In dem Modell wird die Gestalt über Daten-files und nicht über einzelne Gestaltelemente dargestellt, so dass nicht zwischen 2D- bzw. 3D-CAD-Modellen unterschieden werden muss. Die Gestalt der Komponente kann durch ergänzende Informationen mittels des Parameterschemas beschrieben werden (vgl. Kölscheid 1999).

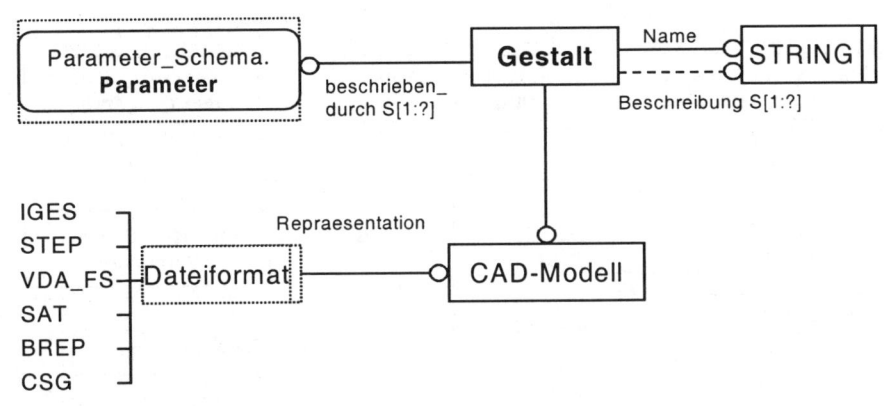

Abb. 3.1-7 Gestalt_Schema (nach Kölscheid 1999)

Lebenzyklusmodell

Der Lebenszyklus einer Komponente beginnt mit den Prozessen, die zur Realisierung seiner Funktion notwendig sind und endet mit den Prozessen, welche die ursprüngliche Funktion der Komponente dauerhaft aufheben. Das Lebenszyklusmodell dient zur Abbildung des gesamten Lebensweges eines virtuellen oder realen Produktes anhand der geplanten oder schon durchlaufenen Prozesse in den einzelnen Lebensphasen (Abb. 3.1-8). Auf diese Weise können die Ressourcenverbräuche sowie weitere ökologie- und ökonomierelevante Produkt- und Prozesseigenschaften erfasst werden. Mit Hilfe dieser Daten können alternative Lösungen hinsichtlich ihrer verschiedenen Eigenschaften über ihren gesamten Lebenszyklus miteinander verglichen und verbessert werden. So können Einflüsse der Folgeprozesse in allen Lebenszyklusphasen bereits während der Produktentwicklung besser abgeschätzt und bewertet werden.

Damit das IPLRM der Forderung nach Allgemeingültigkeit genügen kann, muss das Lebenszyklusmodell für ein beliebiges Produkt – unabhängig von der Produktart, der Produktkomplexität oder den Stückzahlen – generiert werden können. Um die teilweise erheblichen strukturellen Unterschiede zwischen den Unternehmen berücksichtigen zu können, ist es im Sinne einer anwenderorientierten Nutzung erforderlich, das Modell unternehmens- oder projektspezifisch konfigurieren zu können (vgl. Kölscheid 1999).

Das IPLRM für die lebenszyklusorientierte Produktgestaltung wurde hier für produzierende Unternehmen der verarbeitenden Industrie instanziiert, wobei die Betrachtung der drei Lebensphasen Entstehung, Nutzung und Entsorgung für eine Lebenszyklusmodellierung ausreicht, sofern über Schnittstellen weitere, mit dem Hauptprodukt in Verbindung stehende Produktlebenszyklen von Vor-, Neben- und Folgeprodukten angegliedert werden können.

Das Lebenszyklusmodell wurde auch in Express_G dargestellt. Es handelt sich hierbei um eine Darstellung der Lebensphasen bzw. -abschnitte auf der oberen Detaillierungsstufe, in der keine einzelnen Prozesse abgebildet werden.

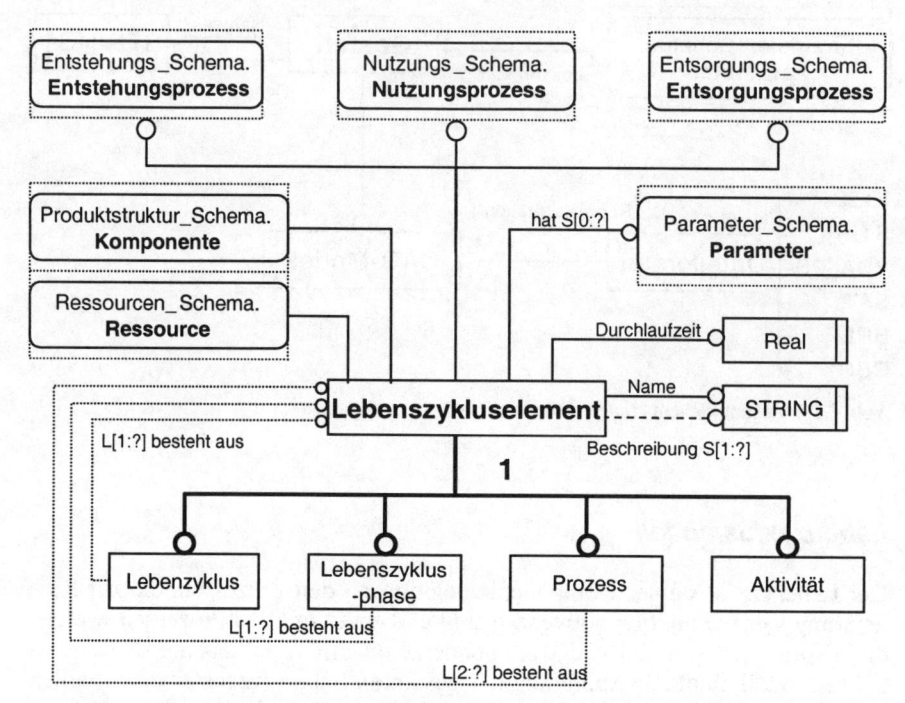

Abb. 3.1-8 Prozess_Schema für Lebenszyklusprozesse (nach Kölscheid 1999)

Ressourcenmodell

Im Ressourcenmodell werden den Lebenszyklusprozessen und damit auch den einzelnen Komponenten Ressourcenbedarfe zugeordnet. Auf diese Weise wird die Grundlage für eine absolute oder vergleichende technische, ökonomische und ökologische Bewertung geschaffen (Abb. 3.1-9). Zu den Ressourcen zählen Energie, Material, Personal, Finanzen und Betriebsmittel (Hartmann 1993, Leber 1995, Gupta 1997). Die Betriebsmittel nehmen eine besondere Stellung ein, da bei ihrer Nutzung die für den gesamten Lebenszyklus der Betriebsmittel anteiligen Ressourcenbedarfe auf die Lebenszyklusprozesse umgelegt werden müssen. Auf diese Weise können insbesondere Entstehungs- und Entsorgungsprozesse der Komponenten, bei denen ressourcenintensive Betriebsmittel eingesetzt werden, umweltorientiert gestaltet werden.

Ressourcen sind Verbrauchsgrößen und, aufgrund der Input-Output Betrachtung, auch entstandene Aufkommen. Deshalb werden Abfälle und Emissionen ebenfalls im Ressourcenmodell abgebildet. Die Ressourcen sind direkt an das Lebenszyklus_Schema gekoppelt. Damit können alle für die Sachbilanzierung notwendigen In- und Outputströme prozessorientiert abgebildet werden (vgl. Kölscheid 1999).

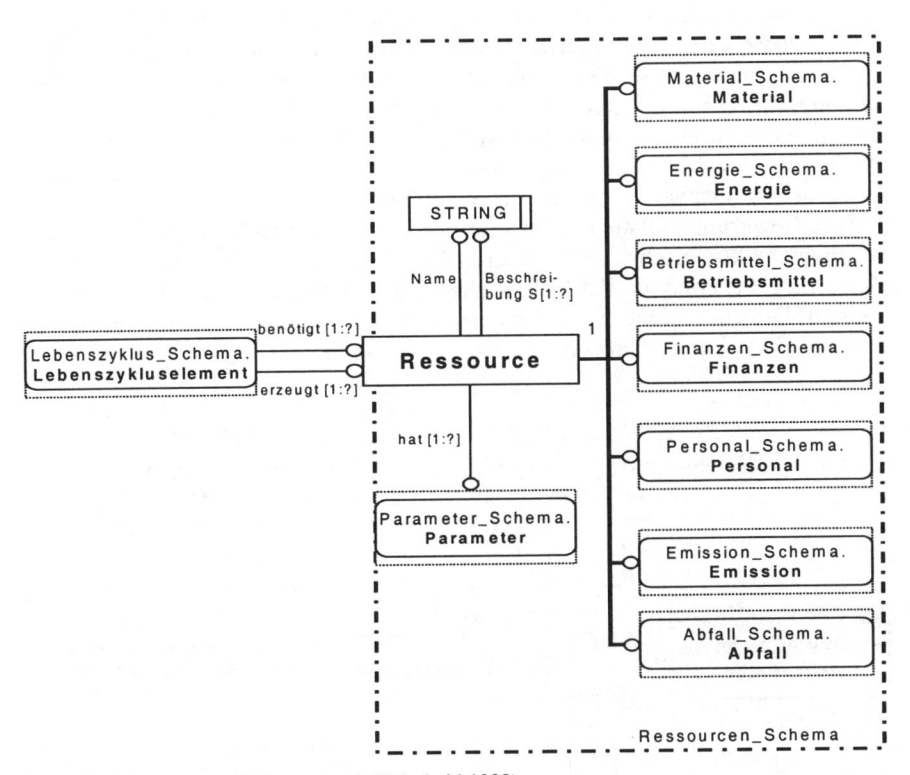

Abb. 3.1-9 Ressourcen_Schema (nach Kölscheid 1999)

Hilfs- und Bewertungsmodell

Im Hilfs- und Bewertungsmodell werden alle Informationen abgebildet, die in den einzelnen Partialmodellen des IPLRM als Hilfs- oder Bewertungsgrößen erforderlich sind. Als Hilfsschemata werden hierbei das Parameter_Schema, das Gleichungs_Schema und das Unsicherheits_Schema genutzt (Abb. 3.1-10). Über das Parameter_Schema werden Verbindungen zu anderen Partialmodellen des IPLRM hergestellt. Hierbei werden den Produkt- und Prozessinformationen, die durch quantitative Größen beschrieben werden können, ein Parameterwert sowie eine zugehörige Größe zugeordnet. Des weiteren wird aus diesem Schema je nach Bedarf auf das Gleichungs_Schema und das Unsicherheits_Schema verwiesen. Mit dem Gleichungs_Schema können über das Parameter_Schema Beziehungen zwischen den einzelnen Elementen des IPLRM definiert werden. Diese Beziehungen sind die Grundlage, um Rechenoperationen abbilden zu können. So werden beispielsweise technische, ökonomische und ökologische Bewertungen mit Hilfe des Gleichungs_Schema durchgeführt, da hier Sachbilanzen mit ökologischen Wirkungen zu Wirkbilanzen verknüpft werden. Durch das Unsicherheits_Schema wird die Arbeit mit unsicheren oder unscharfen Daten ermöglicht. Dies ist insbesondere in den frühen Phasen der Produktentwicklung, in denen auf Basis von Schätzungen und Erfahrungswertebereichen gerechnet werden muss, von besonderer Bedeutung. Aufgrund der teilweise sehr langen Lebensdauer von Produkten besitzt die Unschärfe eine besondere Relevanz für die frühzeitige Gestaltung von Produkten und deren Lebenszyklusprozesse bezüglich der späten Nutzungs- und Entsorgungsphasen (vgl. Kölscheid 1999).

Das Bewertungsschema dient zur Festlegung der technischen, ökonomischen und ökologischen Bewertungsgrößen. Zu diesem Zweck müssen die Bewertungskriterien und die Gewichtung der einzelnen Kriterien definiert werden. Dies geschieht in der Strategischen Planung und wird in den detaillierteren Gestaltungsebenen konkretisiert oder verfeinert.

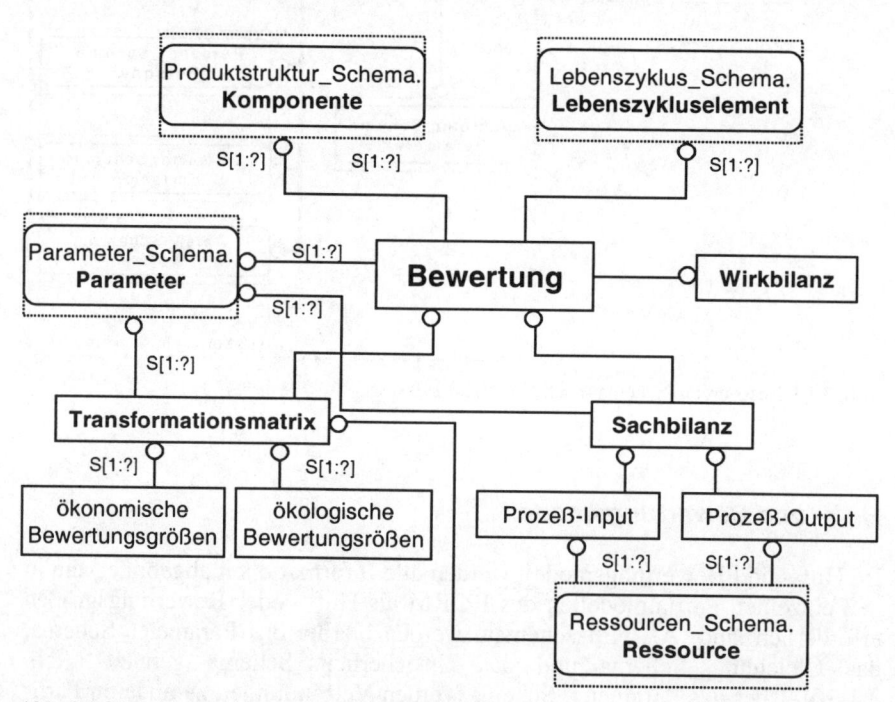

Abb. 3.1-10 Bewertungs_Schema (nach Kölscheid 1999)

Grundlage für die Bewertung sind die Input- und Output-Werte der Prozesse aus dem Ressourcen_Schema. Diese werden mit Hilfe des Parameter_Schemas zu einer Sachbilanz zusammengefasst. In einer Transformationsmatrix werden die ökonomischen und ökologischen Bewertungsgrößen für die verschiedenen Ressourcen festgelegt. Dies geschieht wieder unter Zuhilfenahme des Parameter_Schemas. Die integrierte ökologische und ökonomische Bewertung erfolgt durch Verknüpfung von der Sachbilanz mit der Transformationsmatrix zur Wirkbilanz. Dazu wird mit Hilfe des Parameter_Schemas und des Gleichungs_Schemas eine Matrixoperation durchgeführt (vgl. Kölscheid 1999).

3.1.3
Systematische Vorgehensweise zur lebenszyklusorientierten Produktgestaltung

Die systematische Vorgehensweise zur lebenszyklusorientierten Produktgestaltung baut auf dem IPLRM beziehungsweise auf den dort abgebildeten Informationen zur Gestaltung von Produkten und deren Lebenszyklen auf.

Als Grundlage für die lebenszyklusorientierte Produktgestaltung dient ein Zyklus, der auch im menschlichen Problemlösungsverhalten sowie bei der Gestaltung von Produkten eingesetzt wird. Die Abbildung komplexer Gestaltungsaufgaben wird hierbei durch eine mehrdimensionale Verschachtelung von Gestaltungszyklen realisiert. Der Aufbau kann dabei einer fraktalen Struktur ähneln (Peitgen et al. 1996). Ausgehend von einer Zieldefinition ist die wichtige Aufgabe des Konstrukteurs und Entwicklers die Lösungsfindung. Aus den gefundenen Lösungen werden geeignete Lösungen durch eine „Auswahl" zur weiteren Konkretisierung bestimmt. Damit wird ein neuer Zyklus initiiert, der mit einer konkreteren Zielsetzung – mit wenigen Freiheitsgraden – beginnt. Auf diese Weise können auch die ausgewählten Lösungen konkreter formuliert werden, so dass insgesamt eine konvergente Approximierung an die Zielsetzung der Gestaltungsaufgabe möglich ist (vgl. Kölscheid 1999).

Im Folgenden werden die verschiedenen Gestaltungsdimensionen der lebenszyklusorientierten Produktgestaltung erläutert. Der Gestaltungsraum zeichnet sich durch eine Gliederung in Gestaltungsebenen und Gestaltungselemente aus. Die Gestaltungsebenen werden hierbei nach den unternehmensinternen Hierarchien differenziert. In Anlehnung an das St. Gallener Management-Konzept (Bleicher 1994, Dyckhoff 1997) wird in diesem Zusammenhang zwischen „normativen", „strategischen", „koordinierenden" und „operativen" Gestaltungsebenen unterschieden. Gestaltungselemente der lebenszyklusorientierten Produktgestaltung – als kleinste Einheiten eines Gestaltungsraums – repräsentieren eines der drei Hauptelemente des IPLRM. Durch Veränderung dieser Gestaltungselemente können ökologische und ökonomische Eigenschaften von Produkten maßgeblich beeinflusst werden.

Die lebenszyklusorientierte Produktgestaltung bezieht sich auf verschiedene Hierarchieebenen mit unterschiedlichem Hilfsmitteleinsatz. Deshalb wird der Gestaltungszyklus auf verschiedenen Detaillierungsebenen angewendet. Aufgrund der generischen Auslegung des Gestaltungszyklus ist sowohl für die Produktgestaltung als auch für die Gestaltung der Lebenszyklusprozesse eine

Anwendung möglich, so dass hier eine interhierarchische, ebenenübergreifende oder auch eine Gestaltungselement verbindende Vernetzung entsteht, die äußerst komplexe Strukturen annehmen kann (vgl. Kölscheid 1999).

Besondere Aufmerksamkeit wurde den beiden unteren Gestaltungsebenen gewidmet, da hier die Umsetzung von Methoden und Vorgehensweisen zur lebenszyklusorientierten Produktgestaltung anzusiedeln ist.

Die koordinierende Gestaltungsebene dient der Abbildung von Hilfsmitteln und Methoden, die zur Organisation und Koordination der lebenszyklusorientierten Gestaltung eingesetzt werden. Die integrierte Produktgestaltung und Planung der Lebenszyklusprozesse sowie die anschließende Zuordnung von Ressourcenbedarfen zu diesen Lebenszyklusprozessen ist eine komplexe Aufgabenstellung, von der verschiedene Fachbereiche unterschiedlicher Unternehmen betroffen sein können. Die Koordinationsmechanismen des Projektmanagement und des Simultaneous Engineering bieten in diesem Zusammenhang ein effiziente Hilfestellung, um diese Aufgaben zu realisieren.

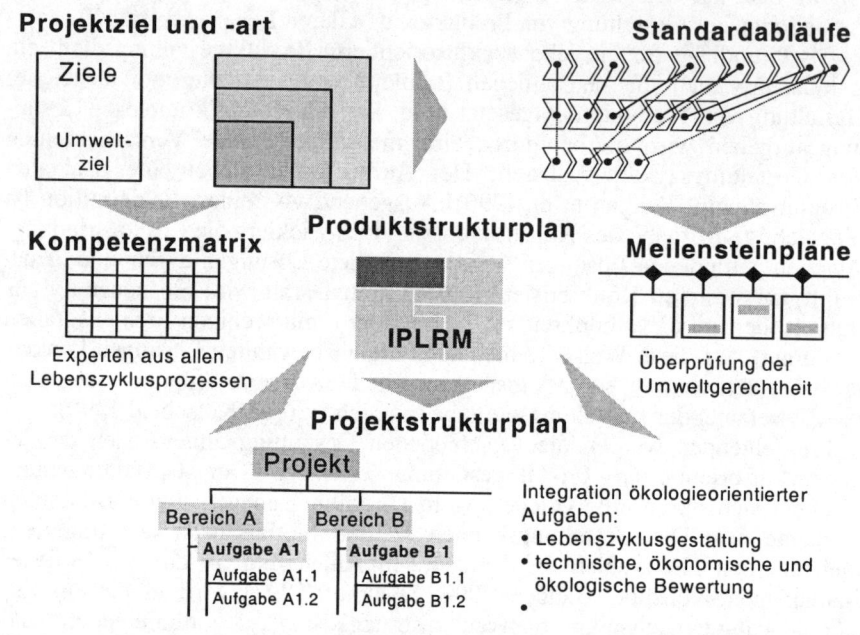

Abb. 3.1-11 Rahmenkonzept für die lebenszyklusorientierte Koordination (nach Kölscheid 1999)

Demgegenüber werden auf der operativen Gestaltungsebene Tätigkeiten, Methoden und Hilfsmittel eingeordnet, die direkt zur lebenszyklusorientierten Produktgestaltung dienen. Dies umfasst Aufgaben zur Gestaltung der Komponenten, Planung der Lebenszyklusprozesse, Zuordnung der Ressourcenbedarfe und Bewertung unterschiedlicher Produkt- und Lebenszykluskonzepte (vgl. Kölscheid 1999).

Ziel bei der Koordination der lebenszyklusorientierten Produktgestaltung ist es, die Aufgaben zur Koordination der lebenszyklusorientierten Produktgestaltung zu systematisieren und in einem Rahmenkonzept abzubilden. Eine lebenszyklusorientierte Produktgestaltung zeichnet sich durch ein hohes Maß an Interdisziplinarität aus. So müssen Experten aus verschiedenen Bereichen, z.B. aus der Konstruktion, dem Marketing, der Produktion, dem Service, der Entsorgung oder dem Recycling, an der Gestaltung beteiligt werden. Mit Hilfe dieses Rahmenskonzepts werden wiederum die operativen Aufgaben koordiniert (Abb. 3.1-11).

In der Projektdefinition werden zunächst die Ergebnisse der strategischen Gestaltungsebene in Zielsetzungen für die koordinierende und operative Gestaltungsebenen umgesetzt. In diesem Zusammenhang werden die globalen Ziele für das Projekt und das Produkt definiert (Burghart 1997, Daenzer 1994, Specht 1996). Für die lebenszyklusorientierte Produktgestaltung sind dies Kosten und Termine für den Markteintritt, technische, ökologische und ökonomische Randbedingungen beziehungsweise Alternativen, der Innovationsgrad, Fachbereiche für die Gestaltung von Produkten und Prozessen für alle Lebensphasen sowie Bewertungsmaßstäbe aus der strategischen Gestaltungsebene, die für die operative Gestaltung benötigt werden.

Im Rahmen der Projektplanung erfolgt die detaillierte Festlegung von Terminen und Ergebnissen sowie die Verteilung der Aufgaben auf die beteiligten Bereiche (Burghart 1997, Schmidt 1995). Aus der Projektdefinition werden die spezifischen Vorgaben zur Projektplanung, z.B. Geschäfts-, Produkt-, Prozess-, Ressourcen- und Umweltanforderungen aus dem Bereich der Produktprogrammplanung oder Technologieplanung, übernommen. Ausgehend von diesen Eingangsgrößen wird das Projekt strukturiert. Strukturierungskriterien sind das Produkt, Aufgaben, Termine und Ergebnisse (Schmidt 1995).

Um die Projektplanung zu vereinfachen und zu beschleunigen, können Standardabläufe für die verschiedenen Projektarten definiert werden. Diese Standardabläufe decken inhaltlich 80% der anfallenden Aufgabentypen der verschiedenen Projektarten ab und müssen lediglich auf die jeweiligen Zielsetzungen angepasst werden (Daenzer 1994, Specht 1996). Die einzelnen Aufgaben resultieren aus den unternehmensspezifischen Randbedingen auf der operativen Gestaltungsebene für Produkte, Prozesse und Ressourcen.

Auf Basis des Projekt-Portfolios und der Standardabläufe wird ein Meilensteinplan aufgebaut, der einer übersichtlichen Ergebnis- und Terminstruktur für das gesamte Projekt entspricht. Hier werden die umweltrelevanten Ergebnisse der lebenszyklusorientierten Produktgestaltung integriert. In den Ablaufstrukturen werden Aufgaben, die durchzuführen sind, um die vorgegebenen Ziele zu erreichen, produktneutral beschrieben.

Zur Planung der Aufgaben bei der lebenszyklusorientierten Produktgestaltung wird ein Produktstrukturplan aufgebaut, in dem die einzelnen Module, Baugruppen und Einzelteile des Produktes dargestellt werden. Zum Aufbau des Produktstrukturplans wird das Produktmodell des IPLRM genutzt und dabei vorinstanziert.

Aus dem Produktstrukturplan und dem Meilensteinplan wird unter Zuhilfenahme der Kompetenzmatrix ein Projektstrukturplan generiert. Dabei werden die Aufgaben mit den Fähigkeiten der verschiedenen Bereiche kombiniert. Die den einzelnen Bereichen zugeordneten Aufgaben werden im Ablaufplan detailliert, auf verantwortliche Personen verteilt und zeitlich zueinander eingeordnet (vgl. Kölscheid 1999).

Zielsetzung des Projektcontrolling ist die Überwachung und Lenkung des Projektes im Sinne der in der Projektdefinition und -planung festgelegten Randbedingungen. Wenn durch Störungen Abweichungen von der geplanten Lösung auftreten, müssen Gegenmaßnahmen eingeleitet werden. Aufgabe des Projektcontrolling ist die Überprüfung der vereinbarten Termine und Ergebnisse und im Fall einer Abweichung die Einleitung von Verbesserungsmaßnahmen. Auch hier kann der Gestaltungszyklus als unterstützendes Hilfsmittel zur Lösung von koordinativen Aufgabenstellungen dienen. Wichtig sind die Verbindungen, bei denen aus der Projektdurchführung heraus Änderungen in der Projektplanung initiiert werden, da dies meist grundlegende Abweichungen von den ursprünglichen Planwerten verursacht. Die inhaltliche Kontrolle der Ergebnisse erfolgt über den Vergleich der Aufgabenstellungen mit den Ergebnissen zu den Meilensteinen. Dafür werden Hilfsmittel auf der operativen Gestaltungsebene eingesetzt.

Die einzelnen Aufgaben der operativen Gestaltungsebene werden mit Hilfe des Gestaltungszyklus unternehmens- und produktneutral beschrieben. Die operative Gestaltung wird gemäß der Struktur des Gestaltungsraums in die Gestaltung von Produkten, Prozessen und Ressourcen entlang des gesamten Produktlebenszyklus differenziert. Generell geht die Gestaltung des Produktes der Gestaltung der Lebenszyklusprozesse und der Zuordnung von Ressourcen zu diesen Prozessen voraus. Die Planung des Produktes und die Planung des dazugehörigen Lebenslaufes bilden jedoch eine untrennbare Einheit. Eine isolierte Betrachtung nur eines der beiden Partialmodelle ist aufgrund der starken Abhängigkeiten nicht sinnvoll. Der Großteil der Lebenszyklusprozesse wird durch die Produkteigenschaften festgelegt. Es existieren jedoch auch Prozesse, die erst die Ausprägung bestimmter Produkteigenschaften ermöglichen. Mit der Festlegung von Produkteigenschaften in der Produktentwicklung wird die Basis für eine neue IPLR-Einheit gelegt, welche technisch, ökonomisch und ökologisch bewertet werden muss. In einer Bewertung auf der Basis von Ressourcenbedarfen werden die produkt- und prozessbezogenen Schwachstellen identifiziert und die daraus erkennbaren Optimierungspotentiale abgeleitet. Die Verbesserungsmaßnahmen können sich sowohl auf das untersuchte Produkt als auch auf die zugehörigen Lebenszykluselemente auswirken (vgl. Kölscheid 99).

Die technische, ökonomische und ökologische Bewertung von Lösungsalternativen bezieht sich auf die verschiedenen Aufgaben innerhalb einer lebenszyklusorientierten Produktgestaltung. Vor diesem Hintergrund werden im Folgenden Beispiele für eine methodische Unterstützung der lebenszyklusorientierten Produktgestaltung angeführt.

Eco-QFD

Quality Function Deployment (QFD) ist eine Methode, um Zielsetzungen für die Gestaltung von Produkten, Prozessen und Produktionsmittel systematisch zu priorisieren und damit die Kundenorientierung zu erhöhen (Akao 1992, Saatbecker 1993). Das Hilfsmittel House of Quality wird in unterschiedlichen Stadien der integrierten Produkt- und Prozessgestaltung eingesetzt. Grundlegend wird dabei nach dem Gestaltungszyklus verfahren. Zunächst werden die Anforderungen und Ziele definiert, mögliche Lösungen zur Zielerreichung ermittelt und diese anschließend bewertet, um die richtigen Prioritäten bei der weiteren Zielverfolgung zu setzen.

Um die umweltrelevanten Aspekte durchgängig zu berücksichtigen, werden die Anforderungen strukturiert in technische, ökonomische, ökologische und sonstige Zielsetzungen. Die ökonomischen Zielsetzungen können nur qualitativ beschrieben werden. Durch diese Strukturierung innerhalb der QFD werden die unterschiedlichen Zielklassen und deren Erfüllungsgrade sowie eventuelle Zielkonflikte zwischen Eigenschaften verschiedener Zielklassen verdeutlicht. Mit Hilfe der Eco-QFD können somit systematisch die ökologischen Aspekte auch über den gesamten Lebenszyklus eines Produktes bereits in der Produktgestaltung berücksichtigt und qualitativ bewertet werden (vgl. Kölscheid 1999).

Morphologie und technische, wirtschaftliche und ökologische Bewertung

Als Hilfsmittel für die Zuordnung von Funktionsträgern zu Komponentenfunktionen hat sich der Morphologische Kasten und die darin integrierte technisch-wirtschaftliche Bewertung bewährt. Dieses Hilfsmittel wird um eine ökologische Bewertungskomponente erweitert, um auch in einer sehr frühen Entwicklungsphase – z.B. bei der Festlegung der Konzepte – bereits eine Bewertung verschiedener Alternativen hinsichtlich ihrer technischen, ökonomischen und ökologischen Ausprägungen beurteilen zu können. Die Bewertung und Auswahl der oder des weiter zu verfolgenden Konzeptes wird auf Basis einer technischen, ökologischen und ökonomischen Bewertung mit Hilfe der IPLR-Einheiten von dem Projektteam unter Beteiligung der Verantwortlichen für die verschiedenen Lebenszyklusprozesse durchgeführt (vgl. Kölscheid 1999).

Eco-FMEA

Ziel der FMEA ist es, Fehler der Produkte und Prozesse präventiv zu vermeiden. Dies wird dadurch erreicht, dass in einem Experten-Team mögliche Fehler, deren Ursachen und Folgen diskutiert und bewertet werden. Bei der Bewertung wird eine sogenannte Risikoprioritätszahl (RPZ) ermittelt, die sich aus der Auftrittwahrscheinlichkeit, der Bedeutung und der Entdeckungswahrscheinlichkeit des Fehlers zusammensetzt. Bislang wurde die Bedeutung nicht differenziert. Im Sinne der lebenszyklusorientierten Produktgestaltung wird bei der Eco-FMEA unterschieden zwischen direkter ökonomischer, ökologischer und der technischen gesamten Bedeutung des Fehlers (vgl. Kölscheid 1999).

Die Methodik zur lebenszyklusorientierten Produktgestaltung ist offen gestaltet, um ergänzend weitere Hilfsmittel integrieren zu können. Wichtige Voraussetzung für die Anwendung der Methodik ist die Festlegung und Integration von ökologischen Wirkungen in den Transformationsmatrizen. Hierzu besteht der Bedarf, einheitliche Ressourcenkataloge mit ökologischen Basisdaten zur Verfügung zu stellen.

Mit Hilfe des kontinuierlichen Einsatzes der Methodik kann eine Erfahrungsbasis geschaffen werden, die es in Zukunft ermöglicht, Produkte, oder zumindest einzelne Komponenten, für mehrere Produktgenerationen auszulegen. Damit kann ein nachhaltiger Beitrag zur Schonung und Sicherung der Umwelt für zukünftige Generationen geleistet werden.

Da es, anders als bei der rein ökonomischen Bewertung, im Rahmen der ökologischen Bewertung bisher kein einheitliches Bewertungsschema und klar festgelegte Bewertungsgrößen gibt, muss diese Bewertung an unternehmensspezifische Randbedingungen anpassbar sein (Abb. 3.1-12).

Einflußgrößen
- rechtlich
- branchenspezifisch
- unternehmenspezifisch
- ...

quantitativer Herleitung Bewertungsgrößen

Normative Bewertungsgrößen
- gesetzliche Vorschriften
- Wirkungsanalysen
- ...

Strategische Öko-Richtlinien
- minimaler Materialeinsatz
- minimaler Engergieeinsatz
- geringe Emissionen
- ...

Operative Bewertungsmaßstäbe

Sachbilanzierung
- kg, MJ, h
- NO_x, CO_2

Wirkbilanzierung
- globale Erwärmung

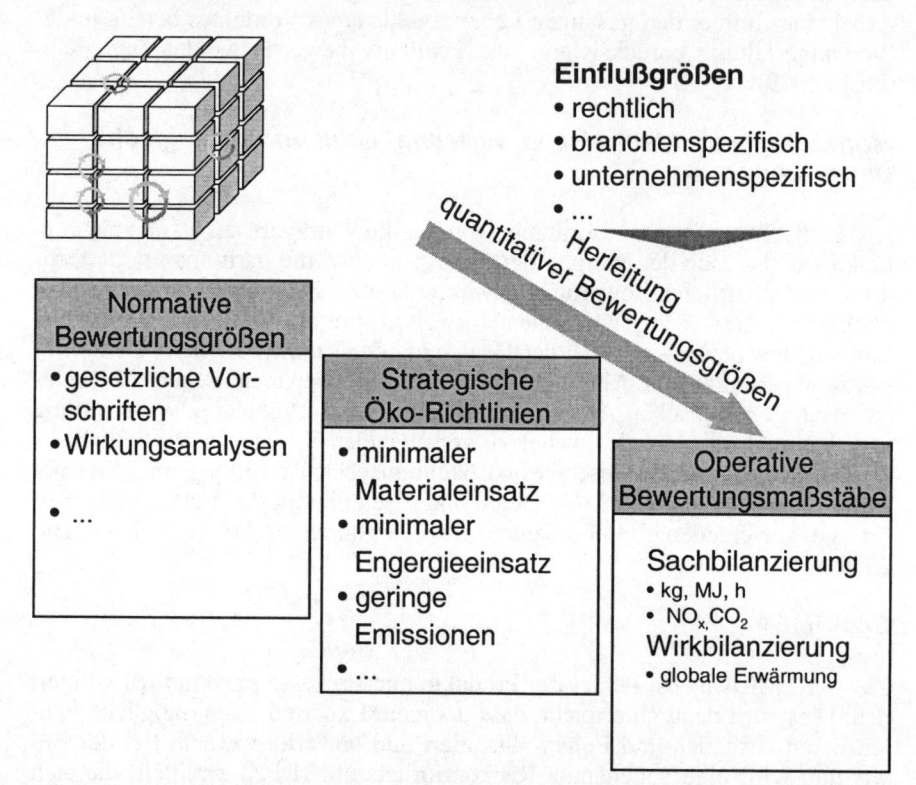

Abb. 3.1-12 Integration der Bewertung auf verschiedenen Gestaltungsebenen (nach Kölscheid 1999)

3.1 Konstruktion

Auf normativer Gestaltungsebene werden die Rahmenbedingungen für die operative Wirkbilanzierung der Ressourcenbedarfe anhand von gesetzlichen Vorschriften und durch die Forschung abgesicherter ökologischer Wirkungen unterschiedlicher Ressourcen festgelegt. Diese Informationen werden im Hilfs- und Bewertungsmodell als Transformationsmatrix des IPLRM abgelegt und zur Bewertung der in der Sachbilanz ermittelten aggregierten Ressourcenbedarfe herangezogen.

Mit dieser Vorgehensweise wird ein unternehmens-, produkt- oder projektspezifisch einheitlicher Bewertungsmaßstab geschaffen, den alle an der operativen lebenszyklusorientierten Gestaltung beteiligen Bereiche nutzen können. Die Ermittlung von Wirkbilanzen fällt in den Verantwortungsbereich von Chemikern, Biologen etc., die allgemeingültige ökologische Wirkungen von Ressourcen ermitteln müssen. Durch eine derartige Kombination wird eine Brücke zwischen den verschiedenen natur- und ingenieurwissenschaftlichen Disziplinen geschlagen und deren Zusammenwirken in den Dienst der Gestaltung umweltfreundlicherer Produkte gestellt.

Auf der Grundlage der normativen Bewertungsmaßstäbe und der strategischen Ausrichtung eines Unternehmens in bezug auf die Ökologieorientierung werden Ziele hinsichtlich der einzusetzenden Ressourcen formuliert. Diese Ziele werden detailliert, um Ressourcenkataloge abzuleiten, auf deren Grundlagen sowohl die Bewertung im virtuellen Bereich als auch die Datenaufnahme im materiell realen Bereich erfolgen kann (vgl. Kölscheid 1999).

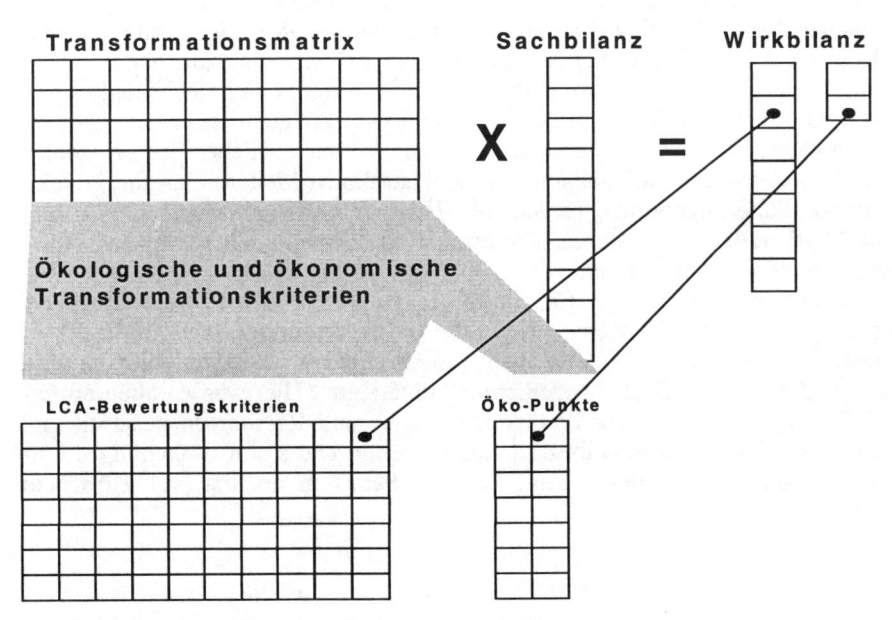

Abb. 3.1-13 Transformationsmatrix (nach Kölscheid 1999)

Für eine systematische Bewertung mit anschließender Schwachstellenanalyse ist es notwendig, die ressourcenintensiven Produktkomponenten und Lebenszyklusprozesse identifizieren zu können. Daher ist eine eindeutige Zuordnung von Ressourcenbedarfen zu einzelnen Prozessen oder Lebensphasen zu gewährleisten. Erste Aussagen über die Ressourcenbedarfe von Lebenszyklusprozessen der einzelnen Komponenten lassen sich nur auf Basis von Erfahrungen abschätzen. Wenn die relevanten Informationen zu den Komponenten, Prozessen und Ressourcen in das IPLRM eingegeben worden sind, kann eine Analyse, Bewertung und Optimierung der IPLR-Einheiten stattfinden (vgl. Kölscheid 1999).

3.1.4 Entwicklungsleitsystem für die lebenszyklusorientierte Produktgestaltung

Die Realisierung einer integrierten Gestaltung von Produkten und deren Lebenszyklen ist aufgrund der hohen zu bewältigenden Informationsmengen nur effizient mit Hilfe einer DV-technischen Unterstützung möglich. Daher wurde basierend auf der Methode zur lebenszyklusorientierten Produktgestaltung und dem Integrierten Produkt-, Lebenszyklus- und Ressourcenmodell ein Entwicklungsleitsystem konzipiert und prototypisch implementiert.

Über das auf Internettechnologie basierende Entwicklungsleitsystem werden fünf Hauptmodule für die lebenszyklusorientierte Produktgestaltung zur Verfügung gestellt. Diese fünf Module sind das Projektleitsystem, die Methodendatenbank, die Transformationsmatrix, die IPLR-Modellierung und der Kommunikator. Das Projektleitsystem dient der Koordination der Entwicklungsaufgaben. Es unterstützt die Projektdefinition durch die Möglichkeit, verteilt arbeitende Teams zu definieren und Projektziele festzulegen. Mit fortschreitendem Entwicklungsstand können Verantwortliche den einzelnen Komponenten und Aufgaben über Produktstruktur-, Meilenstein- und Projektstrukturpläne zugeordnet werden. Mit Hilfe der Methodendatenbank, in der alle Hilfsmittel mit Kriterien klassifiziert sind, kann nach geeigneten Hilfsmitteln recherchiert werden.

Mittels des Moduls zur Erstellung der Transformationsmatrix können die grundlegenden Wirkbeziehungen für die Überführung der Sach- in die Wirkbilanzierung festgelegt werden. Die Verteilte Lebenszyklusmodellierung wird durch das Modul „IPLR-Modellierung" unterstützt. Hier werden alle notwendigen Informationen über Produkte, Prozesse und Ressourcen generiert und auf Basis der Transformationskriterien bewertet. Die Kommunikation im Entwicklungsteam wird durch den „Kommunikator" unterstützt (vgl. Kölscheid 1999).

3.2
Arbeitsplanung

3.2.1
Grundlagen und Systemabgrenzung

von Uwe Rey

Im Rahmen der Auftragsabwicklungskette hat die Arbeitsplanung eine zentrale Stellung zwischen Konstruktion und Produktionsplanung und -steuerung (PPS), deren koordinierende Bedeutung durch die Übertragung der Konstruktionsergebnisse in fertigungsgerechte Anweisungen der Werkstücke deutlich wird (vgl. Nebl 1998).

Dazu umfasst die Arbeitsplanung alle einmalig auftretenden Planungsmaßnahmen, die zur Sicherung der zielkonformen Gestaltung eines Erzeugnisses erforderlich sind. Ziel ist es, geeignete Maßnahmen zur langfristigen Sicherung der wirtschaftlichen Auftragsabwicklung in den Bereichen Fertigung und Montage zu entwickeln (vgl. Eversheim 1997). Anders formuliert, besteht die Aufgabe der Arbeitsplanung darin, eingebettet in den gesamten Produktionsprozess, die auf Wiederholung angelegte, systematische Bildung von Kombinationen von Produktionsfaktoren mittels technischer und konzeptioneller Verfahren zur Realisierung eines bestimmten Sachziels zu definieren (vgl. Zahn u. Schmid 1996).

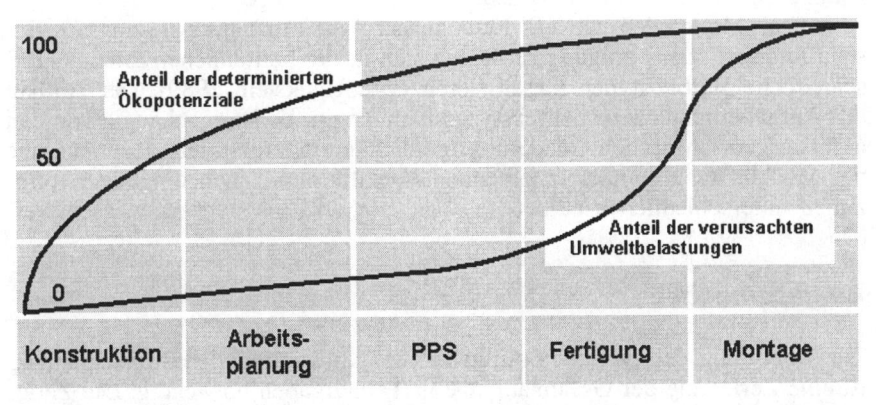

Abb. 3.2-1 Verteilung determinierter Ökopotenziale und verursachter Umweltbelastungen

Ökopotenziale werden im Verlauf der Auftragsabwicklung festgelegt (vgl. Abbildung 3.2-1). Vor allem Konstruktion und Arbeitsplanung determinieren durch Produktbeschreibung und Prozessdefinition einen großen Teil der vorhandenen Möglichkeiten. Belastungsverursacher sind dagegen die den planenden Abteilungen nachgelagerten Produktionsbereiche, im besonderen die Fertigung.

Planungsmaßnahmen bzw. Produktionsfaktoren wurden bzgl. ihrer Umweltrelevanz untersucht, ökologische Einflussgrößen dabei ermittelt und ein Organisationskonzept zur Realisierung einer umweltorientierten Arbeitsplanung darauf erarbeitet.

Daran anschließend wird die Erstellung eines Aufgabenmodells und einer Spezifikation für die Arbeitsplanung beschrieben. Dabei wurden die Objekte der Arbeitsplanung abstrahiert und deren Abhängigkeiten beschrieben, um dieses als Basis für ein Informationssystem zur Verfügung stellen zu können.

3.2.2 Erstellung eines organisatorischen Gesamtkonzepts einer umweltorientierten Arbeitsplanung

von Ralf Pillep und Richard Schieferdecker

Organisationsmodell der konventionellen Arbeitsplanung

Zur systematischen Beschreibung und Ermittlung von ökologieorientierten Optimierungspotenzialen in der Arbeitsplanung ist ein Referenzmodell erforderlich, mit dem die typischen Aufgaben und Prozesse der Arbeitsplanung abgebildet werden können. Hierzu wird im Folgenden ein Aufgabenmodell dargestellt, das in aggregierter Form die Aufgaben der Arbeitsplanung beinhaltet und ein Prozessmodell, in dem die einzelnen Aufgaben in Teilschritte zerlegt und in ihrer zeitlich-logischen Verknüpfung angeordnet werden.

Je nach Merkmalen wie z.B. Erzeugnisstruktur, Auftragsauslösungsart, Beschaffungsart oder Fertigungsart lassen sich in der betrieblichen Praxis unterschiedliche Betriebstypen klassifizieren (vgl. Hackstein 1989). Der Aufbau des Aufgabenmodells ist betriebstypenunabhängig. Es ist unabhängig von den aufbauorganisatorischen Gliederungsmöglichkeiten strukturiert. Jede Aufgabe des Modells kann, je nach unternehmensspezifischen Randbedingungen, prinzipiell unterschiedlichen aufbauorganisatorischen Einheiten zugewiesen werden.

Aufgabenmodell

Zur Abbildung der typischen Aufgaben der konventionellen Arbeitsplanung ist eine Zerlegung der Gesamtaufgabe in Teilaufgaben notwendig. Die Zerlegung führt zu einer Identifikation von Kernaufgaben und übergreifenden Querschnittsaufgaben (vgl. Abbildung 3.2-2). Kernaufgaben bewirken einen Arbeitsfortschritt im Wertschöpfungsprozess. Querschnittsaufgaben bewirken eine Integration und Optimierung der Kernaufgaben (vgl. Laakmann 1995).

Prozessmodell

In dem Prozessmodell werden Aufgaben und Arbeitsschritte zu Prozessen (Abläufen) angeordnet. Es wird die Dimension „Zeit" abgebildet, da die zu modellierenden Aufgaben i.d.R. in einer zeitlichen Reihenfolge auszuführen oder parallel zu bearbeiten sind, und da sich die zu modellierenden Zustände und damit die auszuführenden Aufgaben über die Zeit verändern (vgl. Laakmann 1995). Grafisch dargestellt werden die Prozesse der Arbeitsplanung in Anlehnung an DIN 66001 mit 4 Elementen. Im Prozessmodell bedeutet ein Rechteck die Ausführung einer Aufgabe, ein Parallelogramm eine Information, eine Raute eine Entscheidung und ein Oval eine arbeitsplanungsfremde Stelle.

Abb. 3.2-2 Aufgabenmodell der konventionellen Arbeitsplanung[1]

Die auftragsneutralen Querschnittsaufgaben der Arbeitsplanung sind nicht weiter in einzelne Prozessschritte aufgegliedert worden, da hier der Planungshorizont eher langfristig ist. Die Kernaufgaben im Rahmen der technischen Auftragsabwicklung sind hingegen auftragsbezogen und haben einen eher kurzfristigen Planungshorizont.

Ermittlung umweltbezogener Optimierungspotenziale

Die Bestimmung umweltbezogener Optimierungspotenziale erfolgt anhand des Prozessmodells der konventionellen Arbeitsplanung. Dazu werden die einzelnen Prozessschritte analysiert und es wird mit Hilfe eines Bewertungs-

---

[1] Typische Aufgaben, die in der einschlägigen Literatur der Arbeitsplanung zugeordnet werden, vgl. u.a. Eversheim, W. u. Schuh, G. 1996, Eversheim 1998.

schemas ermittelt, inwieweit jeweils ein Beitrag zur Zielerreichung einer ökologieorientierten Arbeitsplanung möglich ist (vgl. Abbildung 3.2-3).

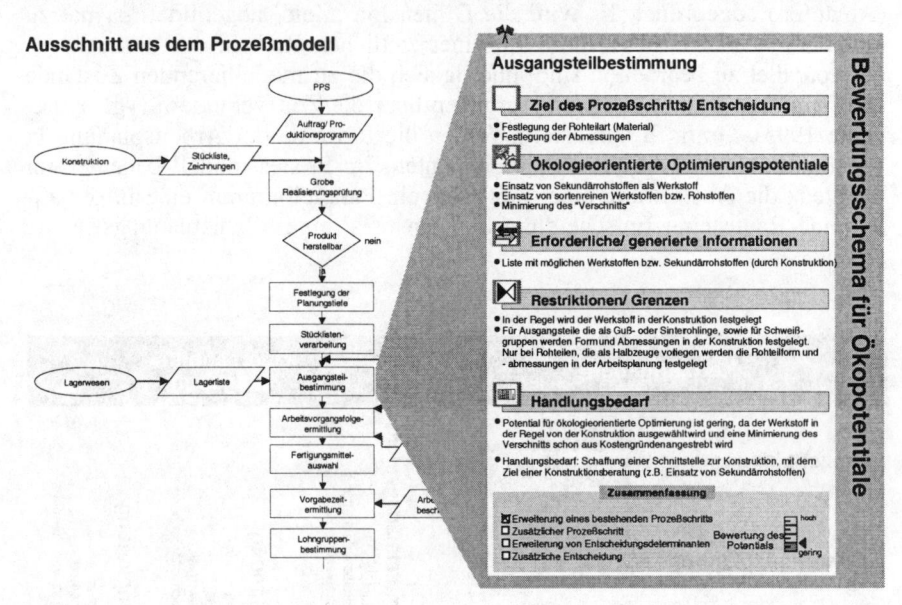

Abb. 3.2-3 Exemplarische Darstellung der Ermittlung von umweltbezogenen Optimierungspotenzialen

Es wird jeweils zuerst das Ziel, das in der konventionellen Arbeitsplanung mit dem Prozessschritt bzw. mit der Entscheidung erreicht werden soll, ermittelt. Auf dieser Grundlage und unter der Berücksichtigung der Ziele einer umweltorientierten Arbeitsplanung werden die Optimierungspotenziale und die für die Realisierung dieser Potenziale notwendigen Informationen ermittelt. Um eine Bewertung der Realisierungschancen der ermittelten Potenziale durchführen zu können, werden die Restriktionen bzw. die Grenzen, d.h. insbesondere die Interdependenzen mit anderen Abteilungen, wie z.B. der Konstruktion, untersucht. Ergebnis ist eine Bewertung des umweltbezogenen Optimierungspotenzials und des Handlungsbedarfs, der zur Realisierung erforderlich ist.

Als Ergebnis der Untersuchung kann festgehalten werden, dass das größte umweltbezogene Optimierungspotenzial im Rahmen der Arbeitsplanerstellung (Prozessschritte: Ausgangsteilbestimmung, Arbeitsvorgangsfolgeermittlung, Fertigungsmittelauswahl und der Ergänzung von umweltbezogenen Informationen in den Arbeitsplan) und der Montageplanung (Recycling- bzw. Demontageplanung) besteht. Die Prüfplanung bietet nur geringes Optimierungspotenzial wie z.B. den Verzicht auf zerstörende Prüfungen. Gleiches gilt auch für Operationsplanung und NC-Programmierung, auch hier sind nur geringe Spielräume für eine umweltbezogene Optimierung vorhanden.

Organisatorisches Gesamtkonzept einer umweltbezogenen Arbeitsplanung

Auf der Grundlage der identifizierten Optimierungspotenziale wird im Folgenden ein organisatorisches Gesamtkonzept einer umweltorientierten Arbeitsplanung vorgeschlagen. Dabei wird wegen des eingeschränkten Umfangs der Ausarbeitung exemplarisch auf die Prozessschritte bzw. Aspekte im Rahmen der Arbeitsplanerstellung und der Montageplanung eingegangen, die ein besonders großes Optimierungspotenzial bieten. Für jeden im folgenden analysierten Prozessschritt ist ein Funktionsmodell im Anhang dokumentiert.

Umweltorientierte Arbeitsplanerstellung
Die umweltorientierte Arbeitsplanerstellung besteht aus der Ausgangsteilbestimmung, der Arbeitsvorgangsfolgeermittlung, der Fertigungsmittelauswahl, der Erweiterung der Arbeitsplaninformation und der Überprüfung der Erfüllung der umweltbezogenen Anforderungen.

Die umweltorientierte Ausgangsteilbestimmung
Der erste Ansatzpunkt für eine Erweiterung ist die Ausgangsteilbestimmung, in der die Rohteilart (Material) und die Rohteilabmessungen festgelegt werden. Hier sind möglichst Sekundärrohstoffe oder sortenreine Rohstoffe (insbesondere bei Kunststoffen) zu verwenden. Erforderlich ist hierfür, dass die Arbeitsplanung in enger Abstimmung mit der Konstruktion festlegt, welche Rohstoffe durch Sekundärrohstoffe substituiert werden können. Ein weiteres Potenzial, um insbesondere das Abfallaufkommen zu reduzieren, kann durch die rechnergestützte Optimierung der Schnittanordnungen (Schachtelpläne) bei der Blechbearbeitung und bei der spanenden Bearbeitung durch eine entsprechende Rohteilgestaltung (zur Reduzierung der Zerspanungsvolumina) erzielt werden.

Die umweltorientierte Arbeitsvorgangsfolgeermittlung
Ein großes Potenzial zur Reduzierung der Umweltbelastungen kann durch eine umweltorientierte Arbeitsvorgangsfolgeermittlung erschlossen werden. Die Arbeitsvorgangsfolge, d.h. die Reihenfolge, durch die ein Stoff oder Körper über schrittweise Veränderung der Form und/oder der Stoffeigenschaften vom Rohzustand in den Fertigzustand überführt wird, stellt für die Fertigung die wichtigste Information zur Herstellung eines Werkstückes dar (vgl. Eversheim 1989). Durch die Reihenfolge und durch die Auswahl der Fertigungsverfahren werden die Umweltbelastungen, die in der Produktion entstehen, weitgehend determiniert.

Für die Folge von Arbeitsgängen bieten sich in der Regel verschiedene Lösungsmöglichkeiten an. Grundvoraussetzung für die Auswahl und die Reihenfolge von Bearbeitungsverfahren ist, dass mit der gewählten Arbeitsvorgangsfolge die fertigungstechnischen Anforderungen im Hinblick auf die Qualität, die in der Konstruktion festgelegt werden, erfüllt werden können. Aus den Verfahren, die die technischen Anforderungen erfüllen, muss unter Kosten- und umweltbezogenen Aspekten das insgesamt optimale Verfahren ausgewählt werden. Als Voraussetzung für eine Beurteilung von Verfahren unter

Umweltaspekten müssen Informationen über Umweltbelastungen, die mit den Verfahren verbunden sind, verfügbar sein. Umweltbezogene Bewertungskriterien für die Auswahl und die Reihenfolge von Verfahren sind der Energie-, der Hilfs- und Betriebsstoffverbrauch sowie die Abfälle bzw. Reststoffe und die Emissionen, die durch das Verfahren entstehen. Weiterhin müssen umweltpolitische Prioritäten definiert werden, um in Konfliktfällen zwischen einzelnen ökologischen Bewertungskriterien eine Entscheidung zu ermöglichen. Es muss z.B. festgelegt werden, wie entschieden werden soll, wenn die eine Verfahrensalternative eine Reduzierung der Emissionen ermöglicht, aber mit einer Erhöhung des Energieverbrauchs verbunden ist. Weiterhin müssen die Prioritäten zwischen ökonomischen und ökologischen Bewertungskriterien bei der Arbeitsvorgangsfolgeermittlung vorgegeben werden, damit eine unter ökologischen und ökonomischen Bedingungen optimale Arbeitsvorgangsreihenfolge durch den Arbeitsplaner bestimmt werden kann (Schnittstelle zum Öko-Controlling).

Die umweltorientierte Fertigungsmittelauswahl
Mit der Fertigungsmittelauswahl werden für jeden Arbeitsvorgang die erforderlichen Fertigungsmittel (Maschinen, Werkzeuge und Vorrichtungen) festgelegt. Ziel einer umweltbezogenen Fertigungsmittelauswahl ist es, aus alternativen Maschinen (für gleiche Bearbeitungsverfahren), die mit dem geringsten Energie-, Hilfs- und Betriebsstoffverbrauch bzw. mit der geringsten Emissions- und Abfallentstehung auszuwählen. Die Auswahlmöglichkeit alternativer Maschinen ist in der betrieblichen Praxis i.d.R. sehr begrenzt, da, falls alternative Maschinen zur Verfügung stehen, die Kapazitätsauslastung entscheidend für die Auswahl der Maschinen ist.

Erweiterung der Arbeitsplaninformationen
Um eine möglichst umweltorientierte Wertschöpfung von Produkten zu erreichen, müssen Umweltbelastungen, die z.B. durch die Produktion entstehen, frühzeitig erkannt werden. Je früher potenzielle Umweltbelastungen erkannt werden, desto einfacher und kostengünstiger sind i.d.R. Maßnahmen zu ergreifen, um diese zu vermeiden bzw. zu reduzieren. Unter Umweltgesichtspunkten ist es deshalb erforderlich, für jeden Arbeitsvorgang, der in der Arbeitsplanung festgelegt wird, die Ressourcennutzung zu bestimmen, d.h. den Energie-, Hilfs- und Betriebsstoffverbrauch bzw. die Emissions- und Abfallentstehung. Um den damit verbundenen Planungsaufwand und den Datenumfang zu begrenzen, sind zum einen Grenzwerte erforderlich, ab denen eine Erfassung erfolgt (z.B. der Energieverbrauch ab 100 KW/h) und eine Vorgabe der zu berücksichtigenden Ressourcen (z.B. in der Kategorie Emissionen nur CO_2-Emissionen). Mit den Informationen des erweiterten Arbeitsplans können in der PPS (z.B. durch eine Erweiterung der Ressourcengrobplanung) in Verbindung mit den Auftragsdaten und den Stücklisten die Umweltbelastungen, die mit dem aktuellen Produktionsprogramm verbunden sind, prognostiziert werden. Dieses ermöglicht z.B. eine zielgerichtete Entsorgungsplanung der Unternehmen.

Überprüfung der Erfüllung der umweltbezogenen Anforderungen

Im Sinne eines ganzheitlichen Umweltmanagements ist es notwendig, abschließend zu überprüfen, ob die geplanten Arbeitsvorgänge den ökologischen Anforderungen entsprechen. Eine Anforderung an die Arbeitsplanung kann z.B. sein, dass nur solche Ausgangsmaterialien eingesetzt werden, für die ein Entsorgungs- bzw. Recyclingkonzept vorliegt. Falls für ein Ausgangsmaterial kein Konzept vorliegt, muss der Arbeitsplaner im Sinne eines konsequenten Umweltmanagements entweder in Abstimmung mit der Konstruktion das Ausgangsmaterial durch ein anderes substituieren oder ein Entsorgungs- bzw. Recyclingkonzept durch das Betriebsmittelmanagement erstellen lassen.

Die Recycling- und Demontageplanung

Ein besonders wichtiger Aspekt zur Realisierung eines produktionsintegrierten Umweltschutzes in der Arbeitsplanung ist die Demontage- bzw. Recyclingplanung. Da der größte Zeitanteil beim Recycling auf die Demontagevorgänge entfällt, und diese zumindest partiell einer Umkehrung der Montage entsprechen, werden die Tätigkeiten zur Demontage- bzw. Recyclingplanung in den Aufgabenkomplex der konventionellen Montageplanung integriert (vgl. Warnecke 1995).

Nach den unterschiedlichen Behandlungsprozessen können grundsätzlich die folgenden beiden Recyclingformen unterschieden werden (vgl. VDI-Richtlinie 2243):

- Verwertung und
- Verwendung.

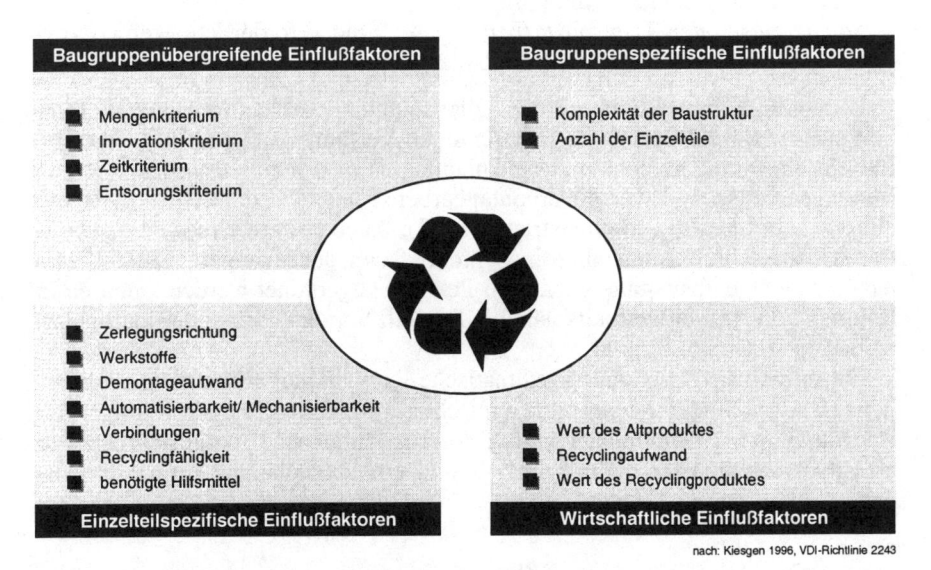

Abb. 3.2-4 Einflussfaktoren auf die Recyclingplanung (Quelle: Kiesgen 1994)

Die Verwertung löst die Produktgestalt auf und folgt auf Aufbereitungsprozesse zur Werkstoffrückgewinnung. Ziel der Verwertung ist die Gewinnung von Sekundärrohstoffen. Die Verwertung wird deshalb i.d.R. als Materialrecycling bezeichnet. Die Verwendung ist durch die weitgehende Beibehaltung der Produktgestalt gekennzeichnet und folgt auf Aufbereitungsprozesse mit dem Ziel der Werkstückrückgewinnung. Diese Art des Recyclings wird i.d.R. als Produktrecycling oder auch als Austauscherzeugnisfertigung bezeichnet. Schwerpunkt der folgenden Ausführungen zum Recycling bzw. zur Demontage ist insbesondere das Produktrecycling, da dieses zum einen ökologisch dem Materialrecycling vorzuziehen ist und zum anderen keine vollständig neue Arbeitsplanung, wie das Materialrecycling, erfordert (vgl. Schlögl 1995).

Für die Arbeitsplanung von Recyclingprozessen sind in der Praxis verschiedene Einflussfaktoren zu berücksichtigen (Abbildung 3.2-4).

Recyclingarbeitspläne unterscheiden sich von Arbeits- bzw. von Montageplänen nicht wesentlich in der Struktur, sondern in den Verfahren, die den Arbeitsgängen zugrunde liegen. Die Fertigungsverfahren können nach der DIN-Norm 8580 in die sechs Hauptgruppen *Urformen*, *Umformen*, *Trennen*, *Fügen*, *Beschichten* und *Stoffeigenschaften ändern* eingeteilt werden. Die Arbeitsvorgänge von Recyclingarbeitsplänen sind (vgl. Rautenstrauch 1997):

- *Prüf- und Sortierarbeitsgänge:* Teile bzw. Baugruppen werden klassifiziert, ob sie nicht mehr, nach Aufarbeitung oder direkt verwertbar sind.
- *Demontagearbeitsgänge*: Sind das Pendant zu Montagearbeitsgängen, zusammenhängende Baugruppen werden in ihre Einzelteile zerlegt.
- *Aufarbeitungsarbeitsgänge:* Dienen der Qualitätsverbesserung oder sichern die Weiterverarbeitungsfähigkeit von Werkstücken. Hierzu gehören z.B. die Instandsetzung oder die Reinigung.
- *Sammlungs- oder Transportarbeitsgänge:* Sind erforderlich, wenn Recyclinggüter an verschiedenen Arbeitsplätzen anfallen.

Durch die Konstruktion und die Arbeitsplanung werden die Demontierbarkeit und die für die Demontage notwendigen Verfahren weitgehend festgelegt. Bei einer recyclinggerechten Arbeitsplanung ist es prinzipiell möglich, jedem Montagearbeitsgang inverse Demontagearbeitsgänge (Pendants) für das Recycling zuzuordnen (vgl. Rautenstrauch 1997). Auch bei einer recyclinggerechten Arbeitsplanung kann allerdings nicht davon ausgegangen werden, dass jedem Montagearbeitsgang genau ein Pendant zugeordnet werden kann, da in Rahmen von Recyclingarbeitsplänen z.B. auch Sortier-, Prüf- oder Sammelarbeitsgänge erforderlich sind.

Für das Recycling ist eine systematische Recyclingarbeitsplanung erforderlich. In Abbildung 3.2-5 sind die typischen Tätigkeiten, die im Rahmen der Recycling- bzw. Demontageplanung durchzuführen sind, dargestellt und zu einem Prozessmodell der Recycling- bzw. Demontageplanung verdichtet worden.

3.2 Arbeitsplanung

Planungstätigkeiten im Rahmen des Recyclings bzw. der Demontage	Detailprozeßmodell der Recycling- bzw. Demontageplanung
■ Ermittlung sinnvoller Demontagetiefen zur Reduzierung der daraus resultierenden Demontagekosten ■ Planung der Demontageabläufe und Reihenfolge ■ Planung der für die Demontage bzw. für das Recycling notwendigen Werkzeuge und Maschinen ■ Ermitteln der Verwertungsmöglichkeiten ■ Analyse des zu recycelnden Produktes (Aufnahme der Produkt- und Strukturdaten) ■ Erstellen eines Recycling- bzw. Demontagearbeitsplanes ■ Bestimmung von Zeitvorgaben für die einzelnen Arbeitsschritte	Konstruktionszeichnung → Stücklisten → Produktanalyse → Montagevorranggraph → Demontagetiefe festlegen → Montageplan → Ermitteln der Recyclingvorgangsfolge (Recyclingmitteldatei, Kostenkataloge) → Recyclingmittelauswahl → Vorgabezeitenermittlung → Lohngruppenbestimmung → Recycling- bzw. Demontageplan

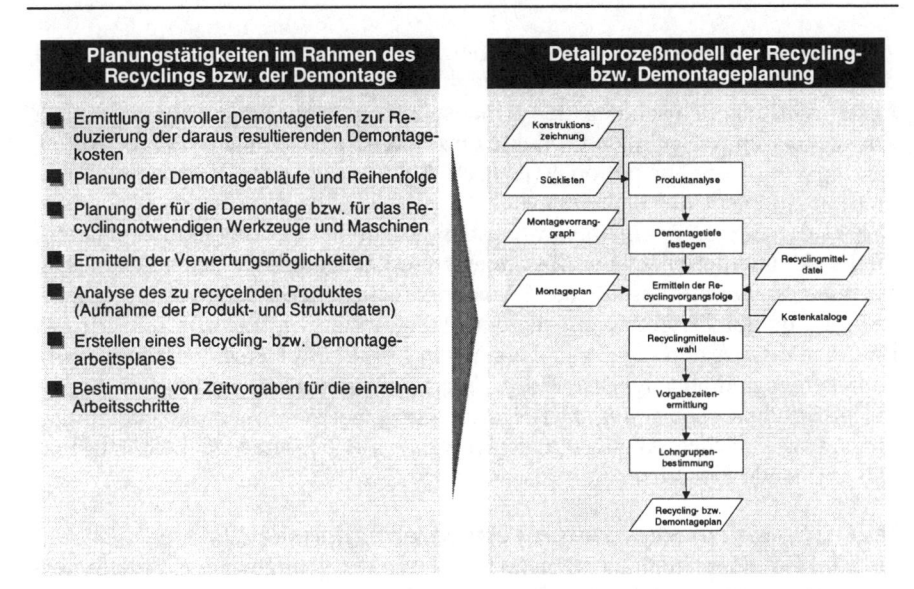

Abb. 3.2-5 Vorgehen zur Recycling- bzw. Demontageplanung (vgl. u.a. Kiesgen 1996, Rautenstrauch 1997, Schlögl 1995, Spath 1994, Warnecke 1994)

Planungsprozesse der Demontage- bzw. Recyclingplanung

Im Rahmen der *Produktanalyse* werden zum einen die für das Recycling notwendigen Produkt- und Strukturdaten erfasst und zum anderen die Separations- und Verwendungsmöglichkeiten für die Recyclingprodukte bestimmt (vgl. Kiesgen 1996). In einem ersten Schritt werden alle Teile des Produktes aufgenommen und Daten wie z.B. Einzelteilnummer, Einzelteilname, Materialzusammensetzung, Containerinformationen und Gesamtgewicht ermittelt. Um ein optimales Recycling zu gewährleisten, ist darüber hinaus eine Kenntnis der Produktstruktur erforderlich, d.h. die Zuordnung der Teile zu Strukturebenen wie Produktebene, Baugruppenebene oder Einzelteilebene und der Verbindungsarten. Weiterhin muss ermittelt werden, für welche der potenziellen Recyclingprodukte eine Verwendungsmöglichkeit bzw. ein Absatzmarkt vorhanden ist.

Die Demontage hat innerhalb des Recyclings eine zentrale Stellung. Die Demontage erfolgt heute vielfach noch manuell und trägt deshalb im Rahmen des Recyclings stark zu den Gesamtkosten bei (vgl. Kiesgen 1996). Um so wichtiger ist es, die *Demontagetiefe*, d.h. bis zu welcher Strukturebene das Recyclinggut zerlegt wird, zu bestimmen. Aus ökologischer Sicht ist eine vollständige Zerlegung in die Ausgangsteile anzustreben, aber wirtschaftlich i.d.R. nicht vertretbar. Aufbauend auf entsprechenden Vorgaben seitens des Planers (z.B. Schadstoffe entsprechend der Gesetzeslage auszubauen) wird durch den Abgleich mit der aktuellen Marktsituation (Deponierungs- und Entsorgungskosten, erzielbare Erlöse für Sekundärrohstoffe und Sekundärbauteile) eine wirtschaftlich sinnvolle Demontagetiefe bestimmt (vgl. Spath 1994).

Durch die *Recyclingvorgangsfolgebestimmung* werden die Reihenfolge und die einzelnen Arbeitsvorgänge festgelegt. Anders als bei der Arbeitsvorgangsfolgeermittlung im Rahmen der Arbeitsplanung kann es sein, dass je nach Zustand der zu recycelnden Produkte einzelne Arbeitsschritte, wie z.B. Aufarbeitungsvorgänge, nur optional (je nach Abnutzungs- oder Verschmutzungsgrad) in Arbeitsplänen enthalten sind.

Ziel der *Recyclingmittelauswahl* ist, in Analogie zur Produktionsplanung, die Festlegung der einzelnen Maschinen, Werkzeuge oder Vorrichtungen. Die *Vorgabezeitenermittlung* für die Recyclingarbeitsgänge ist teilweise problembehaftet, da der Zeitbedarf für die einzelnen Arbeitsschritte, wie z.B. für das Reinigen oder Aufarbeiten von Teilen, stark von dem Verschmutzungs- oder Abnutzungsgrad abhängig ist. Die *Lohngruppenbestimmung* erfolgt in Analogie zur Produktionsplanung. Der *Recyclingarbeitsplan* muss zusätzlich zu den arbeitsplantypischen Angaben auch Hinweise auf besondere Schadstoffe und entsprechende Sicherheitshinweise enthalten.

Maßnahmen zur Reduzierung des Informationsverlusts

Obwohl bei einer simultanen Produktions- und Recyclingplanung viele Synergieeffekte auftreten und so die Kosten des Recyclings reduziert werden können, ist es heute noch vielfach so, dass zum einen die Recyclingplanung erst am Ende des Produktlebenszyklusses vorgenommen wird und zum anderen, dass das Unternehmen, welches die Produktionsplanung vorgenommen hat, nicht mit dem Unternehmen identisch ist, welches die Recyclingplanung durchführt (vgl. Kiesgen 1996). Durch den hierbei in der betrieblichen Praxis entstehenden Informationsverlust ist es heute vielfach erforderlich, im Rahmen der Produktanalyse Produkt- und Strukturdaten erneut zu erfassen, da Informationen wie Stücklisten oder Montagepläne nicht mehr verfügbar sind. Durch diese zeitaufwendigen Tätigkeiten wird ein großer Teil der recyclinginduzierten Kosten verursacht.

Damit die für die Recyclingplanung wichtigen Informationen über die Produktstruktur und -zusammensetzung nicht erneut ermittelt werden müssen, ist es notwendig, diese Daten in einem festgelegten Format in einer zentralen Recyclingdatei zu speichern (hierzu kann z.B. das Internet genutzt werden). Neben der Integration der planerischen Tätigkeiten für die Recyclingplanung in die Arbeitsplanung kommt somit dem Aufbau zentraler, unternehmensunabhängiger Datenbanken für den Erfolg des Recyclings eine große Bedeutung zu.

Das gesamte umweltbezogene Prozessmodell der Arbeitsplanung ist im Anhang dargestellt. Hier wird zwischen Prozessfluss, d.h. ablauforganisatorischer Anordnung von Tätigkeiten (dicke Linien) und Informationsfluss (dünne Linien) unterschieden.

3.2.3
Konzeption der informationstechnischen Unterstützung einer umweltorientierten Arbeitsplanung

von Uwe Rey

Im folgenden Abschnitt wird das entwickelte Soll-Konzept für ein System zur informationstechnischen Unterstützung einer umweltorientierten Arbeitsplanung vorgestellt. Dazu gehören Ansätze für ein Objektmodell und dessen programmtechnische Umsetzung. Grundlage für das Konzept war die Analyse relevanter Hauptobjekte der Arbeitsplanung. Darauf aufbauend wurden die Einbettung der Arbeitsplanung in die vor- und nachgelagerten Produktionsbereiche und die daraus resultierenden Schnittstellen untersucht.

Verschiedene Ansatzpunkte zur Berücksichtigung umweltrelevanter Aspekte in der Erstellung und Pflege von Arbeitsplänen führen schließlich zur Herleitung eines dafür notwendigen Objektmodells und des entsprechenden Vorgehens innerhalb einer umweltorientierten Arbeitsplanung. Die grundlegende Datenstruktur beruht auf einem stoffstrombasierten Ansatz. Diese Vorgehensweise verspricht eine einfache Aufnahme erweiterter Angaben aus der Konstruktion bei gleichzeitiger Unterstützung der Erstellung alternativer Arbeitspläne (Rey et al. 1997).

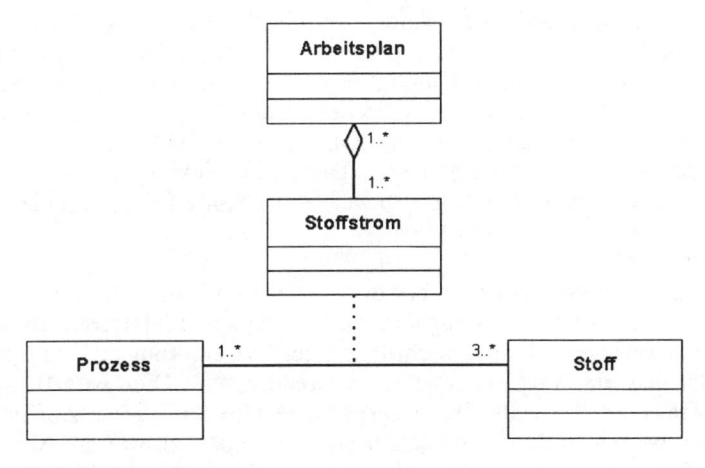

Abb. 3.2-6 Basisobjektmodell

Abstraktion der Objekte der Arbeitsplanung

Zuerst werden Methoden und Datenmodelle, die der Arbeitsplanung zugrunde liegen und zur Implementierung eines informationstechnischen Unterstützungssystems notwendig sind, erörtert. Für eine Spezifikation funktioneller Art gilt es, arbeitsplanungsspezifische Objekte zu identifizieren. Diese sind nach deren Aufgabe zu untersuchen und zu analysieren, um eine anschließende Strukturierung und Modellierung des Gesamtsystems zu ermöglichen.

Innerhalb eines Planungs- und Informationssystems existieren die Hauptobjekte: Prozess, Stoff und Arbeitsplan (vgl. Abbildung 3.2-6).

Stoff

Zur Ausführung einer Aufgabe wird der Einsatz eines oder mehrerer Stoffe/Ressourcen (z.B. Maschine, Bediener oder Werkzeug) benötigt. Jede dieser Ressourcen zeigt ein unterschiedliches Detailverhalten, sie wird durch unterschiedliche Attribute beschrieben. Zwar ist zunächst das für die Planung nötige Verhalten, ausgedrückt durch eine generelle Verfügbarkeit, verfügbare Kapazität oder ähnliches, von Bedeutung, doch unterscheidet sich auch dieses für unterschiedliche Typen von Stoffen.

Für die angestrebte Abstraktion ist auf der einen Seite eine Darstellung dieses unterschiedlichen Verhaltens verschiedener Stoffe notwendig, auf der anderen Seite muss auch auf allgemeiner Ebene die Verwendung eines Stoffes durch einen Auftrag darstellbar sein. Im Folgenden sollen die speziellen Typen Material und Kapazität Verwendung finden. Dabei steht Kapazität für die Zusammenfassung der einfachen kapazitiven Ressourcen wie Mensch, Maschine, Werkzeuge o.ä.. Alle diese Stoffe/Ressourcen haben ein kapazitives Verhalten. Sie werden für eine bestimmte Zeit benutzt. Da sie hierbei nur einem geringfügigen Verschleiß unterliegen, stehen sie anschließend wieder zur Verfügung. Materialien, darunter sind Ausgangs-, Zwischen- und Endprodukte zu verstehen, hingegen werden verbraucht oder besser formuliert; sie werden durch einen Prozess in ein oder mehrere Materialien umgeformt.

Neben einer Bezeichnung benötigt ein Stoff als weiteres Attribut eine Einheit (bspw. Stück, kg, l, MS, etc.). Weiter beschreiben zwei Vektoren die Beziehungen der Stoffe zu Prozessen. Ein Vektor enthält Stoffströme zu den Prozessen, welche die Stoffe erzeugen. Der zweite Vektor dient der Aufnahme der Prozesse mittels Stoffströmen, in welche die Stoffe Eingang finden.

Prozess

Im Basisobjektmodell werden über die Assoziation Stoffstrom einem Prozess mindestens drei Ressourcen zugeordnet. Dies ist so zu interpretieren, dass für einen sinnvollen Bearbeitungsschritt mindestens ein Eingangsmaterial, eine Kapazität und ein Ausgangsmaterial notwendig sind. Dies ist z.B. auch bei einem Transport der Fall. Das transportierte Gut wird zwar stofflich nicht verändert, ist jedoch durch den neuen Standort anders zu werten. Ähnlich wie bei der Ressource, hat auch ein Prozess zwei Vektoren zur Verwaltung der eingehenden und entstehenden Stoffe durch Stoffströme.

Ein Prozess „kennt" damit die zu seiner Abarbeitung notwendigen sowie die bei der Produktion entstehenden Stoffe. Als kleinstmöglicher Arbeitsplan stellt er Metadaten zur späteren Generierung von Arbeitsgängen mittels der Parameter eines Auftrags zur Verfügung. Die Dauer von Prozessen kann in den meisten Technologien exakt angegeben werden, so dass Prozesse leicht verplant werden können. Eine Zeitfunktion bildet die Dauer in Abhängigkeit der Produktionsmenge ab. Analog dazu ist eine Kostenfunktion zu integrieren, welche Auskunft über die Aufwendungen für die Ausführung des Prozesses geben kann. Die Umweltwirkung wird durch eine Funktion in Abhängigkeit der verwendeten Stoffe und des Durchsatzes bestimmt.

Stoffstrom
Die Klasse Stoffstrom implementiert die Assoziation zwischen Stoff und Prozess. Es existieren Stoffströme zwischen Prozessen und Stoffen bzw. zwischen Stoffen und Prozessen. Der Stoffstrom speichert jeweils ein Objekt als Input und das andere als Output und ermöglicht dadurch eine stoffstrombezogene Sichtweise auf die Planungsergebnisse. Ein Attribut gibt Auskunft über die Größe bzw. den Umfang des Stoffstroms an dieser Stelle.

Arbeitsplan
Arbeitspläne enthalten eine Dokumentation des Arbeitsablaufs mit einer zeitlichen Reihenfolge bzw. Parallelität von Tätigkeiten, welche zur Erstellung eines Erzeugnisses aus vorgegebenen Werkstoffen unter Einsatz bestimmter Betriebsmittel und festgelegter Arbeitsmethoden benötigt werden. Das Modell dafür soll generisch eine Vielzahl von Alternativen darstellen können, aus denen mit Unterstützung des Bilanzierung und Controlling in der Produktionsplanung und -steuerung die Umweltfreundlichste ausgewählt werden kann.

Der Arbeitsplan ist die aufgabenbezogene Beschreibung der notwendigen Tätigkeiten, die zur Produktion eines bestimmten Gutes benötigt werden. Im Einzelfall hat diese Beschreibung sehr unterschiedliche Formen: Zielsetzung ist es, einen strukturellen Rahmen zur Darstellung technologiespezifischer Arbeitspläne und die Möglichkeit zur Integration von umweltrelevanten Attributen zu schaffen.

Prozessbibliothek
Beschränkt man sich auf eine Minimaldefinition für Arbeitspläne, so „ist die Vorgangsfolge zur Fertigung eines Teiles, einer Gruppe oder eines Erzeugnisses" (REFA 1985) zu beschreiben und es sind das verwendete Material sowie für den Arbeitsvorgang der Arbeitsplatz und die Betriebsmittel angegeben; damit stellen auch die vorgestellten Prozesse, nicht nur im Sinne des beschriebenen Modells, sondern auch nach REFA-Definition, Arbeitspläne dar.

Die Verwaltung und Pflege der Prozesse stellt informationstechnisch die höchsten Anforderungen an die oben definierten Datenstrukturen. Diese Aufgabe soll eine Prozessbibliothek übernehmen, die alle durch das vorhandene Fertigungspotenzial durchführbaren Prozesse generisch, d.h. mittels Funktionen deren Input- and Output-Flüsse sowie Kosten, Zeiten und die Umweltwirkung parametrisiert, verwaltet.

Für die Generierung eines Arbeitsplanes zur Fertigung eines bestimmten Produktes wird ausgehend von einem dafür geeigneten Prozess aus der Prozessbibliothek nach Vorgängern gesucht, welche dessen Bedarf an Materialien decken können. In dieser Art und Weise entsteht regressiv ein Baum, der alle möglichen Produktionsalternativen enthält und in den Blättern die Materialien angibt, die beschafft werden müssen. Vorwärts durchgehend werden nun Kuppelprodukte ergänzt. Es entsteht ein komplexes Stoffstromnetz, welches alle alternativen Fertigungsmöglichkeiten und deren Wirkungen auf die Umwelt darstellt.

Erst bei der Einplanung lässt sich, unterstützt durch ökologieorientierte Bewertungsmechanismen aus Bilanzierung und Controlling, entscheiden, welche Alternative zur Produktion genutzt werden soll. Denn nur mit dem Einblick in den aktuellen Stand der Fertigung und damit dem Wissen über anfallende Emissionen kann eine solche auch umweltgerecht verplant werden.

Das bedeutet auch, dass Planungsentscheidungen teilweise erst in der Werkstatt auf Meisterebene getroffen werden können bzw. getroffen werden. Dieser Umstand soll im folgenden Modell, welches das Wissen der Meister vor Ort nicht nur zur aktuellen Entscheidung, sondern auch für spätere Maßnahmen zur Verfügung stellen wird, miteingehen.

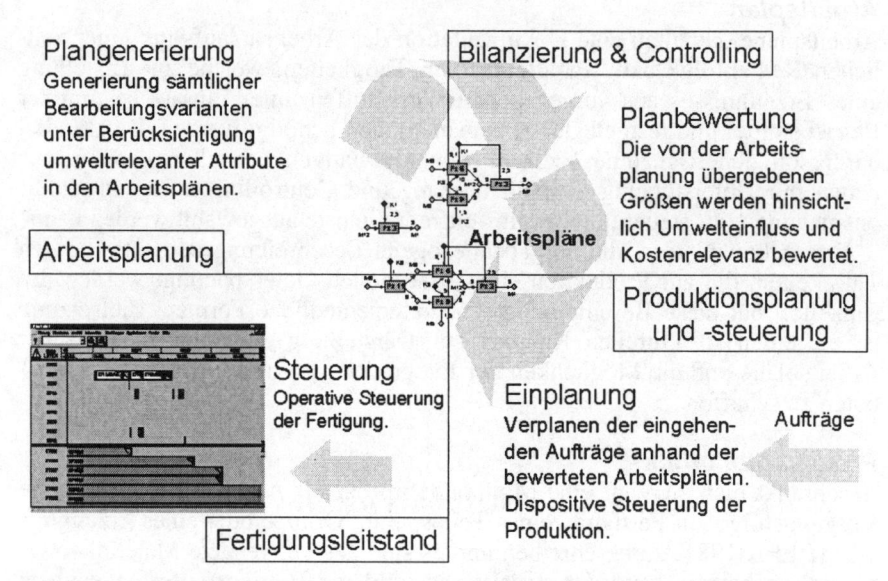

Abb. 3.2-7 Umweltorientierte Arbeitspläne als Kristallisationspunkt in der Fertigungsplanung

Integration der umweltorientierten Arbeitsplanung

Die Dokumentation der Arbeitsplanungsergebnisse findet vor allem in Form von Arbeitsplänen sowie in Arbeitsanweisungen und Primär- oder Standardstücklisten statt. Basierend auf den Vorgaben der Konstruktion stellen Stücklisten die Erzeugnisstruktur entsprechend der mengenmäßigen Zusammensetzung aus Baugruppen, Teilen und Rohteilen dar.

Zu diesen von der Konstruktion getroffenen Entscheidungen gehören auch ein Großteil der zu verwendenden Materialien, der benötigten Hilfs- und Betriebsstoffe sowie die zum Einsatz kommenden Produktionsverfahren. Die Arbeitsplanung hat diese Faktorkombination zu komplettieren, Arbeitsabläufe zu erstellen und der Produktionsplanung und -steuerung zu zuleiten.

3.2 Arbeitsplanung

In Abbildung 3.2-7 ist dieser Ablauf ausgehend von der Arbeitsplanung bis zur Steuerung auf der Fertigungsebene schematisch dargestellt. Bindeglied sind die um umweltrelevante Kenngrößen erweiterten Arbeitspläne, welche im Bereich Bilanzierung und Controlling einer Bewertung unterzogen werden, um der Produktionsplanung und -steuerung Entscheidungshilfen bei der Planung und Einlastung von Aufträgen geben zu können.

Eine Generierung sämtlicher potenzieller Bearbeitungsvarianten ist dadurch gekennzeichnet, dass der Lösungsraum alle technologisch und geometrisch durchführbaren Prozesse repräsentiert. Eine Einschränkung des Lösungsraumes durch zeit-, kosten- oder umweltbezogene Kriterien, die auf die Wirtschaftlichkeit der Bearbeitung Einfluss nehmen, jedoch das Fertigungsziel in der geforderten Qualität nicht beeinträchtigen, findet zunächst nicht statt. Erst bei Vorhandensein der zu verplanenden Auftragslage kann aus diesen generierten Herstellungsreihenfolgen unter weiterer Betrachtung der Maschinenbelegung und der Priorisierung durch das Bilanzierung und Controlling die Optimierung der Disposition vorgenommen werden.

Abb. 3.2-8 Rückkopplung von ökologischen Schwachstellen

Die Plangenerierung, also die Ermittlung aller technologisch möglichen Fertigungsabläufe, basiert auf den Gestaltungsmöglichkeiten in der Fertigung, wie z.B. der Wahl der innerbetrieblichen Standorte, Wahl des Organisationstyps der Produktion, Wahl der Verhältnisse der Faktoreinsatzmengen im Rahmen eines Organisationstyps der Fertigung, Festlegung der Anzahl der einzelnen Produktionsstufen und der zugehörigen Kapazitäten, Festlegung der Reihenfolge der Arbeitsplätze in den Produktionsstufen und der dazugehörigen Kapazitäten, Festlegung der Reihenfolge der Produkte auf den einzelnen

Arbeitsplätzen (Reihenfolgeplanung) und Zuordnung der Personen zu den Arbeitsplätzen oder auch auf alternativen Produktlösungen.

Umweltorientierte Optimierung durch Informationsrückkopplung

Umweltdaten aus der Fertigung gehen heute, sofern überhaupt erfasst, höchstens in die Erstellung von Ökobilanzen ein, ansonsten zum Großteil verloren (Laubscher u. Rey 1995). Aufgrund der räumlichen und organisatorischen Trennung haben die planenden Bereiche meist keinen Zugriff.

Durch eine zyklische Vorgehensweise, die mittels einer Rückkopplung produktionsnaher Daten aus der Fertigung erfolgen könnte, wäre eine kontinuierliche Optimierung der Arbeitspläne und deren Planungsparameter realisierbar (vgl. Abbildung 3.2-8).

Die Rückkopplung ist generell durch die Informationsrückführung zwischen gekoppelten betrieblichen Prozessen gekennzeichnet, wobei die zurückgeführten Informationen gesammelt und für die Verifizierung und Korrektur dieser Prozesse sowie der damit zusammenhängenden Produktinformationen eingesetzt werden (vgl. Valous 1993).

Der Informationsrückfluss schafft die Möglichkeit der Sicherung des Wissens aus dem produzierenden Organisationsbereich. Durch den späteren Zugriff auf die aktuellen Informationen bei Planung und Steuerung, insbesondere bei Ähnlichkeits- und Variantenplanung, wird eine Steigerung der Qualität der Planungsunterlagen ermöglicht.

Es lassen sich unter Einbeziehung der Betrachtung der Regelmäßigkeit der Datenerfassung bei einer Rückkopplung zwei verschiedene Typen definieren. Man unterscheidet in konstante und bedarfsgesteuerte Rückkopplung. Die konstante Rückkopplung besteht aus zeitlich festen oder durch äußeren Takt vorgegebenen Abständen der Datenübertragung nach bestimmten Schemata. Die konstante Informationsübertragung von der Werkstatt an die Produktionsplanung und -steuerung im Rahmen der Betriebsdatenerfassung ist eine Form dieses Rückkopplungstyps (Aghte u. Rey 1998).

Ist es nicht erforderlich, Informationen kontinuierlich zur Verfügung zu stellen, sondern genügt es, beim Auftreten bestimmter Ausnahmefälle eine Rückkopplungsnachricht an einen Bereich zu senden, in der ein bestimmtes Ereignis dokumentiert wird, so spricht man von einer bedarfsgesteuerten Rückkopplung. Die bedarfsgesteuerte Rückkopplung ist im Gegensatz zur konstanten Rückkopplung flexibler, erfordert jedoch einen höheren Aufwand bei der Erfassung und Verwaltung der Rückkopplungsnachrichten.

Die Prozessbibliothek hat nun die Aufgabe, die erfassten Nachrichten in die Prozesse einzupflegen und diese aktuell zu halten. Von dort gehen diese dann in die Erzeugung zukünftiger Arbeitspläne.

Damit wird es auch ermöglicht, auf verschiedene Ereignisse wie Informationen über potenzielle Recyclate, das Erreichen von Grenzwerten für Emissionen, freigewordener Kapazität auf umweltfreundlicheren Maschinen o.ä. zu reagieren und die Planung selbst auf operativer Ebene noch zu optimieren.

3.2.4
Implementierung des informationstechnischen Unterstützungssystems

von Uwe Rey

Aufgabe des letzten Abschnitts ist die Beschreibung der Implementierung verschiedener Funktionalitäten des definierten Prototypen. Damit soll der Nachweis erbracht werden, dass die theoretischen Überlegungen realisierbar sind und nach weiteren Arbeiten auch industriell um- bzw. einsetzbar wären.

Dazu sind die erarbeiteten Modelle zu verfeinern und in eine Form zu bringen, dass eine Implementierung vorgenommen werden kann. Diese Programmierung hat in geeigneter Umgebung zu erfolgen, um lauffähige Module zu erhalten.

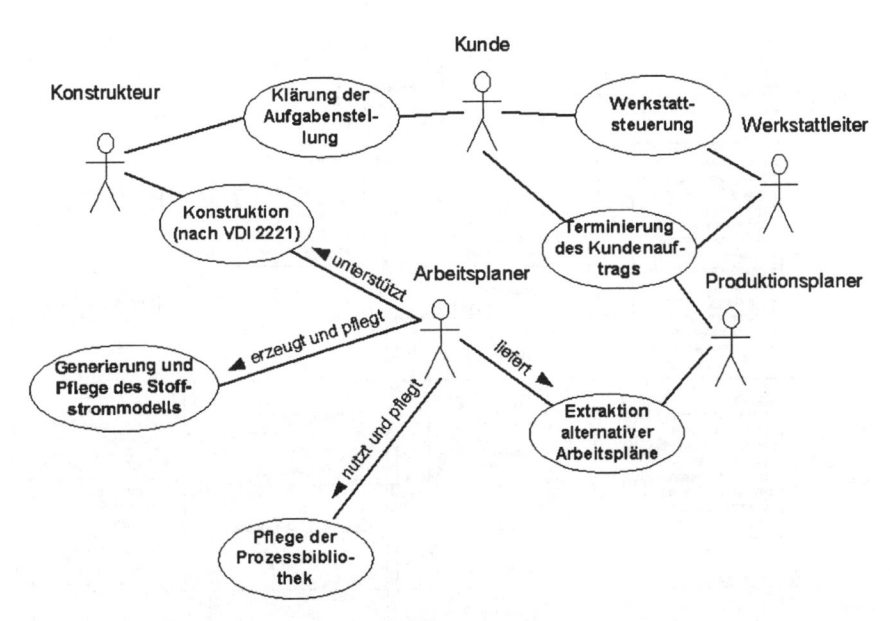

Abb. 3.2-9 Use-Case Diagramm der Auftragsabwicklungskette

Analyse und Design

Bevor die informationstechnische Umsetzung der Aufgaben einer umweltorientierten Arbeitsplanung weiter detailliert werden kann, muss zunächst die Auftragsabwicklungskette von einer sehr abstrakten Ebene betrachtet werden, welche den groben Ablauf darstellt. Ausgehend vom „Kunden", welcher im Rahmen der Konstruktion nach VDI 2221 mit dem „Konstrukteur" die Aufgabenstellung zu klären hat, wird mit Unterstützung des „Arbeitsplaners" eine

Produktdokumentation erstellt (vgl. Abbildung 3.2-9). In der Arbeitsplanung wird diese Information zum Aufbau und zur Pflege des Stoffstrommodells genutzt. Aus diesem können dann alternative Arbeitspläne extrahiert und dem „Produktionsplaner" zur Verfügung gestellt werden. Dieser erstellt basierend auf Vorgaben des „Kunden" Werkstattaufträge, welche der „Werkstattleitung" zur Fertigung übergeben werden. Von dort wird der „Kunde" über den Arbeitsfortschritt bzw. den Vollzug informiert.

Die Prozessbibliothek bildet das Herzstück der Arbeitsplanung und dient als Datenverwaltung und -pflegeklasse.

In Abbildung 3.2-9 sind die Funktionen, die im Verantwortungsbereich des Arbeitsplaners liegen, ausgehend von diesem in statischer Form näher spezifiziert. Diese und die Unterstützung die durch die Arbeitsplanung bei der Konstruktion geleistet wird, sind in den Sequenzdiagrammen in Abbildung 3.2-10 weiter verfeinert und werden dort in einen dynamischen Zusammenhang gebracht.

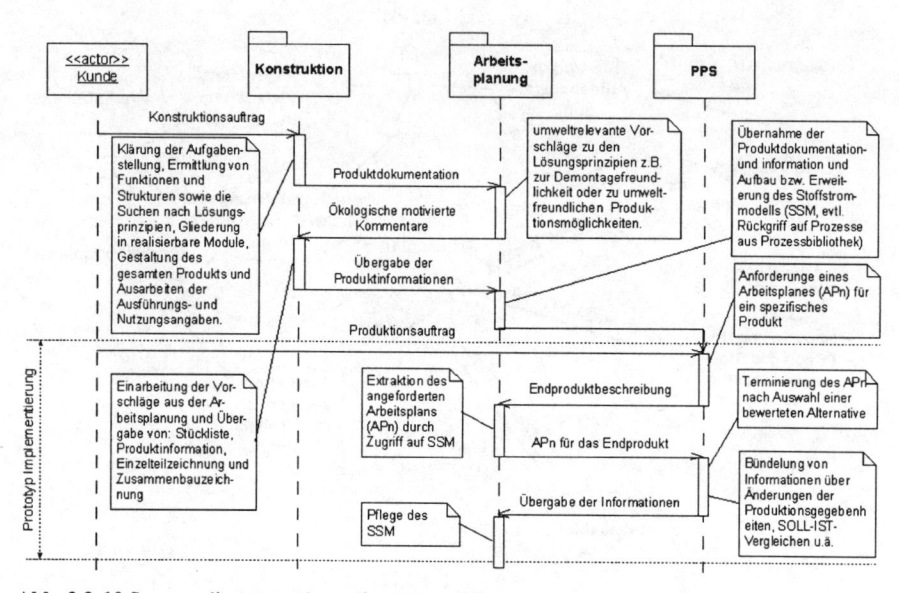

Abb. 3.2-10 Sequenzdiagramm der Auftragsabwicklungskette

Die Konstruktion kann bei der Suche nach Lösungsprinzipien durch umweltorientierte Vorschläge der Arbeitsplanung unterstützt werden. Das bedeutet, dass Lösungsprinzipien und dazu ökologisch motivierte Kommentare zu diesen ausgetauscht werden.

Weiter sind die nach Realisierungsmöglichkeit gegliederten Module bzgl. der Demontagefreundlichkeit einzuschätzen und der Konstruktion Verbesserungsvorschläge zu unterbreiten. Die anstehende Gestaltung des Gesamtproduktes kann durch die Arbeitsplanung mittels einer Suche nach umweltfreundlichen Produktionsmöglichkeiten unterstützt werden.

3.2 Arbeitsplanung

Nach einer Ausarbeitung der Ausführungs- und Nutzungsangaben können der Arbeitsplanung alle notwendigen Dokumente übergeben werden. Dazu zählen Produktdokumentation, Stückliste, Einzelteil- und Zusammenbauzeichnung.

Für die weitere Verfolgung der Auftragsabwicklungskette unter Umweltgesichtspunkten ist vor allem die Stückliste von Bedeutung. Es handelt sich hierbei um keine Stückliste im herkömmlichen Sinne, vielmehr wird im Rahmen eines Ressourcenmodells neben der Entstehungsphase auch die Nutzungs- und Entsorgungsphase mit in Betracht gezogen. Diese Informationen werden umgesetzt und finden Eingang in die Prozessbibliothek und damit auch in das Stoffstrommodell.

Damit ergeben sich für einen informationstechnischen Prototypen der Arbeitsplanung, für das Computer Aided Planning (CAP) also, Schnittstellen zu Konstruktion, Bilanzierung und Controlling sowie Produktionsplanung und -steuerung. Angefordert werden muss zumindest eine Stückliste, welche „eingearbeitet" in das Stoffstrommodell der Erzeugung von Arbeitsplänen zur Übergabe an den Prototypen des Bilanzierung und Controlling zur Bewertung und Priorisierung sowie der anschließenden Weitergabe an die Produktionsplanung und -steuerung dient.

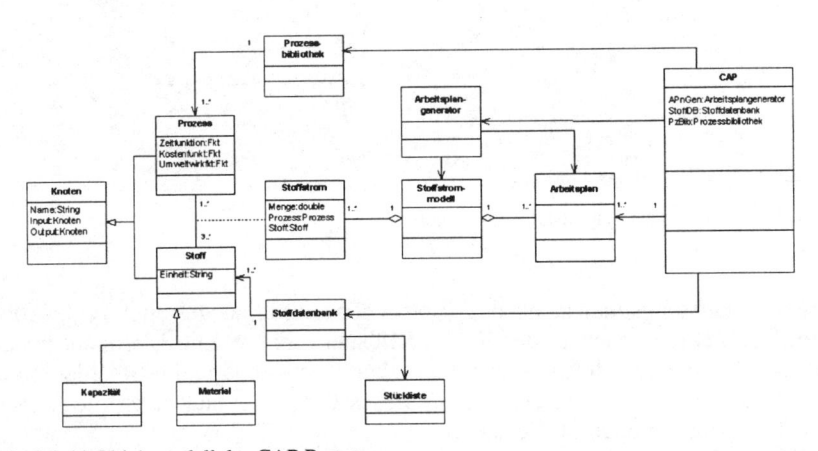

Abb. 3.2-11 Objektmodell des CAP Prototypen

Implementierung

Aus den oben dargestellten Objekten sowie deren statischen und dynamischen Verknüpfungen wurde das in Abbildung 3.2-11 abgebildete Objektmodell erstellt. Die zur Realisierung der Benutzungsschnittstelle notwendigen Objekte sind nicht dargestellt.

Das Hauptobjekt CAP realisiert die Kontrolle über den kompletten Planungsvorgang und die Pflegemaßnahmen die Prozessbibliothek, Stoffdatenbank und vor allem auch das Stoffstrommodell betreffend.

Das Stoffstrommodell wurde im Modell (vgl. Abbildung 3.2-6) zwischen Stoffstrom und Arbeitsplan gesetzt, da dieses alle Stoffströme verwaltet und ein Arbeitsplan einen Ausschnitt daraus darstellt.

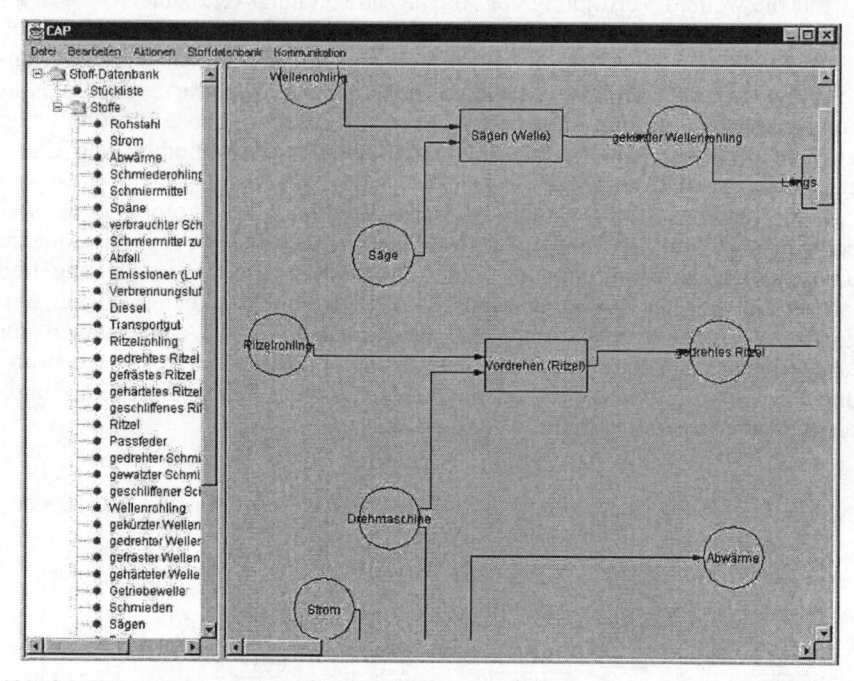

Abb. 3.2-12 Benutzungsschnittstelle des Prototyps

Die Benutzungsoberfläche des Prototypen wurde so gestaltet (vgl. Abbildung 3.2-12), dass sich in der linken Bildschirmhälfte eine Übersicht zu den aktuell definierten Stoffen befindet. Über den Menüpunkt Stoffdatenbank lassen sich diese jederzeit erweitern. Dieses Fenster enthält auch die Darstellung einer abgerufenen Stückliste.

Mittels Drag & Drop lassen sich die Stoffe auf die Arbeitsfläche (in der rechten Bildschirmhälfte), auf welcher das gesamte Stoffstrommodell dargestellt ist, kopieren und durch das Einfügen von Stoffströmen mit Prozessen verbinden. Dabei wird automatisch unter Angabe der Einheit aus dem Stoff nach dem Umfang des Stromes gefragt. Ist dieser Stoff Bestandteil der Stückliste, so wird der dort abgelegte Wert als Vorschlag angegeben.

3.3
Umweltorientierte Produktionsplanung und -steuerung

3.3.1
Grundlagen

von Jörg v. Steinaecker, Ingo Aghte, Ralf Pillep, Richard Schieferdecker

Verfolgt man die gegenwärtig eingesetzten Ansätze zur Unterstützung einer Umweltorientierung in produzierenden Unternehmen, so kann festgestellt werden, dass der Fokus auf den Management-Ebenen durch die Implementierung von Umweltmanagementsystemen nach der EG-Öko-Audit-Verordnung (EMAS 1836/936) oder der DIN ISO 14000 ff. liegt. Eine Integration des Umweltschutzes in bestehende, betriebliche DV-Systeme mit ihren Daten und Funktionen steht jedoch zum gegenwärtigen Zeitpunkt noch am Anfang der Entwicklung. In diesem Zusammenhang stellen moderne Produktionsplanungs- und -steuerungssysteme sowohl das informationstechnische Rückgrat der betrieblichen Datenhaltung als auch den auf die Leistungserstellung maßgeblich wirkenden Faktor dar, da sie direkt auf Mengen, Termine und Ressourcenwahl wirken. Der umweltorientierten Ausrichtung dieser PPS-Systeme ist der vorliegende Beitrag gewidmet. Bei der Entwicklung eines Modells einer umweltorientierten PPS wurden zwei unterschiedliche Ansätze verfolgt:

- *Spezifikation eines stoffstromorientierten PPS-Konzeptes*
  Das Standard-PPS-Konzept (MRP II) mit seinem sukzessiven Vorgehen wurde in der Vergangenheit wiederholt kritisiert. Auch wurde festgestellt, dass seine Daten und Funktionsstrukturen eine durchgängige Integration des produktionsintegrierten Umweltschutzes erschweren können. Daher wird im Kapitel 3.3.2 ein PPS-Konzept spezifiziert, welches die Belange des produktionsintegrierten Umweltschutzes bereits in seiner Daten- und Funktionsarchitektur durch ein stoffstromorientiertes Datenmodell und eine selbstähnliche Planungshierarchie berücksichtigt.
- *Spezifikation eines umweltorientierten Standard-PPS-Konzeptes*
  Die große Mehrheit der heute implementierten ca. 13.000 PPS-Systeme basieren auf Weiterentwicklungen des MRP II-Konzeptes. Die Integration umweltorientierter Aufgabenstellungen in Standard-PPS-Systeme durch Erweiterung bestehender PPS-Modelle ermöglicht eine praxisnahe und informationstechnisch realisierbare Lösung. Da das Aachener PPS-Modell ein umfassendes Referenzmodell der PPS darstellt, wird es zur Integration umweltrelevanter Erweiterungen auf Aufgaben-, Prozess-, Funktions- und Datenebene verwendet. Dies ist Gegenstand des Kapitels 3.3.3.

3.3.2
Konzept einer Stoffstromorientierten PPS

von Jörg v. Steinaecker

3.3.2.1
Einführung

Heutige, z.T. 30 Jahre alte PPS-Konzepte und die auf ihnen aufbauenden Systeme können eine umfassende Umweltorientierung nicht unterstützen (vgl. auch Steinaecker 1997a, S. 3ff.), da dieser Aspekt bei der Konzeptbildung nicht im Vordergrund des Interesses stand. Auch neue, in Wissenschaft und Praxis diskutierte Ansätze sind als Eingeständnis an die Systemkomplexität und Praxistauglichkeit lediglich auf ausgesuchte Bereiche fokussiert wie das Recycling oder die Abfallentsorgungsplanung (vgl. Haasis u. Rentz 1994; Rautenstrauch 1997; Schaper u. Schneider 1997). Aus diesem Grund war es notwendig, sich insbesondere hinsichtlich der Modellierung von Produktionsprozessen (insb. Datenstruktur) und Planungsalgorithmen (Funktionen und Architektur) vom derzeitigen Stand der Technik zu lösen, damit der netzwerkartige Charakter der abzubildenden Produktionsstrukturen besser berücksichtigt werden kann.

Als Ansatz ist eine stoffstromorientierte PPS entwickelt worden, die die gängigerweise eingesetzten Arbeitspläne und Stücklisten zu Stoffstromnetzen erweitert und sie unter Mengen-, Zeit- und Ressourcenaspekten plant. Auf die Notwendigkeit dessen wurde u.a. in Steinaecker (1997b) und Hilty u. Schmidt (1997) hingewiesen (vgl. auch Steinaecker 1997b; Hilty u. Schmidt 1997). Die Planung dieser Netze geschieht nicht wie in den MRP II-gestützten PPS-Systemen nach einem sukzessiven Vorgehen (vgl. auch Adam 1988; Mosig-Baumeister 1994; Hackstein 1989), indem Mengen-, Zeit- und Kapazitätsfunktionen nacheinander abgearbeitet werden. Vielmehr sollen hierarchisch, über mehrere Ebenen, von der Grobplanung bis hin zur Feinplanung in jeder Ebene die Aufgaben Mengen-, Termin- und Kapazitätsplanung simultan gelöst werden.

Durch den in diesem Beitrag zur Verfügung stehenden Raum können die im Zuge der Arbeiten definierten Lösungsansätze nur angerissen werden. Die notwendigerweise offen bleibenden Fragen werden daher in gesonderten Veröffentlichungen beantwortet, in dem das vorgeschlagene Konzept detailliert beschrieben wird.

3.3.2.2
Spezifikation

Modellierungstechnik
Die zur Beschreibung der Produktionsprozesse notwendige Modellierungstechnik hat neben den bereits im Rahmen des OPUS-Projektes in Bullinger (1997) identifizierten Anforderungen (vgl. auch Bullinger et al. 1997, S. 937)

insbesondere sicherzustellen, dass der netzwerkartige Charakter von Stoffströmen (vgl. auch Steinaecker 1997b, S. 204), der horizontal und vertikal weit über die bisher in Stücklisten und Arbeitsplänen beschriebenen Stofftransformationen hinaus geht, erfasst werden kann. Ziel soll es sein, den gesamten Lebenszyklus bzw. -weg (vgl. auch Hilty u. Schmidt 1997, S. 2f.) eines Stoffes/Produktes erfassen und beschreiben zu können.

Als Beschreibungstechnik wurde auf die im Rahmen von Stoffstromanalysen bereits erfolgreich eingesetzte Methode der Petri-Netze zurückgegriffen (vgl. auch Rolf u. Möller 1996, S. 208; Schmidt et al. 1996, S. 25ff.; Hilty u. Schmidt 1997, S. 5). Petri-Netze (für eine formale Definition vgl. auch Baumgarten 1990; Proth u. Xie 1996) eignen sich zur umweltorientierten Planung und Steuerung von Produktionsprozessen aus mehreren Gründen. Der generelle Vorteil von Petri-Netzen liegt in ihrer Fähigkeit, strukturell in passive Elemente (sog. Stellen) und aktive Elemente (sog. Transitionen) zu unterscheiden. Dies kann direkt auf Stoffströme übertragen werden, welche auch in aktive, zeitbehaftete Prozesse (Stofftransformationen i.e.S.) und ihre passiven Input-Stoffe (z.B. Material, Ressourcen, Flächenversiegelung, Energie etc.) und Output-Stoffe (Emissionen, Material, Produkte, Abfall, Strahlung etc.) zerlegt werden können (vgl. auch Rolf u. Möller 1996). Neben den eher statischen Strukturelementen der Petri-Netze sind jedoch auch über das sog. Markenspiel und die definierte Schaltlogik der Transitionen Aspekte der Planung und Steuerung (z.B. Konflikte, Alternativen, Nebenläufigkeit, Synchronisation etc.) abbildbar. Mit Petri-Netzen können folglich sowohl umweltorientierte Stoffströme als auch deren Planung in einem einheitlichen Modell beschrieben werden. In Rautenstrauch (1997) ist ein ähnlicher Ansatz zu finden (vgl. Rautenstrauch 1997). Hier wird die umweltorientierte Modellierbarkeit von Stoffströmen mit Petri-Netzen gezeigt, ihre Planung jedoch anhand konventioneller Methoden durchgeführt. Zusätzlich sind auch Verfahren anzuwenden, die eine Aggregation der i.d.R. sehr großen Netze erlauben, um die Komplexität des Systems für die Zwecke der Planung zu reduzieren. Diese umfassen i.w. Vergröberung, Verfeinerung, Einbettung und Faltung/Entfaltung (vgl. auch Baumgarten 1990, S. 58ff.; Proth u. Xie 1996). Ein weiterer Vorteil der Petri-Netze ist ihre Fähigkeit, die modellierten Systeme grafisch darzustellen, wodurch eine Transparenz geschaffen wird, die es Anwendern erlaubt die beschriebenen Probleme schneller zu durchdringen und zu optimieren. Zusätzlich sind verschiedene Analysemethoden und Algorithmen für Petri-Netze entwickelt worden, auf welche die PPS-Funktionen zurückgreifen können (vgl. auch Richard u. Xie 1997). Diese umfassen i.w. algebraische Verfahren, die sich der Inzidenz-Matrix bedienen und graphentheoretische Methoden, die den Zustandsraum eines Netzes generieren und auswerten (vgl. auch Abel 1990, S. 60ff.; Proth u. Xie 1996). Werden Produktionsprozesse mit Petri-Netzen modelliert, so findet auch keine Trennung von Produkten und Prozessen in separaten Modellen statt, was u.a. der Forderung nach einem integrierten Produkt- und Prozessmodell zur Integration betrieblicher Funktionen (insb. Konstruktion und Arbeitsvorbereitung) Rechnung tragen würde (vgl. auch Pawellek 1993, S. 9).

Spezifikation der Teilmodelle

Zur Modellierung und Planung von Stoffstromnetzen wurden drei Teilmodelle identifiziert:

- Das Auftragsanonyme Stoffstrommodell (ASM)
- Das Lebenszyklusmodell (LZM)
- Das terminierte Stoffstrommodell (TSM)

Das Auftragsanonyme Stoffstrommodell (ASM)

Grundlage des stoffstromorientierten PPS-Konzeptes ist ein auftragsanonymes, nicht terminiertes Stoffstrommodell (ASM), bestehend aus Stoffen und Prozessen, die nach der Methode der Petri-Netze verknüpft werden.

Im ASM werden u.a. (Abb. 3.3-1)

- alle Stoffarten berücksichtigt (Material i.e.S., Emissionen, Abfall, Energieverbrauch, Ressourcennutzung, Flächenversiegelung etc.)
- alle technisch machbaren oder geplanten, internen bzw. auf dem Markt angebotenen, externen Prozesse beschrieben,
- Alternativen explizit modelliert, die sich immer dann ergeben, wenn mehr als eine Relation zu einem Stoff führt,
- Produkt-Ökobilanzen einbezogen, die sowohl alle Bestandteile eines fremdbeschafften Produktes als auch die indirekt mit der Produktentstehung verbundenen Stoffströme beschreiben,
- Ressourcennutzung zur Beschreibung knapper Faktoren (z.B. Maschinen) modelliert, die bei der Planung berücksichtigt werden sollen,
- Stoffrekursionen (z.B. Produkt-, Materialrecycling) abgebildet,
- Auf-, Ab- und Umrüstprozesse und die damit verbundenen Stoffströme modelliert.

Nicht beschrieben im ASM wird die terminliche Fixierung der Prozessdurchführung (Beginn- und Endzeitpunkt), da dieser gerade Gegenstand der Planungsentscheidungen der PPS sein soll. Die Prozesse selber verfügen über einen Prozessparameter λ, der die Ausprägung einer konkreten Prozessdurchführung beschreibt (z.B. Ausbringungsmenge, Laufzeit, Prozessintensität etc.).

Das Lebenszyklusmodell (LZM)

Das Lebenszyklusmodell besteht aus allen Stoffen und Prozessen, die bei der Planung und Bilanzierung eines (z.B. durch einen Kundenauftrag) identifizierten Stoffes relevant sind und die vorher im ASM modelliert wurden. Es stellt damit einen auf einen bestimmten Stoff ausgerichteten Ausschnitt aus dem ASM dar, der noch nicht terminiert wurde. Da das LZM in der Planung verwendet wird, muss es frei von Stoffrekursionen sein, da geschlossene Stoffkreisläufe z.B. zur Folge hätten, dass permanent die Produktion von Material angestoßen würde, nur um den Bedarf an Recyclaten zu befriedigen.

Das LZM wird in die rückwärts gerichtete Bedarfsstruktur geteilt, die alle Informationen zur Erstellung des Produktes umfasst, und die vorwärts gerichtete Bedarfsstruktur, die alle Stoffe und Prozesse enthält, die nach der Produkterstellung relevant sind. Es kann mittels Suchalgorithmen automatisch aus dem ASM generiert werden (vgl. auch Bullinger et al. 1997, S. 937).

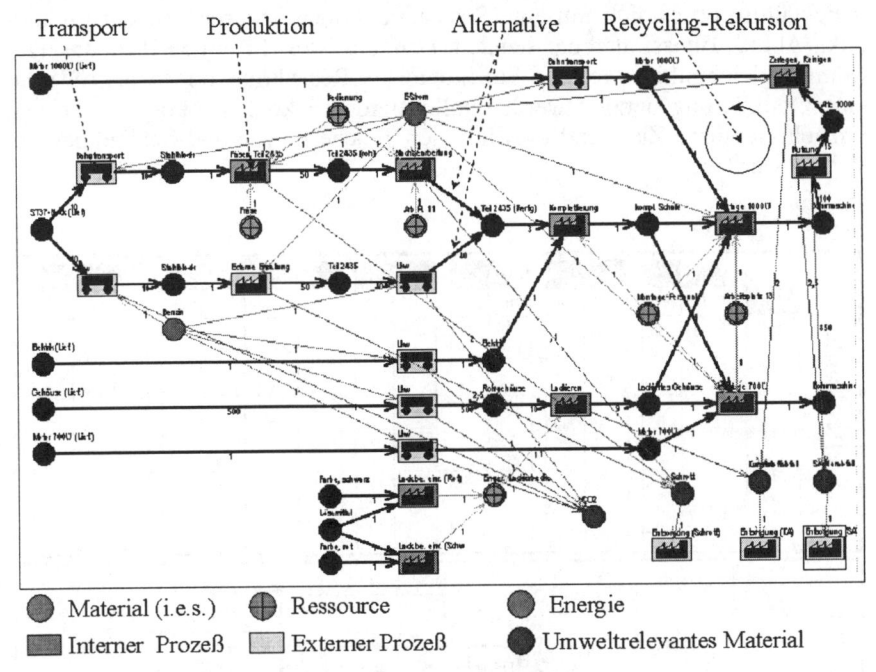

Abb. 3.3-1 Beispiel eines anonymen Stoffstrommodells, modelliert als Petri-Netz

Das terminierte Stoffstrommodell (TSM)

Das TSM enthält alle terminierten (= zeitlich fixierten) Lebenszyklusmodelle. Es ist mit einem, um die eingangs geforderten zusätzlichen Stoffe und Prozesse erweiterten, Produktionsplan vergleichbar, der insbesondere umweltorientierte Stoffströme berücksichtigt (z.B. Abfall- und Emissionsmengen, Energieverbrauch etc.).

Zur Verkettung, Analyse und Optimierung der einzuplanenden Prozesse werden Stoffkonten definiert (Abb. 3.3-2). Stoffkonten bilden die Grundlage zur Planung und Steuerung der Auftragsabwicklung und enthalten für jeden Stoff eine Input- und eine Outputseite. Durch ihre Analyse ist der Planende oder ein Algorithmus in der Lage, sowohl unmögliche Produktionspläne als auch Optimierungspotentiale zu erkennen. Sie müssen daher sowohl Engpässe (z.B. unmögliche Lösungen des Produktionsplanes) als auch Optimierungspotentiale (z.B. lange Liegezeiten) aufdecken können. Dazu wurden zwei Analyseverfahren entwickelt, die auf jedes Stoffkonto anwendbar sind. Die *summarische Prüfung* stellt fest, ob in einem bestimmten Zeitraum die aus einem Stoffkonto abfließenden Mengen die zufließenden Mengen nicht übersteigt (Unterdeckung). Die *Stoffträgerprüfung* stellt sicher, dass die Anzahl der gleichzeitigen Zugriffe auf einen Stoff die Anzahl seiner Träger nicht überschreitet. Die Stoffkonten sind für alle Stoffarten gleich aufgebaut, gleichgültig, ob es sich um eine Ressource, einen Bedarfsstoff, ein Endprodukt, Abfall, Emissionen etc. handelt. Dadurch ist es für einen Planungsalgorithmus gleichgültig, welches Stoffkonto als Restriktion oder Zielgröße für eine Optimierung benutzt werden soll. Hierdurch können ökonomische und umweltorientierte Ziele und Restriktionen gleichermaßen und flexibel berücksichtigt werden.

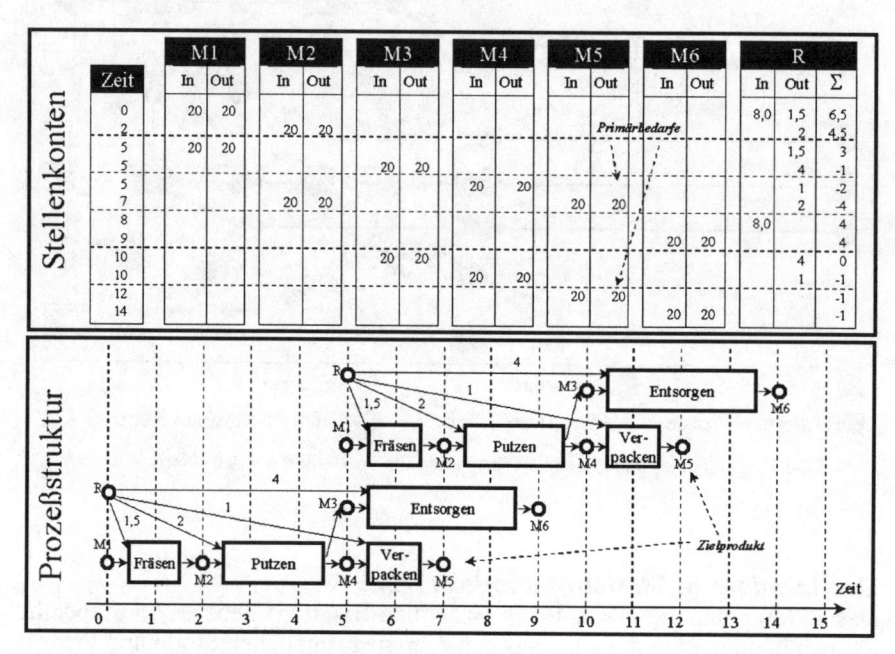

Abb. 3.3-2 Beispiel zur Verdeutlichung der Stoffkonten

Stoffkonten des TSM gleichen den Stellen von farbigen Petri-Netzen (vgl. auch Genrich 1991, S. 4ff.). Die Marken sind durch ihre Auftragsnummer und den Zeitpunkt ihres Zu- bzw. Abgangs gekennzeichnet. Hierdurch wird implizit ein Simulationsmodell geschaffen, welches durch das Markenspiel auch zeitdynamischen Analysen zugänglich ist. Dabei handelt es sich um ein höheres, zeitbehaftetes Netz, welches durch die Berücksichtigung von wahrscheinlichkeitsverteilten Prozessdauern (Schaltdauern) auch stochastisch sein kann.

Planungs- und Steuerungssystematik
95% aller am Markt erhältlichen PPS-Systeme stützen sich, was ihre Dispositionsfunktionen angeht, auf das MRP II-Konzept, welches in seinen Grund-

zügen in den 60er Jahren entwickelt und seitdem nur marginal erweitert wurde (vgl. auch Landvater u. Gray 1988). Die sich aus der Berücksichtigung umweltorientierter Aspekte ergebenden Anforderungen und die am theoretischen Konzept umfangreich geäußerte Kritik sowie die zunehmende Unzufriedenheit bei den Anwendern derartiger Systeme (vgl. auch Adam 1988; Melzer-Ridiger 1996; Aue-Uhlhausen u. Kühnle 1988) wurden zum Anlass genommen, hinsichtlich der Planungssystematik neue Wege zu gehen. Ziel war nicht, ein sukzessives Abarbeiten der verschiedenen (z.B. um umweltorientierte Aspekte erweiterten) Teilprobleme der PPS vorzunehmen (vgl. auch Hackstein 1989, S. 5), sondern betriebliche Organisation und Produktionsplanung derartig miteinander zu verzahnen, dass die Aufgaben der Produktionsprogramm-, Mengen-, Kapazitäts- und Zeitplanung auf verschiedenen Planungsebenen, ausgehend von einer Grobplanung und zunehmend verfeinert simultan gelöst werden. Auf jeder Hierarchieebene sollen ökonomische und umweltorientierte Aspekte gleichermaßen in die Planungstätigkeiten einfließen. Beispiele hierfür sind u.a. die Bestimmung von Produktionsprogrammen unter der Beachtung (z.B. selbstgesetzter) Höchstmengen des Energieverbrauchs, ökonomische Optimierung von Bedarfsmengen unter Berücksichtigung von Entsorgungskosten, Bestimmung von Belegungsfolgen für ausgewählte, ökologisch besonders sensible Maschinen etc.

Für einen hierarchischen Ansatz ist die Definition mehrerer Planungsebenen notwendig, die jeweils unterschiedliche Aspekte in der Planung berücksichtigen. Beispielsweise ist auf der höchsten Ebene (Werks- oder Betriebsebene) die Planung der Materialbedarfe anhand weniger Restriktionen (Engpassressourcen und selbsterklärte Umweltziele wie z.B. Maximalmengen von Abfall oder Energieverbrauch) und optimiert auf betriebswirtschaftliche Ziele (z.B. Kostenminimierung) denkbar. Das hier generierte Ergebnis wird im Sinne von Mengen- und Terminvorgaben an untergeordnete Planungsebenen weitergegeben. Innerhalb dieser übernehmen verschiedene Planungsobjekte (z.B. Produktionseinheiten oder Gruppen) die gemeldeten Bedarfe und führen wiederum eine Optimierung anhand detaillierter Restriktionen (z.B. Maschinengruppen) und anderer Ziele (z.B. Zeitziele) durch.

Zur Unterstützung einer derartigen Systematik muss das zu lösende Problem auf den unterschiedlichen Aggregationsebenen formuliert bzw. modelliert werden. Ziel ist, den für das jeweilige Planungsobjekt relevanten Ausschnitt des mit einem Bedarf verbundenen LZM so in ein Petri-Netz zu aggregieren, dass es lediglich die für die Planungsebene relevanten Planungsparameter enthält. Hierfür wurden zwei Strategien erarbeitet. Je nachdem, ob in einem Planungsobjekt Entscheidungen hinsichtlich sich bietender Alternativen gefällt werden sollen wird das LZM *entscheidungsorientiert* aggregiert oder aber *materialverfügbarkeitsorientiert* aggregiert. Die entscheidungsorientierte Aggregation bereitet das Planungsproblem derartig auf, dass sich bietende Alternativen explizit ausgewiesen und durch einen Algorithmus ausgewählt werden können. Die Materialverfügbarkeitsstrategie fasst die sich bietenden Alternativen zusammen und stellt über die Bildung von Erwartungswerten diejenigen Mengen sicher, die zur späteren, zeitnäheren Auswahl einer Alternative benötigt werden. Jedes Planungsobjekt durchläuft dabei identische Planungssequenzen (Abb. 3.3-3).

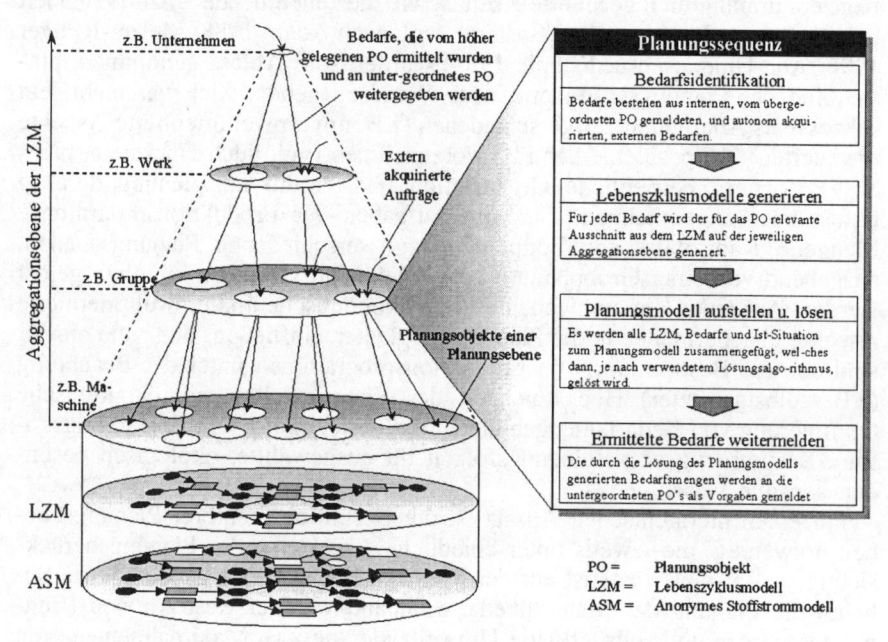

Abb. 3.3-3 Aufbau und Methoden der stoffstromorientierten PPS

Vorteilhaft an der Verteilung der Planung auf mehrere, selbstähnliche Planungsobjekte in unterschiedlich aggregierten Planungsebenen und die Modellierung dieser mittels der Aggregation von Netzen sind:

- flexible Definition von Planungszielen und Restriktionen (Kosten, Zeiten, umweltrelevante Aspekte etc.), da alle Aspekte gleich modelliert werden,
- Reduzierung der Planungskomplexität durch gezielte Aggregation,
- Delegierung von Verantwortung auf untere Hierarchieebenen,
- Schaffung von Transparenz und Erhöhung der Motivation auf unteren Hierarchieebenen,
- Unterstützung der Planung autonomer Zellen, die z.B. ihre Produkte auch externen Kunden anbieten können und
- Flexibilität des Einsatzgebietes durch Anwendbarkeit des Modellierungswerkzeuges auf eine Vielzahl von Unternehmen.

Die Lösung der Planungsprobleme auf den jeweiligen Ebenen kann je nach Anforderungen anhand verschiedener Werkzeuge erfolgen. Gute Ergebnisse wurden mit der Methode der Linearen Programmierung erzielt. Das hierfür notwendige Tableau kann direkt aus der Inzidenz-Matrix des Petri-Netzes generiert werden (vgl. auch Steinaecker 1997a). Die periodenbezogenen Ergebnisse können mittels eines Dispositionsalgorithmus auf Zeitpunkte umgerechnet und den einzelnen Stoffkonten zugewiesen werden. Ein anderer, denkbarer Algorithmus läuft über die Generierung des Zustandsraumes des Petri-Netzes, wodurch automatisch eine zeitpunktbezogene Disposition unterstützt wird. Darüber hinaus sind Heuristiken einsetzbar oder die graphische Aufbereitung des Problems mit einem erfahrenen Anwender als Problemlöser.

3.3.2.3
Implementierung

Das beschriebene Informationsmodell wurde als Grundlage für die Entwicklung von zwei verschiedenen Anwendungssystemen verwendet. Während *ModPet* ein Werkzeug zur Materialflussoptimierung sowohl für einmalige Analyse- und Optimierungszwecke mit Projektcharakter als auch zur Unterstützung einer operativen, optimierenden Planung ist, stellt das *stoffstromorientierte CAP- und PPS-System* ein operatives Unterstützungswerkzeug zur Arbeitsplanerstellung und Planung der Produktion dar.

Beschreibung des Analysewerkzeuges ModPet

Übersicht über Implementierung und Systemarchitektur
Die wesentliche Zielsetzung von ModPet ist die Bereitstellung eines Werkzeuges für die Visualisierung und Optimierung von Stoffströmen. Aus diesem Grund wurde eine Programmiersprache verwendet, deren Stärken in der Gestaltung von ansprechenden grafischen Oberflächen, schneller Implementierung und Weiterentwicklung sowie guter Integrierbarkeit in die Office-Produkte der Firma Microsoft liegen. Aus diesem Grund wurde ModPet in Visual Basic implementiert. Begünstigt wurde die Auswahl dadurch, dass Visual Basic über einige objektorientierte Eigenschaften verfügt (insbesondere Kapselung und Wiederverwendbarkeit von Klassen-ähnlichen Konstrukten) was die Implementierung vereinfachte. Als Datenspeicher wurde zunächst eine Datenbank eingesetzt, die jedoch zugunsten eines schnelleren Zugriffs durch ein binäres, proprietäres Dateiformat abgelöst wurde.

ModPet besteht neben der externen Datenhaltung aus fünf Modulen. Aufgabe des Moduls *„Informationsmodell"* ist die interne Strukturierung und Bereitstellung der netzwerkartigen Zusammenhänge im Stoffstrommodell. Zusätzlich wird durch dieses Modul die Kommunikation mit der externen Datenhaltung übernommen. Auf diesem Informationsmodell setzen drei Anwendungsmodule auf. Von Bedeutung für die oben beschriebene Zielsetzung sind die Module *„Modellierung"* und *„Optimierung"*, die in den nachfolgenden Kapiteln beschrieben werden. Das Modul *„Simulation"* stellt eine vollständige Umgebung zur Definition, Ausführung und Analyse von zeitdynamischen Simulationen zur Verfügung. Dies zeigt, dass auf derselben Modellierungstechnik sowohl Planungen und Auswertungen als auch zeitdynamische Simulationen durchgeführt werden können. Im Simulationsmodul kommen u.a. auch die Stellenkonten zum Einsatz, um die durch die Simulation erzeugten Materialbewegungen festzuhalten und anschließend auswertbar zu machen. Das Modul „*Sonstiges*" übernimmt Querschnittsaufgaben wie das Drukken oder die allgemeine Systemverwaltung.

Beschreibung des Modellierungsmoduls
Im Modellierungsmodul beschreibt der Anwender das zu analysierende, zu beplanende bzw. zu optimierende Problem. Zur Unterstützung der graphischen Visualisierung des Problems können sowohl allgemeine Eigenschaften des Arbeitsblattes (Zoomfaktor, Schriftart etc.) festgelegt, als auch komplette Bibliotheken von Elementformatvorlagen definiert und verwaltet werden. ModPet bietet dazu einen Katalog von vordefinierten Symbole an, die durch den Anwender angepasst werden können (Abb. 3.3-4).

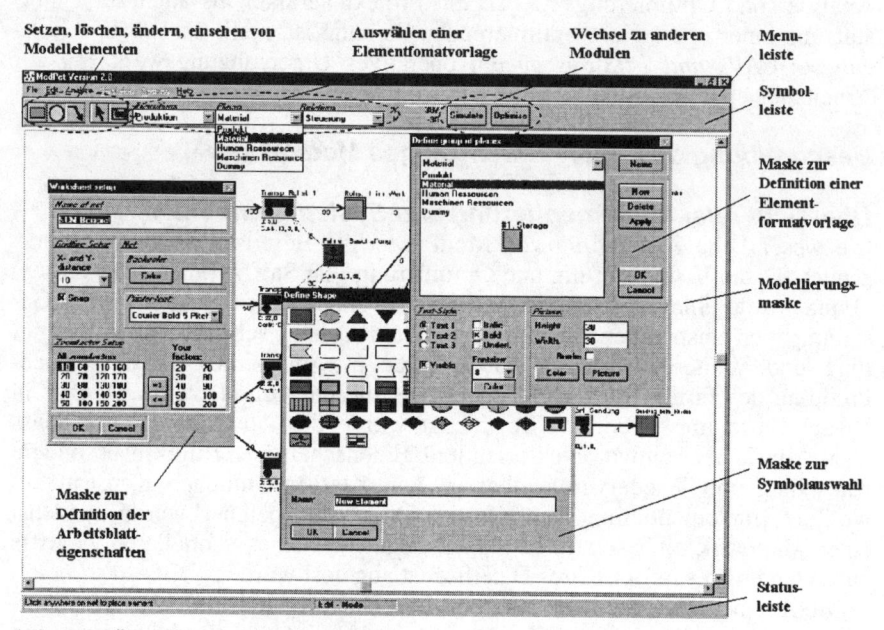

Abb. 3.3-4 Übersicht über ausgewählte Masken des Modellierungsmoduls

Die eigentlichen Modellelemente Stelle, Prozess und Relation werden auf der Basis einer jeweils zugrunde liegenden Vorlage definiert, im Modellierungsfenster plaziert und mit den elementspezifischen Attributen versehen. Abb. 3.3-5 zeigt die drei Masken zur Definition von Attributen für Prozesse, Stellen und Relationen.

Ein wesentlicher Schwerpunkt wurde bei der Implementierung auf die Abbildung der betriebswirtschaftlich relevanten Größen Kosten und Einnahmen gelegt. Der Anwender kann diese Größen sowohl in Prozessen (in Abhängigkeit des Prozessparameters) hinterlegen als auch für Stellen definieren. Für letztere stehen ihm zwei Fixkostenarten (pro Zugang oder Abgang im Stellenkonto) und eine variable Kostenart in Abhängigkeit von der Verweildauer einer Materialmenge auf der Stelle. Hierüber wären z.B. Kosten für das Ein- bzw. Auslagern sowie Kapitalbindungskosten im Lager abbildbar.

Für die funktionale Beziehung zwischen dem Prozessparameter λ und den Relationsgewichten bzw. Zeiten und Kosten wurden homogene, lineare Zusammenhänge gewählt. Sie haben den Vorteil, dass sie einem Anwender verständlicher sind, die Realität in einer Vielzahl von Fällen hinreichend genau abbilden und die Optimierungsmethode der Linearen Programmierung aufwandsarm aufgesetzt werden kann (vgl. folgendes Kapitel).

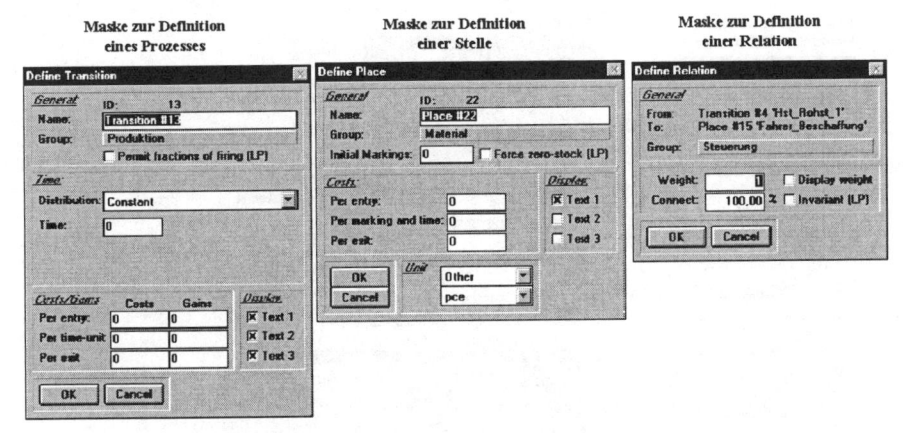

Abb. 3.3-5 Masken zur Definition der Attribute für Prozesse, Stellen und Relationen

Für die Bestimmung der Durchführungszeit eines Prozesses können sowohl konstante Werte verwendet werden als auch stochastische Werte, die nach einer der vier Funktionen Gleichverteilung, Normalverteilung, Dreiecksverteilung und Weibull-Verteilung verteilt sind. Hiermit sind Unsicherheiten und Schwankungen bezüglich der Zeitdauer eines Prozesses abbildbar.

Beschreibung des Optimierungsmoduls

Im Optimierungsmodul wird aus dem Materialflussmodell ein Problem der linearen Programmierung generiert. Die Lösung des Problems kann durch einen beliebigen „Solver" erfolgen. Ein Solver ist ein Programm, welches die Lösung von Problemen der Linearen Programmierung durchführt. In dem nachfolgenden Kapitel wird die Anwendung des Solvers von MS Excel beschrieben.

Definition des Problems der Linearen Programmierung

Das System führt den Anwender in einer Übersichtsmaske (Abb. 3.3-6) durch vier hierfür wesentlichen Schritte. Zunächst muss der Anwender festlegen, ob die Prozessparameter λ ganzzahlige oder auch gebrochen rationale Werte annehmen dürfen. Dies hat wesentliche Auswirkungen auf Auswahl und Rechendauer eines entsprechenden Lösungsverfahrens. Der Anwender kann entweder jeden Prozess einzelnen definieren (vgl. „Maske zur Definition eines Prozesses" in Abb. 3.3.-5) oder einheitlich alle Prozessparameter ganzzahlig oder gebrochen rational definieren (vgl. „Maske zur Definition der Mengenkontinuitätsgleichungen" in Abb. 3.3-6). Im Falle von mindestens einem ganzzahligen Prozessparameter muss ein zusätzlicher Parameter („Big-M") definiert werden, wenn ein spezielles Lösungsverfahren eingesetzt werden soll (vgl. auch Müller-Merbach 1992).

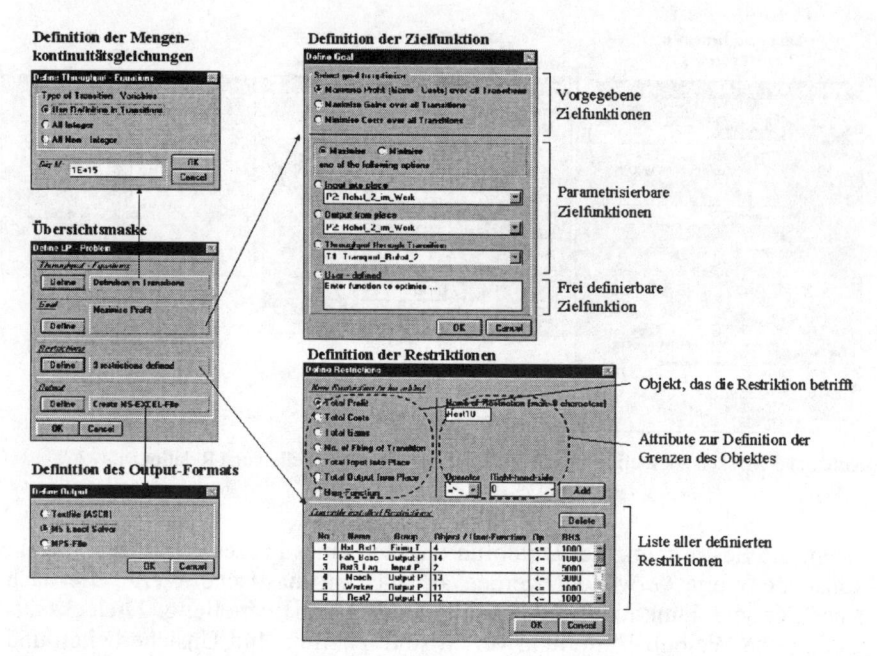

Abb. 3.3-6 Masken zur Definition des Problems der linearen Programmierung

Im zweiten Schritt wird die Zielfunktion durch den Anwender definiert. Hier besteht die Möglichkeit aus drei vordefinierten, monetär orientierten Zielfunktionen auszuwählen. Alternativ kann der Anwender sich für eine bestimmte Stelle entscheiden und ihre Zu- bzw. Abgänge als zu maximierend bzw. minimierend definieren. Auch der Parameter eines einzelnen Prozesses kann direkt ausgewählt werden. In allen diesen Fällen wird der Anwender nur mit Auswahlmenus konfrontiert und muss keine mathematische Formeln eingeben, was die Bedienung erleichtert. Die größte Flexibilität bietet die dritte Möglichkeit, eine Zielfunktion frei zu definieren. Hier muss der Anwender ein

Polynom ersten Grades eingeben, dessen Variablen die Bezeichnungen der Prozessparameter sind.

Im dritten Schritt legt der Anwender die Restriktionen fest, die sich nicht direkt aus dem Informationsmodell ergeben. Hierfür kann er wie bei der Definition der Zielfunktion zwischen drei monetären Größen, den Bewegungen in einer Stelle, dem Prozessparameter eines Prozesses oder einer frei definierbaren Funktion wählen. In allen Fällen muss ein Name für die Restriktion, ein Vergleichsoperator und die sogenannte „Rechte Seite" der Restriktion durch den Anwender festgelegt werden. Der Anwender kann eine beliebige Anzahl von Restriktionen definieren.

Im vierten und letzten Schritt legt der Anwender das Format fest, in dem das Problem der Linearen Programmierung formuliert werden soll. Hierzu stehen ihm die Formate „ASCII", „MPS" oder das Format „MS Excel" zur Verfügung.

Quittiert der Anwender die Übersichtsmaske mit „OK", so legt ModPet eine Datei in dem entsprechenden Format an, auf die dann ein Solver zugreift.

Lösung des Problems der Linearen Programmierung
Für die Lösung von Problemen der linearen Programmierung wurden in der Vergangenheit diverse Programme entwickelt (sog. Solver), so dass dies nicht mehr in ModPet implementiert werden musste. Zunehmende Verbreitung finden Solver, die in Tabellenkalkulationsprogrammen integriert sind. Sie haben den Vorteil, dass sie günstig zu beschaffen sind, mittlerweile eine akzeptable Leistungsfähigkeit aufweisen und der Anwender in einer ihm vertrauten Umgebung arbeitet (vgl. auch Mather 1998).

Abb. 3.3-7 zeigt die Maske des Excel-Solvers, in dem die von ModPet übergebenen Gleichungen wiedergegeben sind und als Ziel bzw. Restriktionen definiert wurden. Als Lösung generiert der Solver neben den Werten der Prozessvariablen auch umfangreiche Antwortberichte zu Sensitivität und Grenzwerten der Lösung.

Beschreibung des stoffstromorientierten CAP- und PPS-Systems
Im Gegensatz zu ModPet handelt es sich beim stoffstromorientierten CAP-PPS-System um ein operatives Planungssystem, bestehend aus den Modulen Arbeitsplanung (CAP-Modul) und Produktionsplanung und -steuerung (PPS-Modul). Um die betriebsinternen und -externen materialflussmäßigen Verflechtungen eines Unternehmens abbilden zu können, wurde das interne Modell des Systems auf der Grundlage der oben skizzierten Modellierungsmethode implementiert. Zusätzlich kam der Algorithmus zur Generierung produktbezogener Teilbilanzen (LZM) zum Einsatz. Das gesamte System wurde in Java implementiert, wofür das Java Development Kit (JDK) 1.2 und das Modellierungswerkzeug Together/J 2.21 eingesetzt wurden.

Nachfolgend wird lediglich das interne Klassenmodell zur Darstellung des Materialflusses sowie die Masken des PPS-Moduls dargestellt. Das CAP-Modul ist in einem anderen Kapitel dieses Buches dokumentiert (vgl. Kapitel 3.2). Daneben finden sich weitere Klassen (z.B. die für die Darstellung des

Balkendiagramms im PPS-Modul oder die Kommunikation innerhalb des Systems oder mit seiner Umgebung), die ebenfalls an anderer Stelle dokumentiert sind.

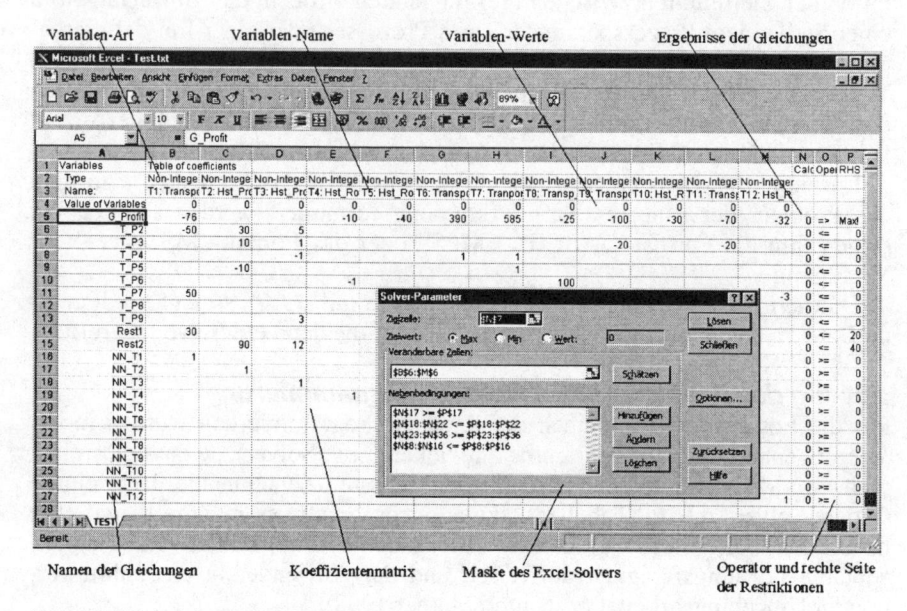

Abb. 3.3-7 Beispiele zu dem Outputformat „MS Excel" von ModPet

Beschreibung relevanter Klassen des Klassenmodells
Das Klassenmodell besteht im Kern aus der Klasse „Node" (Knoten), von denen die zwei Arten von Knoten „Resource" (Stelle) und „Process" (Transformationsprozess) abgeleitet sind (Abb. 3.3-8). Die diese Knoten verbindenden Relationen sind in der Klasse „Materialflow" implementiert. Jede Klasse verfügt über eine weitere, zugehörige Klasse, mit deren Instanzen der Anwender das entsprechende Modellelement anlegen oder editieren kann.

Darstellung des PPS-Moduls
Das PPS-Modul terminiert alle zu einem Auftrag gehörenden Prozesse auf der Zeitachse und stellt diese auf einer grafischen Plantafel dar (Abb. 3.3-9). Hierzu legt der Anwender zunächst einen neuen Auftrag unter Angabe der Auftragsnummer, der Art und Anzahl des Produktes (hier: Stelle) sowie Datum und Uhrzeit der gewünschten Fertigstellung an. Zusätzlich kann die Farbe des Auftrages auf der Plantafel ausgewählt werden.

Im zweiten Schritt durchsucht der Algorithmus zur Generierung des LZM das im CAP-Modul definierte Materialflussmodell nach allen direkt und/oder indirekt an der Produktentstehung beteiligten Prozesse und Stellen und speichert diese in einer zum Auftrag gehörenden Liste. Diese Liste enthält alle

Alternativen, unter denen ein Weg durch das Netz als priorisierte Alternative markiert ist.

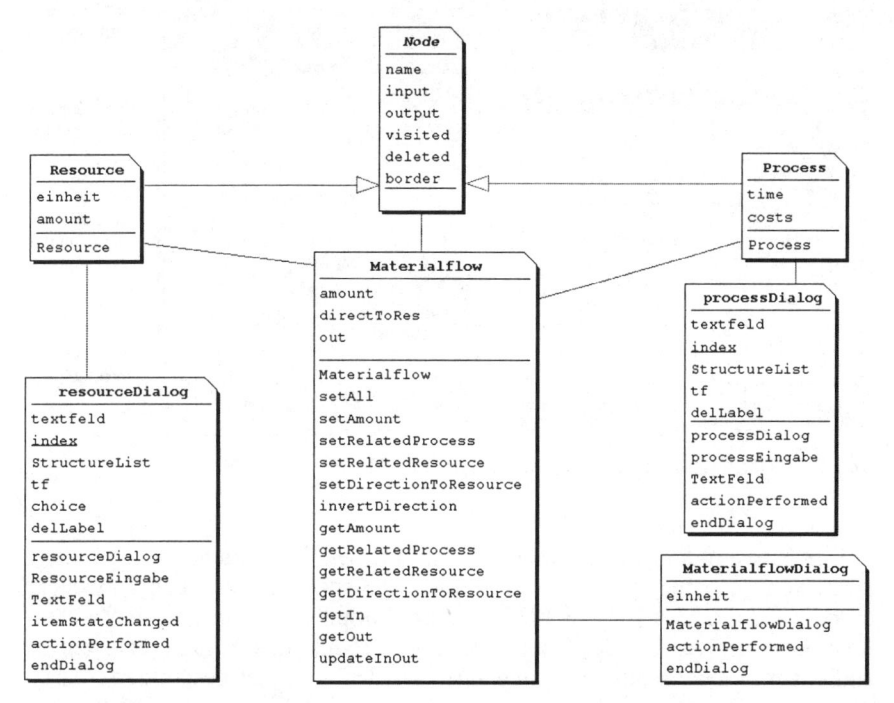

Abb. 3.3-8 Klassenmodell zur Darstellung des Materialflusses

Auf der grafischen Plantafel werden alle Aufträge durch Verwendung der in den zugehörigen Listen gespeicherten Informationen in den gewählten Farben dargestellt. Dazu sind am linken Rand der Plantafel alle als „Ressource" markierten Stellen angegeben. Im rechten Teil wird pro Auftrag die Belegungszeit eines Prozesses auf der jeweiligen Ressource als Balken wiedergegeben. Die Plantafel ist hinsichtlich des gezeigten Ausschnittes sowie des Maßstabes durch den Anwender skalierbar.

3.3.2.4
Zusammenfassung

Das vorliegende PPS-Konzept hat sich zum Ziel gesetzt, umweltorientierte Aspekte operational zu machen und in die PPS-Architektur einfließen zu lassen. Dazu war es notwendig, den Planungsgegenstand der PPS als Stoffstromnetze zu modellieren und die gestiegene Komplexität durch einen hierarchischen Ansatz handhabbar zu machen.

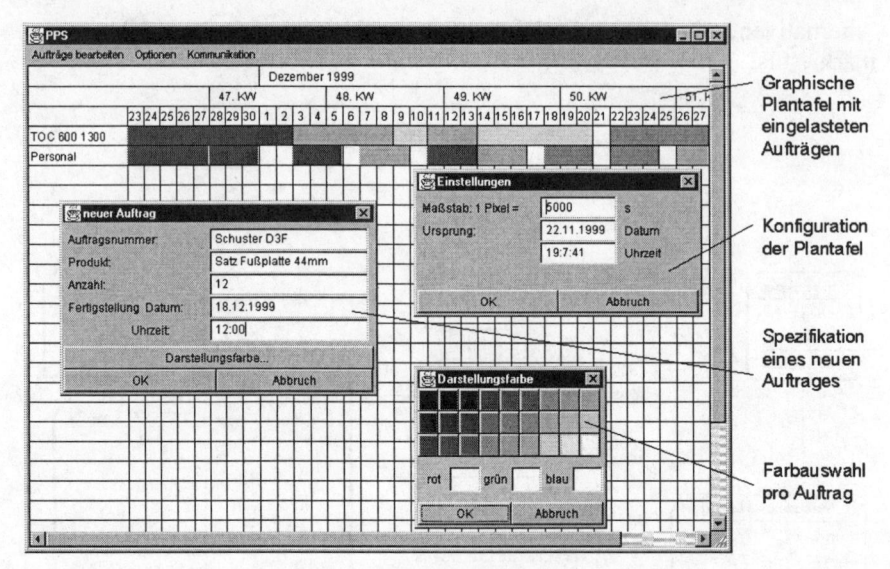

Abb. 3.3-9 Darstellung ausgewählter Masken des PPS-Moduls

Der Schwerpunkt in dieser Arbeit lag auf der Bestimmung von Produktionsplänen unter mengen- und zeitbezogenen Aspekten (vgl. auch Steinaecker et. al. 1997c, S. 81f.) mit dem Ziel, umweltorientierte Aspekte als Ziel- und Restriktionsgrößen bei der Generierung der Produktionspläne berücksichtigen zu können. Es kann davon ausgegangen werden, dass der geschilderte Ansatz zusätzliche Potentiale bietet. Insbesondere die Modellierung der Produktionsprozesse als Stoffstrommodell in den Stammdaten des PPS-Systems kann durch andere betriebliche Funktionen genutzt werden. Hier sind u.a. die Verwendung umweltfreundlicher Stoffe durch die Konstruktion, die Beschaffung umweltverträglicher Ressourcen in der Arbeitsvorbereitung, die Generierung von Betriebs- und Prozessbilanzen im Öko-Controlling sowie das Gefahrstoffmanagement zu nennen.

3.3.3
Spezifikation einer erweiterten Standard-PPS

von Ingo Aghte, Ralf Pillep, Richard Schieferdecker

In nahezu allen Produktionsunternehmen werden zur Unterstützung der Auftragsabwicklung sog. PPS-Systeme eingesetzt. Die Bezeichnung „Standard-PPS" beschreibt dabei Systeme, die durch einen gewissen Mindest-Leistungsumfang sowie eine standardisierte Ablauflogik, das sogenannte MRPII System beschrieben werden. Die weite Verbreitung dieser Systeme in Produktionsunternehmen gab den Anstoß, ein integriertes Konzept für die Durchführung konventioneller und umweltbezogener Planungsaufgaben zu entwickeln. Dieses wird im Folgenden anhand der zugrundeliegenden Modellsichten vorgestellt.

3.3.3.1
Grundlagen der umweltorientierten Produktionsplanung und -steuerung (PPS)

Das Aachener PPS-Modell beschreibt die für die Produktionsplanung und -steuerung relevanten Elemente eines Unternehmens (Much et al. 1997, S. 2). Dabei ist seine Anwendbarkeit auf Unternehmen – unabhängig von ihren individuellen, betriebsspezifischen Ausprägungen und Randbedingungen – eine besonders wichtige Eigenschaft. Im Rahmen des Projekts OPUS erfolgt eine Betrachtung des Auftragsabwicklungstypen der Variantenfertigung.

Die Mehrzahl der von einer umweltorientierten PPS zu bewältigenden Teilaufgaben sind im bestehenden Aufgabenmodell grundsätzlich vorhanden. Sie werden jedoch teilweise in einem erweiterten Kontext bzw. mit zusätzlichen Planungs- und Steuerungsobjekten durchgeführt. Für eine umweltorientierte PPS sind zusätzlich die Aufgabenkomplexe des *Stoffstrom-* und *Energie-/ Emissionsmanagement* sowie des *Öko-Controllings* abzudecken.

Das Stoffstrommanagement umfasst sowohl das Produktrecycling als auch das stoffliche Recycling innerhalb der Produktion und die Beseitigung von Stoffen und Produkten, die wirtschaftlich keiner Kreislaufführung zugeführt werden können. Der Energie- und Emissionskostenanteil macht im Investitionsgüter produzierenden Gewerbe mit bis zu 5% nur einen geringen Teil des Bruttoproduktionswertes aus (Schimweg 1996, S. 15). Da durch die Umweltgesetzgebung und -verordnungen Restriktionen mit Auswirkungen auf den Produktionsprozess existieren (Vgl. § 49 Abs. 2 des BImSchG), wird jedoch auch die Energie- und Emissionsplanung im Rahmen der PPS-Aufgaben dargestellt. Hierbei handelt es sich jedoch um eine Erweiterung einzelner Aspekte, es kommen keine rein energie- bzw. emissionsspezifischen Aufgaben hinzu.

Die Planung und Steuerung des Energieeinsatzes und der entstehenden Emissionen erfolgt im optimalen Fall unter dem Aspekt der Reduktion der Umweltauswirkungen, in der Regel jedoch mit dem Ziel, die energie- und emissionsinduzierten Kosten zu minimieren. Die Aufgaben der umweltorientierten Produktionsplanung und -steuerung in bezug auf das Energiemanagement umfassen die Planung der gemeinsamen Nutzung von zentralen Energiequellen, die Planung von Emissionen und Restwärmenutzung.

Im Rahmen des Öko-Controlling kann die umweltorientierte PPS auf unterschiedlichen Planungsstufen Daten für die Stoff- und Energiebilanzierung zur Verfügung stellen. Durch eine Erweiterung des Produktions- und des Beschaffungs- bzw. Entsorgungsprogramms, der Werkstatt-, Bestell- und Entsorgungsaufträge sowie der Rückmeldung zusätzlicher umweltorientierter Betriebsdaten für eine Sachbilanz wird eine kontinuierliche Versorgung des Öko-Controllings mit den notwendigen Daten sichergestellt.

Im Folgenden sind die auf dem Aachener-PPS-Modell basierenden, einzelnen Aufgabenbereiche der PPS mit ihren jeweiligen umweltorientierten Erweiterungen beschrieben (Abb. 3.3-10).

3.3.3.2
Spezifikation

Das umweltorientierte Aufgabenmodell
Zur Erweiterung der *Produktionsprogrammplanung* werden innerhalb der Entsorgungsgrobplanung auf der Grundlage von Prognosen und unter Rückgriff auf vergangenheitsbezogene Daten der aus dem Produktionsprogrammvorschlag resultierende Bedarf an Entsorgungskapazität mit dem Angebot abgestimmt. Im Rahmen einer Aufkommensgrobplanung sind die Mengen nach dem Gebrauch zurückzunehmender Altprodukte sowie die hierzu erforderlichen Aufarbeitungskapazitäten abzuschätzen.

In der *Deckungsrechnung für Entsorgungsmengen* sind Sekundärstoff- bzw. -komponentenbedarf sowie Mengen, die zur Beseitigung, zur externen Entsorgung oder zum Recycling vorgesehen sind, zu ermitteln und im Rahmen der *Entsorgungsressourcengrobplanung* auftragsanonym mit der Kapazitätssituation der entsprechenden Ressourcen zu vergleichen. Eventuelle Unter- oder Überdeckungen werden so frühzeitig erkannt und eine entsprechende Abstimmung der Mengen von Abfall- und Sekundärstoffen bzw. -komponenten kann eingeleitet werden. Die um Energie- und Emissionsaspekte erweiterte *Ressourcengrobplanung* stimmt die gemeinsame Nutzung zentraler Energiequellen (ggf. auch überbetrieblich) ab und ermittelt grobe zeit-/ mengenbezogene Profile bezüglich der entstehenden Emissionen.

Die Aufgabe der umweltorientierten *Produktionsbedarfsplanung* ist die genaue, auftragsbezogene Bestimmung des Abfallanfalls sowie des Einsatzes von Sekundärkomponenten, die Festlegung der Entsorgungswege anfallender Abfälle und die terminliche und mengenmäßige Grobplanung der Entsorgungs- und Aufbereitungskapazitäten. Zentrale Abstimmungserfordernisse für die unternehmensinterne Entsorgung ergeben sich hierbei aus der Deckung des Sekundärrohstoff- bzw. -komponentenbedarfs der Produktion.

Basierend auf dem Produktionsprogramm ist eine Bruttosekundärbedarfsermittlung für Sekundärrohstoffe bzw. -komponenten durchzuführen, deren Ergebnisse in der Nettosekundärbedarfsermittlung für Sekundärrohstoffe bzw. -komponenten unter Berücksichtigung vorhandener Bestellungen und verfügbarer Lager- und Umlaufbestände in Nettobedarfe zu differenzieren sind. Die Beschaffungsartzuordnung für Sekundärrohstoffe bzw. -komponenten umfasst die Festlegung, welche Materialbedarfe durch Fremdbezug (u. U. durch Rücknahme von Altprodukten) und welche durch Verwendung kreislaufgeführter Abfälle aus der eigenen Produktion gedeckt werden. Zur auftragsbezogenen Mengenermittlung für den mit dem Produktionsprogramm verbundenen Abfallanfall ist auf Basis des eigenzufertigenden Sekundärbedarfs eine *Abfallentstehungsrechnung* durchzuführen. Zusätzlich ist zu jeder Abfallart festzulegen, welche Mengen kreislaufgeführt oder unterneh-

mensintern bzw. -extern beseitigt werden. Diese Entscheidung erfolgt in der *Entsorgungsartzuordnung*.
Die zeitliche Abstimmung der Recycling- und Entsorgungsvorgänge erfordert eine *Durchlaufterminierung*. Für die unternehmensinterne Beseitigung, Aufbereitung oder Verwendung von Abfällen als Sekundärrohstoffe bzw. -komponenten ist es zudem notwendig, die entsprechenden vorhandenen Ressourcen und Bedarfe im Rahmen der *Kapazitätsbedarfsermittlung* und *Kapazitätsbedarfsabstimmung* gegenüberzustellen und gegebenenfalls durch Erhöhung des Kapazitätsangebotes oder durch zeitliche Verschiebung der Bedarfe aufeinander abzustimmen. Unter Energie- und Emissionsgesichtspunkten ist bei der *Beschaffungsartzuordnung* zu überprüfen, ob das Produkt bzw. Bauteil von Fremdfertigern mit geringerem Energieeinsatz bzw. geringeren Emissionsbelastungen hergestellt werden kann. Die *Durchlaufterminierung* muss in der Lage sein, unterschiedliche Betriebsmittel terminlich miteinander zu verknüpfen. In die *Kapazitätsbedarfsermittlung* und *-abstimmung* gehen Energie- und Emissionsaspekte als erweiterte Nebenbedingungen mit ein.

Aufgabe der umweltorientierten *Eigenfertigungsplanung und -steuerung* ist die Feinterminierung und Steuerung der unternehmensintern durchgeführten Aufbereitungs-/Aufarbeitungs- und Beseitigungsschritte. Die sich ergebenden Teilaufgaben sind vielfach analog zu denen der Eigenfertigungsplanung und -steuerung. Zur Aufteilung der freigegebenen Eigenentsorgungsaufträge in wirtschaftlich sinnvolle Lose ist eine *Losgrößen- und Mengenrechnung* notwendig. In der *Feinterminierung* sind sodann die Start- und Endtermine für die anfallenden Arbeitsgänge festzulegen, wobei im Rahmen der Eigenentsorgung auch die alleinige Festlegung eines frühestmöglichen Starttermins oder eines spätestmöglichen Fertigstellungstermins sinnvoll sein kann.

Eine Überprüfung der Terminierung auf Realisierbarkeit findet im Rahmen der *Ressourcenfeinplanung* statt. Hierbei sind Kapazitätsangebote und -bedarfe gegenüberzustellen und dabei auch mögliche Ressourcenkonkurrenzen mit der Eigenfertigung zu berücksichtigen. Gegebenenfalls kann im Rahmen einer *Kapazitätsabstimmung* eine Kapazitätsanpassung oder ein Kapazitätsabgleich erforderlich werden. Sofern die Sicherstellung einer ablauftechnisch und wirtschaftlich optimalen Bearbeitungsreihenfolge nicht durch hinreichend erfahrene und informierte Mitarbeiter gewährleistet werden kann, bedarf es einer *Reihenfolgeplanung* der Entsorgungsarbeitsgänge an den Kapazitäten.

Zur Überprüfung der Verfügbarkeit eingeplanter Ressourcen ist im Hinblick auf das erstellte Werkstattprogramm eine *Verfügbarkeitsprüfung* nötig, worauf bei positivem Ergebnis der Prüfung die *Auftragsfreigabe* mit entsprechender Erstellung der Arbeitsunterlagen und der Freigabe der erforderlichen Entsorgungsressourcen erfolgen kann. Die terminliche und mengenmäßige Überwachung des Arbeitsfortschritts ist Aufgabe der *Auftragsüberwachung*, die von einer *Ressourcenüberwachung* mit dem Ziel der Kontrolle der Belastungssituation der Entsorgungs- und Aufarbeitungskapazitäten unterstützt wird.

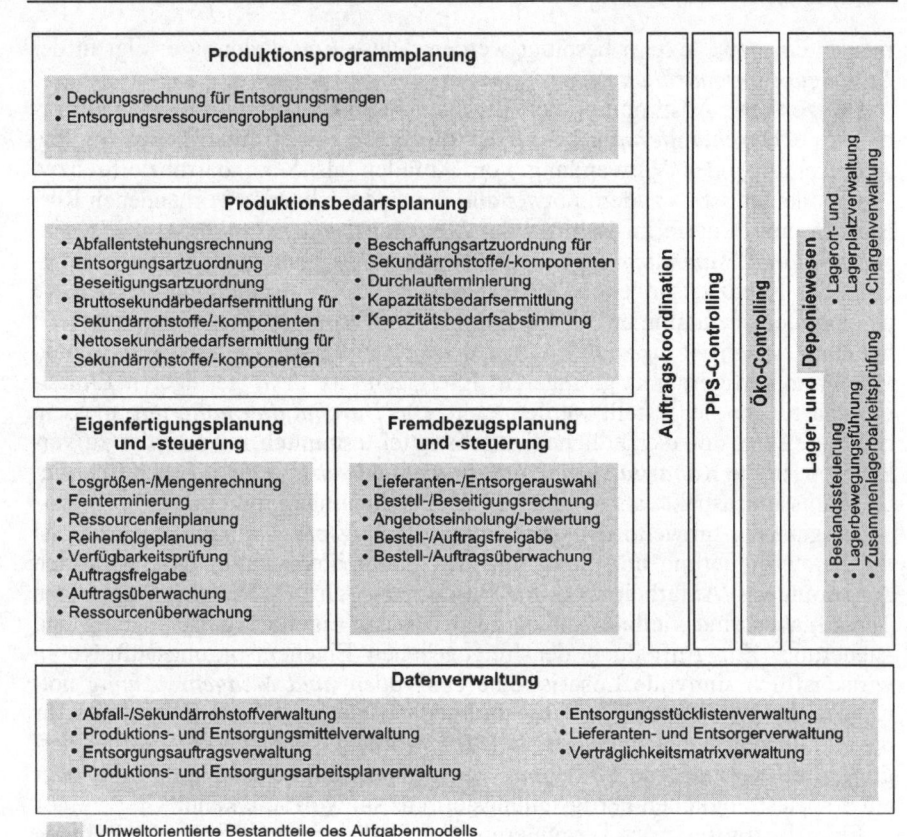

86   3 Integration von Umweltaspekten in betriebliche Funktionsbereiche

Produktionsprogrammplanung
- Deckungsrechnung für Entsorgungsmengen
- Entsorgungsressourcengrobplanung

Produktionsbedarfsplanung
- Abfallentstehungsrechnung
- Entsorgungsartzuordnung
- Beseitigungsartzuordnung
- Bruttosekundärbedarfsermittlung für Sekundärrohstoffe/-komponenten
- Nettosekundärbedarfsermittlung für Sekundärrohstoffe/-komponenten
- Beschaffungsartzuordnung für Sekundärrohstoffe/-komponenten
- Durchlaufterminierung
- Kapazitätsbedarfsermittlung
- Kapazitätsbedarfsabstimmung

Eigenfertigungsplanung und -steuerung
- Losgrößen-/Mengenrechnung
- Feinterminierung
- Ressourcenfeinplanung
- Reihenfolgeplanung
- Verfügbarkeitsprüfung
- Auftragsfreigabe
- Auftragsüberwachung
- Ressourcenüberwachung

Fremdbezugsplanung und -steuerung
- Lieferanten-/Entsorgerauswahl
- Bestell-/Beseitigungsrechnung
- Angebotseinholung/-bewertung
- Bestell-/Auftragsfreigabe
- Bestell-/Auftragsüberwachung

Auftragskoordination | PPS-Controlling | Öko-Controlling | Lager- und Deponiewesen (Bestandssteuerung, Lagerbewegungsführung, Zusammenlagerbarkeitsprüfung) | Lagerort- und Lagerplatzverwaltung, Chargenverwaltung

Datenverwaltung
- Abfall-/Sekundärrohstoffverwaltung
- Produktions- und Entsorgungsmittelverwaltung
- Entsorgungsauftragsverwaltung
- Produktions- und Entsorgungsarbeitsplanverwaltung
- Entsorgungsstücklistenverwaltung
- Lieferanten- und Entsorgerverwaltung
- Verträglichkeitsmatrixverwaltung

Umweltorientierte Bestandteile des Aufgabenmodells

Abb. 3.3-10 Die umweltorientierten Erweiterungen des PPS-Aufgabenmodells

Innerhalb einer umweltorientierten Eigenfertigungsplanung und -steuerung werden Energie- und Emissionsaspekte in der *Losgrößenrechnung*, der *Ressourcenfein-* und *Reihenfolgeplanung* und bei der *Verfügbarkeitsprüfung* in Form von erweiterten Nebenbedingungen sowie bei der *Ressourcenüberwachung* berücksichtigt. Die Erweiterungen der *Feinterminierung* sind funktionsgleich mit denen der Durchlaufterminierung in der Produktionsbedarfsplanung, beziehen sich jedoch auf ein detaillierteres Zeitraster.

Gegenstand der *Fremdbezugsplanung und -steuerung* sind der Bezug von Sekundärrohstoffen bzw. -komponenten sowie die Fremdbeseitigung von Abfällen. Fremdbeseitigung wird hierbei als Bezug einer Entsorgungsdienstleistung angesehen und beinhaltet somit zum Materialfremdbezug analoge Aufgabenstellungen. Aufgabe der *Bestell- und Entsorgungsrechnung* ist, die wirtschaftliche Bestell- bzw. Entsorgungsmenge und entsprechende Wunschtermine zu ermitteln. Bei neuartigen Bedarfen sind mit der *Angebotseinholung und -bewertung* der Beschaffungsmarkt zu sondieren, Angebote miteinander zu vergleichen und zu bewerten. Diese Ergebnisse bilden zusammen mit Erfahrungen aus bisheriger Geschäftstätigkeit die Grundlage für die umweltorientierte *Lieferanten- und Entsorgerauswahl.*

Im Rahmen der *Bestell-/Auftragsfreigabe* und der *Bestell-/ Auftragsüberwachung* sind die Beseitigungsaufträge und Bestellungen an die Geschäftspartner zu übermitteln und deren Erfüllung zu überwachen sowie eine geeignete Dokumentation durchzuführen. Neben den konventionellen Gesichtspunkten einer Beschaffung besitzen hier auch haftungsrechtliche Aspekte und Nachweispflichten eine Bedeutung. In der Fremdbezugsplanung und
-steuerung sind bei *Bestellrechnung, Angebotseinholung/-bewertung* und *Lieferantenauswahl* energie- und emissionsrelevante Nebenbedingungen zu berücksichtigen.

Die Querschnittsaufgabe *Lager- und Deponiewesen* beinhaltet die Verwaltung, Führung und Steuerung von lager- und deponiebezogenen Daten. Gegenüber der klassischen PPS entstehen mit der Verwaltung des Deponiewesens neue Teilaufgaben, im Rahmen des Lagerwesens findet dagegen eine Erweiterung bestehender Aufgaben um abfallbezogene Anforderungen statt.

Aufgabe der *Lagerbewegungsführung* ist, die Deponiezugänge sowie Lagerzu- und abgänge zu erfassen, die im Rahmen der *Bestandsteuerung* unter Berücksichtigung von Reservierungen, erforderlichen Sicherheitsbeständen u. ä. verwaltet werden. Für Sekundärrohstoffe bzw. -komponenten und Abfälle ist zudem eine *Lagerort- und Lagerplatzverwaltung* notwendig, wobei in einer *Zusammenlagerbarkeitsprüfung* hier auch Restriktionen hinsichtlich eventueller Unverträglichkeiten oder entsprechender gesetzlicher Bestimmungen Rechnung getragen werden muss. Zur Unterscheidung von Chargen unterschiedlicher Qualität sowie der Verfolgung von Chargen zur Einhaltung einer Maximaleinlagerungsdauer bedarf es einer *Chargenverwaltung*. Im Rahmen des Lager- und Deponiewesens sind ggf. lagerungsbedingte Emissionen zu berücksichtigen.

Aufgabe der *Datenverwaltung* ist die Erfassung, Verarbeitung, Verwaltung, und Bereitstellung Öko-Controlling-relevanter sowie entsorgungs- und energie-/emissionsspezifischer Daten. Gegenüber der konventionellen PPS werden die Aufgaben der Datenverwaltung um abfall- und sekundärstoffbezogene sowie energie- und emissionsbezogene Erfordernisse ergänzt. Diesbezüglich ergeben sich neue oder z.T. auch erweiterte Datensätze, wie z.B. Entsorgungsarbeitspläne und -stücklisten, Verträglichkeitsmatrizen u.ä., die jedoch funktional analog zur konventionellen PPS verwaltet werden können.

Hauptaufgabe des *Öko-Controllings* als weiterer Querschnittsaufgabe ist die Sammlung und Bereitstellung von Daten für die Stoff- und Energiebilanzierung. Auf allen Planungsebenen sowie bei der Rückmeldung der Betriebsdaten werden die Stoff- und Energiedaten in Form einer Sachbilanz in einer Ressourcenmatrix bereitgestellt. Dazu stehen die Ressourcenkategorien Material, Energie sowie Personal und Betriebsmittel zur Verfügung. Die Bewertung nach einem vorgegebenem Zielsystem erfolgt im Bereich Bilanzierung und Controlling. Das Bilanzergebnis steht anschließend wieder für eine ggf. notwendige Revision des Planungsprozesses zur Verfügung.

Das umweltorientierte Prozess- und Funktionsmodell

Prozessmodelle beschreiben die zeitliche Verknüpfung von Aufgaben zu zusammenhängenden Abläufen. Der entstehende Prozess erzeugt eine besondere Sicht auf die einzelnen Aufgaben und führt zu einer zeitlich/logisch strukturierten Darstellung der Inhalte des Aufgabenmodells (Hornung u.a. 1996, S. 5). Zur Erweiterung der bestehenden Prozessmodelle wurde, analog zum Aufgabenmodell, die Strategie einer vollständigen Integration zusätzlicher oder erweiterter Bestandteile des Prozessmodells auf der Ebene der Prozessschritte gewählt.

Während die Entwicklung und Erweiterung des Aufgabenmodells bewusst fertigungstypunabhängig erfolgt ist, wurden die Prozessmodelle der ausgewählten Fertigungstypen voneinander getrennt typspezifisch erweitert. Dieses Vorgehen ist darin begründet, dass die Anforderungen der einzelnen Fertigungstypen nur schwer in einem Gesamtprozessmodell abgebildet werden können. Zudem wäre ein derartiges Modell sehr komplex, unübersichtlich und somit auch praxisuntauglich. Die sich durch Integration der Aufgaben einer umweltorientierten PPS ergebenden Modifikationen und Erweiterungen der Prozessmodelle werden für die einzelnen Planungsebenen der PPS getrennt vorgestellt. Der Umfang und die Ausprägung einer unternehmensspezifischen Modifikation der Prozessmodelle ist in erster Linie davon abhängig, inwieweit stoffstrom-, energie/emissions- oder Öko-Controlling-relevante Zielsetzungen verfolgt werden. Aus diesem Grund wurde für die Darstellung der umweltorientierten Prozessmodelle ein Drei-Sichten-Ansatz gewählt. Diese Sichten beziehen sich auf Stoffstrom, Energie und Emissionen sowie Öko-Controlling. Die vollständige Darstellung des Referenzprozessmodells für Variantenfertiger findet sich als VRML im Anhang des Buches auf CD.

Die Absatzplanung zu Beginn der *Produktionsprogrammplanung* bleibt von Modifikationen unberührt. Im Anschluss an die Erstellung des Produktionsprogrammvorschlags erfolgt eine grobe Ermittlung der Entsorgungsmengen, die bei Verwirklichung des Programmvorschlags anfallen. Diese Abfallmengengrobrechnung erfolgt ausschließlich für Abfallgruppen und ohne Auftragsbezug. Aufbauend auf den Ergebnissen dieser Rechnung wird in der Ressourcengrobplanung die voraussichtliche Belastungssituation der Entsorgungskapazitäten ermittelt. Die Resultate dieses Prozessschritts fließen in die Bestandsplanung ein.

Die Überprüfung des Produktionsprogammvorschlags muss nun, neben den Kriterien der konventionellen PPS, zusätzlich die Deckung des Kapazitätsbedarfs der Entsorgungsarbeitsgänge berücksichtigen. Sind keine Kapazitätsengpässe erkennbar, erfolgt die Freigabe des Produktionsprogramms. Auf Basis des freigegebenen Produktionsprogramms kann abschließend eine Optimierung des Mengenprofils der anfallenden Abfälle durch Überprüfung alternativer Entsorgungsszenarien mit unterschiedlichem Mengenverhältnis von Verwertung und Beseitigung erfolgen.

Die vom Variantenfertiger durchgeführte *Auftragskoordination* hat die Aufgabe, den Bearbeitungsfortschritt von kundenbezogenen und kundenanonymen Aufträgen zu gewährleisten. Im Rahmen einer ökologischen Produktionsplanung und -steuerung werden analog zur Produktionsprogrammplanung einige Prozessschritte erweitert oder modifiziert. Über die vorhandene Schnittstelle zur Konstruktion können zusätzliche umweltrelevante Informationen, wie z.B. zu bevorzugende Werkstoffe, ausgetauscht werden.

Eingangsinformation für die *Produktionsbedarfsplanung* ist das Produktionsprogramm. Zunächst werden alle zu einem Produkt vorhandenen alternativen Stücklisten aufgelöst und so der Bruttosekundärbedarf ermittelt. Dabei erfolgt die Bestimmung des Bruttobedarfs an Sekundärrohstoffen bzw. -komponenten. Nach Abgleich des Bruttobedarfs mit den Daten der Bestandssteuerung und Bestandsplanung (Lagerbestand, Umlaufbestand, Bestellungen und Reservierungen) kann die anzuwendende Stückliste ausgewählt und somit der Nettosekundärbedarf ermittelt werden. In der anschließenden Beschaffungsartzuordnung wird für die ermittelten Nettobedarfe festgelegt, inwieweit sie durch Fremdbezug von Sekundärrohstoffen bzw. -komponenten oder durch innerbetriebliches Recycling gedeckt werden.

Der resultierende Beschaffungsprogrammvorschlag ermöglicht die Bestimmung der tatsächlich in der Produktion anfallenden Abfälle, welchen eine Entsorgungsart (Kreislaufführung, interne Beseitigung oder externe Entsorgung) zuzuordnen ist. Im Anschluss daran kann die Deckung des Nettosekundärbedarfs an Sekundärrohstoffen bzw. -komponenten durch zur Kreislaufführung ausgewiesene Abfallmengen und Altproduktbestandteile überprüft werden. Im Falle einer Überdeckung ist eine erneute Bestimmung der Entsorgungsart mit dem Ziel der Erhöhung des Beseitigungsanteils durchzuführen. Bei Unterdeckung erfolgt eine erneute Festlegung der Beschaffungsart (erhöhter Fremdbezug). Ist der Bedarf gedeckt, sind alle notwendigen Informationen zur Erstellung eines Entsorgungsprogrammvorschlags vorhanden.

Die Realisierbarkeit dieses Vorschlags wird in einer einfachen Durchlaufterminierung mit anschließender Kapazitätsbedarfsermittlung überprüft. Diese Schritte erfolgen ausschließlich für Entsorgungskapazitäten. Stellen sich dabei Kapazitätsengpässe heraus, kann eine erneute Durchführung der Entsorgungsartzuordnung sowie der nachfolgenden Schritte erforderlich werden.

Ist der Entsorgungsprogrammvorschlag realisierbar, erfolgt die letztendliche Durchlaufterminierung und Kapazitätsbedarfsabstimmung der Entsorgungskapazitäten simultan mit den Fertigungskapazitäten. Dadurch wird die gegenseitige terminliche und kapazitive Abstimmung der Entsorgungs- und Fertigungskapazitäten gewährleistet. Die Freigabe von Beschaffungs- und Entsorgungsprogramm schließt die ökologische Produktionsbedarfsplanung ab.

Die umweltorientierte Erweiterung der *Eigenfertigungsplanung und -steuerung* beinhaltet die Planung und Steuerung der terminlich oder kapazitiv mit der Produktion verknüpften Entsorgungskapazitäten. Zu den dabei auszuführenden Tätigkeiten gehören z.B. die Feinplanung eines Aufbereitungsarbeitsgangs im Vorfeld der Fertigung oder die Ermittlung eines frühesten Anfangstermins für die Beseitigung von Produktionsabfällen.

Die Feinplanung und Steuerung der Entsorgungs- und Fertigungskapazitäten sollte somit ebenfalls simultan erfolgen. Die Berücksichtigung von zyklischen Abhängigkeiten zwischen Fertigungs- und Entsorgungsarbeitsgängen (verursacht durch Materialbedarfe) erfordert i.d.R. einen iterativen Ablauf der Planungsvorgänge (Vogts u. Halfmann 1995, S. 56).

Die Modifikationen der *Fremdbezugsplanung und -steuerung* beschränken sich im wesentlichen darauf, dass bereits vorhandene Prozessschritte in einem um den Bezug von Sekundärrohstoffen bzw. -komponenten erweiterten Kontext auszuführen sind. Es ergeben sich daher keine grundsätzlich neuen Schritte im Prozessablauf.

Die *Fremdentsorgung* ist planerisch als Bezug einer externen Dienstleistung anzusehen. Ihr Prozessablauf ist daher in weiten Teilen funktionell analog zur Fremdbezugsplanung und -steuerung. Eine Notwendigkeit für zusätzlich zu realisierende Prozessschritte ergibt sich nicht. Die Ausführung der Prozessschritte unterscheidet sich jedoch in einigen wichtigen Merkmalen von denen der Fremdbezugsplanung und -steuerung. Die Planungs- und Steuerungsgegenstände sind von denen des Sekundärstoffbezugs verschieden, der Materialfluss entgegengesetzt und die Notwendigkeit zur Einhaltung von Eckterminen ist in der Regel weniger zwingend. Zusätzlich existieren andere Entscheidungsparameter und Randbedingungen für die Bearbeitung der Prozessschritte, wie z.B. die Konformität mit umweltrechtlichen Auflagen. Die Aufnahme der Fremdentsorgungsplanung und -steuerung als neuer, zusätzlicher Bestandteil in das Gesamtprozessmodell erscheint somit sinnvoll.

Neben der Bereitstellung zusätzlicher, umweltorientierter Funktionen ist es übergeordnete Zielsetzung der Funktionserweiterung, die Akzeptanz einer Integration von Umweltschutzfunktionen in PPS-Systeme sowohl beim Anwender als auch bei Anbietern von PPS-Systemen zu erhöhen. Die Hemmnisse für eine Implementation von PPS-Systemen in der Praxis sollen dadurch verringert werden. Die Funktionssicht des umweltorientierten PPS-Modells soll in erster Linie eine systematische Erweiterung von Standard-PPS-Systemen um umweltschutzbezogene Leistungsmerkmale unterstützen. Das systematische Vorgehen bei dieser konzeptionellen Erweiterung sichert zum einen eine durchgängige Implementation ökologischer Anforderungen an die Produktionsplanung und -steuerung und ermöglicht zum anderen den Anbietern von PPS-Systemen eine wirtschaftliche Vorgehensweise bei der Weiterentwicklung ihrer Systeme.

Durch die umfassende und integrative Erweiterung des Aachener PPS-Modells soll es ermöglicht werden, moderne PPS-Systeme kurzfristig und aufwandsarm um die notwendigen Funktions- und Leistungsmerkmale zu erweitern. Die Verwendung eines existierenden Modells zur Produktionsplanung und -steuerung stellt dabei sicher, dass die unvermeidbare Zunahme der Planungs- und Steuerungskomplexität begrenzt und überschaubar bleibt.

Im Rahmen des Funktionsmodells ergeben sich aus den umweltorientierten Erweiterungen von Aufgaben- und Prozessmodell eine Vielzahl von zusätzlich benötigten oder in erweitertem Kontext auszuführenden Funktionalitäten für Standard-PPS-Systeme. Diese Erweiterungen wurden gemäß ihrer Zugehörigkeit für jeden Prozessschritt des Prozessmodells einzeln erarbeitet und beschrieben. Zur Systematisierung der Beschreibung dieser Funktionalitäten wurden ebenfalls die Partialsichten Stoffstrommanagement, Energie-/ Emissionsmanagement und Öko-Controlling verwendet.

Auf Basis der erforderlichen umweltorientierten Funktionalitäten innerhalb eines Standard PPS-Systems konnten die notwendigen Anpassungen des Funktionsmodells ermittelt werden (Aghte et al. 1998, S. 37). Zu unterscheiden ist dabei zwischen der umweltorientierten Erweiterung oder Modifikation vorhandener Funktionen und der Schaffung gänzlich neuer, bislang nicht vorhandener Funktionalitäten. Eine inhaltlich konsistente und verständliche Darstellung dieser Funktionserweiterungen bzw. -anpassungen erfordert die Beschreibung der Daten, die im Zuge der Funktionsnutzung erforderlich oder generiert werden. Diese Dokumentation der umweltorientierten Funktionserweiterungen sowie der von ihnen benötigten und generierten Daten erweitert das Modell einer umweltorientierten PPS um den aus informationstechnischer Sicht besonders bedeutsamen Bestandteil.

Im Folgenden werden die zusätzlichen oder erweiterten PPS-Funktionalitäten kurz beschrieben. Eine eingehendere Erläuterung kann auf Grund des großen Umfangs der Funktionserweiterungen an dieser Stelle nicht erfolgen. Die Beschreibung der neuen und modifizierten Funktionen wird sich dabei an der Zuordnung der Funktionen zu den Bestandteilen des Prozessmodells orientieren.

Die konventionelle *Produktionsprogrammplanung* arbeitet ausschließlich mit verkaufsfähigen Endprodukten. Bei der Erweiterung der PPS um Umweltschutzfunktionalitäten wird es notwendig, auf dieser groben Planungsebene auch überschlägig die mit der Ausführung des Produktionsprogramms verbundenen Entsorgungsmengen zu berücksichtigen. Erfolgt dies nicht, kann die entsorgungstechnische Realisierbarkeit des Produktionsprogramms nicht gesichert werden. Die *Entsorgungsmengengrobrechnung* hat die Aufgabe, Abfallentstehung und Sekundärstoffbedarf auftragsanonym überschlägig (und ohne Stücklistenauflösung) zu prognostizieren und abzustimmen, um eventuelle Unter- oder Überdeckungen bereits frühzeitig feststellen zu können. Weiterhin kann die Gegenüberstellung von Abfallanfall und Sekundärstoffbedarf als Grundlage für eine auf Ressourcenschonung ausgerichtete Optimierung oder Abstimmung des Produktionsprogramms genutzt werden. Die hierzu erforderliche Funktionalität ist die Berechnung der Entsorgungsmengen anhand von materialgruppenspezifischen Entsorgungsprofilen. Entsorgungsprofile geben Auskunft über die zu erwartende Abfallentstehung und den voraussichtlichen Sekundärstoffbedarf innerhalb zuvor ausgewählter Materialgruppen (Abb. 3.3-11).

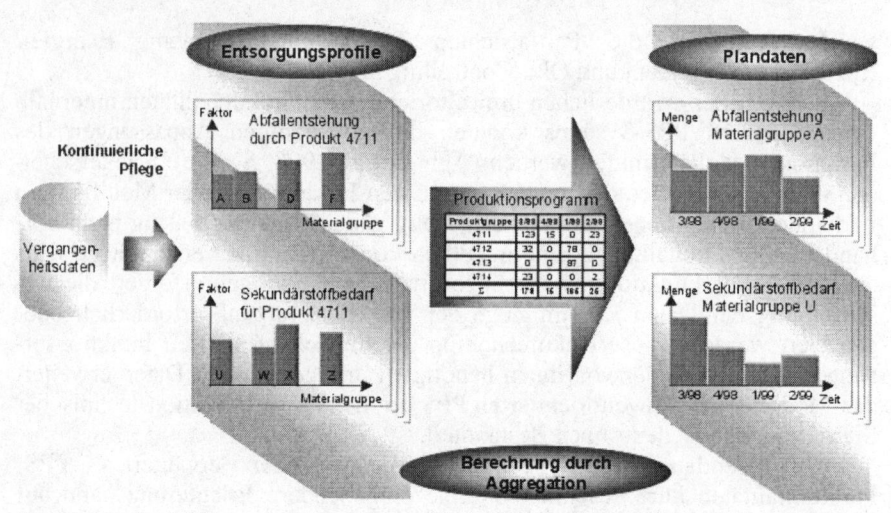

Abb. 3.3-11 Verwendung von Entsorgungsprofilen im Rahmen der Produktionsprogrammplanung

Die Berechnung dieser Profile kann überschlägig anhand von Vergangenheitsdaten kumulierter Sekundärstoffgruppenbedarfe, Sekundärstoffbedarfsprofilen, die zeitraumbezogen den terminierten Bedarf eines Sekundärstoffes enthalten, oder anhand ausgewählter kritischer Sekundärstoffe erfolgen, die im Materialstamm oder in der Stückliste gekennzeichnet sind. Analoge Funktionen sind auch für die Berechnung der Abfallentstehung erforderlich. Nicht produktbezogene Abfallentstehung kann durch prozentuale Zuschlagsfaktoren oder durch Hochrechnung mit Trendmodellen berücksichtigt werden. Da zur Realisierung einer derartigen Funktion zunächst das Produktionsprogramm bekannt sein muss, kann die grobe Berechnung der Entsorgungsmengen erst im Anschluss an die Festlegung des Produktionsprogramms erfolgen. Aufgrund dieser Abhängigkeit sollte bei Änderung des Produktionsprogramms eine Überprüfung der grobgeplanten Entsorgungsmengen ausgelöst werden.

In der anschließenden *Ressourcengrobplanung für Entsorgungskapazitäten* wird die kapazitätsmäßige Realisierbarkeit des Entsorgungsgrobplans mit den vorhandenen Aufbereitungs-, Aufarbeitungs- und Beseitigungsressourcen überprüft. Dies bedeutet, dass die Deckung der Bedarfe durch die verfügbaren Ressourcen überprüft wird. Als Modifikation zur bestehenden Funktionalität muss die Möglichkeit bestehen, bei der Ressourcengrobplanung die Grobplanungsergebnisse für Fertigungsaufträge zu priorisieren. Dies gilt insbesondere dann, wenn Fertigungskapazitäten auch für Entsorgungsarbeitsgänge genutzt werden. Im Zuge dieser Abstimmung kann bereits eine überschlägige Berechnung von Energie- und Emissionsprofilen stattfinden. In Analogie zu den Entsorgungsprofilen des Stoffstrommanagements können diese zur Überprüfung mittel- und langfristiger Energiekopplungsmöglichkeiten und zur Warnung beim Überschreiten von Emissionsgrenzen verwendet werden.

Hinsichtlich der Verfahren der eigentlichen Grobplanung ergeben sich keine zusätzlichen Anforderungen, so dass auf bestehende Funktionalitäten zur Grobterminierung, Kapazitätsbedarfsermittlung und Kapazitätsabstimmung zurückgegriffen werden kann. Eingangsinformation für diese Funktion sind die Ergebnisse der Mengengrobplanung, während die Kapazitätspläne die Ausgangsinformation darstellen.

Die *Produktionsbedarfsplanung* hat die Aufgabe, das Produktionsprogramm, das sich aus Programmaufträgen und Kundenaufträgen zusammensetzt, durch Erstellung eines Beschaffungsprogramms realisierbar zu machen.

Ergebnis der *Produktionsbedarfsplanung* ist somit ein Programm, das termin- und mengenmäßig realisierbare Beschaffungsaufträge zur Deckung des Sekundärbedarfs enthält. Der Sekundärbedarf kann zum einen durch die Verwendung von Sekundärstoffen aus der eigenen Produktion, zum anderen aber auch durch extern beschaffte Sekundärstoffe gedeckt werden. Im allgemeinen läßt sich feststellen, dass sämtliche bereits vorhandene Funktionen innerhalb der Produktionsbedarfsplanung von der *Bruttosekundärbedarfsermittlung* bis zur *Beschaffungsauftragsfreigabe* auch zur Ermittlung des Bedarfs an Sekundärstoffen durchlaufen werden müssen. Die errechneten Bedarfe können kumuliert oder verursacherbezogen dargestellt werden.

Im Zuge der *Bruttosekundärbedarfsermittlung* werden Zusatzfunktionen erforderlich, mit deren Hilfe Substitutionsmöglichkeiten für Primärstoffe erkannt und vorgeschlagen oder automatisch ausgewählt werden können. Dazu kann eine automatische Auswahl auf Grundlage von Stammdaten- und Bestandsinformationen oder die Generierung einer Vorschlagsliste erfolgen. Als Dispositionsmechanismen können ein exaktes Verhältnis zwischen Primär- und Sekundärstoff oder ein variables Verhältnis bei Beachtung von Ober- bzw. Untergrenzen zum Einsatz kommen.

Ein Modifikationsbedarf im Rahmen der *Nettosekundärbedarfsermittlung* liegt vor, wenn ein Betrieb das direkte Aufbereiten oder Aufarbeiten von Abfällen sinnvoll nutzen kann, wodurch sich eine unmittelbare, periodengleiche Kopplung von Produktion und Entsorgung ergibt. Beim Abgleich mit dem Lager fließen dann nicht nur die vorhandenen bzw. geplanten Bestände an Primärstoffen, sondern auch die vorhandenen bzw. geplanten Bestände an Sekundärstoffen ein. Zusätzlich werden von einigen Unternehmen Funktionalitäten benötigt, durch die variierende Qualitäten der Sekundärstoffe über Faktoren im Einsatzverhältnis von Primär- und Sekundärstoffen bei der Bestimmung des Nettosekundärbedarfs berücksichtigt werden können.

Die Funktionserweiterungen der *Beschaffungsartzuordnung* dienen der Festlegung, inwieweit der Nettobedarf durch Sekundärstoffe gedeckt wird. Es sind daher die zusätzlichen Beschaffungsarten Fremdbezug von Sekundärstoffen, Verwertung von Produktionsabfällen sowie Fremdentsorgung mit Rücknahme der aufbereiteten Stoffe einzuführen. Wesentliche Anforderung an die funktionale Unterstützung der Beschaffungsartzuordnung ist die Möglichkeit, dass alternative Beschaffungsarten je Bedarfsposition im Teilestamm des jeweiligen Materials hinterlegbar sind, und die gemischte Beschaffung, d.h. die Aufteilung der Bedarfsmenge eines Stoffes auf verschiedene Beschaffungsarten, ermöglicht wird. Diese Funktionalität erleichtert dem Disponenten die Verwendung von Sekundärstoffen als teilweisen Ersatz für Primärstoffe.

Nach Festlegung der Beschaffungsart kann die *Entstehungsrechnung für Entsorgungsmengen* erfolgen (Abb. 3.3-12). Zur funktionalen Unterstützung muss das PPS-System in der Lage sein, die mit dem Produktionsprogramm verbundene Abfallentstehung zu berechnen. Dies kann mit Hilfe der bereits bestehenden deterministischen (Stücklistenauflösung) oder stochastischen (z.B. Trendmodelle) Verfahren durchgeführt werden. Die Ergebnisse sind wahlweise für jedes einzelne Material oder auch materialgruppenweise anzuzeigen. Zur Unterstützung des Energie- und Emissionsmanagement kann eine gegenüber der Produktionsprogrammplanung weiter detaillierte Berechnung maximaler Emissionsmengen sowie der Energiebedarfe- und Äbwärmemengen einzelner Maschinengruppen oder Anlagenteile angestoßen werden. Diese Berechnungen können ausbringungsorientiert auf Grundlage von stückzahlspezifischen Kennwerten oder mit Hilfe von laufzeitspezifischen Maschinendaten durchgeführt werden.

Den anfallenden Abfallfraktionen wird bei der *Entsorgungsartzuordnung* der für sie vorgesehene Entsorgungsweg (Verwertung oder Beseitigung) zugewiesen. Zunächst werden die in den Stammdaten hinterlegten Standardentsorgungsarten vom System automatisch vergeben. Sind diese nicht definiert oder treten Konflikte auf, muss eine manuelle Zuweisung erfolgen können. Diese kann durch die grafische Gegenüberstellung der bereits zugeordneten Entsorgungsmengen und der grundsätzlich verfügbaren Entsorgungskapazitäten unterstützt werden. Ergebnis der Entsorgungsartzuordnung ist das Entsorgungsprogramm.

3.3 Umweltorientierte Produktionsplanung und -steuerung

Aufgabe:	Produktionsbedarfsplanung	Nr. 2.4
Prozeßschritt:	Entstehungsrechnung für Entsorgungsmengen	

Umweltorientierte Zielsetzung

Bestimmung der Entsorgungsmengen, die bei Ausführung des Produktionsprogramms entstehen

Umweltorientierte Funktionserweiterungen (PPS)

Stoffstrommanagement (S)
Deterministische Berechnung von Abfallmengen/-art mit Auftragsbezug

Energie- und Emissionsmanagement (E)
Überschlägige Emissions- und Energieverbrauchsrechnung mit Hilfe von Arbeitsplänen und Stücklisten

Oeko-Controlling (O)
Bereitstellung der berechneten Entsorgungsmengen für Bilanzierungs- und Controllingzwecke

Erforderliche/ generierte Informationen

⇒ Um Abfallentstehung erweiterte Arbeitspläne/Stückliste (S)
⇒ Klassifikationsschema für Abfallarten (S)
⇒ Vergangenheitsdaten (S)

⇐ Prognostizierte Entsorgungsmenge/-art (S)
⇐ Prognostizierte Emissionsmengen (S)
⇐ Prognostizierter Energieverbrauch (S)

Restriktionen/ Interdependenzen

- Deterministische Stoffstromberechnungen erfordern die Hinterlegung von Entsorgungsmengen in Stücklisten und/oder Arbeitsplänen
- Energie- und Emissionsdaten sind in Arbeitsplänen zu hinterlegen
- Zur Sicherstellung einer ausreichenden Qualität der Prognosedaten ist die kontinuierliche Pflege der Daten erforderlich

Abb. 3.3-12 Funktionsbeschreibung der Entstehungsrechnung

Aus dem Entsorgungsprogramm geht hervor, wie groß die Menge der kreislaufgeführten Produktionsabfälle ist. Mit Hilfe dieser Information kann die vom System selbständig einzuleitende *Bedarfsabstimmung für Sekundärstoffe* erfolgen. Werden im Zuge ihrer Abarbeitung Unterdeckungen festgestellt, die nicht durch Lagerbestand gedeckt werden können, wird der Bediener vom System aufgefordert, dispositiv entgegenzusteuern. Er kann dabei durch die automatische Generierung von Substitutionsvorschlägen unterstützt werden. Dieses ausnahmeorientierte Bearbeitungskonzept ermöglicht eine umweltorientierte Funktionserweiterung bei gleichzeitiger Minimierung des zusätzlichen Arbeitsaufwands für den Disponenten.

Nach erfolgter Bedarfsabstimmung für Sekundärstoffe ist die grundsätzliche Realisierbarkeit des Produktions- und des Entsorgungsprogramms gewährleistet. In der *Durchlaufterminierung* werden die Entsorgungsarbeitsgänge in Zusammenhang mit der Grobterminierung der Fertigungsarbeitsgänge zeitlich eingeplant. Die verwendeten Verfahren unterscheiden sich nicht von den bereits angewendeten, wie z.B. die der Vorwärts-, Rückwärts- oder Mittelpunktterminierung.

Die zusätzlich erforderliche Funktionsunterstützung seitens des Systems umfasst zum einen die Berücksichtigung von Kapazitätskonkurrenzen zwischen Fertigungs- und Entsorgungsaufträgen und zum anderen die Gewährleistung der zeitlich richtigen Reihenfolge von verknüpften Fertigungs- und Entsorgungsarbeitsgängen. Den Zielen des Energie- und Emissionsmanagement kann durch eine Terminierung zur Nutzung von Energiekopplungen (Abwärmenutzung) Rechnung getragen werden. Hier eignet sich eine durch Kennzeichen oder regelbasierte Auslösung der Terminierung.

Unter dem Aspekt des Stoffstrommanagements wird die umweltorientierte *Kapazitätsbedarfsermittlung und -abstimmung* funktional weitestgehend analog zur konventionellen Ermittlung und Abstimmung unterstützt. Die zu planenden Kapazitätsarten werden lediglich um die Entsorgungskapazitäten erweitert. Zur Unterstützung des Energie- und Emissionsmanagements findet dagegen eine deutliche Funktionserweiterung konventioneller PPS-Systeme statt. Zur Ermittlung des Gesamtenergiebedarfs sowie der Emissionsmengen werden Energiebedarfs- und Emissionskalender geführt. Diese dienen der Prognose und Begrenzung von Spitzenlasten sowie der Einhaltung von Emissionsobergrenzen.

Als weitere Modifikation zur konventionellen Beschaffungsartzuordnung ist es erforderlich, dass zur teilweisen oder gesamten Deckung eines Sekundärstoffbedarfs als alternative Beschaffungsart auch die Beschaffung von Primärstoffen ausgewählt werden kann. Diese Möglichkeit ist vorzuhalten für den Fall, dass der zu beschaffende Sekundärstoff nicht verfügbar oder nur zu höheren Kosten als der entsprechende Primärstoff beschaffbar sein sollte. Die Auswahl des Primärstoffbezugs sollte entweder automatisch oder durch manuelles Bestätigen bei Unterdeckung und Preisänderung erfolgen.

Analog zur konventionellen *Bestandsplanung* ist es Ziel der Bestandsplanung für Abfälle und Sekundärstoffe einerseits überhöhte Lagerbestände und andererseits Fehlmengen zu vermeiden. Die abfallbezogenen Daten der Bestandssteuerung dienen auch in diesem Fall als Eingangsinformation für die Bestandsplanung. Funktional können zur Bestandsplanung von Abfällen daher die gleichen Verfahren zur Teileklassifikation wie z.B. die ABC- oder XYZ-Analyse genutzt werden, so dass eine Erweiterung der Funktionalität an dieser Stelle nicht notwendig ist. Gleiches gilt für die *Bedarfsermittlung*, bei der sowohl plangesteuerte als auch stochastische Bedarfsermittlungsarten zum Einsatz kommen können.

Ausgangspunkt der *Eigenfertigungsplanung und -steuerung* ist das Eigenfertigungsprogramm, das die zu fertigenden Baugruppen, Erzeugnisse und die durchzuführenden Entsorgungsaufträge nach Menge und Termin enthält. Zunächst sind im Zuge der *Programmkonsolidierung* und der *Losgrößenrechnung* die Losgrößen zusammenzufassen und zu optimieren. Neben der Reduzierung von Rüstvorgängen zur Material- oder Energieeinsparung kann dabei auch die Zusammenfassung von Aufträgen mit gleicher Abfallentstehung als Ziel verfolgt werden. Zu diesem Zweck muss die Möglichkeit bestehen, Informationen über Abfallentstehung oder Energieverzehr durch Rüsten etc. in die Berechnung einer optimalen Losgröße oder in Kriterien zu Generierung von Konsolidierungsvorschlägen einfließen zu lassen. Davon ausgehend werden bei der *Feinterminierung* alle anstehenden Entsorgungsarbeitsgänge unter Beachtung ihrer terminlichen Verknüpfungen mit Fertigungsarbeitsgängen zeitlich eingeplant. In der Feinterminierung werden analoge Funktionserweiterungen benötigt wie in der Durchlaufterminierung, sie werden lediglich in einem feinerem Zeitraster auf Arbeitsgangebene angewendet.

Auch die *Ressourcenfeinplanung* und die *Reihenfolgeplanung* werden um umweltorientierte Funktionen erweitert. Die hier erforderliche Funktionalität ist die Synchronisation von Entsorgungs- und Produktionsaufträgen unter Berücksichtigung energietechnischer und stoffstrombezogener Zeit- und Kapazitätsrestriktionen. Derartige Restriktionen können sich z.B. aus einer der Notwendigkeit zur Abwärmekopplung oder aus der beschränkten Haltbarkeit von Abfällen ergeben. Ein weiterer Grund für eine terminliche Abstimmung zwischen Fertigungs- und Entsorgungsarbeitsgängen können eingeschränkte Zwischenlagerkapazitäten in der Produktion darstellen.

Zur Realisierung dieser Funktionalität werden Rüstzeiten und Leistungsfaktoren für Einzelmaschinen und Werkzeuge in der Planung als technische Parameter mit berücksichtigt. Eine Unterstützung durch Operations Research-Methoden wie Fuzzy-Logic-Komponenten, Petri-Netze, Neuronale Netze, Branch & Bound-Verfahren etc. kann hier sinnvoll sein. Ergebnis dieses Schritts ist der Werkstattprogrammvorschlag, der durch die Auftragsfreigabe umgesetzt wird. Nach vollständig oder teilweise erfolgter Fertigung bzw. Verwertung werden die von der PPS benötigten Daten über die Betriebsdatenerfassung zurückgemeldet und gehen in die *Auftrags-* und die *Ressourcenüberwachung* ein. Der Auftragsüberwachung fällt dabei die Aufgabe zu, im Rahmen einer Übersicht eine Statuskontrolle der Aufträge bereitzustellen, aktive Arbeitsgänge anzuzeigen oder Termin- und Mengenkontrollen zu ermöglichen. Hier kann das Hilfsmittel der Fortschrittszahlen zur planerischen Unterstützung von Aufbereitungsvorgängen (z.B. Produktrecycling) herangezogen werden. Ferner ist es insbesondere aus stoffstrombezogenen Gesichtspunkten sinnvoll, einen Verursacherbezug von Arbeitsgängen herzustellen. Dieser kann einstufig (auslösender Werkstattauftrag), mehrstufig (auslösender Fertigungsauftrag oder Produktionsauftrag) oder über beliebige Stufen (auslösender Kundenauftrag) erfolgen. Darüber hinaus ist eine Verursacheranzeige auch dann vorzusehen, wenn mehrere Arbeitsvorgänge oder Fertigungsaufträge zusammengefasst wurden. Die Termin- und Mengenüberwachung stellt Informationen zu Liegezeiten und Soll-/Ist-Abweichungen von Terminen und Mengen zur Verfügung.

Die *Ressourcenüberwachung* kann auf den Ebenen Einzelkapazität, Kapazitätsgruppe oder Kostenstelle notwendig werden. Dabei sind u.a. die Ressourcen Entsorgungsmittel, Entsorgungshilfsmittel, Transportmittel und Personal von Interesse. Zudem sollte sie in der Belastungsübersicht, ggf. unter Verwendung von verdichteten Kennzahlen, den Bezug zu den verursachenden Fertigungsaufträgen bzw. Entsorgungsaufträgen herstellen. Eine Möglichkeit zur Einschränkung der Übersicht auf überlastete oder freie Ressourcen oder die Ressourcen eines Auftrags kann dabei von Nutzen sein. Neben der in Standard-PPS-Systemen häufig vorhandenen Kapazitätsübersicht für Fertigungsmittel, Fertigungshilfsmittel, Transportmittel und Personal sind auch Konkurrenzen und Konflikte zwischen Fertigungs- und Entsorgungskapazitäten anzuzeigen.

Ausgangspunkt für Aktivitäten innerhalb der *Fremdbezugsplanung und -steuerung* ist die Durchführung einer *Bestellrechnung*, die auf dem Fremdbezugsprogramm aufbaut und die Festlegung optimaler Bestelllosgrößen unter ökonomischen und ökologischen Gesichtspunkten zum Ziel hat. Dabei können Standardbestellmengen oder maximale Bestellmengen zugrunde gelegt sowie mathematische Funktionen verwendet werden, die Kostenminima anstreben. Zur Preisfindung besteht die Möglichkeit zur Verwendung statischer als auch dynamischer Verfahren und zur Hinterlegung von frei definierbaren Funktionen. Eine automatische Auslösung von Bestellungen kann mit Hilfe von vordefinierten Auslösekriterien wie z.B. der Bestandshöhe realisiert werden. Ausgangsdatum ist der Beschaffungsprogrammvorschlag, der durch die Freigabe der Bestellungen an bereits bekannte Lieferanten umgesetzt wird. Diese *Bestellfreigabe* kann wieder manuell oder kriteriengesteuert erfolgen, wobei als Selektionskriterien die Bestellungen eines Produktionsauftrags, eines Terminbereichs, eines bestimmten Materials oder Lieferanten etc. denkbar sind. Sammelbestellungen können entweder manuell, manuell mit kriteriengesteuerter Vorselektion oder automatisch erfolgen.

Sollte der Lieferant für einen Sekundärstoff zum Zeitpunkt der Bestellrechnung nicht bekannt sein, so ist eine *Angebotseinholung* und *Lieferantenauswahl* nach Erstellung des Beschaffungsprogrammvorschlags durchzuführen. Dabei benötigt insbesondere das Energie- und Emissionsmanagement ausgereifte Funktionsunterstützung zur Simulation der mit dem Gütertransport verbundenen Umweltbelastungen. Die Kriterien zur Bewertung der Angebote sollten so flexibel wie möglich zu gestalten sein, um eine Anpassung an unternehmensspezifische Umweltziele zu ermöglichen. Da die eigentliche Bewertung vom Öko-Controlling vorgenommen wird, werden die umweltrelevanten Angebotsdaten in die Ressourcenmatrix gestellt und das Bewertungsergebnis anschließend über die gleiche Schnittstelle wieder eingelesen.

Aufgabe der Bestellüberwachung ist die Sicherstellung einer ausreichenden Bestandshöhe der Sekundärstoffe. Diese schließt neben dem Verursacherbezug einer Primärstoff-Bestellung, die einstufig (Produktionsauftrag) oder über beliebige Stufen (Kundenauftrag) aufgelöst werden und auch zu zusammengefassten oder gesplitteten Aufträgen ermittelt werden kann, eine Modifikation der Wareneingangsverwaltung mit ein. Wesentlich ist hier eine Toleranzprüfung der eingegangenen Sekundärstoffe hinsichtlich Menge, Termin und insbesondere Qualität, um den späteren Produktionsablauf nicht zu beeinträchtigen. Zu diesem Zweck kann eine behälterbezogene Chargenverwaltung für die geforderten Qualitätsmerkmale bei besonders kritischen Einsatzstoffen zwingend notwendig werden. Bei geringeren Qualitätsanforderungen kann der Behälterbezug vernachlässigt werden. Für den Fall ungeeigneter Lieferungen sind Funktionen zur Datenübernahme in Lieferantenreklamationen vorzusehen. Hinsichtlich der Liefermengen und -positionen sollten Unter-/Übermengen, Teil-/Restmengen, Fehl-/Zusatzpositionen, Ersatzpositionen und Lieferfortschrittszahlen darstellbar sein, während die *Terminüberwachung* Übersichten zu Bestellterminen, Lieferterminen, Wiederbeschaffungszeiten und Abweichungen von Soll- und Ist-Terminen sowie -Zeiten ermöglichen sollte. Im Rahmen der *Mengenüberwachung* ist es analog notwendig, Bestellmengen, Liefermengen, Fremdbezugsfortschrittszahlen und Abweichungen zwischen Ist- und Sollmengen abbilden zu können. Werden solche Differenzen entdeckt, werden Mahnungen rein manuell, rein automatisch oder durch manuelle Selektion aus einer automatisch generierten Vorschlagsliste ausgelöst.

Die *Fremdbezugsplanung und -steuerung* wurde in das Prozessmodell als zusätzlicher Prozessbestandteil aufgenommen. Bei der Entwicklung der erforderlichen Umweltschutzfunktionalitäten zeigt sich eine ausgeprägte Analogie zur Fremdbezugsplanung und -steuerung. Diese Analogie entsteht dadurch, dass die mit dem Bezug externer Entsorgungsdienstleistungen Fremdentsorgungsplanung und -steuerung betraut ist und somit ein der Fremdbezugsplanung und -steuerung ähnliches Anforderungsspektrum besitzt.

Die notwendigen Funktionen sind mit denen der Fremdbezugsplanung nahezu identisch, ihr voller Umfang wird jedoch nicht genutzt, da Entsorgungsabläufe in größerem Umfang über Rahmenverträge abgewickelt werden und so die Entsorgerauswahl und die Entsorgungsüberwachung einen deutlich geringeren Stellenwert einnehmen als die vergleichbaren Vorgänge in der Fremdbezugsplanung und -steuerung. Die im Gegensatz zur Lieferantenauswahl qualitativ unterschiedlichen Kriterien zur Entsorgerauswahl können durch die oben beschriebene Flexibilität dieser Funktion abgebildet werden.

Eine funktionale Besonderheit innerhalb der *Entsorgungsüberwachung* stellt die Führung und Archivierung von Entsorgungsnachweisen dar. Eine *Terminüberwachung* innerhalb des PPS-Systems kann hier helfen, den Arbeitsaufwand zu minimieren und haftungsrechtliche Risiken auszuschließen. Dazu sollten für jeden Entsorger oder für jeden nachweispflichtigen Abfall eine Wiedervorlagezeit definiert werden, die bei Überschreiten eine automatische Prüfung auslösen. Die Daten, die aufgrund der Nachweispflicht gesammelt werden, sind dem Öko-Controlling in geeigneter Form zur Verfügung zu stellen. Als über die eigentlichen PPS-Kernaufgaben herausgehende Erweiterung ist im Rahmen der Fremdentsorgungsplanung und -steuerung eine elektronische Archivierung der dokumentationspflichtigen Unterlagen denkbar.

Funktionale Änderungen oder Ergänzungen der *Auftragskoordination* werden ausschließlich im Zuge der auftragsbezogenen Ressourcengrobplanung erforderlich. Die Funktionsunterstützung verhält sich hier analog zur bereits beschriebenen auftragsanonymen Ressourcengrobplanung. Der einzige wesentliche Unterschied ergibt sich daraus, dass neben stochastisch gewonnenen

Bedarfsprofilen auch konkrete ermittelte Bedarfe in die Berechnungen eingehen. Die Berücksichtigung abfallbezogener Daten ermöglicht zudem die Vorabdisposition evtl. vorhandener und bekannter Langläufer, die sich funktional analog zur herkömmlichen PPS gestaltet. Da bei den untersuchten Auftragsabwicklungstypen Variantenfertiger und Rahmenauftragsfertiger derartige Teile selten sind, ist die Relevanz dieser Problematik äußerst gering und bedarf daher keiner Lösung innerhalb der verwendeten Typen von Standard-PPS-Systemen.

Das umweltorientierte Datenmodell

Ziel der Datenerweiterung ist es, die zusätzlich notwendigen Datentypen und Attribute zu ermitteln, damit eine Planung und Steuerung der Produktion auch unter umweltrelevanten Gesichtspunkten möglich ist. Der Aufwand für die Erweiterung soll dabei so gering wie möglich gehalten werden.

Die umweltorientierte Erweiterung des Datenmodells betrifft in erster Linie die Erweiterung der Stammdaten. Daher wird für das Datenmodell auf eine Unterscheidung zwischen Variantenfertiger und Rahmenauftragsfertiger verzichtet. Die Grundlage bildet daher auch nicht die Datensicht des Aachener PPS-Modells, sondern ein daraus abgeleitetes Master-Datenmodell. Es umfasst die Aspekte, die für alle Auftragsabwicklungstypen des Aachener-PPS-Modells relevant sind (vgl. Kees 1998).

Das Master-Datenmodell ist als strukturiertes Entity-Relationship-Modell (SERM) nach Sinz beschrieben (Ferstl, Sinz 1994, S. 101 ff.). Neben den aus dem Entity-Relationship-Modell (ERM, vgl. Chen 1976) bekannten Datenobjekten (Entity, E-Typ) und den Beziehungen (Relationship, R-Typ) kennt das SERM noch Entity-Relationship-Typen (ER-Typ). Voneinander abhängige Entitäten lassen sich so strukturiert darstellen, indem der abhängige ER-Typ rechts vom referenzierten E- oder ER-Typ angeordnet wird. Das Modell gewinnt damit an Lesbarkeit. Da es in erster Linie um die Angabe der zusätzlich notwendigen Datentypen und Attribute geht, wurde bei der Darstellung der Beziehungen zwischen den Objekttypen auf die Beschreibung unterschiedlicher Komplexitätsgrade verzichtet.

Im einzelnen wurden die Erweiterungen auf zwei Arten vorgenommen: einerseits wurden bekannte Datentypen um umweltrelevante Attribute ergänzt und andererseits wurden aus umweltrelevanter Sicht neue Datentypen hinzugefügt. Eine detaillierte Beschreibung des umweltorientiert erweiterte Datenmodells findet sich bei Pillep und Schieferdecker (vgl. Pillep u. Schieferdekker 1999).

3.3.3.3
Implementierung der konzipierten umweltorientierten Standard-PPS

Die konzipierten Erweiterungen der Prozesse und Funktionen den Standard-PPS können auf zwei Weisen in die Organisation und EDV-Unterstützung der PPS einfließen. Zum einen können bestehende Strukturen und IT-Systeme im Zuge von Reorganisationsprojekten schrittweise um zusätzliche, umweltorientierte Planungsobjekte erweitert werden. Zum anderen können die konzipierten Erweiterungen bereits bei der Konzeption neuer Releases der IT-Systeme zur Produktionsplanung und -steuerung aufgenommen werden und damit zu einer Differenzierung der PPS-Anbieter sowie zur größeren Verbreitung eines integrierten Produktions- und Umweltmanagement beitragen.

Eine exemplarische Darstellung der praktischen Implementierung der vorgestellten Ansätze in einem Produktionsunternehmen ist in Kapitel 8.1 dargestellt. Eine konkrete, projektneutrale Vorgehensweise für die Implementierung wird in Kapitel 8.2 entwickelt.

3.4
Produktionsleitsysteme

von Axel Tuma, Stephan Franke, Hans-Dietrich Haasis

Die Gestaltung zukunftsorientierter Produktionsleitsysteme[1] als Teil einer umweltschutzorientierten Auftragsabwicklungskette muss sich an den Anforderungen unternehmerischen Handelns orientieren. Diese werden geprägt durch eine verschärfte Wettbewerbssituation und führen zu einer verstärkten Ausrichtung der Produktion auf die Belange des Kunden. Als Resultat dieser Situation lässt sich eine Verschiebung innerhalb des Zielkalküls betrieblicher Entscheidungen feststellen. Hierbei zeigt sich neben einer stärkeren Betonung kundenorientierter Ziele wie Lieferflexibilität und Lieferqualität insbesondere eine zunehmende Integration umweltschutzorientierter Zielvorstellungen.

Eine *flexible Produktion* erfordert eine möglichst kurzfristige Reaktion auf sich ändernde Produktionsparameter (Modifikation von Kundenwünschen, Störungen im Produktionsablauf). Dies kann durch eine stärkere Berücksichtigung von Kapazitätsanpassungsmaßnahmen im Rahmen der Produktionssteuerung (d-, t-, q-Anpassung) mit dem Ziel, die Kundenaufträge termingerecht fertigzustellen realisiert werden (Wildemann 1997).

Ansatzpunkte zur Gewährleistung der *Qualitätsanforderungen* auf Produktionsleitsystemebene liegen einerseits in einer entsprechenden Fahrweise der einzelnen Aggregate, andererseits in der Vermeidung von Belastungsspitzen. Dies impliziert insbesondere eine entsprechende Abstimmung von Kapazitätsangebot und –nachfrage.

Umweltschutzorientierte Zielsetzungen betreffen die Reduzierung des Ressourceneinsatzes und die Reduzierung der Ausbringung aller unerwünschten Kuppelprodukte (Emissionen) des Leistungserstellungsprozesses (Haasis 1996). Interpretiert man Kuppelprodukte[2] in Analogie zu Ressourcen als Stoffe, deren mengenmäßiger Anfall zu begrenzen bzw. zu minimieren ist, können umweltschutzorientierte Zielsetzungen auf Basis des Wirtschaftlichkeitsprinzips abgeleitet werden. Bezogen auf die Realisierung einer kundenorientierten Produktion impliziert dies auf Leitsystemebene die Verwirklichung des Minimalprinzips der mengenmäßigen Fassung des Wirtschaftlichkeitsprinzips, d.h. ein gegebenes Produktionsprogramm soll unter minimalem Ressourceneinsatz bzw. Emissionsanfall realisiert werden. Zur Umsetzung der genannten umweltschutzorientierten Ziele sind durch die Bestimmung eines entsprechenden Auftragsmix sowie durch Festlegung der durchschnittlichen Kapazitätsbelastungen die Voraussetzungen für eine umweltschutzorientierte Produktion zu

---

[1] Der Begriff des Produktionsleitsystems wird hier im Sinne der Umsetzung eines dezentralen Produktionsmanagements auf Betriebsbereichsebene verwendet. In der Literatur finden sich in diesem Zusammenhang auch die Bezeichnungen Prozeßleitsystem und Produktionsleitstand, wobei ersteres eher die Realisierung der technischen Steuerung, letzteres eher die Durchführung dispositiver Maßnahmen im Rahmen der Produktionssteuerung beschreibt.

[2] Hierbei wird der Fall einer Kuppelproduktion mit variabler Relation unterstellt.

schaffen (z.B. Abstimmung anfallender qualitativ unterschiedlicher Abwasserströme in der Planungsperiode). Weitere Ansatzpunkte sind etwa die Vermeidung von Umrüstemissionen sowie eine ressourcenschonende und emissionsarme Fahrweise der Aggregate.

Zur Umsetzung eines diesen Anforderungen gerecht werdenden Konzepts sind Gestaltungsprinzipien zur Konstruktion und Lösung entsprechender Entscheidungsmodelle vorzuschlagen. Dies umfasst eine Diskussion der auf Leitsystemebene durchzuführenden Aufgaben, eine Analyse effizienter Lösungsverfahren sowie eine Integration des Produktionsleitsystems in die betriebliche Organisations- und Systemarchitektur.

Die Konstruktion von Entscheidungsmodellen für Produktionsleitsysteme erfordert die Spezifikation eines entsprechenden Aufgabenmodells. Kernaufgaben auf Produktionsleitsystemebene sind die Auftragsfreigabe, Entscheidungen über Kapazitätsanpassungsmaßnahmen im Rahmen einer Fertigungssicherung, die Auftragseinlastung sowie die Produktionsüberwachung. Aus Sicht einer entscheidungsorientierten Betriebswirtschaftslehre impliziert dies Entscheidungen bezüglich

- der Auftragsfreigabe (Auftragsmix),
- der einzusetzenden Arbeitssysteme bzw. Produktionsverfahren und deren Betriebszeiten,
- der zeitlichen Zuordnung einzelner Aufträge bzw. Teilaufträge zu den Arbeitssystemen bzw. Aggregaten (Maschinenbelegung) sowie
- der Festlegung von Intensitäten (Fahrweisen) der Arbeitssysteme bzw. Aggregate.

Eine Analyse der genannten Aufgaben zeigt, dass die daraus abgeleiteten Entscheidungsvariablen hinsichtlich Art und Struktur unabhängig von der gewählten Spezifikation des Zielsystems sind. Lediglich die Ausprägung der Entscheidungsvariablen hängen von den zugrundeliegenden Zielvorstellungen ab. Dies bedeutet, dass die zu berücksichtigenden Entscheidungskategorien auch im Rahmen eines umweltschutzorientierten Produktionsmanagements unverändert Gültigkeit haben. So hängt der Ressourcenverbrauch und der Emissionsanfall vollständig von der Auswahl der einzusetzenden Aggregate, deren Betriebszeiten und Fahrweisen bzw. von der zeitlichen Zuordnung der einzelnen Aufträge (Arbeitsgänge) zu den Aggregaten ab. Dies beinhaltet, dass ein umweltschutzorientiert erweitertes Konzept eines Produktionsleitsystems auf den Elementaraufgaben traditioneller Produktionssteuerungssysteme beruht.

Dementsprechend lässt sich dieses Konzept in Analogie zu traditionellen Produktionssteuerungskonzepten (Zäpfel 1989, Hahn 1989) als regelungstechnischer Ansatz darstellen (vgl. Abb. 3.4-1). Hierbei stellt die dezentrale Planungs- uns Steuerungsstelle den Regler dar, dessen Stellgrößen, die zeitliche Zuordnung von Aufträgen zu Aggregaten sowie deren Fahrweisen (Intensitäten), direkt auf die Regelstrecke (durchführende Produktionsstelle) wirken. Die Messeinrichtung besteht aus Betriebsdatenerfassung (BDE) und -analyse.

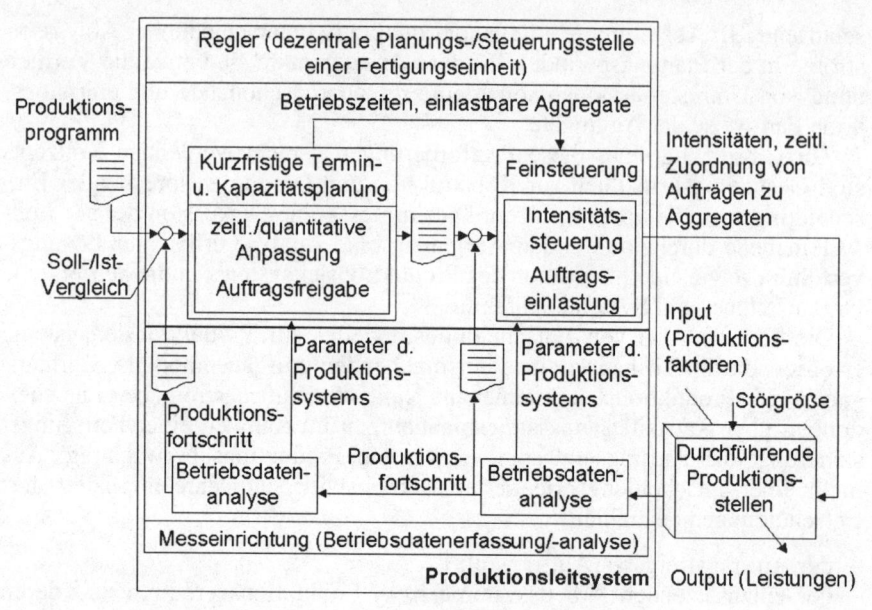

Abb. 3.4-1 Regelungstechnischer Ansatz einer Produktionssteuerung

Aufgrund des unterschiedlichen zeitlichen Bezugs der oben aufgeführten Aufgaben auf Leitsystemebene empfiehlt es sich, diese in einen längerfristigen Funktionsteil, der kurzfristigen Termin- und Kapazitätsplanung, und einen kurzfristigen Funktionsteil, der Feinsteuerung, zu unterscheiden. Diese funktionalen Einheiten repräsentieren Entscheidungsmodelle auf Leitsystemebene. Entsprechend manifestiert sich eine umweltschutzorientierte Erweiterung in der Aufnahme zusätzlicher Zielfunktionen (z.B. Minimierung des Abwasseranfalls) bzw. Nebenbedingungen (z.B. Einhaltung von Emissionsgrenzwerten) im Rahmen der Modellierung und Lösung dieser Entscheidungsmodelle.

Methodisch können zur Lösung derartiger Entscheidungsmodelle sowohl optimierende Verfahren (z.B. Dynamische Optimierung, Branch&Bound-Verfahren) als auch Heuristiken verwandt werden. Eine optimale Planung der Auftragsfreigabe, der Kapazitätsanpassung und der Auftragseinlastung (Aggregatbelegung) lässt sich i.Allg. für praktische Problemstellungen nicht durchführen. Daher werden in der industriellen Praxis überwiegend heuristische Planungsverfahren eingesetzt. Besondere Bedeutung auf Ebene der kurzfristigen Termin- und Kapazitätsplanung hat hierbei etwa das Verfahren der belastungsorientierten Fertigungssteuerung (Wiendahl 1997) erlangt, bei dem allerdings ein geschlossener Ansatz zur Berücksichtigung umweltschutzorientierter Zielvorstellungen fehlt. Auf Feinsteuerungsebene werden insbesondere Prioritätsregelverfahren eingesetzt (Stadtler et al. 1995, Glaser et al. 1992). Aufgrund der Anforderungen realer Produktionssysteme (multikriterielle Zielfunktion, Anzahl und Art verfahrenstechnischer Restriktionen) sowie aufgrund des Umfangs und der Struktur des zur Verfügung stehenden Produktionswissens (z.B. unscharfes, implizites Wissen) sind jedoch konventionelle Prioritätsregelverfahren kaum anwendbar. Je nach Struktur des verfügbaren Produktionswissens empfiehlt sich daher eine Verwendung von wissensbasierten Ansätzen oder Methoden des Maschinellen Lernens (z.B. Neuronale Netze).

3.4.1 Umweltschutzorientierte Produktionslenkung auf Ebene der kurzfristigen Termin- und Kapazitätsplanung

Eine Analyse der Verfahren in Bezug auf die skizzierten Aufgaben der kurzfristigen Termin- und Kapazitätsplanung zeigt, dass das in der industriellen Praxis häufig eingesetzte Konzept der belastungsorientierten Fertigungssteuerung diese weitgehend adressiert (Schweitzer 1990, Wiendahl 1997, Wildemann 1997, Zäpfel 1993). Allerdings werden umweltschutzorientierte Belange in diesem Konzept bislang nicht berücksichtigt.

Ein zentraler Ansatzpunkt des Konzepts der belastungsorientierten Fertigungssteuerung ist die Auftragsfreigabe (Bechte 1984). Damit wird insbesondere eine Entscheidung über den Auftragsmix innerhalb der Planperiode getroffen. Weiter wird eine Entscheidung bezüglich der Kapazitätsabstimmung für die betrachtete Planperiode getroffen. Das Zusammenwirken der Funktionen Auftragsfreigabe und Kapazitätsabstimmung erläutert Wiendahl an einem Modell verbundener Trichter (vgl. Abb. 3.4-2).

Der oberste Trichter enthält hierbei den durch die Produktionsplanung vorgegebenen Auftragsbestand als Funktion der Kundenaufträge, des Lagermanagements sowie des Eigenbedarfs. Aus der Menge der so spezifizierten Aufträge werden diejenigen selektiert, die innerhalb eines definierten Vorgriffshorizonts liegen. Die so ausgewählten Aufträge bilden den dringenden Auftragsbestand (sortiert nach Fertigstellungsterminen). Aus diesen werden die freizugebenden Aufträge so bestimmt, dass zu keinem Zeitpunkt die Belastungsschranken der durch den Auftrag betroffenen Arbeitssysteme überschritten werden. Die Bestandshöhe im untersten Trichter entspricht hierbei der mittleren gewichteten Durchlaufzeit im betrachteten Arbeitssystem. Steigt der Arbeitsinhalt im obersten Trichter (zu bearbeitende Aufträge), sind entsprechende Kapazitätsanpassungsmaßnahmen an den betroffenen Arbeitssystemen durchzuführen (Veränderung der Trichteröffnung im untersten Trichter). Die tatsächliche Auftragsreihenfolge wird in einem nachfolgenden Schritt durch die Anwendung traditioneller Prioritätsregeln (z.B. „first-in-first-out", kürzeste Operationszeit, längste Operationszeit) festgelegt.

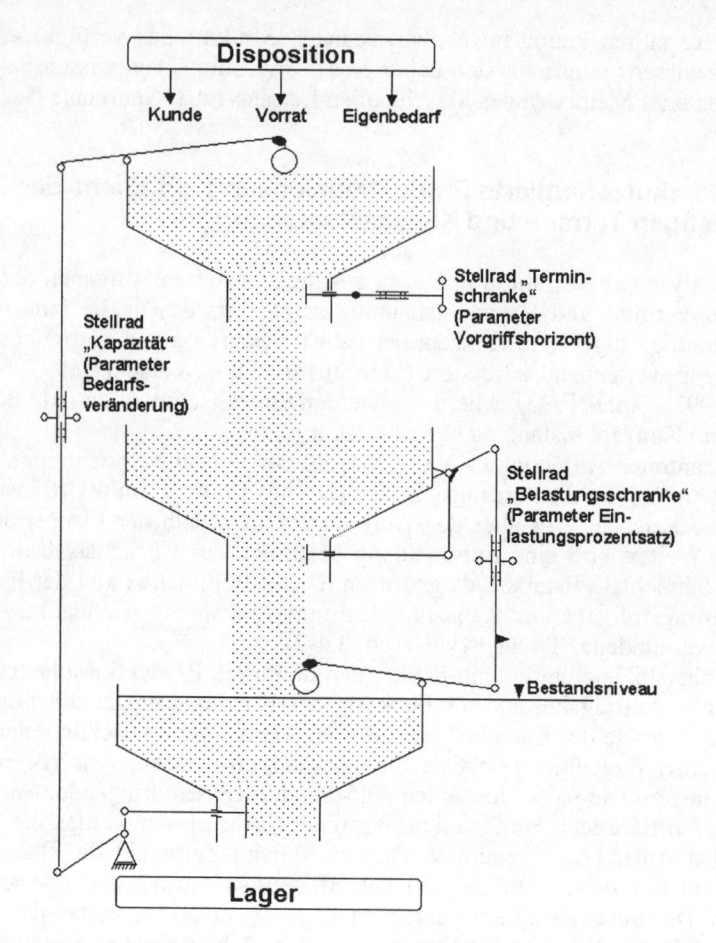

Abb. 3.4-2 Regler-Analogie der belastungsorientierten Fertigungsregelung (nach Wiendahl 1997, S. 307)

Bezogen auf eine umweltschutzorientierte Erweiterung des Konzepts der belastungsorientierten Fertigungssteuerung kann in eine anlagen- und in eine stoffbezogene Sichtweise unterschieden werden.

Bei der *anlagenbezogenen Sichtweise* stellt die Kapazitätskurve („idealer Abgangsverlauf") im Durchlaufdiagramm den Ansatzpunkt für eine umweltschutzorientierte Erweiterung dar (vgl. Abb. 3.4-3). Hierbei werden drei Fälle unterschieden:

- *Quantitative Anpassungsmaßnahmen:* Hierunter ist allgemein das prinzipielle Zu- bzw. Abschalten additiver Kapazitäten zu verstehen. Aus umweltschutzorientierter Sichtweise empfiehlt sich insbesondere eine Deaktivierung von Arbeitssystemen mit spezifisch hohem Ressourcenverbrauch bzw. Emissionsanfall.

- *Zeitliche Anpassungsmaßnahmen:* Solche Maßnahmen beziehen sich auf ein zeitlich begrenztes Zu- bzw. Abschalten von Arbeitssystemen. So kann es erforderlich sein, gewisse Arbeitssysteme zu bestimmten Zeiten, z.B. aus Lärmschutzgründen, abzuschalten.
- *Intensitätsmäßige Anpassungsmaßnahmen:* Hierunter wird verstanden, mit welcher durchschnittlichen Intensität die jeweiligen Arbeitssysteme im Planungshorizont zu fahren sind. Aus umweltschutzorientierten Gründen ist hierbei eine Intensität zu wählen, die einen möglichst geringen spezifischen Ressourcenverbrauch bzw. Emissionsanfall gewährleistet.

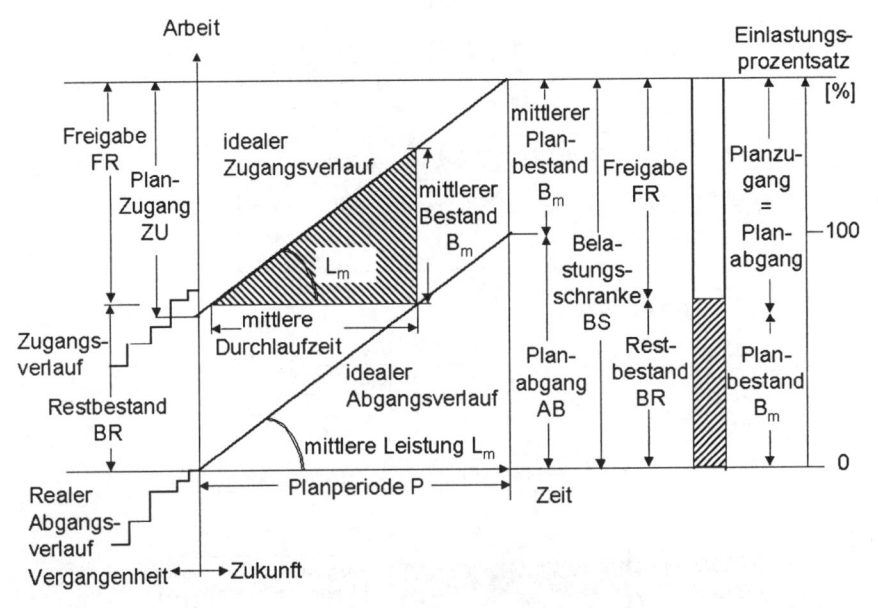

Abb. 3.4-3 Durchlaufmodell der belastungsorientierten Auftragsfreigabe für ein Arbeitssystem nach Wiendahl (Wiendahl 1997, S. 286)

Bezogen auf umweltschutzorientierte Zielvorstellungen führen die oben genannten Anpassungsmaßnahmen i.Allg. zu einer Verringerung des Kapazitätsangebots der betroffenen Arbeitssysteme. Dies äußert sich im Durchlaufdiagramm in einer Abgangskurve mit geringerer Steigung (Wiendahl 1997, S. 307). Soll eine Erhöhung der Durchlaufzeit vermieden werden, sind entsprechend geringere Arbeitsvolumina für die Planperiode freizugeben.

Die *stoffbezogene Sichtweise* erfordert eine substantielle Erweiterung des Ansatzes der belastungsorientierten Auftragsfreigabe. So sind zur Berücksichtigung stoffbezogener Zielvorstellungen sogenannte Emissions- bzw. Ressourcentrichter einzuführen (vgl. Abb. 3.4-4). Diese sind grundsätzlich von den im Rahmen dieses Konzepts eingeführten Belastungstrichtern (vgl. Wiendahl 1997, S. 43/84) zu unterscheiden. Insbesondere entsprechen Emissions- bzw.

Ressourcentrichter nicht einzelnen Arbeitssystemen. So stellt bei einem Emissionstrichter das Trichtervolumen das geplante Emissionsvolumen einer Emissionsart für eine Planperiode dar. Die festzusetzende Belastungsschranke stellt damit eine obere Schranke für das geplante Emissionsvolumen dar. Diese kann in besonderen Situationen (etwa Smogfall) entsprechend angepasst werden. Die Trichteröffnung entspricht hierbei dem Emissionsvolumenstrom (Franke et al. 1998a).

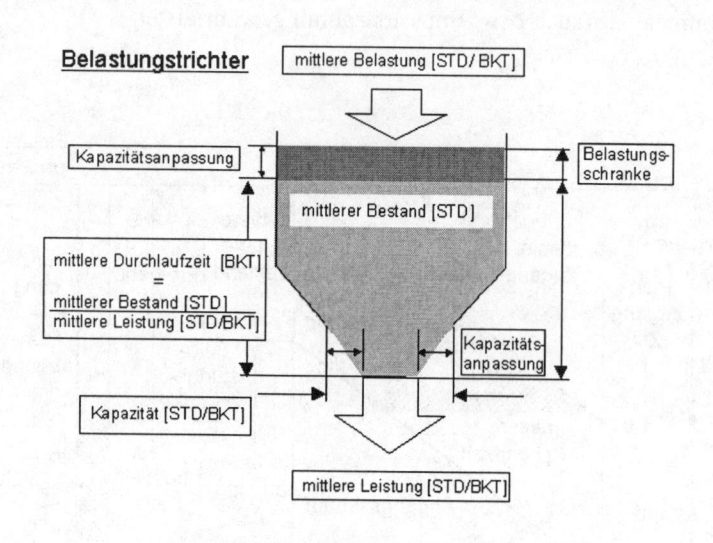

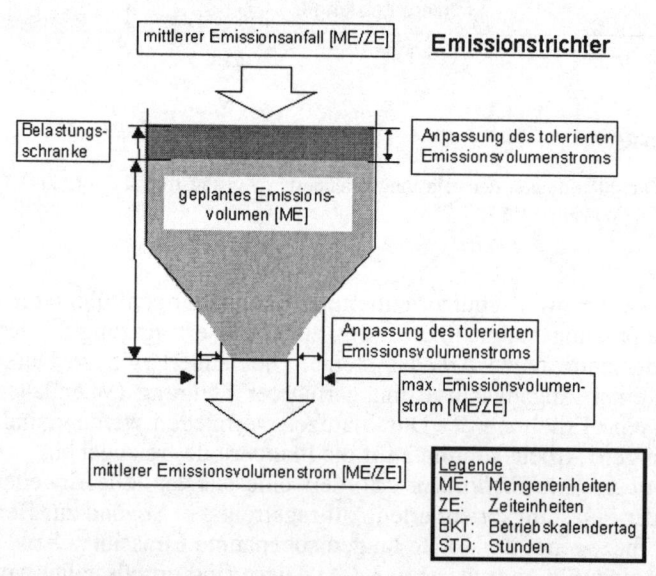

Abb. 3.4-4 Modell eines Belastungs- sowie eines Emissionstrichters

In Analogie zu Emissionstrichtern können etwa zur Abstimmung mit einem extern zur Verfügung stehenden Ressourcenangebot sogenannte „Ressourcentrichter" eingeführt werden. In diesem Zusammenhang stellt die Belastungsschranke das maximal für die Planungsperiode zur Verfügung stehende Ressourcenangebot (z.B. externes Energieangebot) dar. Die Trichteröffnung symbolisiert den mittleren Ressourcenstrom (Stoff-/Energiestrom).

Ein besonderer Fall von Emissions- bzw. Ressourcentrichtern liegt vor, wenn das Emissionsvolumen bzw. der Ressourcenverbrauch unmittelbar vom freigegebenen Auftragsmix abhängen. Hierbei handelt es sich z.B. um eine gegenseitige Kompensation zwischen verschiedenen Emissionsarten (z.B. Neutralisation saurer und alkalischer Abwasserfrachten unterschiedlicher Aufträge) oder um die Abstimmung eines intern (durch freigegebene Aufträge) zur Verfügung gestellten Ressourcenangebots mit einer entsprechenden Nachfrage.

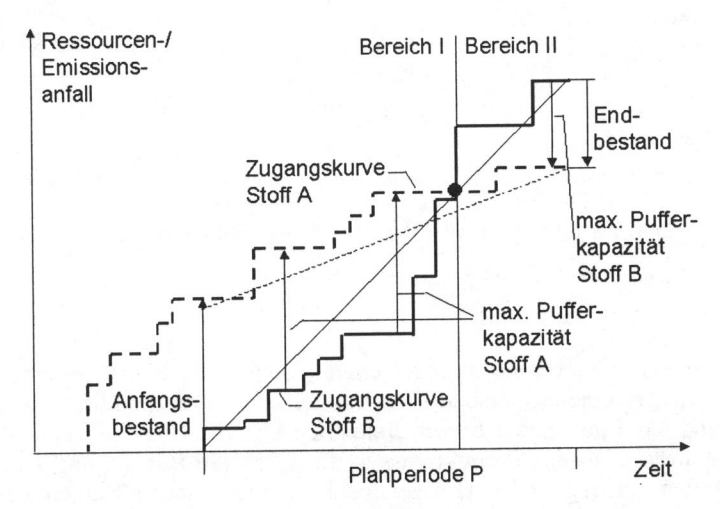

Abb. 3.4-5 Durchlaufdiagramm mit zwei Zugangskurven

Dieser Zusammenhang wird durch das in Abbildung 3.4-5 dargestellte Durchlaufdiagramm beschrieben. Hierbei wird für jede betroffene Emissions- bzw. Ressourcenart eine „Zugangskurve" definiert, die für die freigegebenen Aufträge den zeitlichen Verlauf des Emissionsanfalls bzw. der Ressourcenbereitstellung und des Ressourcenverbrauchs nachzeichnet. Soll aus umweltschutzorientierter Sichtweise etwa der Abstand zweier „Zugangskurven" einen maximalen Wert nicht überschreiten (z.B. Begrenzung des Abwärmeverlusts durch internes Energierecycling, Selbstneutralisation saurer und alkalischer Abwässer unterschiedlicher Produktionsaufträge), wird hierfür eine „Belastungsschranke" für die entsprechenden Emissions- bzw. Ressourcentrichter konstruiert. Im allgemeinen Fall ergeben sich zwei einzuhaltende Grenzwerte, die zwei Belastungsschranken entsprechen. Demgemäß wird in diesem Fall ein „Zwei-Trichter-Modell" definiert. Exemplarisch wird dies am Beispiel der Neutralisation saurer und alkalischer Abwässer in einer Entgiftungs- und Neutralisationsanlage erläutert (vgl. Abb. 3.4-6).

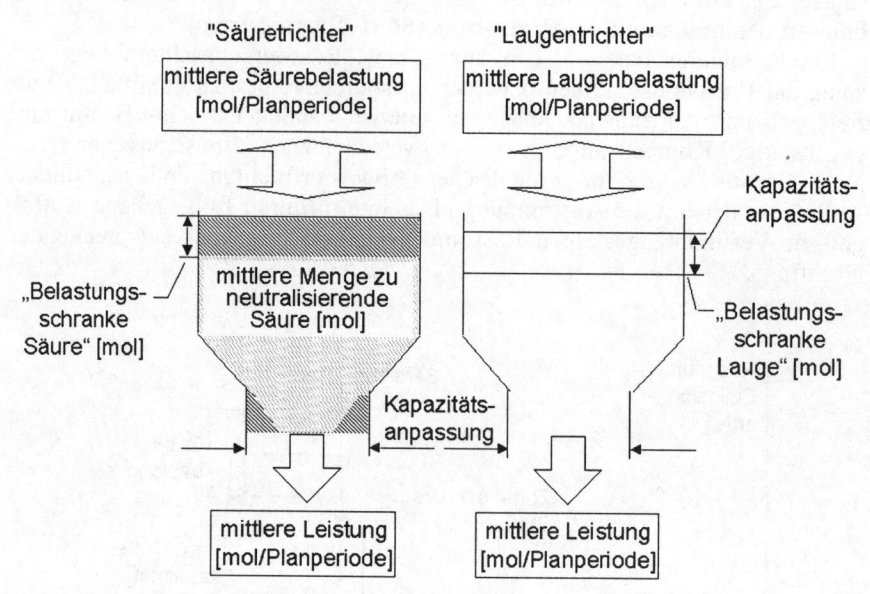

Abb. 3.4-6 Schematische Darstellung eines „Neutralisationstrichters"

Hierbei symbolisiert ein Trichter einen potentiellen Säureüberschuss, der andere Trichter einen Überschuss an Lauge. Dies korrespondiert mit den in Abbildung 3.4-5 gekennzeichneten Bereichen I und II. So bewirkt ein Zugang saurer Abwässer in das Produktionssystem durch die Bearbeitung eines entsprechenden Auftrags bei einem gegebenen Säureüberschuss einen Zuschlag im „Säuretrichter" während die Bearbeitung desselben Auftrags bei einem gegebenen Laugenüberschuss zu einer Reduktion der entsprechend zu neutralisierenden Laugenmenge im „Laugentrichter" führt. Durch die beiden „Belastungsschranken" wird die Einhaltung eines maximalen Puffervolumens saurer bzw. alkalischer Abwassermengen gewährleistet. Dies bedeutet darüber hinaus eine Obergrenze für die Menge an einzusetzenden Fremdchemikalien (z.B. HCl, NaOH) und liefert somit einen Beitrag für die Realisierung eines produktionsintegrierten Umweltschutzes.

3.4.2
Umweltschutzorientierte Produktionslenkung auf Ebene der Feinsteuerung

Zentrale Aufgaben auf Feinsteuerungsebene sind die zeitliche Zuordnung einzelner Aufträge bzw. Arbeitsgänge zu Arbeitssystemen (Maschinenbelegung/Auftragseinlastung) sowie die Festlegung der Fahrweisen der einzelnen Arbeitssysteme bzw. Aggregate (Intensitätssteuerung) unter simultaner Berücksichtigung sowohl umweltschutzorientierter als auch betriebswirtschaftlicher Zielkriterien. Bei der Auswahl geeigneter Verfahren zur Lösung eines derartigen multikriteriellen Entscheidungsproblems sind u.a. folgende Fragestellungen zu beachten:

- Steigt der Aufwand zur Berechnung einer Lösung exponentiell an?
- Sind stochastische Einflüsse zu berücksichtigen?
- Liegt das Produktionswissen in einer expliziten oder impliziten Form (z.B. unscharfes Planungswissen, Einplanungsbeispiele aus der Vergangenheit) vor?

Analysiert man die aus dem beschriebenen Zielsystem resultierenden Anforderungen (z.B. Berücksichtigung stochastischer Einflüsse im Rahmen einer flexiblen Produktion und Berücksichtigung multikriterieller Zielfunktionen), erkennt man, dass optimierende Verfahren zur Lösung der entsprechenden Entscheidungsmodelle für praktische Fälle i.Allg. nicht anwendbar sind. Aus diesem Grund werden in der industriellen Praxis überwiegend Heuristiken bzw. Meta-Heuristiken eingesetzt. Auf Ebene der Feinsteuerung (Aggregatbelegung) werden derzeit in erster Linie Prioritätsregelverfahren eingesetzt. Aufgrund der skizzierten Charakteristika (multikriterielle Zielfunktion, Anzahl und Art verfahrenstechnischer Restriktionen) sowie des Umfangs und der Struktur des zur Verfügung stehenden Produktionswissens (z.B. unscharfes, implizites Wissen) sind jedoch konventionelle Prioritätsregelverfahren oftmals nicht ausreichend. Je nach Struktur des verfügbaren Produktionswissens empfiehlt sich eine Verwendung symbolischer oder numerischer Verfahren (Corsten u. May 1995). Entsprechend werden im Folgenden Vertreter dieser Verfahrensklassen im Hinblick auf ihre Eignung zur umweltschutzorientierten Feinsteuerung untersucht.

Konzeption einer umweltschutzorientierten Feinsteuerung auf Basis eines unscharfen regelbasierten Verfahrens

Klassischerweise werden zur Maschinenbelegung bzw. Auftragseinlastung in der industriellen Praxis i.Allg. Prioritätsregeln eingesetzt. Spezielle Prioritätsregelverfahren werden u.a. in (Zäpfel 1989, Witte 1988, Davis u. Petterson 1975, Hauk 1973, Haupt 1989) beschrieben und bezüglich verschiedener Zielkriterien vergleichend bewertet. Diese Ansätze hängen i.Allg. von einer relativ geringen Anzahl von Einflussparametern (z.B. der Bearbeitungsdauer eines Auftrags) ab und berücksichtigen in erster Linie rein betriebswirtschaftliche Zielkriterien (z.B. Termintreue). Dies erscheint aufgrund der Interdependenzen und verfahrenstechnischen Restriktionen der zu untersuchenden Produktionssysteme und insbesondere aufgrund der simultanen Berücksichtigung umweltschutzorientierter und betriebswirtschaftlicher Zielsetzungen als nicht ausreichend. Eine einfache Verknüpfung (additiv/multiplikativ) verschiedener Prioritätsregeln mit dem Ziel einer simultanen Verfolgung mehrerer Zielkriterien (z.B. umweltschutzorientierter und betriebswirtschaftlicher Zielkriterien) hat sich bislang ebenfalls nicht als erfolgversprechend gezeigt (Haupt 1989).

Regelbasierte Systeme (Expertensysteme) erlauben die effiziente Auswertung einer entsprechenden Anzahl von Einzelregeln und Fakten in Abhängigkeit der jeweiligen Produktionssituation und somit eine umfassendere Berücksichtigung der skizzierten Einflussfaktoren. Aufgrund der i.Allg. kontinuierlichen Stoff- und Energieflussdaten und des mit Unsicherheit behafteten Planungswissens eignen sich für die Problemstellung insbesondere Expertensysteme, die auch „unscharfe" Daten verarbeiten können. In diesem Zusammenhang empfiehlt sich die Verwendung von unscharfen regelbasierten Systemen (Fuzzy-Systeme).

Das zunächst auf Steuerung bzw. Regelung technischer Prozesse zugeschnittene Konzept von Fuzzy-Reglern ist im Rahmen der Entwicklung umweltschutzorientierter Produktionsabstimmungsmechanismen um betriebswirtschaftliche Konzepte (z.B. Reduzierung der Durchlaufzeiten, Steigerung der Auslastung) zu erweitern. Hierbei kann folgendermaßen vorgegangen werden:

- Zunächst ist zu prüfen, ob die Gewährleistung betriebswirtschaftlicher Zielkriterien (z.B. Verringerung der Durchlaufzeit) auf technische Beziehungen zurückgeführt werden kann (z.B. Temperatur, Druck, Verweilzeit).
- Ist dies nicht möglich, ist die Regelbasis um betriebswirtschaftliche Konzepte (z.B. Fertigungstermine, Prioritäten für einzelne Aufträge) zu erweitern.

Die Integration zusätzlicher Konzepte sowie die Berücksichtigung verschiedener Teilziele bedingen i.Allg. eine Strukturierung der Regelbasis analog zu Expertensystemen. Typisch ist hierbei ein hierarchischer Aufbau, bei dem umweltschutzorientierte und betriebswirtschaftliche Teilziele geeignet aggregiert werden. Die Struktur eines derartigen Systems erfordert bei der Konzeption eines Fuzzy-Systems zur umweltschutzorientierten Produktionssteuerung ein Vorgehen, das sowohl Elemente des Reglerentwurfs (z.B. Definition einer Steuer-/Regelstrecke) als auch der Wissensakquisition (z.B. Experteninterviews) umfasst. Entsprechend können derartige Systeme auch als Fuzzy-Expert-Controller (FEC) bezeichnet werden. Bei der Entwicklung von Fuzzy-Expert-Controllern wird i.Allg. wie folgt vorgegangen (Zimmermann 1991):

- *Definition der Input-/Outputvariablen des FEC*: D.h. Identifikation charakteristischer Beschreibungsparameter des Stoff- und Energieflusssystems, wie z.B. pH-Wert eines Abwasserbeckens oder verfügbare Kapazitäten vorgelagerter Kraftwerke sowie geeigneter Steuergrößen, wie z.B. Kennzahlen zur Verfahrensauswahl,
- *Spezifikation der Terme und Membershipfunktionen der Input-/Outputvariablen*,

- *Entwurf der Regelbasis*: D.h. Spezifikation einzelner Konzepte bzw. Teilkriterien, wie z.B. Effizienz einer Entsorgungsanlage, Auslastung der Produktionsanlagen, Strukturierung definierter Konzepte,
- *Spezifikation des Inferenzprozesses*: D.h. Auswahl und Parametrisierung der Verknüpfungsoperatoren, Gewichtung der einzelnen Regeln,
- *Selektion der Defuzzyfizierungsalgorithmen*: Die Defuzzyfizierungsalgorithmen dienen der Transformation der „unscharfen" Steuergrößen in eindeutig definierte Anweisungen,
- *Implementation des FEC* und
- *Justierung und Verifikation des FEC*: Die Justierung und Verifikation des FEC wird i.Allg. durch Simulationsmodelle (Grobeinstellung) bzw. „online" am Prozess (Feineinstellung) durchgeführt.

Prinzipiell sind regelbasierte Verfahren wie Fuzzy-Expert-Controller effizient und leicht validierbar. Die Akquisition des zur Feinabstimmung der Regelbasis (z.B. Auswahl und Parametrisierung von Verknüpfungsoperatoren) benötigten Wissens erweist sich jedoch in vielen Fällen als problematisch. Gründe hierfür liegen u.a. darin, dass es i.Allg. schwierig ist, das oftmals in impliziter Form vorliegende Wissen über Produktionsprozesse in explizite Regeln zu fassen bzw. diese geeignet zu parametrisieren. So ist es beispielsweise für einen Fachmann oftmals einfacher, in einer gegebenen Situation aufgrund seiner Erfahrung ein geeignetes Produktionsverfahren zu bestimmen, als allgemeingültige Regeln zur Auswahl von Produktionsverfahren in Abhängigkeit beliebiger Rahmenbedingungen zu formulieren. Dies trifft insbesondere für vernetzte, dynamische Produktionsprozesse zu.

Eine Möglichkeit, diese Problematik zu lösen, besteht in der Kombination anwendungsorientierter Modellierungsmethoden. So ermöglicht die Kombination von FEC und Simulationssystemen, aufgestellte Regeln in mehreren verschiedenen Situationen auf Gültigkeit und Zuverlässigkeit zu testen. Simulationssysteme können hierbei eine Möglichkeit bieten, eventuell vorhandene Wissenslücken zu schließen und somit Fachexpertenwissen zu ergänzen.

Ist es jedoch auch mit dieser Vorgehensweise nicht möglich, detailliertere Kenntnisse über das Systemverhalten zu erlangen, empfiehlt es sich, das Konzept von Fuzzy-Expert-Controllern um adaptive Elemente zu erweitern bzw. auf Verfahren des Maschinellen Lernens, wie z.B. Neuronale Netze, zurückzugreifen.

Konzeption einer umweltschutzorientierten Feinsteuerung auf Basis Neuronaler Netze

Können keine expliziten Regeln zur umweltschutzorientierten Feinsteuerung angegeben werden, empfiehlt sich ein Einsatz adaptiver Verfahren, wie z.B. Neuronaler Netze. In Neuronalen Netzen wird Wissen (z.B. bezüglich einer geeigneten Verfahrensauswahl in Abhängigkeit gegebener System- und Auftragsparameter) nicht explizit (etwa mittels Regeln), sondern implizit durch die zu lernenden Gewichtungsfaktoren des Netzes dargestellt. Nach Adaption dieser Gewichtungsfaktoren in einer Lernphase repräsentiert das Netz den entsprechenden Informationsgehalt der Trainingsbeispiele (z.B. Einplanungsentscheidungen aus der Vergangenheit). Dies ermöglicht es, implizit in repräsentativen Planungsentscheidungen enthaltenes Wissen zu nutzen. Implizites Wissen kann u.a. über eine:

- Analyse von Vergangenheitsdaten (Produktionsszenarien, getroffene Entscheidungen, Bewertung dieser im Hinblick auf spezielle Zielkriterien),
- Konstruktion repräsentativer Produktionsszenarien mit verschiedenen Handlungsalternativen und deren Vorlage zur Beurteilung durch einen Experten oder
- Simulation verschiedener Handlungsalternativen

gewonnen werden.

Bei der Entwicklung Neuronaler Netze für spezielle Anwendungsgebiete kann grundsätzlich wie folgt vorgegangen werden:

- Einordnung des Anwendungsfalls in eines der potentiellen Einsatzfelder Neuronaler Netze,
- Auswahl eines entsprechenden Netzwerktyps,
- Spezifikation der Parameter des ausgewählten Netzwerktyps und
- Akquisition von Beispieldaten.

An diese grundlegenden Schritte schließen sich eine Lernphase (Training des ausgewählten Netzes mit den Beispieldaten) und eine Testphase (Verifikation des Netzwerkverhaltens mit unbekannten Testdaten) an. Dezidierte Vorgehensweisen zur Konstruktion Neuronaler Netze finden sich etwa in Rummelhardt und Mc Clelland (1987), Anderson und Rosenfeld (1988), Grossberg (1988), Domany (1988) und Schöneburg et al. (1990).

Beim Einsatz Neuronaler Netze zur umweltschutzorientierten Feinsteuerung ist insbesondere zunächst zu prüfen, ob die relevanten Entscheidungsprozesse in einer Form beschrieben werden können, die deren Anwendung ermöglicht. Entsprechend muss eine Beschreibung des Entscheidungsproblems auf Feinsteuerungsebene als

- Mustererkennungsproblem,
- Klassifikationsproblem,
- Projektionsaufgabe oder
- Optimierungsproblem

möglich sein.

Während eine Beschreibung als Optimierungsproblem auf einer Energiefunktion beruht, deren Parameter einerseits als Gewichte eines speziellen Neuronalen Netzes, andererseits als Variablen einer Optimierungsaufgabe (z.B. spezielle Wege beim Travelling-Person-Problem) interpretiert werden können, erfordern die weiteren Ansätze die Beschreibung einer speziellen Produktionssituation mittels betriebswirtschaftlicher, umweltschutzorientierter und technischer Kennzahlen wie etwa:

- Massen-/Volumenströme,
- Konzentrationen,
- verfügbare Kapazitäten,
- Bearbeitungszeiten,

3.4 Produktionsleitsysteme

- Rüstzeiten,
- Anzahl ausgefallener Aggregate,
- potentielle Reparaturzeiten oder
- Fertigstellungstermine.

Aus diesen Kennzahlen sind Vektoren zu bilden, die die jeweilige Produktionssituation charakterisieren:

$$P^T(k_1, ..., k_b, k_{b+1}, ..., k_e, k_{e+1}, ..., k_p)$$

mit $k_1 \leq k_i \leq k_b$ betriebswirtschaftliche Kennzahlen,
$k_{b+1} \leq k_i \leq k_e$ umweltschutzorientierte Kennzahlen und
$k_{e+1} \leq k_i \leq k_p$ produktionstechnische Kennzahlen.

Besonders erfolgversprechend erscheint die Interpretation einer umweltschutzorientierten Feinsteuerung als Projektionsproblem (Tuma 1994). Grundidee hierbei ist es, die Auswirkungen verschiedener Handlungsalternativen vorherzusagen. Diejenige Variante, die hierbei in Hinblick auf die Zielkriterien am erfolgversprechendsten ist, wird dann als Entscheidung gewählt. Die zum Training entsprechender Netzwerke benötigten Lerndaten müssen aus korrespondierenden Vektorpaaren P^T bzw. O^T bestehen. Falls sich in den Input-/Outputvektorpaaren kausale Zusammenhänge widerspiegeln, können diese durch ein Neuronales Netz (z.B. Backpropagation-Netze) operationalisiert werden.

P^T besteht dabei aus:

- Variablen, die die jeweilige Produktionssituation repräsentieren (z.B. pH-Wert im Abwasserbecken, Kapazitäten vor-/nachgeschalteter Ver-/Entsorgungseinrichtungen) und
- Variablen, die eine potentielle Handlungsstrategie charakterisieren (z.B. pH-Wert der Abwasserfrachten, die mit der Wahl eines Produktionsverfahrens zur Bearbeitung eines speziellen Auftrags verbunden sind, Energiebedarf eines potentiellen Auftrags bei Verwendung eines speziellen Produktionsverfahrens).

O^T besteht demhingegen aus:

- Variablen, die Auswirkungen der in P^T spezifizierten Handlungsalternativen in Abhängigkeit der jeweiligen Produktionssituation darstellen (z.B. Veränderung des pH-Werts im Abwasserbecken).

Prinzipiell können Neuronale Netze im Gegensatz zu regelbasierten Verfahren auch in schwach strukturierten Gebieten eingesetzt werden, in denen z.B. aufgrund der Anzahl der zu betrachtenden Einflussparameter bzw. deren Interdependenzen keine expliziten Regeln mehr formuliert werden können.

Die Konstruktion von Verfahren zur umweltschutzorientierten Feinsteuerung auf der Basis Neuronaler Netze hängt insbesondere davon ab, ob Beispieldatensätze gefunden werden können, die die Zusammenhänge zwischen verschiedenen Handlungsalternativen (z.B. Auswahl eines speziellen Produktionsverfahrens) und deren Auswirkungen auf das Produktionssystem hinreichend genau beschreiben. Für eine Akquisition von Trainingsdaten empfiehlt sich der Einsatz von Simulationssystemen. Von besonderer Bedeutung ist hierbei die Definition der Input-/Outputparameter sowie des Bewertungszeitpunkts.

Eine weitere Schwierigkeit ergibt sich durch die Tatsache, dass Wissen in Neuronalen Netzen nicht explizit, wie z.B. in regelbasierten Systemen, sondern implizit durch die zu lernenden Gewichtungsfaktoren der Verbindungen im Netz dargestellt wird. Die vom Neuronalen Netz gefällten Entscheidungen können aus diesem Grund oft nicht erklärt werden und sind schwer nachvollziehbar.

Konzeption einer umweltschutzorientierten Feinsteuerung auf Basis hybrider Verfahren

Die Entwicklungen von Systemen zur umweltschutzorientierten Feinsteuerung auf der Basis von FECs und Neuronalen Netzen weisen, zumindest teilweise, sich gegenseitig kompensierende Vor- und Nachteile auf (Kosko 1992, Chin-Teng u. Lee 1991). Regelbasierte Systeme, wie z.B. FECs, können in Gebieten, in denen ein hinreichendes Modell zur Abstimmung von Stoff- und Energieströmen aufgestellt werden kann, explizite Regeln verarbeiten. Methoden des Maschinellen Lernens eignen sich hingegen zur Operationalisierung von implizitem Planungswissen in schwach strukturierten Gebieten. Bei umweltschutzorientierten Problemstellungen sind i.Allg. eine Vielzahl unterschiedlicher Teilprobleme zu beachten, die sich zumindest teilweise durch stark unterschiedlich strukturierte Wissensquellen auszeichnen. In diesem Zusammenhang stellt sich die Frage, wie die charakteristischen Eigenschaften regelorientierter Ansätze (Möglichkeit zur Verwendung expliziten Planungswissens, Erklärungsfähigkeit) und Methoden des Maschinellen Lernens (z.B. Lernfähigkeit Neuronaler Netze) kombiniert werden können.

Ziel solcher hybriden Systeme (Neuro-Fuzzy-Systeme) ist es, aufbauend auf der i.Allg. plausiblen Regelstruktur von Fuzzy-Expert-Controllern, die schwierig zu bestimmenden Parameter aus Beispieldaten zu adaptieren. Hierbei kann in drei Stufen vorgegangen werden:

- Zunächst wird ein Fuzzy-Expert-Controller einschließlich Membershipfunktionen, Regelstruktur, Verknüpfungsoperatoren und einer Defuzzyfizierungsmethode entwickelt.
- In einem zweiten Schritt werden die zu justierenden Parameter (z.B. Plausibilitätswerte der einzelnen Regeln) anhand von repräsentativen Einplanungsentscheidungen analog zum Neuronalen Netz vorjustiert.
- In einer letzten Phase werden Parameter, für die eine hinreichende Theorie existiert, manuell nachjustiert.

Ein solches Vorgehen verbindet die Fähigkeiten von Experten, ein konsistentes Modell für eine begrenzte Planungs-/Steuerungsaufgabe zu entwickeln, mit den Möglichkeiten von Methoden des Maschinellen Lernens, implizites Wissen auszuwerten. Dies ist besonders in Gebieten mit unterschiedlich strukturiertem Wissen vorteilhaft, welches etwa bei der Abstimmung von Stoff- und Energieflüssen unter Berücksichtigung umweltschutzorientierter und betriebswirtschaftlicher Zielkriterien auftritt.

3.4.3
Integration eines umweltschutzorientierten Produktionsleitsystems in die betriebliche Organisations- und Systemarchitektur

Das beschriebene Konzept eines umweltschutzorientierten Produktionsleitsystems zeichnet sich dadurch aus, dass mittel- und kurzfristig orientierte Entscheidungen des operativen Produktionsmanagements auf Ebene des Produktionsleitsystems getroffen werden. Damit korrespondiert der skizzierte Ansatz mit dem Konzept einer dezentralen PPS, das nach Zäpfel dadurch charakterisiert ist, „...daß den durchführenden Produktionsstellen Planungsaufgaben über ihren Bereich übertragen werden." (Zäpfel 1993, S. 27). Aufgabe der bereichsübergreifenden, zentralen Planungsstelle ist die Koordinierung der einzelnen dezentralen Betriebsbereiche (vgl. Abb. 3.4-7). Hierbei sind die Voraussetzungen für eine Umsetzung der genannten Zielvorstellungen auf Leitsystemebene zu schaffen. Wesentliche Aufgaben auf dezentraler Ebene betreffen die Auftragsfreigabe, Maßnahmen zur Fertigungssicherung mit dem Ziel der Einhaltung der von zentraler Planungsstelle vorgegebenen Ecktermine, die Auftragseinlastung sowie die Intensitätssteuerung. Die genannten Aufgaben, ergänzt um die Funktionen einer dezentralen Datenverwaltung stellen eine sogenannte prozessverantwortliche, dezentrale Planungs- und Steuerungsstelle eines Betriebsbereichs dar. Zusammen mit dem Funktionsbereich BDE/Automatisierung sowie den in Abbildung 3.4-7 dargestellten Querschnittsaufgaben bildet diese wiederum das Produktionsleitsystem.

Analysiert man den Datenaustausch zwischen den Teilmodulen auf Produktionsleitsystemebene, sind folgende Schnittstellen zu identifizieren. Zwischen der dezentralen Planungs- und Steuerungsstelle und der BDE/Automatisierungsebene werden einerseits die Stellgrößen zur Umsetzung des Leistungserstellungsprozesses (zeitliche Zuordnung der einzelnen Arbeitsgänge zu den Aggregaten/Arbeitsstationen, Fahrweise der Aggregate) übertragen, andererseits werden die den Ist-Zustand des Produktionsprozesses charakterisierenden Größen (z.B. Fertigungsfortschritt, Ressourcenverbräuche, Emissionsdaten) teilweise direkt, teilweise nach einer entsprechenden Datenanalyse (z.B. Aufbereitung der Daten für die an den Bereich Bilanzierung/Controlling zu übergebende Ressourcenmatrix) zurückgemeldet. Der Datenaustausch innerhalb der dezentralen Planungs- und Steuerungsstelle als auch mit den über- und untergeordneten Einheiten geschieht über eine dezentrale Datenbasis. Aus dieser entnimmt der Funktionsblock der kurzfristigen Termin- und Kapazitätsplanung das von übergeordneter Ebene vorgegebene Betriebsbereichsprogramm, die Variantenarbeitspläne sowie Daten über die prinzipielle Verfügbarkeit von Betriebsmitteln und Personal. Als Ergebnis erzeugt sie das freigegebene Fertigungsprogramm. Auf dessen Grundlage ermittelt die Feinsteuerung die genannten Stellgrößen für die Produktionsdurchführung. An die zentrale Produktionsplanungsstelle werden insbesondere aggregierte Produktionsdaten (z.B. Durchlaufzeiten, Kapazitätsauslastungen, Umweltdaten) zurückgemeldet (Corsten u. May 1994).

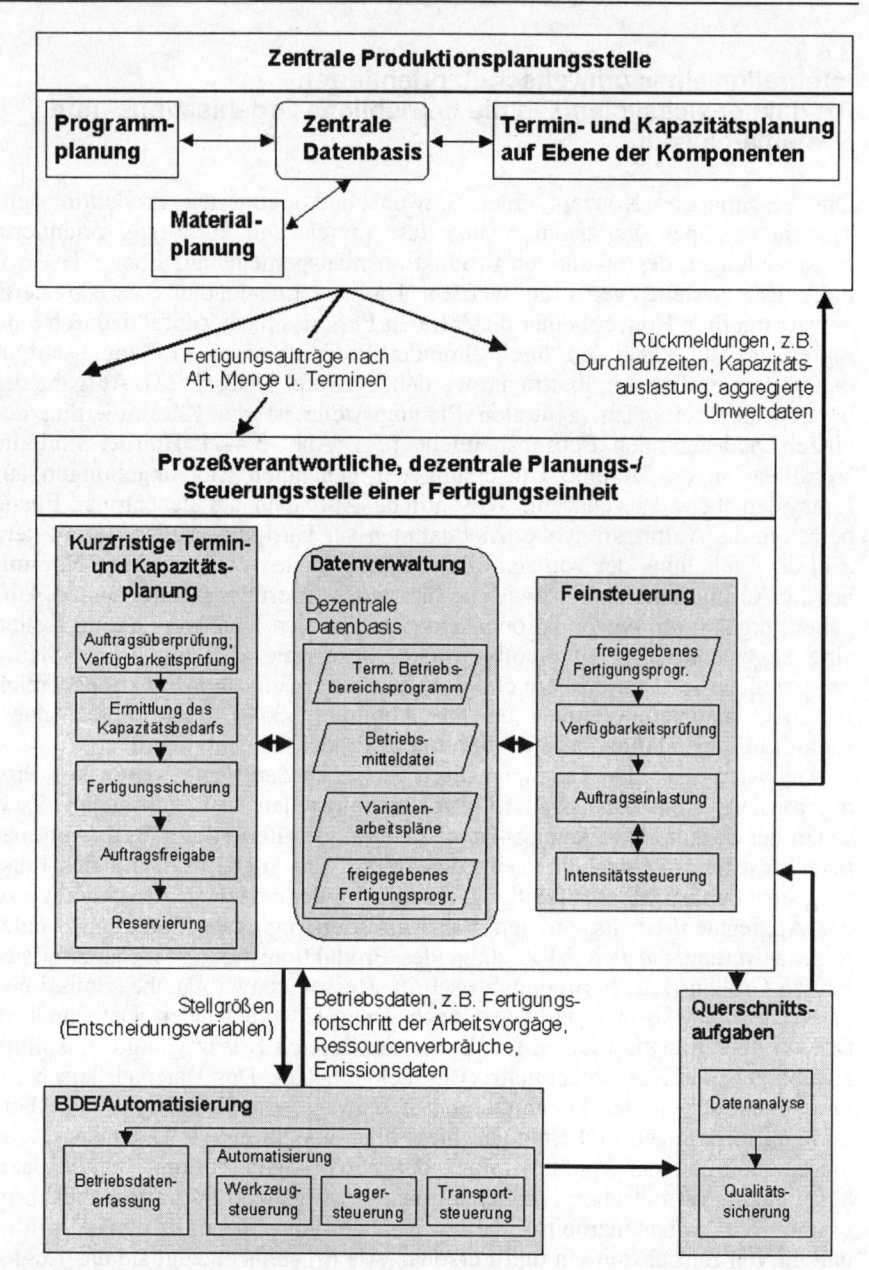

Abb. 3.4-7 Integration eines umweltschutzorientierten Produktionsleitsystems in eine dezentrale PPS in Anlehnung an Zäpfel (Zäpfel 1993, S. 28)

3.5
Bilanzierung und Controlling

von Walter Eversheim, Frank Döpper, Jens-Uwe Heitsch, Bernhard Mischke

Die Unternehmensbereiche Fertigung und Montage sind dadurch gekennzeichnet, dass verschiedene Energie- und Materialflüsse zusammenzuführen und parallel zu verarbeiten sind (Eversheim 1990). Eine Steuerung dieser Ressourcenströme kann nur dann effizient erfolgen, wenn für die einzelnen Ressourcen ausreichende Informationen zu den Verwendungsarten und -orten sowie den eingesetzten Mengen vorliegen. Solche Kenntnisse können auf der Grundlage gezielter Analysen erlangt werden. Sie sind eine notwendige Voraussetzung für die Optimierung der Produktion durch den Einsatz von vorsorgenden Umweltschutztechniken, mit denen der Ressourcenbedarf reduziert werden kann (Bundesumweltministerium 1995).

In Analogie zum betriebswirtschaftlichen Vorgehen ist daher mit einem ressourcen- bzw. umweltorientierten Controlling die erforderliche Informationsversorgung sicherzustellen. Zudem ist die Koordination der Unternehmensführung zu unterstützen (Weber 1993). Ziel ist es, die qualitativ und quantitativ beschriebenen Unternehmensziele aus dem Umweltmanagement optimal zu erreichen. Im Folgenden wird ein hierfür geeignetes ressourcenorientiertes Bilanzierungs- und Controllingkonzept abgeleitet.

3.5.1
Ressourcenorientierte Ansätze für das Umweltmanagement

Entwicklungen im direkten Umfeld produzierender Unternehmen erfordern in zunehmendem Maße eine Integration ökologischer Zielsetzungen in bestehende Zielsysteme. Als Instrumentarium zur Operationalisierung entsprechender Zielvorgaben existieren unterschiedliche Konzepte. Im Gegensatz zu betriebswirtschaftlichen Ansätzen ist dabei für ein ressourcenorientiertes Bilanzieren und Controllen ein rein monetärer Bewertungsmaßstab als nicht ausreichend anzusehen (Hopfenbeck u. Jasch 1993, Heitsch 2000). Die bisher erarbeiteten Ansätze wirken dieser Problemstellung in drei unterschiedlichen Ausprägungen entgegen (s. Abbildung 3.5-1):

– ökologisch orientierte Ansätze,
– ökonomisch orientierte Ansätze und
– integriert ökologisch-ökonomisch orientierte Ansätze.

Ökologisch orientierte Ansätze

Ökologisch orientierte Ansätze weisen im Hinblick auf die Umweltwirkungen, die mit der betrieblichen Leistungserstellung einhergehen, eine eindimensionale Betrachtungsweise auf. Es werden insbesondere die Austauschbeziehungen zur Unternehmensumwelt betrachtet. Ein Beispiel für einen ökologisch

3 Integration von Umweltaspekten in betriebliche Funktionsbereiche

orientierten Ansatz ist das Öko-Controlling-System des Instituts für ökologische Wirtschaftsforschung (IÖW), Berlin. Von anderen Autoren werden in ähnlichen oder aufbauenden Arbeiten vergleichbare Ansätze vorgeschlagen (Hopfenbeck u. Jasch 1993, Bundesumweltministerium 1995, Schaltegger u. Sturm 1995).

Dem Konzept des IÖW folgend sind im Rahmen eines Öko-Controlling folgende Funktionen zu institutionalisieren (Hallay u. Pfriem 1992):

- Informationsbeschaffungsfunktion,
- Erfassung beurteilungsrelevanter Informationen,
- Analysefunktion und Zielfindungsunterstützung,
- Planungs- und Steuerungsfunktion und
- Externe Kommunikationsfunktion.

Der vorgeschlagene Aufbau weist Analogien zur Struktur betriebswirtschaftlicher Controlling-Ansätze auf (Horváth 1994). Damit soll die Einbeziehung ökologischer Fragestellungen in alle Entscheidungsprozesse und die ständige Nutzung von umweltbezogenen Optimierungspotenzialen unterstützt werden.

Probleme können bei einem derart umfassenden Ansatz insbesondere aus der Informationserfassung und -bewertung resultieren. Darüber hinaus gestaltet sich die Bewertung und Integration von Umweltwirkungen im Rahmen der Unternehmensplanung und -steuerung in der Regel als sehr komplex und aufwendig in der Umsetzung. Vor allem aber droht in Folge einer Vernachlässigung der Wirtschaftlichkeit als primärem Unternehmensziel ein Akzeptanzverlust auf betriebswirtschaftlicher Ebene.

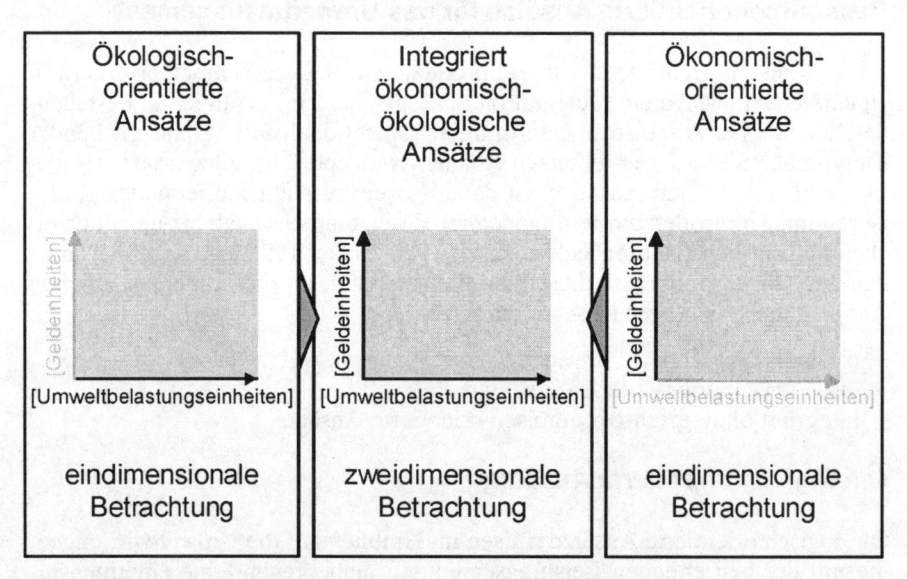

Abb. 3.5-1 Ressourcenorientierte Ansätze für das Umweltmanagement

Ökonomisch orientierte Ansätze

Ökonomisch orientierte Ansätze basieren auf der Erkenntnis, dass betrieblicher Umweltschutz einerseits zusätzliche Kosten verursachen, andererseits aber auch Kostensenkungs- und Marktpotenziale in sich bergen kann (Aachener Werkzeugmaschinen-Kolloquium 1999). Folglich bedienen sich diese Ansätze primär des Rechnungswesens. Vorrangige Aufgabe ist das Identifizieren, Erfassen und Verrechnen unterschiedlicher Umweltkosten, auf deren Grundlage die Planungs-, Steuerungs- und Kontrollmechanismen des Controlling angewendet werden. Unter Umweltkosten werden dabei alle Kosten verstanden, die entweder zum Zweck des Umweltschutzes aufgewendet werden oder entstehen, weil Maßnahmen im Sinne eines umweltorientierten Wirtschaftens nicht oder nur unzureichend ergriffen werden. Die Erfassung externer Umweltkosten durch das betriebliche Rechnungswesen setzt eine Internalisierung dieser Aufwendungen voraus (Wicke et al. 1992).

Die ökonomisch orientierten Ansätze basieren auf drei Umweltkostenrechnungskonzepten, die hinsichtlich Betrachtungsumfang und Zielsetzung differieren (Kloock 1993):

- Umweltschutzorientierte Kostenrechnung: Erfassen, Verrechnen und Ausweisen betrieblicher (bereits internalisierter) Umweltkosten,
- Ökologieorientierte Kostenrechnung: Erfassen, Verrechnen und Ausweisen externer betrieblicher (noch nicht internalisierter) Umweltkosten und
- Umweltschutzorientierte Kosten-Nutzen-Rechnung: Abbildung der Umweltbelastungswirkungen aller betrieblichen Prozesse zusätzlich zu internen und externen Kosten- und Nutzenbetrachtungen von Umweltschutzmaßnahmen.

Der Schwachpunkt der genannten Ansätze liegt in der Fokussierung auf Entsorgungs- und Folgekosten. Dies ist für die Förderung eines Produktionsintegrierten Umweltschutzes unzureichend. Vielmehr sind im Sinne eines präventiven Umweltmanagement auf der Grundlage von Ressourcenbedarfen und -abgaben alle umweltbezogenen Kosten schon im Voraus abzuschätzen, zu erfassen und zu minimieren.

Integriert ökologisch-ökonomische orientierte Ansätze

Im Vergleich zu den rein ökologisch bzw. ökonomisch orientierten Konzepten existieren deutlich weniger Vorschläge zu integrierten Ansätzen. Hierin spiegelt sich die Problematik einer Zusammenführung beider Betrachtungsdimensionen wider. Eines der wenigen Beispiele für integriert ökologisch-ökonomisch orientierte Ansätze ist das Baseler Öko-Controlling Konzept, welches aus fünf Modulen aufgebaut ist (Schaltegger u. Sturm 1995):

- Zielsetzung,
- Informationssystem,
- Entscheidungssystem,
- Steuerung und Umsetzung und
- Kommunikation.

Im Rahmen des Entscheidungssystems erfolgt zunächst eine getrennte Analyse ökologischer sowie ökonomischer Ressourcen. Eine Zusammenführung beider Betrachtungsdimensionen erfolgt mit Hilfe des Öko-Effizienz-Portfolios und durch die Kopplung konventioneller ökonomischer Kennzahlen mit Umweltperformance-Indikatoren. Nicht realisiert ist jedoch eine Verdichtung aller Einflussgrößen auf eine Kennzahl, die zum Beispiel zur Bewertung von alternativen Produktionstechniken herangezogen werden kann.

3.5.2
Operationalisierung von Umweltzielen

Eine kritische Betrachtung der skizzierten Ansätze verdeutlicht, dass Handlungsbedarf insbesondere im Hinblick auf die Praxistauglichkeit, eine umweltbezogene Berücksichtigung von Ressourcenbedarfen sowie die Zusammenführung der dimensionsbezogenen Betrachtungsweisen besteht. Diese Verbesserungspotenziale dienten als Motivation für die Erstellung des nachfolgend beschriebenen Konzeptes zur Operationalisierung von Umweltzielen.

Als Reaktion auf gesellschaftliche Veränderungen werden in zunehmendem Maße die Zielsysteme produzierender Unternehmen um umweltorientierte Ziele erweitert, welche im Rahmen eines betrieblichen Umweltmanagement verfolgt werden. Für den damit angestrebten Transfer der Ziele in alltägliche Geschäftsprozesse und Entscheidungen werden entscheidungsvorbereitende Informationen und methodische Unterstützungen benötigt (Ellringmann 1995, Hutchinson 1996). Die erforderlichen Funktionalitäten eines entsprechenden ressourcenorientierten Bilanzierungs- und Controllingkonzepts können dabei in Analogie zu betriebswirtschaftlichen Ansätzen wie folgt definiert werden (Hallay u. Pfriem 1992, Schaltegger u. Sturm 1995):

– Erfassung, entscheidungsorientierte Aufbereitung und Weiterleitung ökologisch relevanter Informationen und
– Bereitstellung eines Instrumentariums zur Berücksichtigung und Integration ökologie- und ökonomieorientierter Ziele.

Sowohl ein betriebswirtschaftliches Controlling als auch ein ressourcenorientiertes Controlling zur Unterstützung eines produktionsintegrierten Umweltschutzes stellen somit Querschnittsfunktionen in einem Unternehmen dar (Frey 1996). Zur Nutzung von Synergieeffekten ist es daher sinnvoll, ein ökologiebezogenes an ein bestehendes betriebswirtschaftliches Controlling anzulehnen.

Das Projekt OPUS ist auf eine umweltorientierte Gestaltung der Auftragsabwicklung fokussiert. Der Schwerpunkt ressourcenorientierter Betrachtungen liegt vor diesem Hintergrund auf Produktionsprozessen. Daher wird im Folgenden ein ressourcenorientiertes Bilanzierungs- und Controllingkonzept dargelegt, das die Einführung und Weiterentwicklung eines integrierten Umweltschutzes in der Produktion fördert. Hierzu werden umweltorientierte Zielsetzungen eines Unternehmens operationalisiert.

Eine ökologiebezogene Bewertung von Prozessen oder Prozessketten innerhalb der Produktion ist immer dann erforderlich bzw. sinnvoll, wenn ein Planungsvorgang bzw. eine Prozessauswahl durchzuführen ist. Diese können insbesondere durch die Unternehmensfunktionen Konstruktion, Arbeitsvorbereitung sowie Produktionsplanung und -steuerung ausgelöst werden. Konventionell werden hierbei ausschließlich zeit-, kosten- und qualitätsrelevante Aspekte berücksichtigt. Im Hinblick auf die Erweiterung des Zielsystems eines Unternehmens sind zudem Aussagen über die umweltbezogene Wertigkeit bzw. Relevanz alternativer Produktionstechniken erforderlich.

Zur Bearbeitung der hieraus resultierenden Aufgabenstellung wird ein Controllingkonzept vorgeschlagen, das in den folgenden Abschnitten erläutert wird und aus sieben Schritten besteht (s. Abbildung 3.5-2):

- Definition des Zielsystems,
- Festlegung des Bilanzraums,
- Bestimmung von Alternativen,
- Durchführung einer Sachbilanz,
- Verdichtung der Ressourcenströme,
- Bewertung der Alternativen und
- Überwachung von Ressourcenströmen.

Definition des Zielsystems

Voraussetzung für die Auswahl einer Alternative ist die Existenz eines geeigneten Bewertungsmaßstabs. Es ist daher zunächst ein umweltbezogenes Zielsystem zu installieren, das Gültigkeit für einen abgegrenzten Bereich – in der Regel ein Unternehmen oder einen Betrieb – besitzt.

Hierzu sind in einem ersten Schritt die qualitativen Umweltziele des Unternehmens festzulegen, wobei unternehmensexterne sowie -interne Einflussgrößen zu berücksichtigen sind. Zu den unternehmensexternen Einflussgrößen zählen Gesetze, Richtlinien und Normen, die für den jeweiligen Betrieb bzw. Standort von Bedeutung sind. Darüber hinaus können allgemein anerkannte Erkenntnisse, z.B. aus den Bereichen Ökobilanzierung, Umwelttoxikologie oder Klimaforschung, in die Zielplanung einfließen. Unternehmensinterne Einflussfaktoren lassen sich in der Regel aus externen ableiten oder stehen mit diesen in einem engen Zusammenhang. Hierzu gehören beispielsweise Werksnormen zu Gefahrstoffen und unternehmensspezifische Umweltziele als Bestandteil eines Umweltmanagementsystems.

In einem zweiten Schritt sind die relevanten Ressourcen zu identifizieren und zu strukturieren. Unterstützt wird dieser Schritt durch die Vorgabe einer Struktur, mit der die eingesetzten Ressourcen geordnet werden können. Hierzu kann z.B. eine Gliederung in die Ressourcenkategorien Material, Energie und Betriebsmittel bzw. detailliertere Unterkategorien vorgenommen werden (Böhlke 1994, Schuh 1989). Ausgehend von den qualitativen Umweltzielen ist anschließend eine Gewichtung der eingesetzten Ressourcen vorzunehmen. Diese Aufgabe kann durch den Einsatz von Hilfsmitteln wie den Paarweisen Vergleich methodisch unterstützt werden und sollte aufgrund der notwendigen Kenntnisse von einem interdisziplinären Team durchgeführt werden. Dabei gehen sowohl die Intensität als auch die Art der eingesetzten bzw. entstehenden Ressourcen R_i in die Gewichtung ein (Heitsch 2000).

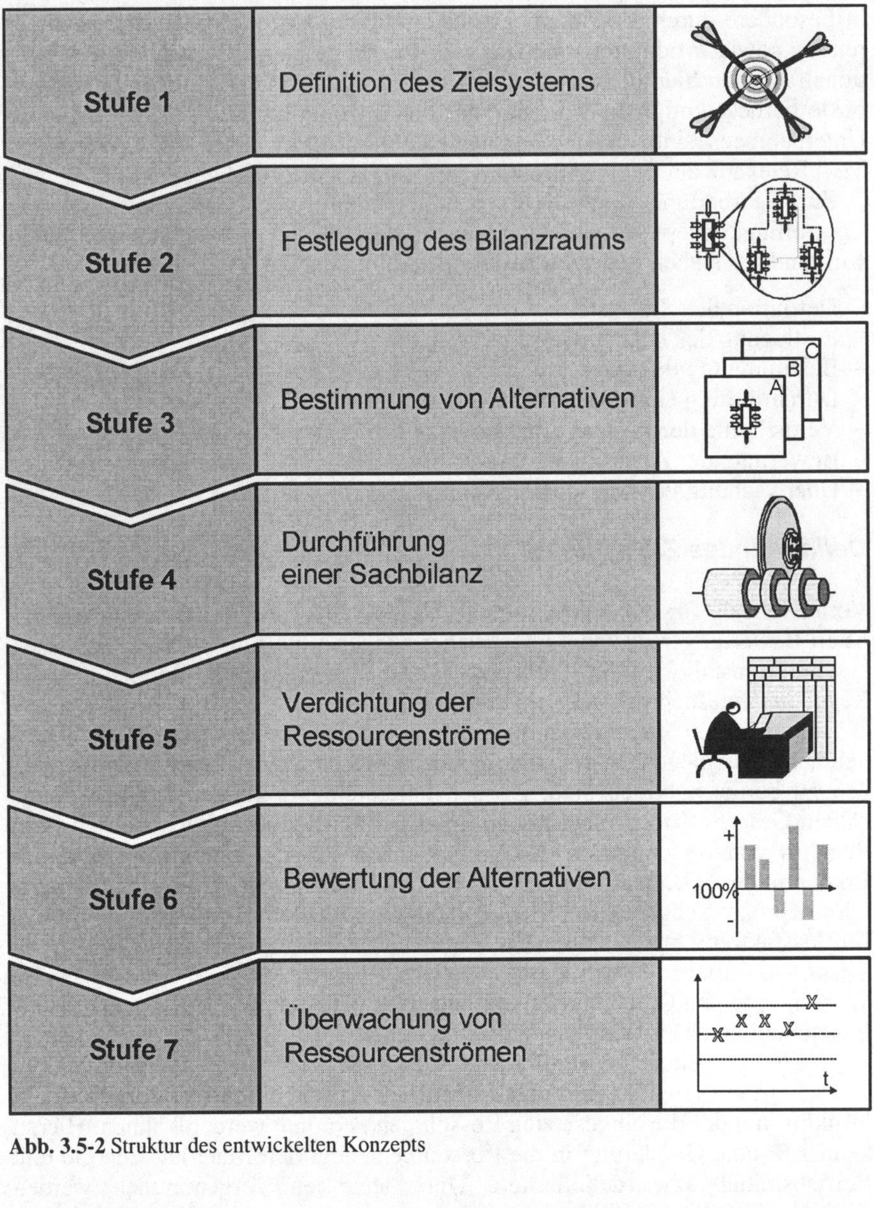

Stufe 1	Definition des Zielsystems	
Stufe 2	Festlegung des Bilanzraums	
Stufe 3	Bestimmung von Alternativen	
Stufe 4	Durchführung einer Sachbilanz	
Stufe 5	Verdichtung der Ressourcenströme	
Stufe 6	Bewertung der Alternativen	
Stufe 7	Überwachung von Ressourcenströmen	

Abb. 3.5-2 Struktur des entwickelten Konzepts

Auf der Grundlage quantitativer Umweltziele sind zudem ressourcenbezogene Evolutionsfaktoren $f_\alpha(R_i)$ für Bedarfe und $f_\omega(R_i)$ für Abgaben zu definieren. Mit diesen wird die angestrebte bzw. zulässige Entwicklung für jeden mit dem Betrachtungsobjekt verbundenen Ressourcenstrom gekennzeichnet. Die Evolutionsfaktoren werden auf der Basis konkreter (Ist-)Werte bestimmt und sind daher grundsätzlich auf einen Referenzprozess T_{Ref} zu beziehen. Dieser ist aus der Menge der Handlungsalternativen auszuwählen; in der Regel kann der Ist-Zustand genutzt werden. Sofern keine quantitativen Informationen zu den Ressourcenbedarfen und -abgaben des Referenzprozesses vorliegen, sind die Evolutionsfaktoren erst im Anschluss an den Schritt „Durchführung einer Sachbilanz" zu bestimmen (Heitsch 2000) (s. Abbildung 3.5-3).

Gewichtungsfaktoren
- Wirkung
- Exposition

Gefahrenpotenzial einer Ressource für die Umwelt

- Ressourcenart
- Ressourcenfluss

Ressourcenbezogene Gewichtung

$g_i(R_i)$
R_1 $R_2...R_n$

Evolutionsfaktoren
- Gesetzliche Vorgaben
- Umweltmanagement
- etc.

Ressourcenbezogene Evolutionsfaktoren für Bedarfe und Abgaben

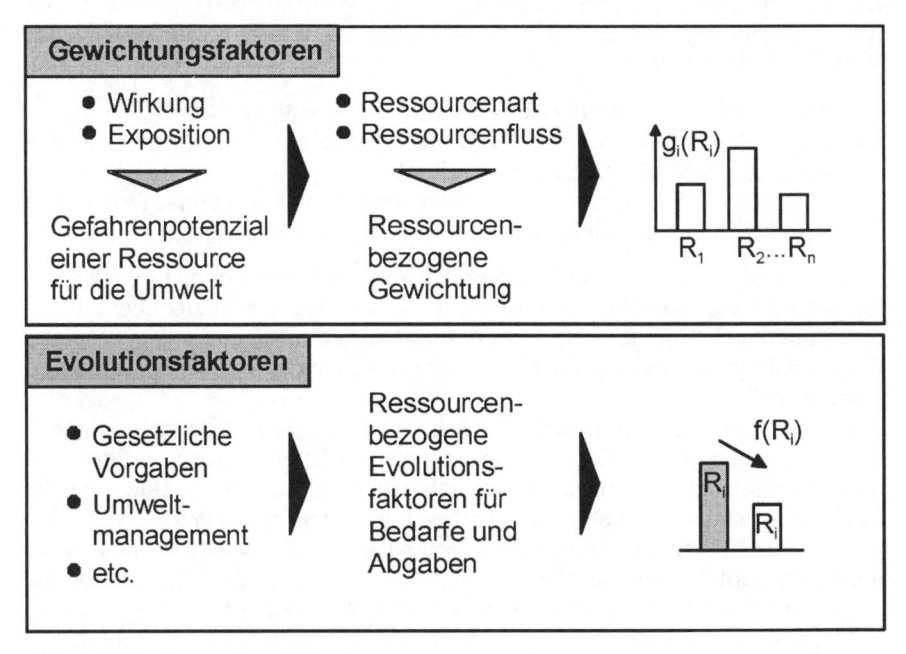

$f(R_i)$
R_i
R_j

Abb. 3.5-3 Festlegung eines Zielsystems

Ergebnis der ersten Stufe des Konzepts ist eine Strukturierung der relevanten Ressourcen und eine Bestimmung ressourcenspezifischer Gewichtungs- sowie Evolutionsfaktoren als grundlegende Eingangsgrößen für die spätere Bewertung von Fertigungsalternativen. Bei der Definition dieses Zielsystems handelt es sich um einen einmal erforderlichen Vorgang, der jedoch im Sinne einer Anpassung an veränderte Rahmenbedingungen eines Unternehmens in bestimmten Zeitabständen überprüft und ggf. erneut durchgeführt werden muss.

Festlegung des Bilanzraums

Neben der Bestimmung eines Zielsystems ist für eine Gegenüberstellung von produktionsbezogenen Planungsalternativen die Festlegung des zu betrachtenden Bilanzraums notwendig. Je nach Intention kann die Bilanzhülle hierbei um einen einzelnen Prozess, eine Prozesskette, einen (Abschnitt eines) Produktlebenszyklus oder ein bzw. mehrere Unternehmen gelegt werden. Letztere Option ist im Hinblick auf ein überbetriebliches Umweltmanagement interessant (vgl. Kapitel 5.2.4). In anderen Ansätzen wird z.B. zwischen Betriebs-,

Prozess-, Produkt- und Standortbilanzen differenziert (Hallay 1990, Pölzl 1992). Für eine Optimierung der Auftragsabwicklung stehen die Prozesse der Produktion im Mittelpunkt der Betrachtungen.

Es bietet sich dabei an, Produktionsabläufe in modulare Teilprozesse zu gliedern. Hierzu können sowohl räumliche als auch zeitliche oder funktionale Kriterien herangezogen werden (Franke 1984, Wolfram 1990, Böhlke 1994). Eine Unterteilung der Prozesskette in modulare Bausteine bietet folgende Vorteile (Dekorsy 1993):

- Prozesse bzw. Systeme und Subsysteme werden systematisch abgebildet.
- Analoge Abläufe werden als solche erkannt und einheitlich behandelt, wodurch sich der Strukturierungsgrad erhöht.
- Bilanzräume können beliebig erweitert werden und so komplexe Prozesse übersichtlich und ganzheitlich erfasst und abgebildet werden.

Prinzipiell kann somit die Prozesskette bis zum kleinsten, nicht weiter zerlegbaren Schritt des Produktionsprozesses, verfeinert werden. Die Gliederungstiefe kann dabei je nach gewünschter Darstellungsbreite und -tiefe unter Berücksichtigung des Aufwands zur Datenerhebung frei gewählt werden (s. Abbildung 3.5-4).

Für die Schnittstellen zwischen den Bausteinen gilt es zu berücksichtigen, dass diese sich in der Prozesskette an solchen Orten befinden sollten, die messtechnisch leicht zu erfassen und physikalisch zu trennen sind. Bei der Festlegung der Schnittstellen ist darüber hinaus auf ein angemessenes Verhältnis von Nutzen zu Aufwand für eine spätere Bilanzierung zu achten, da mit der Anzahl der Schnittstellen im modellierten System die Datenmenge und somit auch der Erfassungsaufwand ansteigen (Dekorsy 1993).

Grundsätzlich ist auf diese Weise eine Modellierung beliebiger Abschnitte der Produktion möglich; entsprechend groß ist auch die Freiheit bei der Definition des Untersuchungsraums für einen Vergleich von alternativen Produktionsabläufen. Die Festlegung des konkreten Betrachtungsraums kann jedoch bereits Auswirkungen auf das Ergebnis einer Gegenüberstellung von Alternativen haben. In Anlehnung an die DIN ISO 14040 sind deshalb bei diesem Schritt folgende Aspekte zu berücksichtigen bzw. eindeutig zu beschreiben (DIN ISO 14040):

- Funktion des betrachteten Bausteins oder Produktionsabschnitts,
- Grenzen des betrachteten Bausteins oder Produktionsabschnitts,
- Definition einer Bezugsgröße (funktionelle Einheit),
- Anforderungen an Daten und ihre Qualität und
- Annahmen und vorgenommene Einschränkungen.

Unter der Voraussetzung der Verwendung gleicher Bezugsgrößen besteht dann idealerweise zwischen Prozessbilanzen und Betriebsbilanz folgender Zusammenhang: Die Summe der Bilanzen aller in einem Unternehmen ablaufenden Prozesse ergibt die Betriebsbilanz (Butterbrodt et al. 1995).

Zur Unterstützung der Datenerfassung und im Hinblick auf eine systematische und vollständige Dokumentation bewertungsrelevanter Daten können als Hilfsmittel Prozessdatenblätter und Ressourcenmatrizen genutzt werden. In der Matrix werden dabei neben dem Zielsystem alle mit Hilfe der Datenblätter erfassten Ressourcenbedarfe und -abgaben im Bilanzraum abgebildet. Die in der Ressourcenmatrix abgelegten Daten haben keine Bewertung oder Verdichtung erfahren; sie sind somit auch für die Erzeugung von Kennzahlen zu anderen Bewertungsanfragen nutzbar.

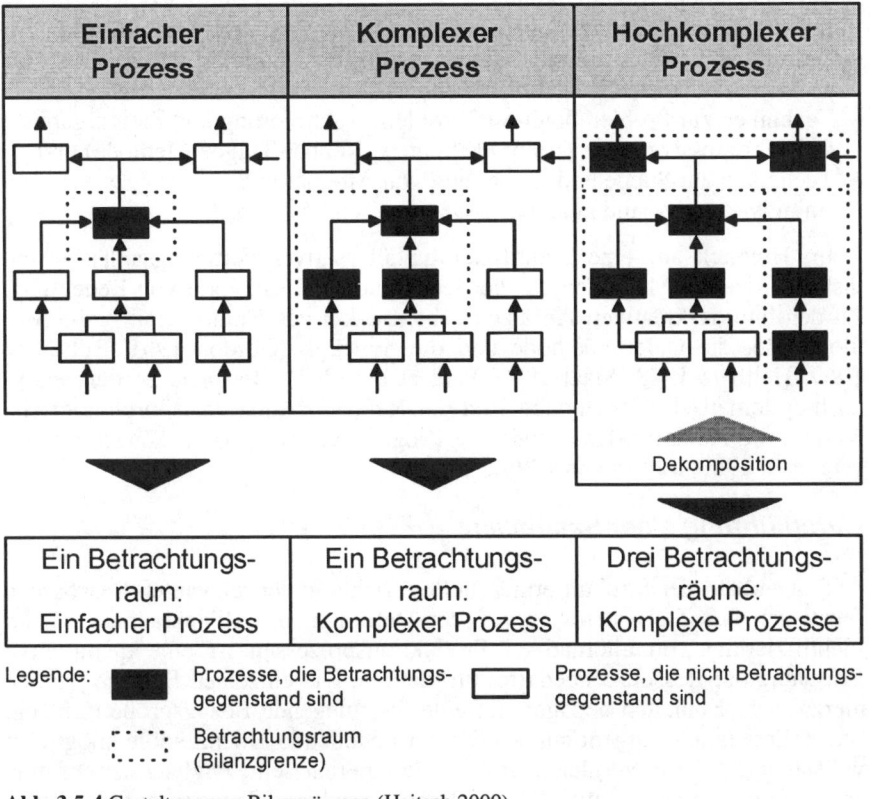

Abb. 3.5-4 Gestaltung von Bilanzräumen (Heitsch 2000)

Bestimmung von Alternativen

Analog zur Bestimmung eines umweltökonomisch optimalen Produktionsablaufs sind zunächst alternative Techniken zu identifizieren. In Anlehnung z.B. an die Ideenfindung im Bereich Produktentwicklung und Konstruktion stehen hierfür unterschiedliche Methoden zur Verfügung. Während sich das Sammeln von Alternativen auf die Auswertung vorliegender Informationen beschränkt, werden für ihre Suche systematische Ansätze genutzt (Lemiesz 1983).

Für die Sammlung alternativer Techniken können unternehmensinterne und -externe Quellen genutzt werden, wie z.B. Kataloge verfügbarer Fertigungseinrichtungen, das Know-how der eigenen Forschungs- und Entwicklungsabteilung sowie Patentschriften und Kenntnisse von Hochschulen oder Instituten.

Bei einer gezielten Suche von Alternativen auf der Grundlage eines methodischen Vorgehens kann die Identifizierung der Techniken als spezielle Problemstellung aufgefasst werden. Hierzu steht eine Vielzahl von Lösungsansätzen zur Auswahl, die in unterschiedlichen Bereichen des Controlling angewendet werden (Lemiesz 1983, Bramsemann 1990, Spur u. Stöferle 1994):

- Techniken der Problemerkennung
  (z.B. Schwachstellenkataloge, Checklisten, Mängel- und Wunschlisten),
- Techniken zur Erfassung und Sicherung des Problemfelds
  (z.B. Interview- und Fragebogentechnik),
- Techniken zur Problemdiagnose, Problemstrukturierung und Zielvorgabe
  (z.B. Progressive Abstraktion, Prüfmatrix, Kepner-Tragoe-Methode) und
- Techniken zur Suche und Gestaltung von Alternativen
  (intuitiv-kreative und analytisch-systematische Ansätze).

Im Hinblick auf eine Identifizierung alternativer Fertigungsabläufe sind insbesondere die Methoden aus der letztgenannten Kategorie von Bedeutung. Zu den intuitiv-kreativen Ansätzen zählen dabei das Brainstorming, die Methode 635, die Galeriemethode und die Synektik (Gordon 1961, Rohrbach 1969, Hellfritz 1978, Staal 1990, Pahl et al. 1993). Beispiele zu den analytisch-systematischen Methoden sind der Relevanzbaum, der Morphologische Kasten, die Ablaufanalyse sowie die Progressive Abstraktion (Zwicky 1971, Wiendahl 1983, Mehrmann 1994).

Durchführung einer Sachbilanz

Aufbauend auf der Strukturierung und Gewichtung der relevanten Ressourcen (Festlegen des Zielsystems) sowie der Definition des Bilanzraums und der Identifizierung von alternativen Produktionsprozessen ist eine quantitative Erfassung der Ressourcenbedarfe erforderlich. Die einzelnen Bedarfe werden hierzu in SI-Einheiten bezogen auf eine festzulegende Bezugsgröße (z.B. ein Stück Erzeugnis) aufgenommen. Die zu erstellende Bilanz sollte möglichst vollständig, präzise, vergleichbar und aggregierbar sein. Zugleich ist auf eine anwendungsgerechte Aufwandsgestaltung zu achten. Bezogen auf die Sachbilanzierung sind deshalb mehrere Grundsätze der Bilanzierung aus Natur- und Wirtschaftswissenschaften zu berücksichtigen.

Aus den „Grundsätzen ordnungsgemäßer Buchhaltung" (GoB) wurde das Prinzip der Vollständigkeit übernommen. Es beinhaltet die vollständige Erfassung sämtlicher Geldströme beziehungsweise im Fall einer ressourcenorientierten Bilanzierung sämtlicher In- und Outputströme des Bilanzobjektes, wobei unter Vernachlässigung von Quellen und Senken im Bilanzraum (z.B. Lagerbestände) die Bilanz ausgeglichen sein muss (Eversheim 1994, Kloock 1990). Dies entspricht dem 1. Hauptsatz der Thermodynamik. Er besagt, dass in einem geschlossenen System Materie und Energie weder erzeugt noch vernichtet, sondern nur umgewandelt werden können (Günther 1994). Zur Überprüfung von bilanzgrenzüberschreitenden Ressourcenströmen können zusätzlich stöchiometrische Rechnungen durchgeführt werden (z.B. bei verfahrenstechnischen Prozessen).

Die Anforderungen der Vollständigkeit und der Präzision sind im Hinblick auf eine ressourcenbezogene Bilanzierung in der Produktion zu relativieren. Es ist nicht praxisgerecht, tatsächlich alle Massen- und Energieströme zu erfassen, da dies eine kontinuierliche Messung aller Ressourcenströme erfordern und somit einen unangemessenen (finanziellen) Aufwand bedingen würde. Hieraus resultiert die Forderung nach einer zielgerichteten und in diesem Sinne möglichst umfassenden Sachbilanzierung (Orwat 1996).

Der Erläuterung bedürfen zudem die Kriterien der Vergleichbarkeit und der Aggregierbarkeit. Für eine kompakte Information bei der Charakterisierung von Prozessen bedarf es der Aggregation als einer Verdichtung von Daten und somit ihrer Überführung auf ein höheres Abstraktionsniveau (Corino 1995). Trotzdem können Daten, auf deren Basis wichtige Entscheidungen zu treffen sind, in nicht aggregierter Form zur Verfügung gestellt werden, falls dies zur Entscheidungsfindung dringend erforderlich ist. Zur Vermeidung des Problems der Allokation von Stoffströmen sind gegebenenfalls Systemgrenzen zu erweitern oder funktionelle Einheiten anzupassen, um so die Vergleichbarkeit von betrachteten Alternativen sicherzustellen.

Bei der Erstellung einer Sachbilanz können einzelne Ressourcen als Konten der Bilanzierung aufgefasst werden. In diesen können die auf den Bilanzraum bezogenen quantifizierten Ressourcenbedarfe und -abgaben abgelegt werden. Größere Ordnungszusammenhänge für die Bündelung mehrerer Ressourcen werden als Ressourcenkategorien bezeichnet; sie können als Kontenklassen der Bilanzierung betrachtet werden. Zur systematischen Dokumentation der Bilanzierungsdaten werden die oben bereits erwähnten Prozessdatenblätter eingesetzt. Sie dienen der systematischen Dokumentation von Ressourcenbedarfen und -abgaben einzelner Prozesse. Ausgehend von der Gesamtheit aller Prozessdatenblätter kann im Anschluss die Ressourcenmatrix für den Bilanzraum erstellt werden (s. Abbildung 3.5-5).

Verdichtung der Ressourcenströme

Als Vorbereitung für eine Gegenüberstellung der Handlungsalternativen muss zunächst eine Verdichtung der erfassten Ressourcenbedarfe und -abgaben unter Einbeziehung des unternehmensspezifischen Zielsystems erfolgen. Ziel dieses Schrittes ist die Bestimmung von Indikatoren für Ist- und Soll-Prozessgüten.

Eine erste relative Betrachtung im Hinblick auf einzelne Ressourcen ermöglichen die ressourcenbezogenen Ist-Prozessgüteindikatoren; wie für die Evolutionsfaktoren kann auch für diese unterschieden werden in Ist-Prozessgüteindikatoren für Bedarfe $I_\alpha(T_j, R_i)$ und Ist-Prozessgüteindikatoren für Abgaben $I_\omega(T_j, R_i)$. Die Indikatoren sind ein Maß für die relative Effizienz der Betrachtungsobjekte im Hinblick auf einzelne Ressourcen. Sie werden für jede alternative Technik T_j zu allen Ressourcen R_i ermittelt, die im Zusammenhang mit einer der zur Auswahl stehenden Techniken eingesetzt oder abgegeben werden. Es soll gelten:

$$I_\alpha(T_j, R_i) = \frac{\alpha_{j,i}}{\alpha_{max,i}} \quad \text{bzw.} \quad I_\omega(T_j, R_i) = \frac{\omega_{j,i}}{\omega_{max,i}}$$

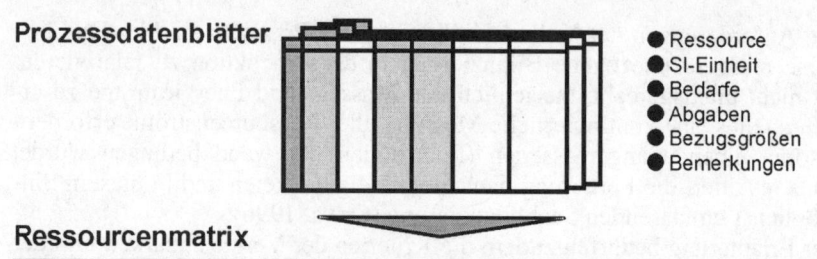

Prozessdatenblätter

- Ressource
- SI-Einheit
- Bedarfe
- Abgaben
- Bezugsgrößen
- Bemerkungen

Ressourcenmatrix

	Ressource	SI-Einheit	Bezugs-größen	Gewichtungs-faktoren	Bedarfe / Abgaben						Referenz	
					P_1		P_2		P_3			
					α_{1i}	ω_{1i}	α_{2i}	ω_{2i}	α_{3i}	ω_{3i}	$\alpha_{max,ji}$	$\omega_{max,ji}$
Energie	R_1	$[R_1]$	$B_i(R_i)$	$g_i(R_i)$	α_{11}	ω_{11}			α_{31}	ω_{31}		
	R_2	$[R_2]$			α_{12}	ω_{12}	α_{22}	ω_{22}	α_{32}	ω_{32}		
Material	R_3	$[R_3]$			α_{13}		α_{23}		α_{33}			
	R_4	$[R_4]$	z. B. - Zeit - Stückzahl - Produkt		...	...	...	...	...	...	ist max (...) bzw. max (...)	
	R_5	$[R_5]$			...		...		...			
Betriebsmittel	...	...					α_2		α_2			
	...	...			$\alpha_.$	$\omega_.$	$\alpha_.$	$\omega_.$	$\alpha_.$	$\omega_.$		
	$R_.$	$[R_.]$			$\alpha_.$	$\omega_.$	$\alpha_.$	$\omega_.$	$\alpha_.$	$\omega_.$		

Abb. 3.5-5 Prozessdatenblätter und Ressourcenmatrix

Dabei bezeichnen $\alpha_{j,i}$ bzw. $\omega_{j,i}$ die Bedarfe bzw. Abgaben der Ressource R_i im Zusammenhang mit dem Einsatz der Technik T_j und $\alpha_{max,i}$ bzw. $\omega_{max,i}$ die maximalen im Zusammenhang mit einer der zu bewertenden Handlungsalternativen auftretenden Bedarfe bzw. Abgaben dieser Ressource R_i. Mit den so ermittelten Ist-Prozessgüteindikatoren wird ein erster Vergleich der zur Auswahl stehenden Alternativen möglich. Es besteht damit die Option, bereits in einer frühen Phase des Bewertungsablaufs Alternativen zu erkennen, die im Hinblick auf wichtige Ressourcen auffällig sind. Zudem wird es möglich, gezielte Überprüfungen und ggf. auch Korrekturen der verfügbaren Informationen vorzunehmen.

Wenn bereits an dieser Stelle deutlich wird, dass eine oder mehrere Alternativen nicht tolerierbare Ressourcenströme verursachen, kann darüber hinaus die Anzahl der Handlungsalternativen eingegrenzt werden. Damit wird eine effiziente Entscheidungsfindung unterstützt. Bei der Nutzung einer dieser Optionen ist allerdings zu beachten, dass bei Änderungen von Daten, die zur Feststellung von Evolutionsfaktoren genutzt wurden, oder dem Ausschluss des Referenzprozesses aus dem Bewertungsfall auch die zugehörigen Evolutionsfaktoren zu korrigieren sind.

Mit Hilfe der Evolutionsfaktoren ist es möglich, neben den Ist-Prozessgüten für die (verbliebenen) Handlungsalternativen ein bedarfs- und abgabenbezogenes Soll-Profil zu ermitteln; dieses besteht aus den ressourcenbezogenen Soll-Prozessgüteindikatoren $S_\alpha(R_i)$ bzw. $S_\omega(R_i)$:

$$S_\alpha(R_i) = \frac{f_\alpha(R_i) \cdot (\alpha_{Ref,i} + c_{\alpha,i})}{\alpha_{max,i}} \quad \text{bzw.} \quad S_\omega(R_i) = \frac{f_\omega(R_i) \cdot (\omega_{Ref,i} + c_{\omega,i})}{\omega_{max,i}}$$

Dabei werden die Referenzkonstanten $c_{\alpha,i}$ bzw. $c_{\omega,i}$ nur dann benötigt, wenn mit einem Einsatz der Referenztechnik T_{ref} keine Bedarfe oder Abgaben der Ressource R_i verbunden sind; sonst werden sie auf Null gesetzt. Notwendige Werte für die Referenzkonstanten werden auf der Grundlage der Ressourcenströme definiert, die für den Bewertungsfall maximal auftreten können. So werden mit den Soll-Prozessgüteindikatoren insgesamt Bedarfe und Abgaben benannt, die im Zusammenhang mit einer unter Umweltgesichtspunkten zielkonformen Technik auftreten dürfen. Das so dokumentierte Umweltprofil entspricht einer „Wunschalternative" vor dem Hintergrund des unternehmensspezifischen Zielsystems.

Bewertung der Alternativen

Ziel dieses Schrittes ist die Ermittlung einer ressourcen- und einer kostenorientierten Prozessreihenfolge. Die Einzelbewertungen können getrennt ausgewiesen oder zu einer Gesamtbewertung zusammengeführt werden.

Für eine ressourcenorientierte Bewertung werden dabei zunächst die Zielerfüllungsgrade im Hinblick auf die Bedarfe und Abgaben einzelner Ressourcen für die zu bewertenden Handlungsalternativen ermittelt. Dies erfolgt mit Hilfe der zuvor bestimmten Ist- und Soll-Prozessgüteindikatoren (s. Abbildung 3.5-6). Es wird in Zielerfüllungsgrade für Bedarfe $E_\alpha(T_j, R_i)$ und Zielerfüllungsgrade für Abgaben $E_\omega(T_j, R_i)$ unterschieden:

$$E_\alpha(T_j, R_i) = \frac{I_\alpha(T_j, R_i)}{S_\alpha(R_i)} \quad \text{bzw.} \quad E_\omega(T_j, R_i) = \frac{I_\omega(T_j, R_i)}{S_\omega(R_i)}$$

Anhand der Zielerfüllungsgrade kann für jede Handlungsalternative festgestellt werden, wie stark mit ihrer Wahl das Erreichen einzelner ressourcenbezogener Zielsetzungen unterstützt oder behindert werden könnte. Damit wird eine Bezugnahme auf Umweltleitlinien und konkrete Umweltziele eines Unternehmens möglich.

Mit den ressourcenbezogenen Zielerfüllungsgraden für die einzelnen Bewertungsobjekte und den ressourcenbezogenen Gewichtungsfaktoren (s.o.) stehen die notwendigen Größen zur Verfügung, um vergleichende Aussagen über Güten von Handlungsalternativen treffen zu können. Hierzu wird zunächst in bedarfsbezogene Prozessgüten $P_\alpha(T_j)$ und abgabebezogene Prozessgüten $P_\omega(T_j)$ unterschieden. Diese sind definiert als:

$$P_\alpha(T_j) = \left[\begin{pmatrix} g_{1,\alpha} \\ g_{2,\alpha} \\ M \\ g_{i,\alpha} \end{pmatrix} \cdot \begin{pmatrix} E_\alpha(T_j, R_1) \\ E_\alpha(T_j, R_2) \\ M \\ E_\alpha(T_j, R_i) \end{pmatrix} \right]^{-1} \quad \text{bzw.} \quad P_\omega(T_j) = \left[\begin{pmatrix} g_{1,\omega} \\ g_{2,\omega} \\ M \\ g_{i,\omega} \end{pmatrix} \cdot \begin{pmatrix} E_\omega(T_j, R_1) \\ E_\omega(T_j, R_2) \\ M \\ E_\omega(T_j, R_i) \end{pmatrix} \right]^{-1}$$

Eine Normierung der Größen zu $P_{\alpha,norm}(T_j) \in \,]0;1]$ bzw. $P_{\omega,norm}(T_j) \in \,]0;1]$ erlaubt eine einfache vergleichende Betrachtung dieser Wertigkeiten; es gilt:

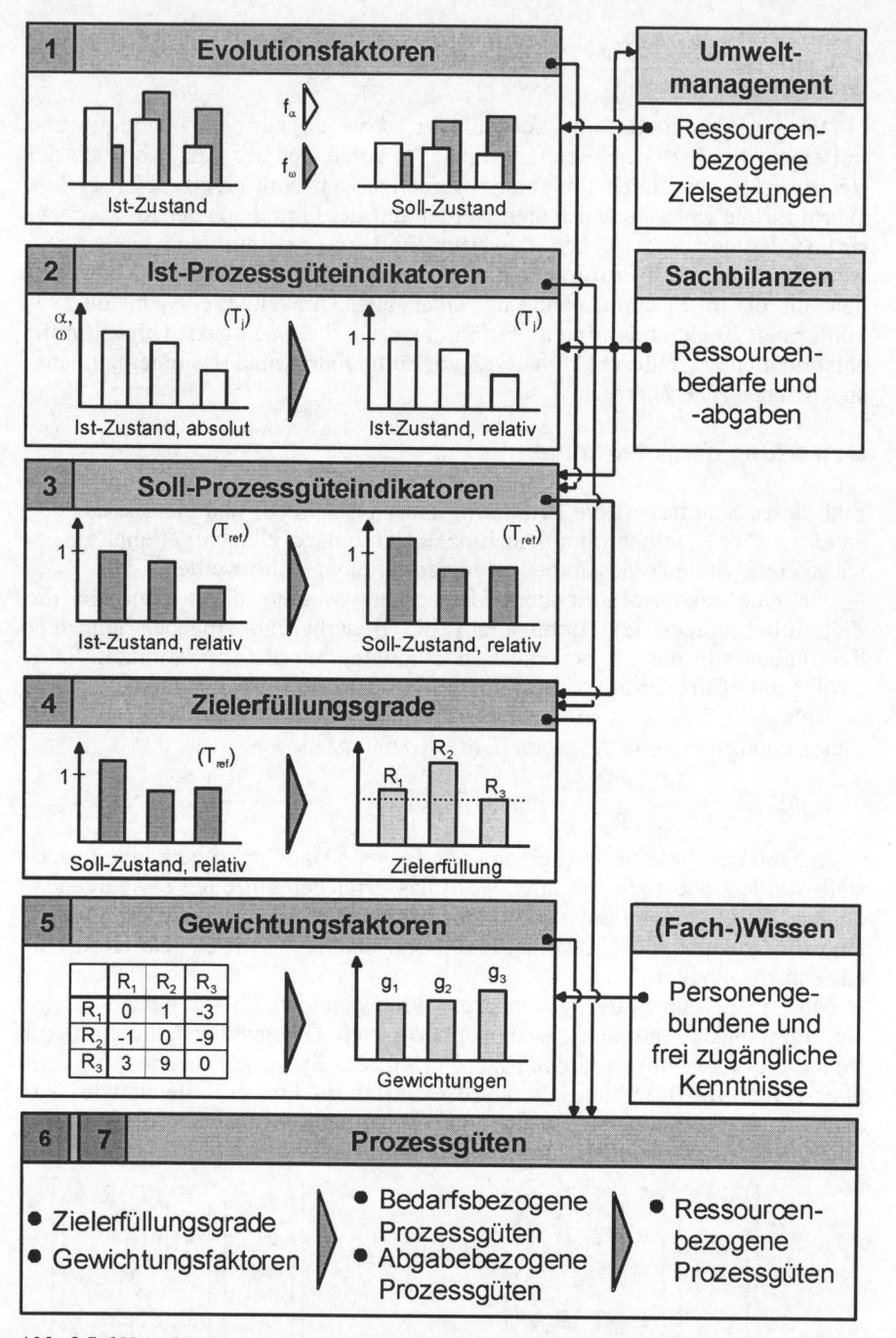

Abb. 3.5-6 Vorgehen zur ressourcenbezogenen Bewertung (Heitsch 2000)

$$P_{\alpha,norm}(T_j) = \frac{P_\alpha(T_j)}{P_{\alpha,max}(T_j)} \quad \text{bzw.} \quad P_{\omega,norm}(T_j) = \frac{P_\omega(T_j)}{P_{\omega,max}(T_j)}$$

Die Aggregation dieser Größen zu einer Gesamtaussage führt zur ressourcenbezogenen Prozessgüte $P(T_j)$:

$$P(T_j) = \sqrt{\left(P_{\alpha,norm}(T_j)\right)^2 + \left(P_{\omega,norm}(T_j)\right)^2} \quad \text{bzw.} \quad P_{norm}(T_j) = \frac{P(T_j)}{P_{max}(T_j)}$$

Unter Berücksichtigung der in der Ressourcenmatrix dokumentierten Bedarfe und Abgaben kann analog zu den umweltbezogenen auch eine normierte kostenorientierte Prozessgüte $K_{norm}(T_j)$ ermittelt werden. Hierzu können als methodische Grundlage z.B. Maschinenstundensatz- oder Kostenvergleichsrechnungen herangezogen werden.

Im Hinblick auf die angestrebte Ermittlung der umweltökonomischen Prozessgüten $G(T_j)$ für die betrachteten Handlungsalternativen gilt unter Einbeziehung der unternehmensspezifischen Präferenzfaktoren p_r für eine ressourcenorientierte und p_k für eine kostenorientierte Präferenz insgesamt:

$$G(T_j) = \sqrt{\left(p_r \cdot P_{norm}(T_j)\right)^2 + \left(p_k \cdot K_{norm}(T_j)\right)^2} \quad \text{mit:} \quad p_r + p_k = 1$$

Mit der umweltökonomischen Prozessgüte $G(T_j)$ wird ein direkter quantitativer Vergleich der Handlungsalternativen möglich. Sie basiert auf quantitativen Eingangsdaten in Form von Sachbilanzen und Kosteninformationen, konkreten und abgeleiteten Zielvorgaben des Unternehmens sowie dem Informationsstand der in die Bewertung einbezogenen Mitarbeiter. Grafisch interpretiert, stellt $G(T_j)$ den Abstand der mit Kosten- und Ressourcenpräferenzen versehenen Prozessgüte vom Ursprung eines Prozessgüteportfolios dar. Dabei liegen alle zu bewertenden Techniken gleicher Güte auf einem Kreisbogen um den Ursprung; derartige Kreisbögen können in Anlehnung an die Entscheidungstheorie als umweltökonomische Indifferenzkurven bezeichnet werden (Laux 1998) (s. Abbildung 3.5-7).

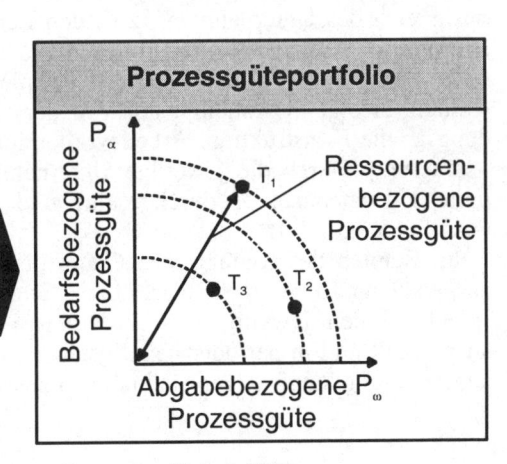

Abb. 3.5-7 Ergebnisse der ressourcenbezogenen Bewertung (Heitsch 2000)

Überwachung von Ressourcenströmen

Mit dem dargestellten Konzept werden umweltökonomische Aspekte für die Auswahl alternativer Produktionstechniken herangezogen. Neben der damit verfolgten methodischen Unterstützung einer umweltorientierten Planung der Produktion ist im Zusammenhang mit einem ressourcenorientierten Controlling die Überwachung relevanter Ressourcenströme erforderlich. Die zu betrachtenden Bedarfe und Abgaben sind hierbei unter Berücksichtigung des Zielsystems zu bestimmen. In Abhängigkeit von der zeitlichen Dimension der Kontrollzyklen kann zwischen einem operativen und einem strategischen Controlling unterschieden werden.

Das Konzept für ein ressourcenorientiertes operatives Controlling orientiert sich an der Methode der statistischen Prozessregelung (SPC). Die Grundfunktionen einer Überwachung von Ressourcenbedarfen in Analogie zum SPC sind:

- Planung der Ressourcenüberwachung,
- Beauftragung der Ressourcenüberwachung,
- Ressourcenbedarfserfassung,
- Ressourcenbedarfsauswertung (kurzfristig/langfristig) und
- Unterstützung des strategischen Controlling (Informationsbereitstellung).

Unter Berücksichtigung der Ressourcengewichtung, die im Rahmen der Zielplanung durchgeführt wurde, erfolgt in einem ersten Schritt eine Bestimmung zu überwachender Ressourcenströme und Bilanzräume. Eine periodische Erfassung der relevanten Bedarfe und Abgaben sollte mit angemessener Frequenz durchgeführt und mit Prozessdatenblättern unterstützt werden. Es werden für die zu überwachende Größe ein Sollwert sowie je eine obere und eine untere Warn- bzw. Eingriffsgrenze festgesetzt. Anhand kontinuierlicher Stichproben können die Entwicklung der Zielgrößen verfolgt und bei Abweichungen geeignete Maßnahmen eingeleitet werden. Bei einer Überschreitung der festgesetzten Warngrenzen geht eine Meldung an den zuständigen Funktionsbereich des Unternehmens, z.B. den Leitstand eines Produktionsbereichs. Dieser ergreift die notwendigen Maßnahmen, um Abweichungen der Zielgröße zu korrigieren. Für den Fall, dass definierte Eingriffsgrenzen überschritten werden, erfolgt in Abhängigkeit von der Überschreitungsursache eine Meldung an die Konstruktion, Arbeitsvorbereitung bzw. Produktionsplanung und -steuerung. Durch die jeweilige Unternehmensfunktion werden eine detaillierte Ursachenanalyse durchgeführt und geeignete Maßnahmen ergriffen (s. Abbildung 3.5-8).

Im Bereich des strategischen Controlling wird eine langfristige Kontrolle ausgewählter Ressourcenbedarfe bzw. -abgaben verfolgt. Hierzu werden entsprechend den jeweiligen Anforderungen ressourcenbezogene Kennzahlen ausgewählt und in periodischen Abständen ermittelt. Die Kennzahlen werden zur Ableitung langfristiger Maßnahmen herangezogen.

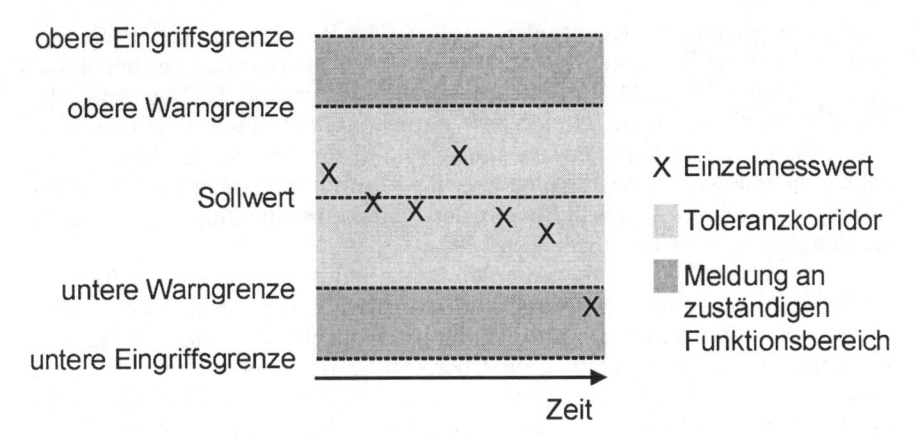

Abb. 3.5-8 Operatives Controlling

Die verstärkte Anwendung von Umweltkennzahlen in der Industrie erfordert ein geeignetes Konzept zur Einführung und zielgerichteten Anwendung einer Kennzahlensystematik. Einzelne Kennzahlen sind zudem meist wenig aussagekräftig, ein entsprechendes Abbild der Realität ergibt sich erst durch das Zusammenspiel ausgewählter Kennzahlen in einem hierarchischen Beziehungsgefüge. Sinnvoll erscheint es daher, Kennzahlen den jeweiligen Betrachtungsobjekten zuzuordnen (Standorte, Kostenstellen, Kostenträger, Prozesse), so dass mittel- bis langfristig erschließbare Optimierungspotenziale leicht zu identifizieren sind. Das Bundesministerium für Umwelt, Naturschutz und Reaktorsicherheit beschreibt z.B. eine Einteilung von Umweltkennzahlen in Unternehmens-, Standort- und Prozesskennzahlen (Bundesumweltministerium 1995). Andere Quellen nehmen eine Gliederung in Kennzahlen zu Beschaffung, Produktion und Absatz vor (Schaltegger u. Sturm 1995). Die Auswahl eines für alle Anwendungen optimalen Kennzahlensystems ist sicherlich nicht möglich. Ausgehend von der Philosophie des einzelnen Unternehmens sowie den spezifischen Unternehmenszielen sollte ein den Rahmenbedingungen angepasstes und im Hinblick auf die Nutzen-Aufwand-Relation ausgewogenes Kennzahlensystem definiert werden.

Im Rahmen des Verbundvorhabens OPUS wurde vor diesem Hintergrund eine Struktur zur Einordnung sowie Auswahl von Umweltkennzahlen erarbeitet. Die Struktur orientiert sich an drei Ordnungskriterien:

– Unterscheidung nach Art der verfolgten Ressource,
– Einteilung in Input- und Outputströme und
– Einteilung in absolute und relative Kennzahlen.

Im Hinblick auf ein strategisches, ressourcenorientiertes Controlling sieht das im Rahmen von OPUS erarbeitete Konzept zunächst die Auswahl geeigneter Kennzahlen unter Berücksichtigung der dargestellten Gliederung vor. Zu berücksichtigen sind hierbei die unternehmensspezifischen Ressourcen sowie insbesondere das geltende Zielsystem.

Die Berechnung der Kennzahlen erfolgt in der Regel periodisch. Eingangsgrößen für diese Berechnung sind Plan-Daten zu alternativen Fertigungswegen, welche in einer Datenbank abgelegt werden, sowie Ist-Daten aus der Produktion, die aus dem Bereich des operativen Controlling abgerufen werden. Durch die kombinierte Anwendung von absoluten und relativen Kennzahlen kann sowohl eine Aussage über die Umweltwirkungen insgesamt getroffen, als auch die Umwelteffizienz der Produktion zum Ausdruck gebracht werden (Bundesumweltministerium 1995).

Die berechneten Kennzahlen werden im Anschluss zu einem periodisch erstellten Bericht verdichtet. Ausgehend von diesem Dokument sind Abweichungen von den definierten qualitativen Umweltzielen des Unternehmens zu erkennen, die gegebenenfalls eine Überprüfung des Zielsystems zur Folge haben. Damit unterstützt das Konzept insgesamt die in der DIN ISO 14001 und mit dem Öko-Audit beschriebenen Umweltmanagementsysteme.

3.5.3
Integration in betriebliche Abläufe

Eine systematische Integration des skizzierten Konzepts in betriebliche Abläufe des Umweltmanagement ist möglich, wenn inhaltlich-methodische, formale und anwendungsbezogene Voraussetzungen beachtet werden. Diese fußen auf allgemeinen Ansprüchen an ein ökologieorientiertes Analyse- und Bewertungsverfahren (Aachener Werkzeugmaschinenkolloquium 1993, Böhlke 1994, Bundesumweltministerium 1995) (s. Abbildung 3.5-9).

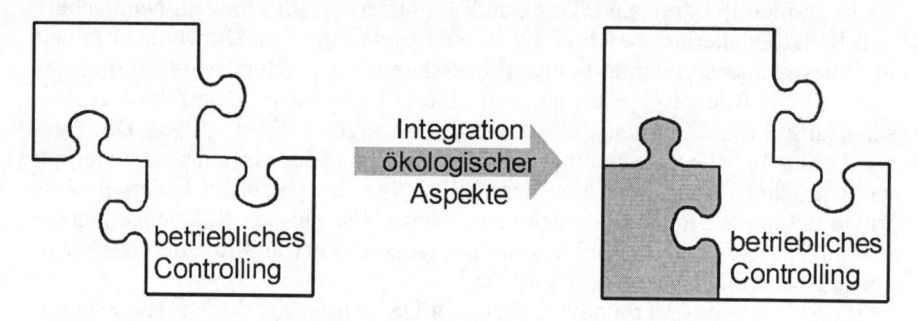

Voraussetzungen:
- inhaltlich-methodische Kompatibilität
- formale Anforderungen
- anwendungsbezogene Kriterien

Abb. 3.5-9 Erweiterung des klassischen Controlling

Unter dem Aspekt der inhaltlich-methodischen Voraussetzungen ist zunächst die Eignung für eine Unterstützung von Auswahlentscheidungen festzuhalten. Hieraus folgt, dass das Konzept nicht ausschließlich für eine Totalanalyse und -bewertung eines Unternehmens genutzt werden soll. Der

Schwerpunkt einer zielgerichteten Anwendung muss auf einer Partialanalyse und -bewertung von Handlungsalternativen liegen. Dennoch muss eine Bezugnahme auf Kriterien, die für eine insgesamt umweltverantwortliche Unternehmensführung ausschlaggebend sind, möglich sein. Dies umfasst vor allem die Bezugnahme auf Umweltziele eines Unternehmens sowie die Fokussierung auf relevante Ressourcenbedarfe und -abgaben. Damit wird eine überprüfbare, praktikable und längerfristig gültige Grundlage für operative und strategische Entscheidungen gelegt und eine proaktive, ökologisch selbstverpflichtete Unternehmensführung unterstützt (Heitsch 2000). Durch ein ressourcenorientiertes Controlling wird die umweltorientierte Entwicklung betrieblicher Tätigkeitsfelder gesteuert, indem ressourcenbezogene Verbesserungspotenziale aufgezeigt und die ökologiebezogene Kommunikation gefördert werden (Bundesumweltministerium 1995).

Die formalen Voraussetzungen resultieren im Wesentlichen aus der übergeordneten Notwendigkeit, das Konzept in einen organisatorischen Kontext zu stellen und das Ergebnis plausibel abzuleiten. Unter organisatorischen Aspekten ist hierbei insbesondere der Anspruch einer Berücksichtigung von Vorgaben zu Umweltmanagementsystemen zu berücksichtigen (DIN ISO 14001 1996, EMAS 1993). Die geforderte Plausibilität beruht im Wesentlichen auf der Transparenz, Nachvollziehbarkeit und Durchgängigkeit des Konzepts. Hierzu zählt insbesondere der Bezug auf Mess- und Zählergebnisse, die eine ausreichende Genauigkeit aufweisen (Heitsch 2000). Bei einer organisatorischen Einbindung des beschriebenen Konzepts in ein Unternehmen sind dessen Charakteristika – Größe, Aufbau- und Ablauforganisation etc. – zu berücksichtigen. Grundsätzlich kann zwischen drei Möglichkeiten der Einbindung differenziert werden (Schreiner 1993, Bundesumweltministerium 1995, Steinle 1996):

– Integration in vorhandene Umweltabteilungen oder -stellen ,
– Integration in ein betriebswirtschaftliches Controlling und
– Einrichtung einer Stabsstelle, die der Unternehmensleitung unterstellt ist.

Schließlich müssen im Hinblick auf eine effiziente Einbindung des Konzepts Voraussetzungen erfüllt werden, die sich aus anwendungsbezogenen Überlegungen ergeben. Hierzu zählen insbesondere die Möglichkeiten einer informationstechnischen Unterstützung von (Standard-) Prozessen sowie der praxisgerechten Erfassung und Auswertung notwendiger Daten (Zulassung von Unschärfebereichen etc.).

Insgesamt soll mit einer derartigen Integration des Konzepts in betriebliche Abläufe eine dialogorientierte Auseinandersetzung mit umweltbezogenen Herausforderungen und Chancen gefördert werden.

3.5.4
Informationstechnische Unterstützung

Die Vielzahl der zu erarbeitenden Daten erfordert eine informationstechnische Unterstützung. Hierzu wurden am Fraunhofer IPT die IT-Tools CALA (Computer Aided Lifecycle Analysis) sowie CAPA (Computer Aided Process Assessment) entwickelt. Mit diesen soll insbesondere eine Erhöhung der Praktikabilität und Anwenderakzeptanz von ressourcenbezogenen Analysen und Technikbewertungen erreicht werden.

Mit dem IT-Tool CALA kann eine Analyse betriebs- bzw. prozessspezifischer Ressourcenbedarfe und -abgaben unterstützt werden. Die Mengen aller auf einen Prozess bezogenen Ressourcenbedarfe und -abgaben werden im Programm CALA durch einen Datensatz beschrieben. Bei den eingesetzten Ressourcenbedarfen wird unterschieden, ob diese direkt der natürlichen Umwelt entnommen werden oder in anderen, vorgelagerten Produktionsprozessen bei einem Zulieferer bzw. betriebsintern hergestellt werden. Analog kann für prozessspezifische Ressourcenabgaben angegeben werden, ob diese direkt an die Umwelt abgegeben oder zuvor zur umweltverträglichen Entsorgung betriebsintern bzw. -extern behandelt werden. Insgesamt ist somit eine Beschreibung der Gesamtheit aller Ressourcenströme eines Prozesses möglich. Durch die Verknüpfung mehrerer Prozesse über sogenannte Bezugsgüter – die Hauptprodukte eines Prozesses – können auch komplexe Produktionssysteme modelliert werden. Die Auffassung von Nutzungs- und Entsorgungsvorgängen als Prozesse ermöglicht schließlich sogar die Bilanzierung umfangreicher Produktlebenszyklen.

Da eine Abbildung aller Ressourcenströme in der Regel weder wirtschaftlich zu realisieren noch sinnvoll ist, empfiehlt es sich, zunächst die Ressourcen zu identifizieren, die überwiegend zu den Umweltbelastungen und zu den Kosten beitragen. Hierzu kann z.B. die Pareto-Analyse genutzt werden. Aufbauend auf der Bilanzierung werden mit dem Programm CALA in Anlehnung an international genormte Bewertungsmethoden für die Ressourcenentnahmen und -abgaben automatisch die Beiträge zur Ressourcenverknappung, zum Treibhauseffekt, zur Ozonbildung und zu anderen ökologischen Wirkungskategorien berechnet. Unter der Voraussetzung, dass z.B. aus der Betriebsbuchhaltung alle Preise bekannt sind, kann das betrachtete Bezugsgut zudem ökonomisch bewertet werden.

Im Gegensatz zum Programm CALA, mit dessen Hilfe eine Bewertung auf Wirkbilanzebene durchgeführt wird, ermöglicht das IT-Tool CAPA eine Bewertung von Handlungsalternativen unter Berücksichtigung unternehmensspezifischer Zielsetzungen. Hierdurch wird dem Umstand Rechnung getragen, dass in der industriellen Praxis zumeist nur unzureichende quantitative Informationen zu Wirkbeziehungen zwischen Ressourcenbedarfen bzw. -abgaben und Umwelteffekten vorliegen. Somit dient das Programm CAPA insbesondere einer Operrationalisierung von Umweltmanagementzielen, die auf der spezifischen Situation eines Unternehmens basieren. Die entsprechenden Zielsetzungen können hierbei sowohl lokalen Bezug als auch eine überbetriebliche Dimension besitzen. Das IT-Tool CAPA unterstützt das dargelegte, im Rahmen von OPUS entwickelte, Bewertungskonzept und fördert insbesondere die Nutzung des Mitarbeiterwissens in einem Unternehmen. Durch die Einbeziehung der Mitarbeiter in die Erstellung des Zielsystems werden zudem eine fortwährende Beschäftigung der Mitarbeiter mit dem Thema „Umwelt" und damit ein kontinuierlicher Verbesserungsprozess angestoßen. Somit wird insgesamt die Wahrnehmung der unternehmerischen Eigenverantwortung für ein nachhaltiges Wirtschaften gefördert.

4 Informationstechnische Infrastruktur

Eine effiziente Integration von Umweltschutzaufgaben in die Auftragsabwicklung bedingt neben der Notwendigkeit einer organisatorischen Einbindung auch eine informationstechnische Unterstützung. In den Abschnitten 3.1 bis 3.5 wurden Prototypen entwickelt, um in den verschiedenen Funktionsbereichen entlang der Auftragsabwicklung eine informationstechnische Hilfestellung anbieten zu können.

In den folgenden Abschnitten werden die Anforderungen an eine informationstechnische Infrastruktur (IT-Infrastruktur) für eine umweltorientierte Auftragsabwicklung herausgearbeitet, nach Funktionen gegliedert und zusammengefasst. Implizite Anforderungen resultieren aus Veränderungen, die an bestehenden Systemen vorgenommen und zur funktionalen Integration zusammengeführt werden müssen. Diese wurden in weiteren Iterationszyklen der Anforderungsanalyse erhoben und eingearbeitet.

Aus der Zusammenfassung und der Analyse wird anschließend das Anforderungsmodell abgeleitet, das zur Implementierung durch Hard- und Software weiterverarbeitet wird.

Darauf basierend werden danach Programmmodule entwickelt, die mittels einer einheitlichen Nachrichtenstruktur, zwischen den Prototypen aus den Funktionsbereichen, eine Kommunikation über einen Server ermöglichen. Zur Definition der notwendigen Schnittstellen wird zunächst eine Notation eingeführt, damit eine von der Implementierung des Clients unabhängige Nachricht erstellt werden kann.

Da im Rahmen der Fallstudien (siehe Teil B des Buches) der Schwerpunkt auf je einen Prototyp gelegt wird, wurde für einen übergreifenden Test über alle Programmmodule ein Szenario entwickelt. Mit der fiktiven Konstruktion und Planung der Fertigung einer Getriebewelle wird dabei anschaulich der Ablauf der Einplanung eines Kundenauftrags darstellt.

4.1
Aufnahme und Analyse von Architekturanforderungen

von Andreas Weller, Rüdiger Görsch, Uwe Rey

Zunächst ist es erforderlich, den Begriff IT-Infrastruktur hinsichtlich seiner Stellung im Projekt zu definieren. Die IT-Infrastruktur im Rahmen des Projekts „Organisationsmodelle und Informationssysteme für eine produktionsintegrierten Umweltschutz"

- integriert Anforderungen an informationstechnische Unterstützungssysteme, im folgenden auch Werkzeuge genannt, aus den schwerpunktmäßigen Funktionsbereichen des Projekts in ein Gesamtanforderungsmodell,
- wählt geeignete Realisierungsplattformen im Hard- und Software-Bereich aus, um das Anforderungsmodell implementieren zu können und
- implementiert prototypisch ein Informationssystem zur Abbildung des Anforderungsmodells.

Im Anforderungsmodell werden dabei die informationstechnischen Einzelanforderungen zusammengefasst und abgeglichen, die die gemeinsame Nutzung von Daten und Funktionen betreffen, so dass über eine reine Nachrichten-Netzwerk-Struktur hinaus auch Funktionsverteilungsaspekte berücksichtigt werden.

Die Einzelimplementierungen für Software-Werkzeuge, die in den Funktionsbereichen genutzt werden (etwa spezielle CAD-Systeme oder PPS-Systeme) erfolgen jeweils dort und werden in den Kapiteln 3.2 bis 3.5 beschrieben.

Wie oben erklärt, werden vorrangig die expliziten Anforderungen an eine informationstechnische Unterstützung dargestellt. Es wird dazu eine einfache Stichwortaufzählung verwendet.

4.1.1
Anforderung der Arbeitsschwerpunkte an die IT-Infrastruktur

Anforderungen an eine Methode zur systematischen Gestaltung ressourcenschonender Produkte

- Ökologische Bewertung aller Teillösungen und von Gesamtlösungen als Grundlage von Entscheidungsalternativen im Konstruktionsprozess. Die ökologische Bewertung soll den gesamten Produktlebenszyklus umfassen, das Bewertungsmodell aus dem Bereich Bilanzierung und Controlling kommen.
- Referenzmodell für den Ressourcenverbrauch in den Prozessen des Produktlebenszyklus als Grundlage für die ökonomische und ökologische Bewertung (s.o.). Darin soll eine Abhängigkeit von Ressourcen und Produkteigenschaften zugrunde gelegt werden, so dass aus einer Produkteigenschaft der Ressourcenverbrauch abzuleiten ist.
- Kopplung zu einem CAD-System, dabei Vermeiden von Mehrfacheingaben von Information, d.h. CAD-System und Referenzmodell müssen Daten automatisch abgleichen. Die Schnittstelle soll nicht zu einer spürbaren oder gar erheblichen Erhöhung der Konstruktionsarbeitszeit führen.
- Konfigurierbarkeit des Bewertungssystems (Referenzmodell).
- Erweiterbarkeit desselben.
- Anpassbarkeit desselben.

Anforderungen an die Arbeitsplanung in einem überbetrieblich umweltorientierten Kontext

– Schnittstellen von Arbeitsplanung zu vor- und nachgelagerten Produktionsbereichen.
– Schnittstelle zur PPS zur iterativen, rückgekoppelten Verbesserung der Arbeitsplanung über Optimierungsverfahren bzw. Verfahrensalternativen und deren Bewertung.
– Schnittstelle zum überbetrieblichem Informationsaustausch.
– Schnittstelle und gemeinsame Datenhaltung mit der Konstruktion.
– Einsatz ökologischer Bewertungen für die Fertigungsprozesse.
– Gemeinsames Ressourcenmodell von Arbeitsplanung und Konstruktion, d.h. gemeinsame Datenhaltung, interaktiver Austausch.
– Aufbau und Nutzung gemeinsamer Daten in logistisch stabilen Teilsystemen.

Anforderungen an eine ökologieorientierte Produktionsplanung und -steuerung (PPS)

– Erweiterung der PPS-Datenhaltung um Plan- und Ist-Daten.

Anforderungen an umweltschutzorientierte Prozessleitsysteme

– Echtzeitfähigkeit.
– Fehlertoleranz, bzw. Betriebssicherheit.
– Modularer, erweiterbarer Aufbau.
– Schnittstelle zu PPS und Erweiterung der Leitstandsdaten.

Anforderungen an ein ressourcenorientiertes Bilanzierungs- und Controllingsystem

– Erweiterung des innerbetrieblichen Controllings um umweltrelevante Daten durch Einführung von Öko-Controlling-Werkzeugen und Ankopplung an herkömmliche Controlling-Werkzeuge.

4.1.2
Zusammenfassung und Analyse der genannten Anforderungen

Es lassen sich im wesentlichen zwei zentrale Anforderungen finden, die in fast allen Funktionsbereichen genannt oder intendiert wurden:

– Gemeinsame Nutzung von Daten in Form von Modellen, Referenzmodellen, aktuellen oder planerischen Inhalts und ähnliches und
– Kopplung oder Erweiterung vorhandener Informationstechnik (Hardware und Software) mit anderen im Projekt verwendeten Teilsystemen.

Die geäußerten Anforderungen sind jedoch, aus Sicht der Informatik, zu unspezifisch, um in konkrete Systemspezifikationen übertragen zu werden. Dies liegt vorrangig an dem Mangel an Informationen hinsichtlich der Schnittstellen, die die jeweils verwendeten Teilsysteme anbieten. Man kann folgende Grundlagen zu Schnittstellen verwenden, da sie sich an dem einfachen Eingabe-Verarbeitung-Ausgabe-Modell (E-V-A-Modell) orientieren[1]:

Ein Teilsystem bzw. Programm (z.B. ein CAD-System, ein PPS-System oder ein Controlling-Werkzeug) wird hinsichtlich der drei Phasen Eingabe, Verarbeitung und Ausgabe betrachtet. Bei der Eingabe geht man häufig davon aus, dass gewisse Datensätze in Dateien, Datenbanken oder aus der Benutzungsoberfläche entnommen werden, bevor die eigentliche Verarbeitung beginnt.

In der Verarbeitungsphase wird dann über die applikationstypischen Funktionen eine Ausgabe erzeugt, etwa eine Stückliste, ein Arbeitsplan oder eine Ökobilanz. Die Ausgabe kann auch wiederum unterschiedliche Ausprägungen besitzen: Ausdrucke, Steueranweisungen einer Fertigungsmaschine, Datenbankeinträge, Dateien, Bilder usw.

Informationen werden hier i.a. an äußeren Schnittstellen angeboten und nachgefragt, so dass die dort angeforderten Schnittstellen als typische Import- und Export-Schnittstellen zu interpretieren sind.

Diese Anforderungen sind jedoch nicht hinreichend, denn es müssen zusätzliche Steuerungsfunktionen vorhanden sein, die in oder mit den Teilsystemen durchgeführt werden, d.h. z.B. die Veranlassung, eine Datei einzulesen oder eine Ausgabe in einer bestimmten Art zu vollziehen. Die Steuerung des Teilsystems wird somit zu einem weiteren wichtigen Aspekt, der für die automatische Verarbeitung unabdingbar ist.

Diese Anforderung leitet über zu der Einzelfragestellung, inwieweit auch die inneren Abläufe eines Teilsystems durch die in den Funktionsbereichen entwickelten Referenzmodellen und gemeinsamen Daten tangiert werden. Z.B. ist es erforderlich, dass in einem Konstruktionsunterstützungswerkzeug die möglichen Alternativen ihre ökologische Bewertung aus einem anderen System erhalten bzw. dessen Funktionalität quasi als Unterprogramme nutzen.

4.1.3
Anforderungsmodell

Aus der Zusammenfassung der Anforderungen lässt sich nun folgendes prototypische Anforderungsmodell ableiten:

Es werden ökologische Datenmodelle mit entsprechenden Funktionsschnittstellen entwickelt. Diese enthalten Informationen zur ökologischen Bewertung von Prozessen und Produkten und werden durch die anzukoppelnden Werkzeuge gemeinsam genutzt.

Über eine informationstechnische Verbindung, die aus Hard- und Software zu konzipieren ist, werden unterschiedliche Werkzeuge für die Unterstützung

---

[1] Dieser Ansatz ist kritikwürdig angesichts der Relevanz interaktiver, d.h. benutzergesteuerter Systeme, reicht aber zur Darstellung des Sachverhalts hin. Darüber hinaus kann man von einem gleitenden Übergang zwischen Batch- und Online-Verarbeitung sprechen, wenn man die Zeitanteile für die eigentliche Verarbeitung und die Ein- und Ausgabe vergleicht, z.B. wird man einem System einen eher Batch-orientierten Charakter beimessen, wenn wesentlich mehr Zeit für eine Berechnung verwendet wird (und das System in der Zwischenzeit keine andere Tätigkeit ausführen kann) als für Ein- und Ausgabe.

der einzelnen Arbeitsphasen (Konstruktion, Arbeitsplanung, Produktion, Controlling usw.) miteinander verbunden, um ökologische Informationen bezüglich der spezifischen Systemfunktionen aufzunehmen und zu erzeugen.

Dazu wird an ein in dieses Netzwerk einzubindendes Werkzeug folgende Anforderung gestellt: Je nach Relevanz und technischer Notwendigkeit zu einem automatischen Zugriff muss das Werkzeug durch ein anderes Programm gesteuert werden können, so dass die automatische Aufnahme und Abgabe von Informationen der Systemfunktion oder von und zu einem der gemeinsam genutzten Modelle bzw. deren Realisierung in einer gemeinsamen Datenbank möglich ist. Darüber hinaus muss diese Steuerungsschnittstelle auch in der Lage sein, die Systemfunktion selbst effektiv zu steuern, z.B. neue Arbeitspläne berechnen zu lassen, nachdem sich ein vorheriger Arbeitsplan als ökologisch inakzeptabel erwiesen hat.

Ist das zu betrachtende Werkzeug nicht als nachgeschaltetes bzw. funktional untergeordnetes Teilsystem eines anderen Werkzeugs des Netzwerks zu betrachten, so ist die Steuerungsschnittstelle nicht erforderlich. In diesem Fall muss durch einen Benutzer der Import bzw. Export von und nach den gemeinsam genutzten Daten gesteuert werden, bzw. auch die Steuerung der Systemfunktionen nach diesen Schnittstellenoperationen realisiert werden. Dazu kann es notwendig sein, dass zusätzliche, für das Werkzeug dezidiert entwickelte Konverterprogramme genutzt werden, die durch den Benutzer bei Import- und Export-Operationen gestartet werden müssen.

4.2
Entwicklung von unterstützenden Programmsystemen

von Andreas Weller, Rüdiger Görsch, Uwe Rey

Client/Server-Systeme werden in der Regel gemeinsam konzipiert und entwickelt. Dies hängt zum einen mit der einfachen Tatsache zusammen, dass die zu entwickelnden Systeme gegeneinander getestet werden müssen, sich diese aber auch aneinander entwickeln, d.h. im Verlaufe der Entwicklung gewonnene Informationen Entwurfsentscheidungen für beide Teilsysteme ändern können. Dieses Vorgehen konnte im Rahmen dieser Arbeiten aufgrund organisatorischer Umstände, die eine vorzeitige Bereitstellung der Client-Software erforderlich machten, nicht umgesetzt werden.

Im Folgenden werden Entwurfsdokumentationen zu den Programmen und -komponenten dargestellt, die auf der Client-Seite für die Kommunikation zu einem OPUS-Server und zu einem Client-lokalen Programmsystem verwendet werden.

OPUS-Notation

Das Projekt macht erforderlich, dass die in den einzelnen Arbeitsbereichen entwickelten informationstechnischen Unterstützungssysteme auf einheitliche Weise miteinander gekoppelt werden, um Informationen austauschen zu können, so dass sich aus dem Zusammenwirken der einzelnen Teilsysteme eine geschlossene informationstechnische Infrastruktur ergibt, die sich durch dezentrale und zentrale spezifische Funktionsaufteilung auszeichnet. Da die einzelnen Teilsysteme weitgehend unabhängig voneinander entwickelt wurden, entsteht ein Abstimmungsproblem hinsichtlich des Aufbaus der zu übertragenden Daten. Es wurde daher eine Konvention entwickelt, die im Sinne einer Programmiersprache verwendet werden wird, um Datenstrukturen, die zwischen den Teilsystemen ausgetauscht werden sollen, zu spezifizieren.

Als wesentliche Kriterien für die OPUS-Notation sind dabei zu berücksichtigen:

- Die spezifizierten Datenstrukturen werden als Nachrichten verarbeitet, so dass sie bei Sender und Empfängern eindeutig interpretiert werden können.
- Es werden die Programmiersprachen C,C++ und Java für die Implementierung von Kommunikationsprogrammen herangezogen.

Es ist an dieser Stelle anzumerken, dass die in der Konvention festgelegten Datentypen und Strukturierungsanweisungen nicht abschließend sind; vielmehr stellen sie eine minimale Lösung dar, die bei allgemeiner Erforderlichkeit erweitert werden kann.

Alternativen, die zu dem hier vorgestellten Konzept vorstellbar wären, etwa die Verwendung einer quasi-selbstbeschreibenden Signatur wie SGML und deren Verwandte (XML, HTML VRML usw.), sind nicht praktikabel und performant, da mit ihnen zwar praktisch zur Laufzeit neue Datenstrukturen und Nachrichten erstellt werden können, diese aber letztlich durch einen zusätzlichen Interpreter beim jeweiligen Empfänger in eine schon vorher spezifizierte Funktion übersetzt werden müssten. Dies würde also den Kommunikationsaufwand erheblich erhöhen, ohne das Grundsatzproblem zu lösen, nämlich die Abstimmung, welche Daten zwischen den Kommunikationspartnern auszutauschen sind. Genau diese Abstimmung führt zu einer Typisierung von Datenstrukturen, die dann in Nachrichten eingebettet und übertragen werden können. Eine einfache und praktikable Codierung dieser Datenstrukturen sorgt dann für eine performante Verarbeitung durch den jeweiligen Empfänger.

Elementare Datentypen in Java zur Verwendung in Nachrichten

Ein wesentliches Merkmal von Java ist, dass die interne Darstellung elementarer Datentypen für den Entwickler nicht zugänglich ist. Es ist daher nicht möglich, ein elementares Datenobjekt, z.B. einen INT oder einen DOUBLE, auf eine Zeichenkette zu „casten", wie in der Programmiersprache C.

Kommunikationsprotokolle sind i.a. so aufgebaut, dass bedeutungstragende Zeichen am Anfang einer Zeichenkette stehen. Diese ersten Zeichen werden vom Empfänger interpretiert, d.h., es wird über den Wert dieser Zeichen entschieden, wie der Rest der Nachricht verarbeitet wird. Diese unterschiedliche Verarbeitung wird in C üblicherweise dadurch erreicht, dass die Restnachricht auf einen durch das C-Programm zu verarbeitenden Datentyp, zumeist eine Struktur, „gecastet", also abgebildet wird. Diese Datenstruktur kann dann wie ein programmintern aufgebauter Datentyp verarbeitet werden.

Aufgrund der Java zugrunde liegenden Schutzmechanismen ist dies jedoch nicht möglich. Der Austausch elementarer Datentypen muss daher über einen

Umweg erfolgen, wenn beide Kommunikationspartner Nachrichten im Sinne üblicher Zeichenketteninterpretation austauschen sollen. Als pragmatischer Lösungsansatz bietet sich hier an, die alphanumerische Repräsentation der Datentypen als die zu übertragende Repräsentation zu wählen. Diese Repräsentation muss dabei nur so beschaffen sein, dass der Empfänger imstande ist, den dargestellten Wert korrekt zu rekonstruieren. Diese Rekonstruktion wird dabei über Standardfunktionen der Programmiersprache oder gesonderte Funktionen realisiert.

Abbildung elementarer Datentypen auf Nachrichtentexte

Aufbauend auf der OPUS-Notation werden für die elementaren Datentypen Zeichenkettenformate definiert, die sowohl von Java als auch C/C++ eindeutig identifiziert werden können.

Dazu werden die maximalen Ausdehnungen einer Repräsentation eines elementaren Datentyps herangezogen und diese durch zusätzliche Leerzeichen, die für den Identifikationsprozess erforderlich sind, als Präfix erweitert, so dass für jeden Datentyp eine feste Anzahl von Zeichen übertragen wird. Dieser Ansatz ist erforderlich, um innerhalb einer übertragenden Datenstruktur direkt auf einzelne Datenelemente zugreifen zu können.

Folgende Datentypen wurden in der OPUS-Notation vereinbart:

- *byte*
  wird sowohl zur Darstellung von ASCII-Zeichen als auch zur Darstellung kleinster numerischer Werte verwendet. Aufgrund des Wertebereichs und der vermeintlichen internen Repräsentation als Byte, ergibt sich eine Abbildung über eine Aufteilung des oberen und unteren Nibbles (4 Bits) in zwei ASCII-Zeichen, die mit 'A' beginnen.
- *short*
  wird durch 7 Zeichen dargestellt.
- *int*
  benötigt 12 Zeichen.
- *float*
  wird durch 20 Zeichen wiedergegeben.
- *double*
  da sich float und double nur im Zahlenbereich unterscheiden, werden auch hier 20 Zeichen verwendet.

Abbildung strukturierter Datentypen auf Nachrichtentexte

Komplexere Datenstrukturen, insbesondere Felder elementarer Datentypen, aber auch Felder komplexer Strukturen, werden algorithmisch als Nachrichten repräsentiert. Dazu wird wie folgt verfahren: Durch einen eindeutigen Nachrichtentyp (wird im folgenden definiert) interpretiert der Empfänger die Nachricht algorithmisch, d.h. spezielle Angaben werden als Repetitionsparameter nachfolgender Datenstrukturen interpretiert. Auf diese Weise wird es möglich, neben statischen auch dynamische Datenstrukturen zu übertragen. Voraussetzung dazu ist lediglich die übereinstimmende Definition von Sender und Empfänger hinsichtlich der dynamische Komposition und Interpretation der Nachricht.

Folgendes fiktive Codefragment stellt den Ansatz dar. Es wird dabei angenommen, dass zwischen Sender und Empfänger eine Datenstruktur ausgetauscht werden soll, die unter einem Nachrichtentyp 42 erwartet wird.

Der Sender erstellt seine Nachricht über folgende Anweisungen:

```
// Andere Anweisungen
case 42:
            {int i=0;
             com.AddInt(n);
             while(i<n)
                    {com.AddDouble(d[i]);
                     i++;}
            }
```

Der Empfänger durchläuft den Interpretationsprozess und reagiert für Nachrichtentyp 42 mit nachfolgender Interpretation:

```
// Andere Anweisungen
case 42:
            {int i=0;
             n = com.GetInt();
             while(i<n)
             {d[i] = com.GetDouble();
                i++;}
            }
```

Diese Zeilen sollen nur das Prinzip darstellen: Einzelne Datentypen werden aus der Anwendung, sprich Java oder C/C++ in die Kommunikationsebene überführt, indem über ein Objekt, hier als {\bf com} benannt, entsprechende Kompositionsmethoden aufgerufen werden. Da eine Nachricht als Folge von Zeichen dargestellt wird, liegt es nahe, für die Komposition einer Nachricht die Abstraktion einer Liste zu verwenden, in der die einzelnen Elemente der Nachricht über entsprechende „Add-"-Anweisungen eingebracht werden.

Beim Empfänger wird dieser Ansatz dadurch fortgesetzt, dass gemäß der „initialen" Information der Nachrichtentype alle nachfolgenden elementaren Daten im korrekten Datentype interpretiert werden. Praktisch bedeutet dies, dass komplementär zu com.AddDouble ein com.GetDouble stehen muss.

Formate von Nachrichten

Es wurde oben schon erwähnt, dass für den Aufbau von Nachrichten gewisse Regeln gelten. Eine der wichtigsten ist, dass sich die notwendige Interpretation einer Nachricht aus gewissen Daten erschließt, die aus Praktikabilitätsgründen i.a. zu Beginn der Nachricht stehen.

Für die hier zu behandelnden Nachrichten wird folgender logischer Aufbau genutzt:

Tab. 4.4-1 Telegrammkennungen

Element	Anzahl Zeichen	Chiffrierung durch
MSG-Type	7	COM
SenderID	3	COM
SenderPassword	20	COM
RecvID	3	COM
Length	12	COM
Message	N	CODE

Dabei bedeutet COM, dass die Codierung dieser Daten in einer Klasse (für die Java-Implementierung) OPUSCOM erfolgt, die wie die Anwendungsebene die Klasse OPUSCODE (hier für CODE) verwendet. Mit der ersten Angabe, MSG-Type wird der Nachrichtentyp identifiziert (siehe Beispiel oben). Diesem schließt sich eine numerische Kennung des Senders sowie dessen Passwort für den OPUS-Server an. Dieser Ansatz ist dadurch begründet, dass im Rahmen von OPUS kein wirtschaftlich und datensicherheitstechnisch ausgereiftes Produkt, sondern ein hinsichtlich der Zielstellung des produktionsintegrierten Umweltschutzes funktionaler Prototyp zu entwickeln ist. Daher ist es z.B. zulässig, gewisse Vereinfachungen wie die Übertragung von Passwörtern im Klartext bzw. die Übertragung dieser Passwörter in jeder Nachricht an sich vorzunehmen. Daraus leitet sich auch die Entwurfsentscheidung ab, für jeden Client eine einfache numerische ID zu verwenden, da nicht anzunehmen ist, dass mehr als 100 unterscheidbare Einzelsysteme im Rahmen des Projekts gekoppelt werden.

Diese scheinbaren Schwachstellen können in Variationen des Kommunikationsprotokolls jedoch beliebig verändert werden, etwa durch Anwendung von Kryptographie, Steganographie oder anderen Sicherungsverfahren, die sich auf einzelne Elemente oder die gesamte Nachricht beziehen.

Für diesen Anwendungsfall soll das vorgestellte Konzept hinreichen, zumal dadurch eine sehr einfache Verarbeitung auf Seiten des OPUS-Servers ermöglicht wird.

Man kann für die Kommunikation grundsätzlich zwei Nachrichtenstrukturen unterscheiden:

- Im ersten Fall wird der OPUS-Server als „Relais" verwendet, d.h. als Zwischenspeicher für Nachrichten, die für einen anderen Client des OPUS-Netzwerks bestimmt sind. In diesem Fall erwartet der sendende Client in Abhängigkeit vom mit dem Empfänger vereinbartem Nachrichtentyp eine Antwort, die dieser dann als Nachricht auf dem OPUS-Server ablegt. In der obigen Tabelle ist dies dadurch gekennzeichnet, dass die ID des Empfängers RecvID, die Länge der nachfolgenden Nachricht length und die Nachricht Message selbst angegeben wird. Der OPUS-Server reagiert auf eine solche Nachricht i.a. nur mit einer einfachen Bestätigung, dass die Nachricht für den Empfänger gespeichert wurde. Erst durch das aktive Nachfragen des Empfängers kann die Nachricht an den Adressaten gelangen.

- Im zweiten Fall wird die Anfrage an den OPUS-Server gerichtet, um „nachzufragen", ob für den Anfrager eine Nachricht vorliegt. Da der OPUS-Server die Inhalte der gespeicherten Nachrichten nicht interpretiert, sondern nur die Zuordnung von Sender und Empfänger verwaltet, obliegt es den Clients, die auf eine solche Anfrage empfangenen Nachrichten in den richtigen Kontext zu stellen. D.h., die Clients müssen über Abstimmung von auszutauschenden Nachrichten und exakten Ablaufspezifikationen definieren, wie sie auf eingehende Nachrichten reagieren. Da für diese Nachricht der OPUS-Server als mittelbarer Empfänger zu identifizieren ist, reicht es hin, wenn ein spezieller Nachrichtentyp, der vom OPUS-Server entsprechend interpretiert wird, verwendet wird. Die nachfolgenden Nachrichtenattribute (RecvID, Length und Message) werden dann nicht benötigt.

4.3
Schnittstellen und Kommunikation

von Rüdiger Görsch, Uwe Rey, Anja Holsten, Bernhard Mischke, Franz-Bernd Schenke

Die Abbildung 4.3-1 veranschaulicht die Kommunikation durch den Nachrichtenaustausch und stellt den OPUS-Server in den Mittelpunkt. Er nimmt wie oben beschrieben Nachrichten entgegen und leitet diese auf Anfrage weiter.

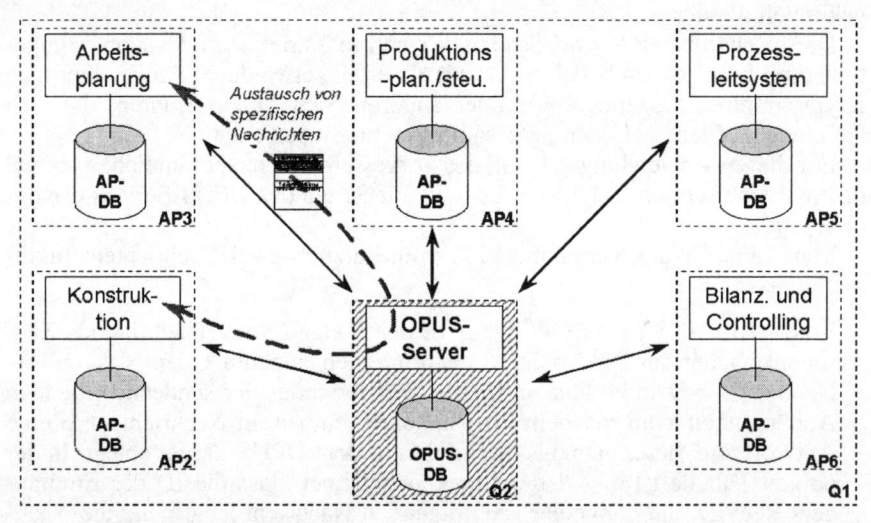

Abb. 4.3-1 Nachrichtenaustausch

Neben einer Sammlung von Schnittstellenobjekten, welche bzgl. der Datenübertragung verschiedene Ausprägungen haben (z.B. Zeichnungen,

E-Mails oder Telefonate) werden hier sogenannte „Kernschnittstellen" definiert, welche zur Implementierung der Prototypen notwendig sind.

Ablauf der Kommunikation

Eine Nachricht wird zunächst beim Sender zusammengesetzt, d.h. es wird ein Empfänger bestimmt und der Telegramminhalt erstellt. Anschließend kann die Nachricht an den OPUS-Server abgesetzt und der Return-Status ausgewertet werden.

Um eine Nachricht zu empfangen, wird beim Server angefragt und gemäß dem Return-Status die erhaltene Nachricht ausgewertet. Dazu wird der Telegramminhalt in zwei Schritten ausgewertet. Zunächst ist die Telegrammkennung zu interpretieren, um auf die sich anschließenden Inhalte und deren Struktur schließen zu können. Entsprechend der Kennung wird dann der Datenblock aufgeschlüsselt und weiterverarbeitet.

Nachrichtenstruktur

Die Nachrichten entsprechen der in Abbildung 4.3-1 dargestellten Datenstruktur. Mit den ersten Parametern: Msg-Type, SenderID und SenderPassword, kann der OPUS-Server die Nachricht einordnen und die Berechtigung des Senders prüfen. Daran schließen sich Empfänger ID (RecvID) und die Information über die Länge der Nachricht selbst an. Dies dient der zur Verfügungsstellung des notwendigen Speicherplatzes auf dem Server und ist für die Interpretation der Nachricht beim Empfänger notwendig.

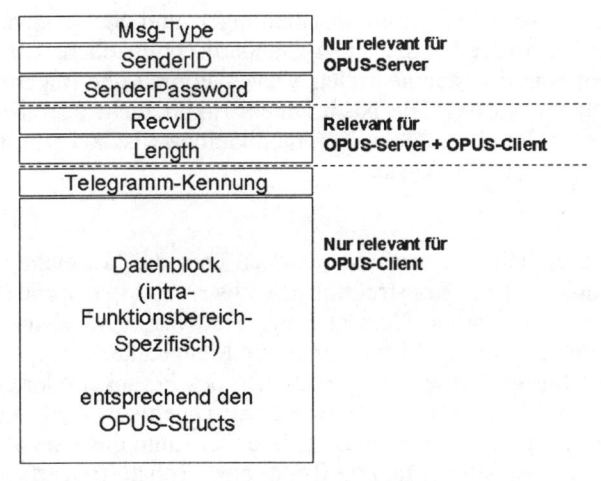

Feld	Relevanz
Msg-Type	Nur relevant für OPUS-Server
SenderID	
SenderPassword	
RecvID	Relevant für OPUS-Server + OPUS-Client
Length	
Telegramm-Kennung	
Datenblock (intra-Funktionsbereich-Spezifisch) entsprechend den OPUS-Structs	Nur relevant für OPUS-Client

Abb. 4.3-2 Nachrichtenstruktur

Der letzte Block enthält zunächst die Telegramm-Kennung, die Aufschluss über den folgenden Datenblock gibt. Der Datenblock ist mittels der OPUS-

Notation strukturiert und kann so beim Empfänger basierend auf der Kennung eindeutig interpretiert werden.

Im Folgenden werden diese Schnittstellen im Verlauf der Auftragsabwicklungskette für die Bereiche Konstruktion, Arbeitsplanung, Produktionsplanung und -steuerung sowie Prozessleitsystem beschrieben. Ebenfalls sind die Schnittstellen zur Querschnittsfunktion Bilanzierung und Controlling aufgeführt.

Es handelt sich dabei um die Inhalte, die im Datenblock einer Nachricht enthalten sind.

4.3.1
Schnittstellen

Konstruktion

Im Rahmen des Konstruktionsprozesses werden verschiedene Dokumente erzeugt, welche für den Datenaustausch bei der umweltorientierten Auftragsabwicklung relevant sind. Dies sind z.B. die modulare Struktur des Produktes, Materialdaten, Skizzen sowie Gesamt- und Teilentwürfe. Kennzeichen dieser Daten ist eine i.d.R. papiergebundene Beschreibung. Dies bedeutet, dass im Rahmen der Kommunikation zwischen der Konstruktion und anderen Arbeitspaketen (im wesentlichen Arbeitsplanung) eine informationstechnische Unterstützung nicht realisiert werden kann, da diese Dokumente nicht in der allgemeinen Notation beschrieben werden können.

Weitere Ausgangsdokumente in der Konstruktion sind CAD-Files (3D-Geometriemodelle), Baugruppenzeichnungen sowie Fertigungszeichnungen der Einzelteile (in Papierform oder als CAD-File), begleitende Dokumente, z.B. Montagehinweise oder Betriebsanleitungen und Stücklisten. Die CAD-Files können im Native-Format, über Standardschnittstellen, z.B. IGES oder STEP, oder in einem systemneutralen Viewer-Format übertragen werden und sind somit für die vorliegende Nachrichtenstruktur nicht geeignet. Wesentliches Element für die IT-gestützte Kommunikation zwischen Konstruktion und Arbeitsplanung ist die Stückliste.

Stückliste

Die Stückliste enthält weitere Informationen über die in Zeichnungen dargestellten Produkte. Die Konstruktionsstückliste umfasst mindestens deren Stückzahl und vollständige Bezeichnung. Stückliste und Zeichnung bilden somit eine Einheit. Die Stückliste enthält die Menge aller Gruppen, Teile, und Rohstoffe, die für die Fertigung einer Einheit des Produkts oder einer Gruppe erforderlich sind. Außerdem kann sie weitere Daten sowie Strukturdaten der Produkte, Gruppen und Teile enthalten. In erster Linie dient sie als Grundlage für die Arbeitsplanerstellung und die Teile- bzw. Rohstoffbedarfsermittlung.

Die Stückliste bildet somit die wesentliche Kernschnittstelle zwischen Konstruktion und Arbeitsplanung. Im Rahmen der Prozessplanerstellung erfolgt der erste Schritt zur Umsetzung der von der Konstruktion übergebenen Gestalt- und Technologieanforderungen des Werkstücks für ein zeit-, kosten- und umweltgerechte Fertigung. Es sollen die Struktur des zu fertigenden Produktes sowie dessen Bestandteile übermittelt werden, so dass der Planungsprozess in der Arbeitsplanung angestoßen wird.

Die der Stückliste zu entnehmenden Produktinformationen können direkt im prototypisch implementierten Tool zur Unterstützung der Arbeitsplanung übernommen und weiterverarbeitet werden.

Arbeitsplanung

Arbeitsplan

Auf Anfrage der Produktionsplanung und -steuerung wird durch die Arbeitsplanung, basierend auf dem über Stücklisten erzeugten Stoffstrommodell, ein Arbeitsplan generiert bzw. für das spezifische Endprodukt extrahiert.

Der Arbeitsplan dient der Einplanung von Kundenaufträgen in der Produktionsplanung und -steuerung. Stoffstrombasiert reicht es in Abhängigkeit der Eingaben über die Werkstore hinaus und bezieht in aggregierter Form Rohstofferzeugungs- bzw. Entsorgungsprozesse mit ein. Falls modelliert und von den Gegebenheiten in der Werkstatt möglich, enthält der Arbeitsplan Fertigungsalternativen für das zu fertigende Endprodukt.

Ein Arbeitsplan besteht aus allen Stoffen und Prozessen, die bei der Planung und Bilanzierung eines entsprechenden Zielstoffes relevant sind und im Stoffstrommodell erfasst wurden.

Produktionsplanung und -steuerung

Werkstattauftrag

Nach der Auswahl einer Planungsalternative sind durch die Produktionsplanung und -steuerung Werkstatt- bzw. Fertigungsaufträge zu erzeugen, um den Bedarf der Kundenaufträge decken zu können.

Ziel ist die Übergabe von Handlungsanweisungen an die Werkstatt. Die eingegangenen Kundenaufträge werden anhand des Arbeitsplans aus der Arbeitsplanung und der kosten- sowie ressourcenorientierten Bewertung durch Bilanzierung und Controlling in Werkstattaufträge aufgelöst.

Die Nachricht beinhaltet dazu eine Auftragsnummer, den Arbeitsplan sowie die zu fertigende Menge und den Zeitpunkt des Bedarfs.

Fertigungsleitstand

Auftragsstatus

Nach Fertigstellung des Auftrags bzw. bei drohender Überschreitung des Fertigstellungstermins wird der Staus des Auftrags an die PPS zurückgemeldet.

Ziel ist die Dokumentation des realisierten Produktionsablaufs. Dies versetzt die PPS in die Lage, bei Planabweichungen entsprechende Maßnahmen (Umplanungen, wie z.B. zeitliche Verschiebung von Aufträgen oder Fremdvergabe) zu ergreifen.

Die Nachricht beinhaltet dazu eine Identifikationsnummer des gefertigten Werkstattauftrags sowie die gefertigte Menge, den (voraussichtlichen) Zeitpunkt der Fertigstellung sowie eine Statusinformation.

Bilanzierung und Controlling

Ressourcenmatrix Struktur (Output)
Ziel der Übergabe der „Ressourcenmatrix Struktur" ist, dass alle OPUS-Systeme auf der Basis eines einheitlichen unternehmensspezifischen Zielsystems arbeiten. Die für ein Unternehmen relevanten Ressourcen werden strukturiert und entsprechend ihrer Bedeutung gewichtet.

Die Ressourcenmatrix enthält allgemeine Informationen:
- Laufende Nummer zur Identifizierung,
- Geltungsbereich des Zielsystems z.B. Organisationseinheit und
- Zeitraum der Gültigkeit sowie spezifische Informationen zum Zielsystem.
- Ressourcen die für die Bewertung von Alternativen entscheidend sind bzw. bilanziert werden sollten (inkl. SI-Einheit und eindeutiger Nummer).
- Gewichtung der Ressourcen entsprechend der Zielsetzung,
- Evolutionsfaktoren, die die Verbesserungszielsetzung repräsentieren und
- Verhältnis zwischen ökologischer und ökonomischer Zielsetzung.

Ressourcenmatrix Plandaten zur Bewertung (Input)
Die ausgefüllte Ressourcenmatrix dient der Bewertung unterschiedlicher Alternativen, die im Rahmen der Konstruktion, Arbeitsplanung oder Produktionsplanung und Steuerung zur Verfügung stehen. Auf Basis der ermittelten Ressourcenbedarfe wird eine Bewertung vor dem Hintergrund des definierten Zielsystems vorgenommen.

Die ausgefüllte Ressourcenmatrix enthält Daten von mindestens zwei Alternativen, da diese im Vergleich bewertet werden. Weiterhin werden die Grundlagen und Annahmen der Bilanz im Kopf festgehalten. Der Bereich und Ersteller wird übertragen, um ihm die Bewertung gezielt zurücksenden zu können. Für die zuvor definierten Ressourcen sind die Bedarfe und Abgaben bei einer definierten Bezugsgröße angegeben (Sachbilanz). Für die Abschätzung der Datenqualität wird zusätzlich die Erfassungsart (Schätzung, Erfasst, Berechnet) festgehalten. Darüber hinaus können für jede Ressource Bemerkungen zur Informationsquelle o.ä. übertragen werden.

Bewertungsergebnisse (Output)
Ziel des Bewertungsergebnisses ist es, dem Anfragenden auf Basis der erstellten Ressourcenmatrix eine Entscheidungshilfe zu geben. Hierzu werden auf Basis einer ressourcenorientierten, einer kostenorientierten und einer kombinierten Bewertung Rangfolgen der Zielerfüllung der Alternativen aufgestellt. Der Planer kann so, vor dem Hintergrund der Problemstellung und des Ergebnisses eine fundierte Entscheidung treffen.

Das Bewertungsergebnis wird auf Basis der ausgefüllten Ressourcenmatrix und der Zielsetzung im Modul Bilanzierung und Controlling berechnet und an den Anfrager zurückgesendet. Dies können folgende Module sein.

Die Kopfdaten stellen den Bezug zu der entsprechenden Anfragen (Ressourcenmatrix) her. Die drei Bewertungsrangfolgen (ressourcenorientiert, kostenorientiert und kombiniert) sind Kern der Bewertung. Die der Rangfolge zugrunde liegenden Daten (Prozessgüte, Kosten/Bezugsgröße und Mittelwert) werden ebenfalls übertragen.

Prozessdatenblatt - Soll, Aufforderung zum Controlling (Output)
Um ein operatives Controlling durchführen zu können, ist es erforderlich, die tatsächlichen Ressourcenbedarfe während der Produktion zu erfassen, auszuwerten und ggf. bei Überschreiten von definierten Grenzen Maßnahmen abzuleiten. Mit dem "Prozessdatenblatt - Soll" werden die OPUS-Module PPS oder Prozessleitsystem aufgefordert, ausgewählte Ressourcenbedarfe über einen definierten Zeitraum in Intervallen zu erfassen und an Bilanzierung und Controlling zu melden.

Die Aufforderung zur Erfassung wird an folgende Bereiche gerichtet, da sie über die notwendigen Informationen und Infrastrukturen zur Datenerfassung verfügen.

Das „Prozessdatenblatt - Soll" nimmt Bezug auf eine zuvor durchgeführte Bewertung, da so ein Vergleich zwischen den Plan- und Ist-Werten möglich ist. Aus diesem Bewertungsfall werden besonders kritische oder unbekannte Ressourcen ausgewählt die erfasst werden sollten. Die Evolutionsfaktoren bieten ebenfalls eine Entscheidungsgrundlage für die Auswahl der zu erfassenden Ressourcen. Darüber hinaus ist festzulegen in welchen Intervallen die Ressourcenbedarf erfasst werden sollen. Hierdurch wird maßgeblich der Aufwand für die Erfassung festgelegt.

Prozessdatenblatt - Ist (Input)
Mittels des „Prozessdatenblatt - Ist" werden die ermittelten Ressourcenbedarfe innerhalb eines definierten Zeitraumes zurückgemeldet.

Das „Prozessdatenblatt - Ist" kann von folgenden OPUS-Modulen erstellt und an Bilanzierung und Controlling übertragen werden.

Das „Prozessdatenblatt - Ist" nimmt Bezug auf das „Prozessdatenblatt - Soll". Dem Controlling wird eine Input/Output-Bilanz der ausgewählten Ressourcen zur Verfügung gestellt. Je Ressource und Erfassungsintervall wird ein Prozessdatenblatt erstellt und übergeben. Zusätzlich werden prozessbeschreibende Informationen wie Auftragsnummer und Prozesszustand gespeichert.

4.4
Szenario und Test

von Uwe Rey, Anja Holsten, Bernhard Mischke, Franz-Bernd Schenke

Für die Funktionsbereiche Konstruktion, Arbeitsplanung, Produktionsplanung und -steuerung sowie Prozessleitsysteme und Bilanzierung und Controlling wurden Funktionsmuster implementiert, um die Möglichkeit der informationstechnischen Umsetzung der erarbeiteten Konzepte zu belegen.

Über den OPUS-Server können Nachrichten in einem Format ausgetauscht werden, welches unabhängig von der Implementierung der miteinander kommunizierenden Module, korrekt interpretiert werden kann. Dies ermöglicht z.B. die Übergabe einer Stückliste aus dem in Excel realisierten Konstruktionsprototypen zur Arbeitsplanung, welches als Java-Tool implementiert ist.

Um die Funktionsfähigkeit des OPUS-Servers und das Zusammenspiel der verschiedenen Prototypen aus den verschiedenen Funktionsbereichen testen zu können, wird ein Szenario benötigt. Dieses Szenario soll bei einem überschaubaren Komplexitätsgrad, die informationstechnische Verknüpfung der Prototypen ermöglichen.

Als anschauliches Demonstrationsbeispiel wurde die Fertigung einer Getriebewelle ausgewählt. Dabei wird nicht angestrebt, Methoden und Herangehensweisen aus der Praxis exakt nachzubilden. Es handelt sich hier vielmehr um ein eingeschränktes Beispiel, welches nicht realitätstreu ist und dessen Prozessabläufe frei zusammengestellt sind.

Konstruktion

Das Szenario beginnt in der Konstruktion mit dem Entwurf zweier Alternativen für eine Getriebewelle. Der erste Entwurf geht bei der Fertigung von einem Schmiedeteil mit bereits vorgefertigter Struktur aus. Dagegen wird im Alternativentwurf die Getriebewelle aus Welle, Ritzel und Passfeder zusammengesetzt (vgl. Abbildung 4.4-1).

Alternative 1:
- einteilige Lösung als Ritzelwelle
- gefertigt als Schmiedestück

Alternative 2:
- zweiteilige Lösung als Welle/Ritzel-Kombination
- Wellen-Narbenverbindung mittels Passfeder

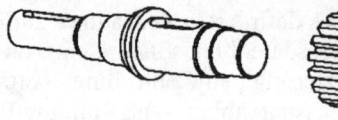

Abb. 4.4-1 Alternative Konstruktionen für die Szenario-Getriebewelle

Arbeitsplanung

Basierend auf den in der Konstruktion beschriebenen Alternativen wird in der Arbeitsplanung sukzessiv ein Stoffstrommodell modelliert (vgl. Abbildung 4.4-2). Dies geschieht ausgehend vom Endprodukt rückwärts, indem den zur Fertigung notwendigen Prozessen die zu dessen Ausführung erforderlichen Ressourcen zugeordnet werden.

Bei der Integration dieser Abläufe, in das die gesamte Fertigung des Unternehmens beschreibende Stoffstrommodell, wird eine dritte Alternative zur Produktion der Getriebewelle erfasst. Diese entsteht durch die Eigenfertigung des Ritzels im Gegensatz zum Fremdbezug.

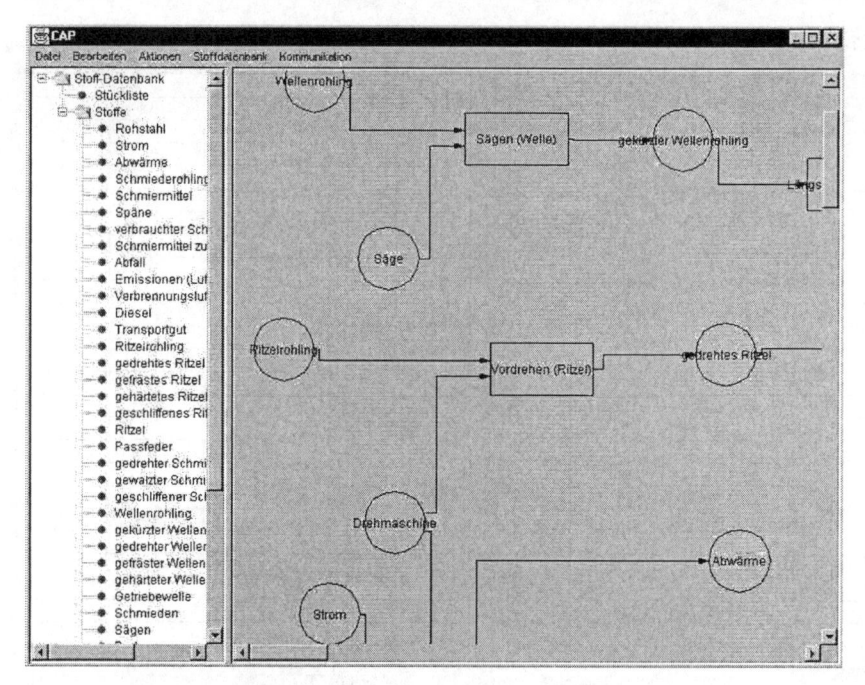

Abb. 4.4-2 Stoffstrommodell im Prototypen der Arbeitsplanung

Basierend auf diesen drei Arbeitsplanalternativen sollen in der Produktionsplanung und -steuerung die Verarbeitung von Kundenaufträgen simuliert werden.

Bei der Übergabe des Arbeitsplans für die Getriebewelle von der Arbeitsplanung an die Produktionsplanung und -steuerung sind alle drei Alternativen in der Datenstruktur enthalten. Diese werden erst in der Produktionsplanung und -steuerung getrennt und einer Bewertung zugeführt.

Produktionsplanung und -steuerung
Im Rahmen des Szenarios wird auf den Einsatz der entwickelten Aggregationsmechanismen zur weiteren Optimierung der Produktionsplanung verzichtet, da diese die Komplexität des Szenarios im Rahmen einer prototypischen Umsetzung sprengen würden.

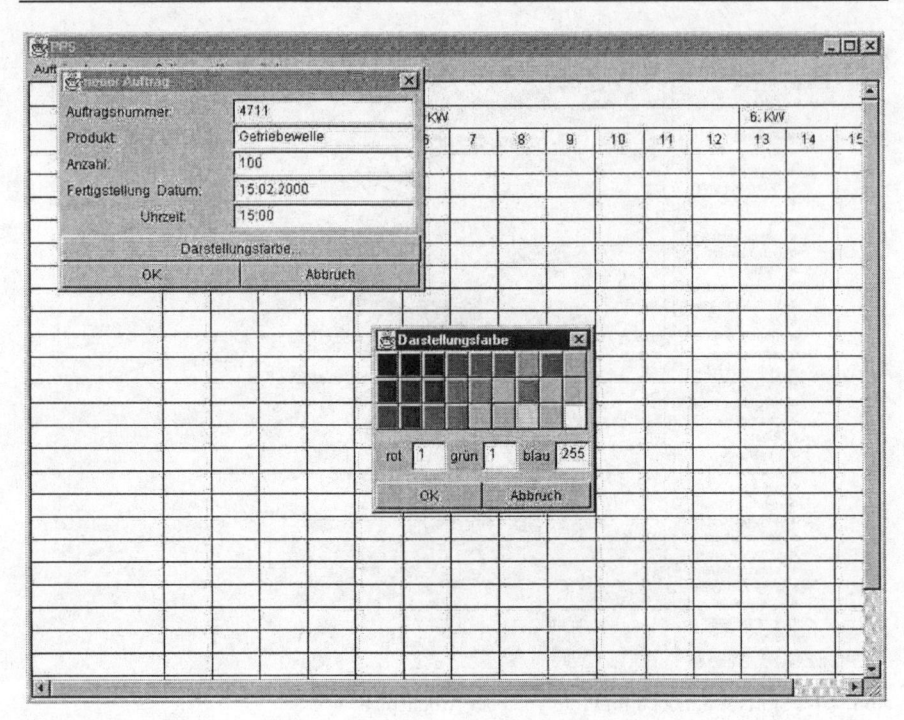

Abb. 4.4-3 Eingabe eines Auftrags im Prototypen für die Produktionsplanung und -steuerung

Mittels der über die Arbeitsplanung bezogenen Arbeitsplanalternativen kann eine Anfrage an das Bilanzierung und Controlling Modul zu deren Bewertung gestellt werden.

Das Bilanzierung und Controlling Modul übernimmt diese Funktion und hat unter Beachtung der Zielkriterien des Unternehmens für jeden Kundenauftrag eine Priorisierung nach ökologischen und ökonomischen nach Kriterien vorzunehmen.

Die positiv bewerteten Alternativen dienen der PPS der Grobterminierung der Aufträge und für die Generierung der Fertigungsaufträge für den Werkstattbereich. Diese werden anschließend an das Prozessleitsystem übergeben.

Prozessleitsystem
Auf der Ebene der Werkstattsteuerung werden die Fertigungsaufträge der PPS auf die Betriebsmittel eingelastet und die Grobterminierung verfeinert.

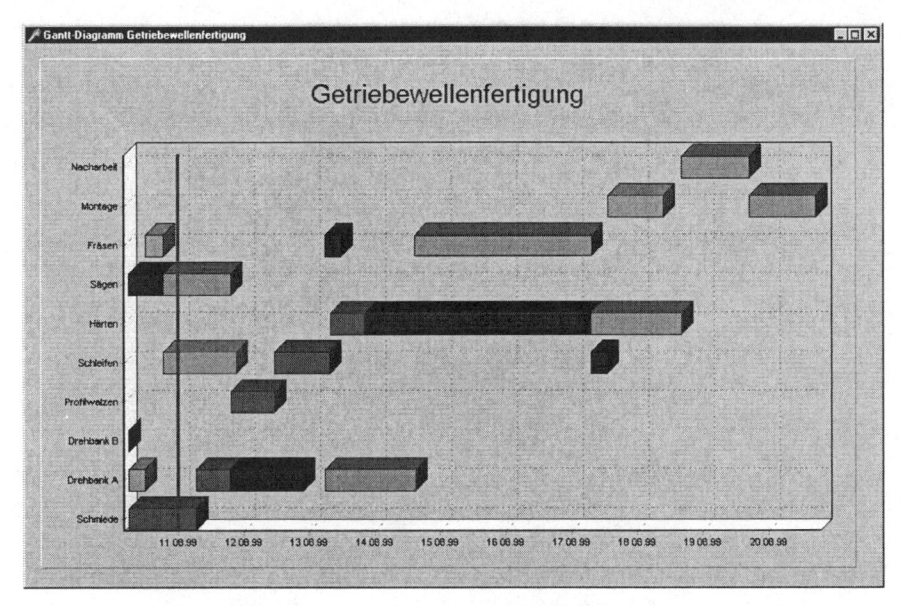

Abb. 4.4-4 Terminierung der Fertigungsaufträge im Prozessleitsystem

Mögliche Fertigungsalternativen, die sich auch auf der Werkstattebene, geleitet durch das Fachwissen von Meister und Facharbeiter, ergeben können, fließen über die Prozesssteuerung (vgl. Abbildung 4.4-4) in die Fertigung ein.

Bilanzierung und Controlling
Der Prototyp in der Bilanzierung und Controlling dient der Bewertung alternativer Investitionsobjekte vor dem Hintergrund eines unternehmensspezifischen Zielsystems.

Es hat folgenden Aufbau:

- Zielplanung,
- Bewertung,
- Auswertung und
- Stammdaten.

In den Stammdaten werden Daten der verwendeten Ressourcen und Einteilung der Ressourcen in unterschiedliche Kategorien vorgehalten.

Die Zielplanung erfolgt durch die Schritte:

1. Festlegung von Evolutionsfaktoren unter Berücksichtigung unternehmensexterner und -interner Faktoren.
2. Aufstellung einer Präordnung der verwendeten Ressourcen durch paarweise Vergleiche.
3. Die Bewertung wird umgesetzt durch die
4. Quantitative Erfassung der Ressourcenbedarfe und -abgaben innerhalb eines definierten Bilanzraumes aller identifizierten Alternativen sowie
5. der Festlegung eines Referenzzustandes.

158 4 Informationstechnische Infrastruktur

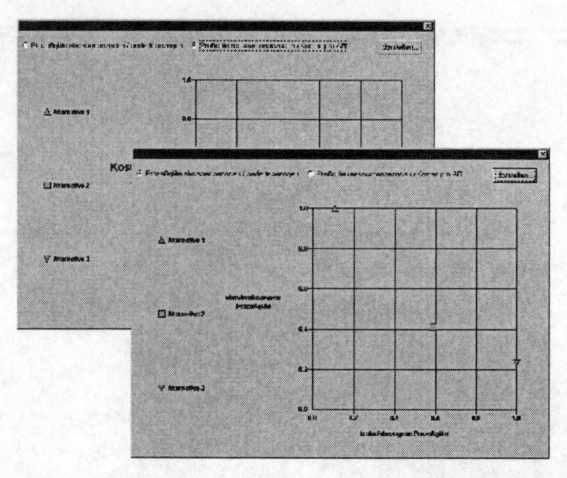

Abb. 4.4-5 Bewertung kostenorientierter vs. ressourcenorientierter Prozessreihenfolgen

Die Auswertung ermittelt eine kostenorientierten und eine ressourcenorientierten Prozessreihenfolge (vgl. Abbildung 4.4-5) als Basis für eine Entscheidung und Einplanung in der PPS.

Ablauf und Integration

Zur Sicherung eines eindeutigen Ablaufs des Szenarios werden Telegrammkennungen einheitlich definiert. Diese setzen sich aus drei Ziffern zusammen: *SenderAPNr|EmpfängerAPNr|#Funktion*. Damit ergeben sich die in Tabelle 4.4-1 definierten Kennungen, welche die für den Szenarioablauf notwendigen Funktionsumfang beschreiben lassen.

Die erste Ziffer steht für den Funktionsbereich, der für die Implementierung verantwortlich ist oder anders gesagt, in dessen Prototyp diese Funktion eingebettet ist.

Tab. 4.4-1 Telegrammkennungen

Funktion	Kennung
Übergabe der Stückliste von Konstruktion an Arbeitsplanung	231
Übergabe eines Arbeitsplans von der Arbeitsplanung an die PPS	341
Abfrage eines Arbeitsplans durch die PPS bei der Arbeitsplanung	431
Übergabe von Werkstattaufträgen von der PPS an das Prozessleitsystem	451
Abfrage der Bewertung von Alternativen bei Bilanzierung und Controlling	461
Übergabe der Bewertung von Bilanzierung und Controlling an die PPS	641

Der Gesamtablauf ergibt sich dann wie folgt (vgl. Abbildung 4.4-6):

- Übergabe eines Kundenauftrags an die PPS,
- Anforderung eines Arbeitsplans durch Übergabe des Endproduktes (431),
- Abfrage eine Stückliste für das Endprodukt (321),

- Übergabe eine Stückliste an die Arbeitsplanung (231),
- Generierung und Weiterleitung eines Arbeitsplans (341),
- Übergabe einer Ressourcenmatrix an Bilanzierung und Controlling (461),
- Rückgabe einer vergleichenden Bewertung der Alternativen (641) und
- Weitergabe von Werkstattaufträgen an das Prozessleitsystem (451).

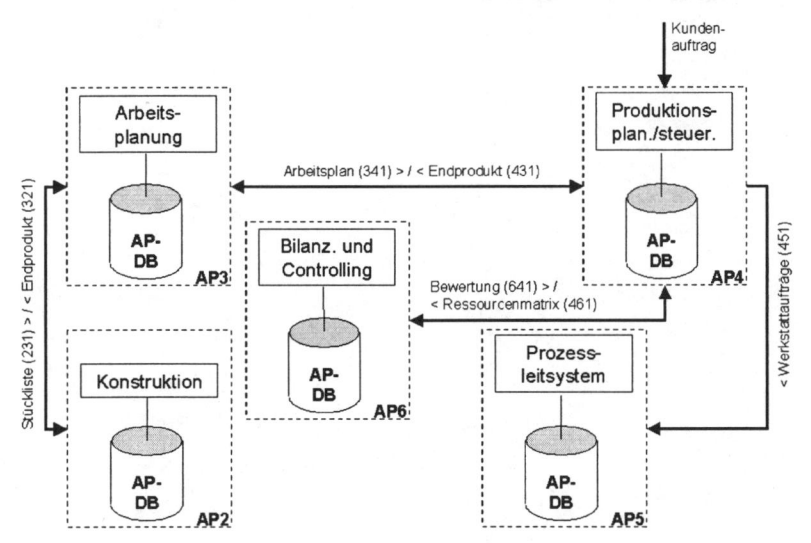

Abb. 4.4-6 Ablauf des Szenario mit Kommunikationsschnittstellen

Die einzelnen Schritte der Abfolge sind zeitlich entkoppelt, da die Kommunikation über den OPUS-Server und nicht direkt zwischen den Prototypen erfolgt.

4.5
Zusammenfassung

Die Analyse der Anforderungen aus den einzelnen Funktionsbereichen (Kapitel 3.1 bis 3.5) hat den Bedarf an der gemeinsamen Nutzung von Daten in Form von Referenzmodellen, aktuellen oder planerischen Inhalts und der Kopplung oder Erweiterung vorhandener Informationstechnik mit anderen auch im Projekt verwendeten Teilsystemen aufgezeigt.

Diese Erweiterung erfolgte in bzw. durch die Entwicklung von Prototypen für die einzelnen Funktionsbereiche. Eine informationstechnisch unterstützte Kopplung dieser Prototypen wurde durch den OPUS-Server realisiert. Dieser arbeitet vergleichbar mit einem Mailserver. Er nimmt zeitentkoppelt Nachrichten auf und gibt diese bei Anfrage an den Empfänger weiter.

Zur Realisierung dieses Vorgehens war die Einführung eines festen Datenformates mittels der OPUS-Notation notwendig. Diese dient der Definition und einheitlichen Beschreibung der Schnittstellen zwischen den Prototypen der einzelnen Funktionsbereichen, so dass unabhängig von der konkreten Implementierung Nachrichten ausgetauscht werden können.

Die implementierten Funktionen zur Kommunikation über die Kernschnittstellen und das gewählte Szenario, der Konstruktion und Planung der Fertigung einer Getriebewelle, ermöglichen den Test der Prototypen und zeigten die Stimmigkeit der Konzeption.

5 Überbetriebliche Aspekte der umweltorientierten Auftragsabwicklung

In der Industrie wird zunehmend ein vorsorgendes Umweltmanagement angestrebt, mit dem gleichzeitig ökonomische Potenziale zu erschließen sind (Döpper et al. 1997, Eversheim et al. 1999). Vor dem Hintergrund der verfügbaren Methoden und Hilfsmittel wird dabei überwiegend die Bilanzgrenze „Unternehmen" betrachtet. Eine effiziente umweltökonomische Ausrichtung nach dem Leitbild des Sustainable Development ist aber nur unter Einbeziehung der gesamten Wertschöpfungskette bzw. des Produktlebenszyklus möglich (Dahl 1996). Betrieblich ausgerichtete Ansätze existieren bereits. Sie fokussieren in der Regel auf eine ökologieorientierte Bewertung von Produkten und Produktionsprozessen (Eversheim 1996). Es fehlen jedoch die überbetrieblichen Arbeits- und Abstimmungsmechanismen.

Daher werden in den folgenden Beiträgen Gesichtspunkte umweltorientierter Kooperationen und Aspekte eines überbetrieblichen Umweltmanagements behandelt (s. Abbildung 5.1-1). Dabei werden zunächst aus einer Top-Down-Sicht heraus mögliche Kooperationsstrategien und Abstimmungsmechanismen für eine effiziente umweltökonomisch geprägte Zusammenarbeit dargestellt. Im Anschluss werden Bottom-Up die überbetrieblich ausgerichteten Freiheitsgrade und Pflichten betrieblicher Funktionsbereiche erarbeitet. So wird insgesamt ein Konzept zum überbetrieblichen Umweltmanagement skizziert.

5.1 Umweltorientierung in Kooperationen

von Torsten Kriwald und Sascha Schuth

Unternehmen sehen sich heute veränderten Wettbewerbsanforderungen gegenüber. Diese resultieren aus einer Globalisierung der Märkte, Verkürzung von Produkt- und Technologie-Lebenszyklen, Steigerung der Fixkosten, zunehmendem Umweltbewußtsein und einem immer rascheren Wandel der Kundenbedürfnisse. Gegenwärtig werden vermehrt Kooperationsstrategien als Reaktion auf die neuen Herausforderungen im Wettbewerb empfohlen (Rotering 1993).

5 Überbetriebliches Umweltmanagement

```
                              Top-Down-    Kooperations-
                              Sicht        strategien und
                                           Abstimmungs-
                                           mechanismen
```

Gesetzlich-normative Grundlage zur Förderung der umweltbezogenen Eigenverantwortlichkeit des Unternehmers durch EWG-VO 1836/93 und DIN ISO 14001	Unternehmensübergreifende Kooperationsmechanismen
Motivation →	**Zielsetzung** **Konzept für ein überbetriebliches Umweltmanagement**
Rein unternehmensbezogene Betrachtungen reichen nicht aus, die Vorgabe "Sustainable Development" zu erreichen	Betriebliche Handlungsfelder

```
                              Bottom-Up-   Überbetrieblich
                              Sicht        ausgerichtete
                                           Freiheitsgrade
                                           und Pflichten
                                           betrieblicher
                                           Funktions-
                                           bereiche
```

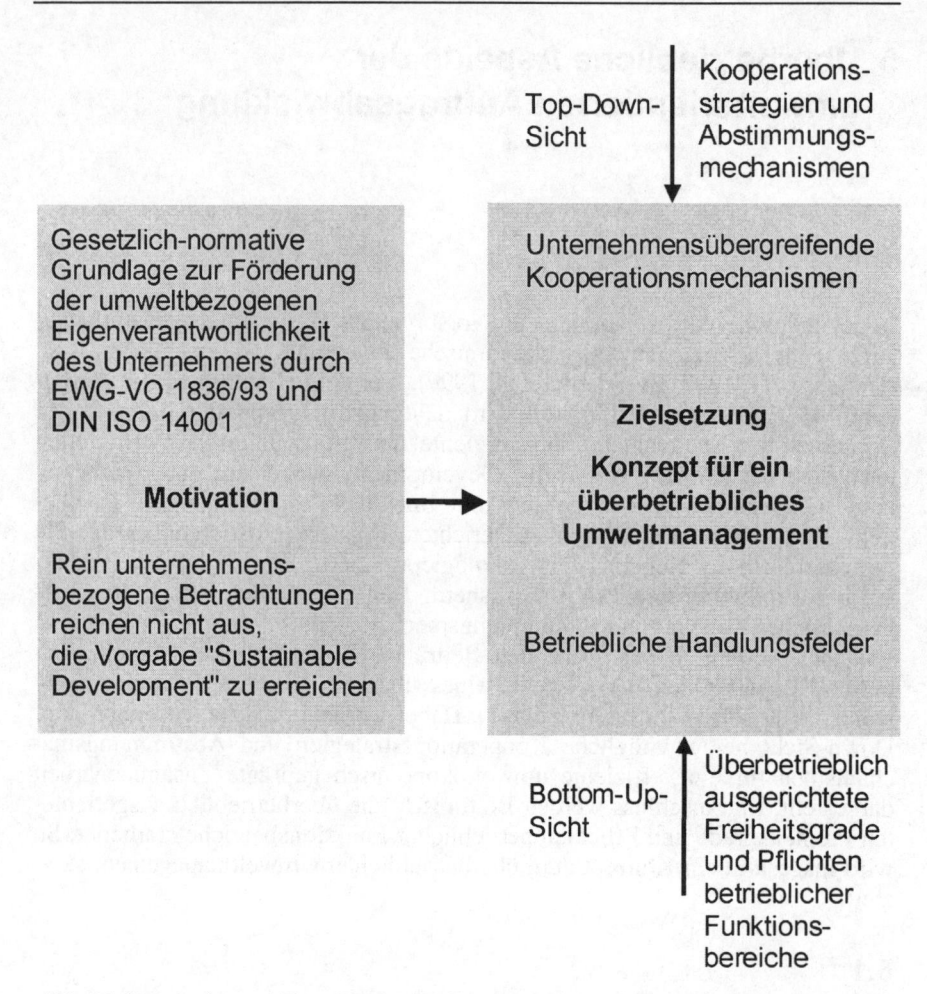

Abb. 5.1-1 Motivation und Einordnung der Beiträge zum überbetrieblichen Umweltmanagement

Weiterhin resultiert der erkennbare Trend zur Bildung von überbetrieblichen Kooperationen aus der Tatsache, dass sich immer mehr Unternehmen auf ihre Kernkompetenzen konzentrieren. Da diese aber in der Regel nicht im Umweltbereich liegen, werden umweltbezogene Fragestellungen häufig im Verbund mit anderen Unternehmen gelöst.

Im Folgenden sollen die Kooperationsmechanismen im überbetrieblichen Umweltmanagement dargestellt und in Form konkreter Handlungsanweisungen anwendbar gemacht werden. Dabei erfolgt in Teilen eine Anlehnung an den Leitfaden zur Kooperationsgestaltung von Staudt (Staudt 1992).

Initiierung der Kooperation

In Anlehnung an bestehende Konzepte beginnt die Initiierung einer umweltorientierten Unternehmenskooperation mit einer umweltbezogenen Situationsanalyse des Unternehmens, gefolgt von der Ziel- und Strategiefindung im Rahmen einer umweltbezogenen Unternehmensstrategie (Aulinger 1996).

Im Rahmen der Situationsanalyse wird zunächst die Gewichtung des Faktors Umwelt in der Unternehmensstrategie ermittelt. Hierbei sind verschiedene Aspekte zu beleuchten (de Backer 1996). Beispielsweise gibt die Untersuchung der Verantwortlichkeiten nach Hierarchieebenen Hinweise darauf, wie die für die Umweltschutzbelange zuständigen Mitarbeiter organisatorisch angesiedelt sind und welchen Organisationsgrad die Umweltschutzbemühungen besitzen. Die Höhe der Ausgaben für Umweltschutzmaßnahmen, die umweltorientierten Investitionen in Produktionsmittel sowie Ausgaben für Mitarbeiterschulungen stellen weitere Anhaltspunkte für das umweltbezogene Interesse von Unternehmen dar. Weitere Hinweise auf die Unternehmenssituation ergeben sich aus dem Gewicht, das der internen Kommunikation von umweltrelevanten Informationen beigemessen wird und der Berücksichtigung des Faktors Umwelt im Bereich Forschung und Entwicklung.

Im Anschluss an die Grobanalyse muss die Untersuchung einzelner Teilbereiche erfolgen (de Backer 1996). Wichtige Aspekte stellen hierbei die Analyse der Forschungs- und Entwicklungsstrategie sowie der Produktionsstrategie aus Umweltschutzsicht dar. Auch die Personalmanagementstrategie, die Rechts- und Finanz- sowie insbesondere die Public Relations- und Marketingstrategie aus umweltorientierter Sicht sind von großer Bedeutung.

Die Untersuchung dieser Aspekte kann z.B. anhand von Checklisten erfolgen. Diese sind jeweils branchen- bzw. unternehmensspezifisch zu erstellen; hierfür existieren in der Literatur einige Beispiele (de Backer 1996).

Ein weiteres Hilfsmittel zur Situationsanalyse ist die umweltbezogene Sachbilanz. Sie dient der Erfassung von Umwelteinwirkungen des Unternehmens. Mit der umweltbezogenen Sachbilanz sollen nicht nur die direkten Unternehmensaktivitäten bilanziert werden, sondern auch die indirekt im Rahmen des Produktlebenszyklus anfallenden Input-Output-Relationen der Rohstoffgewinnung, Vorproduktion, Distribution, Produktnutzung und Entsorgung. Für eine qualitative Einstufung der Ergebnisse in Stärken- und Schwächenkategorien kann die ABC-Analyse angewandt werden.

Basierend auf den Ergebnissen der Situationsanalyse kann die Ziel- und Strategiefindung eingeleitet werden. Hierbei werden grundlegende Absichten des Unternehmens geklärt (Aulinger 1996). Solche Absichten können sich beispielsweise in der Vermeidung des Einsatzes bestimmter Rohstoffe, der Erhöhung des energetischen Wirkungsgrades, der Erfüllung rechtlicher Anforderungen, der Festlegung von Emissionshöchstwerten und zu erreichenden Qualitätsstandards, aber auch im Anstreben eines bestimmten Ansehens in der Öffentlichkeit manifestieren. Im Verlaufe der Konkretisierung der einzelnen Unternehmensziele erweist es sich oftmals als unmöglich, allen Absichten in vollem Umfang zu entsprechen. Daher muss eine Abwägung einzelner Zielsetzungen im Hinblick auf ein umweltschutzbezogenes und ökonomisches Gesamtoptimum erfolgen.

Auch die aufzubauenden Leistungspotenziale, d.h. die in der Kooperation vertretenen Kompetenzen, besitzen einen großen Einfluss auf die umweltbezogenen Auswirkungen von Kooperationen. Im Rahmen der Analyse von Leistungspotenzialdefiziten ist zunächst zu ermitteln, welche Leistungspotenziale das Unternehmen braucht, um die geplanten ökonomischen und umweltbezogenen Effizienzziele zu erreichen. Des Weiteren ist zu klären, welche primären und sekundären Unternehmensfunktionen in welchem Umfang und in welcher Qualität benötigt werden. Diesen Soll-Potenzialen werden anschließend die ökonomischen und umweltbezogenen Ist-Potenziale gegenübergestellt. Aus der Analyse existierender Differenzen können dann die im Rahmen der Kooperation aufzubauenden Leistungspotenziale abgeleitet werden.

Die Ergebnisse können zum Überdenken bereits erwogener Marktstellungsziele führen, i.d.R. sind sie auf jeden Fall Ausgangspunkt neuer strategischer Überlegungen und Maßnahmen, mit denen die Defizite im ökonomischen, vor allem aber im Sinne des Umweltschutzes geschlossen werden können.

Partnersuche

Wichtigste Kriterien bei der Wahl von Partnern sind Kompatibilität der Interessen sowie komplementäre externe Fähigkeitspotenziale zur Verwirklichung der erwünschten Wettbewerbsvorteile. Um die Synergieeffekte auch tatsächlich realisieren zu können, ist die Erarbeitung eines entsprechenden Anforderungsprofils für den „idealen" Partner notwendig. Die Identifizierung von potenziellen Partnerunternehmen ist daher eine der wichtigsten Voraussetzung für eine erfolgreiche Realisierung von Kooperationen (Frank 1994).

Bevor mit der Auswahl von Kooperationspartnern begonnen werden kann, ist zunächst die Erstellung eines Anforderungsprofils notwendig. Dieses Anforderungsprofil beinhaltet Angaben zur Branche des Kooperationspartners und zu seinem geographischen Standort, vor allem aber zu dem gewünschten Leistungspotenzial. Bei umweltorientierten Kooperationen kommen noch Aspekte wie die Ökokompetenz hinzu. Unter dieser versteht man die Fähigkeit und Bereitschaft eines Unternehmens, sich umweltorientiert zu verhalten. Hinweise auf die Ökokompetenz ergeben sich aus der Fähigkeit und der Bereitschaft zu umweltbezogen verantwortungsbewusstem Handeln.

Die Grundlage für erfolgreiche Kooperationen ist die zeitweilige Konvergenz der Ziele der kooperierenden Unternehmen. Die Harmonisierung der strategischen Übereinstimmung muss im Hinblick auf die Ressourcenkomplementarität und die Zielkompatibilität erlangt werden. Je größer die Ähnlichkeit hinsichtlich der Unternehmensziele und die Komplementarität der unternehmensspezifischen Stärken ist, desto größer ist die Wahrscheinlichkeit eines Erfolges (Frank 1994).

Bei Kooperationen erfolgt daher normalerweise die Identifikation von Partnern anhand der Kriterien Kompetenz, Kapazität und Kosten. Bei nach Umweltgesichtspunkten gestalteten Kooperationen ist des Weiteren noch die Ökokompetenz der Partner zu berücksichtigen. Umweltauswirkungen sind dabei nur insoweit zu erfassen, als sie nach Menge und Wirkung relevant sind und vom Unternehmen beeinflusst werden können.

Die Überprüfung der Kooperationspartner bezüglich ihrer Ökokompetenz muss sich vor allem auf die Ziele beziehen, die durch die Einführung eines überbetrieblichen Umweltmanagement gefördert werden sollen. Mögliche Kriterien für die Zielfestlegung sind die Erlangung von Wettbewerbsvorteilen am Markt, Kostensenkungen und Risikominimierungen. Mögliche Wettbewerbsvorteile, die sich durch den Aufbau einer Ökokompetenz ergeben, können die Imageverbesserung sowie die Möglichkeit sein, umweltschutzorientierte Märkte zu erschließen. Der Aspekt der Kostensenkung umfasst die Verminderung von Energie- und Rohstoffkosten, von Entsorgungskosten sowie von Umweltabgaben. Außerdem kann ggf. auch durch eine verbesserte Motivation von Mitarbeitern eine Kostenreduzierung erreicht werden. Im Hinblick auf die Risikominimierung können durch die Sicherstellung der Ökokompetenz von Kooperationspartnern die Haftungsrisiken verringert, die Notfallvorsorge verbessert und das kooperative Verhalten mit Behörden gefördert werden.

Als mögliche Prüfbereiche für die Partnerbewertung empfiehlt sich eine Untersuchung der Produktionsanlagen, z.B. im Hinblick auf Ressourcenbedarfe und Betriebsstörungen (Gefahrpotenziale, Vorsorge). Weitere Anhaltspunkte für die Ökokompetenz von Kooperationspartnern sind der interne Informationsfluss, die Dokumentation von umweltrelevanten Abläufen, der umweltbezogene Kenntnisstand der Mitarbeiter, der Umgang mit Behörden und die Öffentlichkeitsarbeit. Außerdem sind allgemeine Aspekte bezüglich des umweltbezogenen Verhaltens möglicher Kooperationspartner zu beachten.

Darüber hinaus sind auch die Produktentwicklung (z.B. Design, Verpackung, Transport, Entsorgung), die Materialwirtschaft, die Lagerwirtschaft und der betriebliche Umweltschutz bei Auftragnehmern und Lieferanten zu betrachten.

Aufbau der Kooperation

Im Anschluss an die Festlegung des Kooperationszwecks und die Auswahl der Partner kann die Kooperationsarchitektur festgelegt werden (Staudt 1992).

Die Lebensdauer einer Kooperation ist immer dann beschränkt, wenn es sich um ein reines Kooperationsprojekt handelt. Daher ist es im Hinblick auf Umweltschutzgesichtspunkte sinnvoll, sich auf der Grundlage der bereits dargestellten Lebenszyklusanalyse Gedanken über die Umweltauswirkungen einer Kooperation zu machen.

Innerhalb dieser Betrachtung sollten alle Verfahrensschritte bzw. deren Wirkungen dargestellt werden, die durch die Kooperation hervorgerufen werden und die damit innerhalb der durch die Kooperation definierten Systemgrenzen liegen. Auf der Inputseite wird der Verbrauch an Rohstoffen, Produkten und Energie, und auf der Outputseite die Emissionen in Luft, Wasser und Boden sowie die Umweltwirkungen der erzeugten Produkte bzw. Systeme quantifiziert und inventarisiert. Ferner finden die Umwelteinwirkungen der Energieumwandlung (Strom- und Wassererzeugung) ebenso Eingang wie der Energiebedarf und die Emissionen, die durch Transporte verursacht werden (Kerschbaummayr u. Alber 1996).

Als zeitlicher Betrachtungszeitraum gilt die Lebensdauer der Kooperation. Auch wenn exakt quantifizierbare Aussagen nur möglich sind, sofern im Rahmen der Kooperation einige Voraussetzungen, z.B. die Verwendung gleicher Bewertungsmaßstäbe, geschaffen werden, so erhält man zumindest ein „Inventar der Umweltlasten", d.h. die Gesamtmenge aller Rohstoffe, Energieträger, Produkte und Schadstoffe, die in das untersuchte System fließen oder dieses verlassen. Im Anschluss an diese Bestandsaufnahme können die Umweltauswirkungen der festgestellten Schadstoffmengen und des Rohstoff- und Energiebedarfs analysiert werden. Auf der Basis dieser Untersuchungen können bereits beim Aufbau der Kooperation die Auswirkungen möglicher Verbesserungsmaßnahmen untersucht werden (Kerschbaummayr u. Alber 1996). Darüber hinaus muss im Rahmen der Planung des Lebenszyklus der Kooperation auch die spätere Auflösung berücksichtigt werden.

Die Vorteile dieser Vorgehensweise liegen darin, dass alle Massen- und Energieströme zu einem frühen Zeitpunkt kalkuliert und ggf. beeinflusst werden können. Es werden prozessorientierte Parameter verglichen, die tatsächlich mit dem Betrieb der Kooperation verbunden sind. Nicht die ganzen Unternehmensprozesse, sondern einzelne Prozessketten oder Prozesse werden bewertet. Dadurch entsteht ein partner- und branchenübergreifender, objektiver Vergleichsmaßstab (Kerschbaummayr u. Alber 1996).

Im Hinblick auf die spätere Einführung eines überbetrieblichen Umweltmanagementsystems sollten einige Aspekte berücksichtigt werden, z.B. die Organisation der Schlüsselfunktionen für den Umweltschutz, die Dokumentation der Delegation von Aufgabe, Kompetenz und Verantwortung sowie eine klare Abgrenzung der Befugnisbereiche.

Die Festlegung der physischen und informationstechnischen Infrastruktur orientiert sich am Kooperationszweck und an der gewählten Organisationsform. Produktions-, Informations- und Kommunikationsprozesse sollten dabei in Übereinstimmung mit den durch ein Umweltmanagement gesetzten Rahmenbedingungen realisiert werden. Dies geschieht z.B. im Hinblick auf die Verwendung bestimmter Materialien oder die Vermeidung von wenig umweltfreundlichen Technologien. Dies gilt insbesondere nicht nur für den Bereich der Produktion, sondern in immer stärkerem Maße auch für die informationstechnische Infrastruktur, welche in der Lage sein muss, den Kooperationspartnern die erforderlichen umweltrelevanten Informationen zu liefern.

Bereits mit der Festlegung der vertraglichen Kooperationsvereinbarung muss festgelegt werden, welche Leistungen jeder Kooperationspartner für den Kooperationserfolg zu erbringen hat. Dazu gehören Einlagen und Beiträge an Finanz- und Sachmitteln, aber auch immaterielle Leistungen und die Bereitstellung von Personalressourcen. Für umweltorientierte Kooperationen ist vor allem die Gestaltung von Ausgleichsmechanismen für vermiedene Emissionen und Ressourcenbedarfe zu definieren. Dies ist dann von Interesse, wenn ein Kooperationspartner in seinem Teil der Prozessketten zusätzliche Emissionen und Ressourcenbedarfe und dadurch auch zusätzliche Kosten in Kauf nimmt, um in der Bilanzhülle der gesamten Kooperation Emissionen und Ressourcen einzusparen.

Für die Gewinn- und Verlustverteilung sind ebenso vertragliche Regelungen zu treffen wie für die Auseinandersetzung beim Ausscheiden eines Kooperationspartners oder bei Beendigung der Kooperation. Für Schadens- und Haftpflichtfälle sind Verantwortlichkeiten und Ausgleichsmechanismen zu vereinbaren, ebenso für Vertragsverletzungen durch einen Kooperationspartner.

Da es aber doch immer wieder zu Meinungsverschiedenheiten kommen kann, sollte hierfür eine Schlichtungs- bzw. Schiedsregelung getroffen werden. Ist dies nicht möglich, so sollte eine Vorgehensweise für das Ausscheiden einzelner Partner oder, im Extremfall, für die Auflösung der Kooperation im Vorfeld definiert werden.

Betrieb der Kooperation

Eine effiziente Leistungserstellung, -koordination und -verwertung innerhalb einer Kooperation ist maßgeblich von Managementleistungen abhängig. Gerade für Kooperationen bedarf es dazu eines zielorientierten Management, da selbstständige Unternehmer mit unterschiedlichen Interessen zusammenarbeiten. „Trotz ihrer Autonomie ergeben sich gegenseitige Abhängigkeiten, die schnell zu interpersonellen Konflikten führen können. Selbst wenn eine Kooperation richtig initiiert wird, geeignete Partner gefunden, vertragliche Vereinbarungen gegenseitig akzeptiert werden und Einigkeit über die grundsätzlichen Ziele besteht, ist zu klären, mit welchen Mitteln die Ziele erreicht werden sollen. Dies ist keine einmalige Frage, denn Kooperationen als dynamische Gebilde sind sowohl internen als auch externen Veränderungen unterworfen" (Staudt 1992). Dies gilt insbesondere auch für umweltorientierte Kooperationen.

Abstimmung und Führung der Partner erfolgen durch Planung, Organisation, Information und Kontrolle. Jedes dieser Managementmodule kann je nach Typ der konkreten Kooperation eine unterschiedliche Ausprägung erfahren.

In umweltorientierten Kooperationen bietet sich die Einführung eines speziellen umweltorientierten Controllings an. Dieses sollte Aufgaben wie Strukturierung und Bereitstellung umweltrelevanter Informationen, Aufbau eines Frühwarnsystems, Ermittlung von ressourcenbedingten Einsparungspotenzialen, Koordination des Umweltschutzes und Erfolgskontrolle von Umweltschutzmaßnahmen erfüllen (Stoltenberg u. Funke 1996).

Bei der Festlegung eines Kontrollsystems sind die Kontrollaufgaben einer Kooperation zu beachten (Staudt 1992). Solche Kontrollaufgaben sind z.B. die Überwachung der Kooperationsziele (Wirtschaftlichkeit, Rentabilität, Kosten etc.) bezüglich ihrer Realisierbarkeit, die Prüfung der Projektfortschritte bei jedem Partner, die permanente Überprüfung der Kooperationsinteressen auf Kompatibilität, die Kontrolle der Marktentwicklung und die Kontrolle der vorhandenen Qualifikationen für kooperativ angeschaffte bzw. genutzte Produktionsanlagen.

Die Optimierung von umweltorientierten Kooperationen kann mit den bekannten Qualitätstechniken erfolgen. Hier hat es in den letzten Jahrzehnten einen Wandel von der traditionellen nachsorgenden Qualitätskontrolle zum strategischen und planerischen Qualitätsmanagement gegeben. Eine Entwicklung, wie sie auch von den traditionellen Umweltschutztechniken zum heutigen Umweltmanagement vollzogen wurde und wird. Für eine Anwendung von

Qualitätstechniken im Umweltmanagement bieten sich viele Einsatzgebiete. Der Produktlebenszyklus ist die Basis für die Beurteilung des Umweltverhaltens von Produkten, Dienstleistungen, Prozessen und Unternehmen. Eine gebräuchliche Systematik für Qualitätstechniken ist die Gliederung nach Phasen im betrieblichen Leistungserstellungsprozess, der einen wesentlichen Abschnitt des Produktlebenszyklus ausmacht (Petrick u. Eggert 1995).

Qualitätstechniken, die sich als Optimierungsverfahren bei umweltschutzinduzierten Kooperationen eignen, sind z.B. das Quality Function Deployment (QFD) mit dem House of Quality (HoQ) und die Fehlermöglichkeits- und -einflussanalyse (FMEA) (Petrick u. Eggert 1995). Des Weiteren existieren noch einige systematische Techniken, die zur Analyse und Bewertung im Umweltmanagement entwickelt wurden und die auch im überbetrieblichen Umweltmanagement eingesetzt werden können, z.B. umweltspezifische Checklisten oder die umweltorientierte Sachbilanz (Petrick u. Eggert 1995).

Sind tiefgreifende Änderungen in einer Kooperation notwendig, z.B. beim Ausscheiden wichtiger Kooperationspartner, so kann dies nicht allein mit den vorgestellten Optimierungsmaßnahmen erreicht werden. In solchen Fällen steht eine Rekonfiguration der Kooperation an, im Rahmen derer die Hilfsmittel, die beim Aufbau der Kooperation eingesetzt wurden, verwendet werden können. Für tiefgreifendere Änderungen empfiehlt sich als eine fundamentale Technik das Business Process Reengineering (Hammer u. Champy 1995). Ziel dieser Veränderungsprozesse sind deutliche Verbesserungen. Business Process Reengineering ist ein kundenorientierter Ansatz, der die Basis für eine übergreifende und wertschöpfungsorientierte Gesamtoptimierung der Organisation bildet (Winter 1997). Bei der Anwendung dieser Methode ist es unerheblich, ob die zu verändernden Prozesse hinsichtlich zeitlicher, finanzieller oder umweltorientierter Zielgrößen verändert werden sollen.

Auflösung der Kooperation

Wenn eine Kooperation ihren Zweck erfüllt hat oder diesen nicht mehr erreichen kann, so bietet sich ihre Auflösung an. Ziel der Beendigungsphase einer Kooperation ist es, einen strategisch ausgewogenen und ökonomischen Prinzipien folgenden Verlauf der Auflösung zu finden und umzusetzen.

Die Auflösung hat große Auswirkungen auf die Unternehmensressourcen, die Ablauforganisation, die Reintegration der ausgegliederten Aufgaben und die Gewinnsituation eines Unternehmens (Staudt 1992).

Die strategische Wie-Frage des Ausstiegs aus einer Kooperation richtet sich oft nach den Gesichtspunkten einer noch möglichen Gewinnabschöpfung oder Kostenminimierung. Bei umweltorientierten Kooperationen sind zusätzlich Aspekte wie die Minimierung von Reststoffen zu berücksichtigen.

Mögliche Alternativen zur Auflösung einer Kooperation sind nach Staudt der Verkauf der Ressourcen, die Stillegung, Abschöpfung und Übernahme durch einen Partner oder die zeitweilige Weiterführung.

Bei der Auflösung der Kooperation ist sowohl im ökonomischen, als auch im umweltbezogenen Sinne die Lösung anzustreben, die für die gesamte Kooperation ein Optimum darstellt. Die anfallenden Kosten, z.B. Transaktionskosten oder Kosten für die Verwertung und Entsorgung von Reststoffen, werden nach einem vorher vereinbarten Schlüssel verteilt, der zum Ausgleich ungerecht verteilter Lasten zwischen den Partnern dient.

Falls dies möglich ist, sollte für die angefallenen physischen Reststoffe bevorzugt eine Weiterverwendung im Sinne der alten oder einer neuen Zweckbestimmung erfolgen. Ist dies nicht möglich, so ist eine stoffliche oder, als unter Umweltgesichtspunkten meist schlechtere Alternative, thermische Verwertung anzustreben. Abfall zur Beseitigung unterliegt den schärferen Bestimmungen des Gesetzes, seine Entsorgung ist folglich mit höheren Kosten verbunden.

5.2 Einflussmöglichkeiten und Aufgaben betrieblicher Funktionsbereiche

Im Hinblick auf die Umsetzung eines überbetrieblichen Umweltmanagement ergeben sich für die betrieblichen Funktionen der Produktionsplanung und -steuerung, der Konstruktion, der Arbeitsvorbereitung und des Controlling eine Vielzahl von Ansatzpunkten und Potenzialen. Zur Erschließung dieser Potenziale werden im Folgenden Aufgaben und Restriktionen der einzelnen Funktionen untersucht sowie Schnittstellen und Wechselwirkungen auf inner- und überbetrieblicher Ebene identifiziert und beschrieben.

5.2.1 Konstruktion

von Franz-Bernd Schenke, Sascha Schuth, Wilfried Kölscheid

Im Rahmen der Konstruktion werden die wesentlichen Produkteigenschaften determiniert. Durch Entwicklung umweltgerechter Produkte können nachhaltige wirtschaftliche und umweltökonomische Potenziale in den Produktlebensphasen Entstehung, Nutzung und Entsorgung erschlossen werden. (s. Abbildung 5.2-1) (Kölscheid 1999).

Aufgrund der zentralen Stellung im Unternehmen existieren eine Vielzahl von internen Schnittstellen zwischen Konstruktion und anderen Unternehmensbereichen. Zudem sind externe Schnittstellen zu Zulieferunternehmen, die einzelne Teile oder auch komplette Module für das Produkt entwickeln oder herstellen, von besonderer Relevanz (s. Abbildung 5.2-2).

Eine zweite Dimension von Schnittstellen der Konstruktion zu anderen internen und externen Unternehmensbereichen entsteht, wenn nicht nur die „Entstehung" eines Produktes, sondern auch die weiteren Lebensphasen „Nutzung" und „Entsorgung" bereits bei der Produktentwicklung berücksichtigt werden (Eversheim et al. 1998b, Eyerer 1996). Diese Schnittstellen sind besonders für die Gestaltung ressourcenschonender Produkte von großer Bedeutung, da somit ein produkt- und produktionsintegrierter Umweltschutz erzielt werden kann. Die frühzeitige, vorbeugende Zusammenarbeit mit Unternehmen, die in späteren Phasen des Produktlebenszyklus – der Nutzung und der Entsorgung – eines Produktes involviert werden, ist wichtig für die Ausrichtung eines überbetrieblichen Umweltmanagement zu Unterstützung der Produktentwicklung hinsichtlich der Gestaltung ressourcenschonender Produkte.

Senkung der Ressourcenverbräuche durch umweltgerechte Produktentwicklung

Entwicklung	Entstehung	Nutzung	Entsorgung
– Personal	– Energie	– Energie	– Demontage
– EDV-Systeme	– Betriebsstoffe	– Wartung	– Recycling
– ...	– ...	– ...	– ...

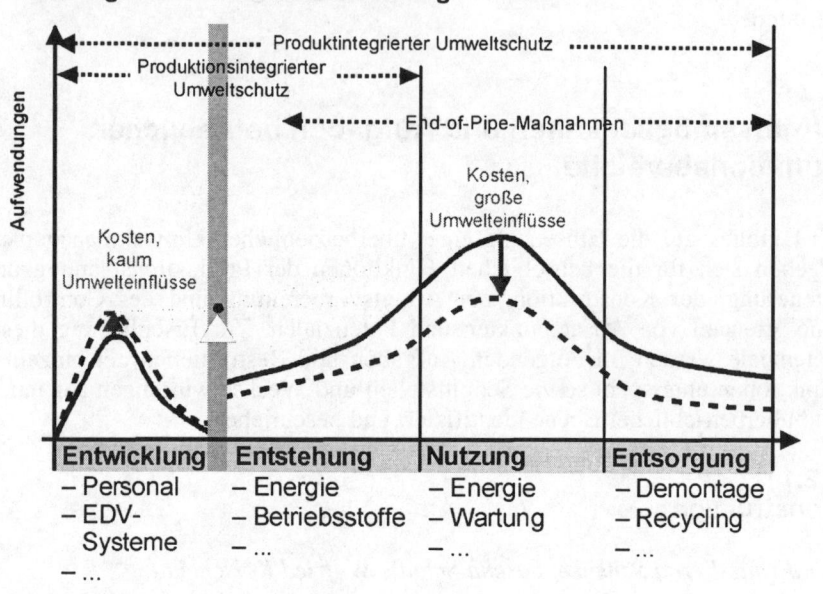

Abb. 5.2-1 Potenziale von Umweltschutzmaßnahmen (Kölscheid 1999)

Wesentlich für die Erschließung der aufgezeigten Potenziale im Rahmen eines überbetrieblichen Umweltmanagements ist die Nutzung von umweltrelevanten Informationen aus internen oder externen Unternehmensbereichen. Des Weiteren müssen durch ein überbetriebliches Umweltmanagement bei einer verteilten Entwicklung von den jeweiligen Konstruktionsabteilungen ökologierelevante Informationen zur Verfügung gestellt werden. Für die Identifikation der Potenziale eines überbetrieblichen Umweltmanagement für die Konstruktion sind daher die Informationen zu untersuchen, die an Schnittstellen zu den o.g. Bereichen übergeben werden. Hierzu müssen Eingangsinformationen aus den verschiedenen Unternehmensbereichen ermittelt, und deren umweltbezogene Relevanz bestimmt werden.

Die im Folgenden aufgeführten Ein- und Ausgangsinformationen sowie die umweltbezogenen Relevanzen dieser Informationen stellen eine erste Einordnung für technische Produkte dar. Diese Einordnung muss im Anwendungsfall unternehmensspezifisch für Produktfamilien konkretisiert bzw. erweitert werden.

5.2 Einflussmöglichkeiten und Aufgaben betrieblicher Funktionsbereiche

Konstruktion	↔	Schnittstellen
• legt Produktionsmerkmale fest • bestimmt die umweltrelevanten Eigenschaften eines Produkts		• Bilanzierung & Controlling • Einkauf • Marketing • Normenstelle • Produktion • Versand • Vertrieb

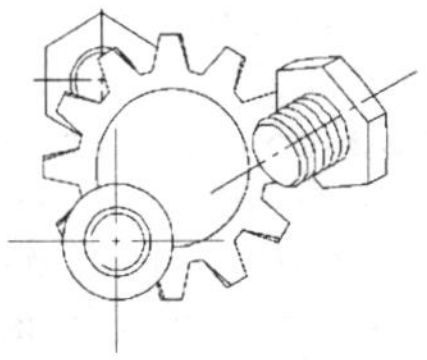

Abb. 5.2-2 Schnittstellen zur Konstruktion

Vom Marketing werden Markt- und Messeberichte sowie Konkurrenzkataloge bereitgestellt. Diese besitzen nur indirekten Einfluss auf die Umwelteigenschaften des zu entwickelnden Produkts, da i.d.R. keine detaillierten Umweltdaten über Wettbewerbsprodukte dargestellt werden. Die ebenfalls vom Marketing gelieferten Marktprognosen und -trends beinhalten Informationen über umweltbezogene Marktanforderungen, z.B. über die Bereitschaft der Kunden, für umweltgerechte Produkte einen höheren Preis zu zahlen.

In den vom Vertrieb ermittelten Kundenanforderungen sowie im Lastenheft wird das Produkt in seiner Funktion beschrieben. Damit werden auch umweltbezogene Eigenschaften für alle Lebensphasen des Produktes festgelegt.

Von der Normstelle erhält die Konstruktionsabteilung Informationen über Normen, Abnahmevorschriften, Gesetze und Patentschriften. Diese Informationen haben einen direkten Einfluss auf die umweltgerechte Gestaltung, da insbesondere gesetzliche Umweltschutzauflagen zu erfüllen sind. Materialkataloge, Bauteil- und Produktionskataloge sowie Ressourcenmatrizen werden vom Einkauf zur Verfügung gestellt. Aus diesen Unterlagen können die Umwelteigenschaften der Zukaufteile und Materialien bestimmt werden. Anhand von Versandinformationen, z.B. Verpackungsart oder Transportmittel, lassen sich direkt Angaben zu Ressourcenbedarfen und Emissionen ableiten. Die von der Produktion – speziell der Arbeitsvorbereitung und der Produktionsplanung und -steuerung (PPS) – zur Verfügung gestellten Informationen, z.B. technologische Möglichkeiten, Eigenschaften der Fertigungs- und Montageprozesse sowie Betriebsmitteldaten, besitzen eine hohe Relevanz für den Ressourcenverzehr in der Produktion. Dies trifft insbesondere dann zu, wenn zusätzlich Angaben, z.B. über die Umweltverträglichkeit von Fertigungsverfahren, verfügbar sind. Von Bilanzierung und Controlling werden Informationen über

Ressourcenbedarfe bereitgestellt, so dass ein direkter Bezug zu Gestaltung ressourcenschonender Produkte gegeben ist. Die von der Konstruktion an das Marketing gelieferten Informationen über die zu erwartenden Umweltdaten können als Marketinginstrumente genutzt werden, um bestimmte Märkte oder Kundengruppen bereits frühzeitig von der Umweltgerechtheit der Produkte zu überzeugen. Dem Vertrieb wird von der Produktentwicklung die technische Dokumentation bereitgestellt. Aufgrund der enthaltenen Informationen zum Produkt und zu dessen Einsatzmöglichkeiten existiert die Möglichkeit, Einfluss auf die umweltgerechte Nutzung, Wartung und Entsorgung des Produktes zu nehmen. Konstruktionsrichtlinien zur umweltgerechten Produktgestaltung werden an die Normenstelle zur detaillierten Dokumentation und Distribution weitergegeben. Anhand der dem Einkauf zur Verfügung gestellten Stücklisten kann gezielt eine Auswahl von Lieferanten bzgl. der Umweltorientierung durchgeführt werden. Die an den Versand weitergegebenen Verpackungsanweisungen enthalten nur mittelbar Informationen über umweltrelevante Eigenschaften des Produkts. Die Bereiche Arbeitsvorbereitung und Produktionssteuerung können für die Produktion auf Basis der in den Einzelteil- und den Zusammenstellungszeichnungen sowie in der Stückliste enthaltenen Informationen umweltgerechte Fertigungs- und Montageverfahren auswählen.

Als Potenziale für die Konstruktion im Rahmen eines überbetrieblichen Umweltmanagement lassen sich zusammengefasst folgende Merkmale bestimmen:

- frühzeitige Berücksichtigung ökologischer Effekte bzw. Auswirkungen über den gesamten Produktlebenszyklus,
- Schaffung und Unterstützung ökologieorientierter Entwicklungskooperationen,
- ganzheitliche Bewertung von Produkten einschließlich Materialien, Halbzeuge und Zukaufteile,
- frühzeitige Darstellung von Konstruktionsrichtlinien aus den Anforderungen des überbetrieblichen Umweltmanagement und
- durchgängige Erfassung und Weitergabe der zu erwartenden Produkteigenschaften.

5.2.2
Arbeitsplanung

von Birgit Auwärter und Uwe Rey

Die Arbeitsplanung definiert Fertigungsprozesse und gibt damit vor, in welcher Art und Weise die vorhandene Infrastruktur genutzt wird. Zusätzlich werden Konzepte für eine eventuelle Anpassung oder Erweiterung dieser erarbeitet. Sie hat dadurch Einfluss auf die Umweltwirkung der Produktion.

Es werden im Folgenden Optimierungspotenziale einer überbetrieblichen umweltorientierten Arbeitsplanung anhand eines Aufgabenmodells, welches die typischen Tätigkeiten der Arbeitsplanung beinhaltet, beschrieben.

In der konventionellen Arbeitsplanung wird in Kernaufgaben und übergreifende Querschnittsaufgaben unterschieden. Kernaufgaben dienen dem Arbeitsfortschritt im Wertschöpfungsprozess. Querschnittsaufgaben bewirken eine Integration und Optimierung der Kernaufgaben (Luczak et al. 1998).

Die Prozessplanung als eine der Kernaufgaben ist für die Generierung von Arbeits-, Prüf- und Montageplänen für die Fertigung und Montage verantwortlich, welche auf Stücklisten und Zeichnungen aus der Konstruktion basieren. Der Arbeitsplan ist die aufgabenbezogene Beschreibung der notwendigen Tätigkeiten, die zur Produktion eines bestimmten Gutes benötigt werden und bildet die Grundlage für die Erstellung der auftragsabhängigen Arbeitspapiere.

Das Betriebsmittelmanagement umfasst mit Querschnittsfunktion die Aufgaben der Betriebsmittelplanung, -bewirtschaftung und -versorgung bzw. den Betriebsmitteleinsatz. Betriebsmittel sind die Gesamtheit der Anlagen, Geräte und Einrichtungen, die zur betrieblichen Leistungserstellung dienen.

Die anderen Aufgabenbereiche, welche hier nicht relevant sind, werden im Kapitel 3.2 näher beleuchtet.

Die Prozessplanung hat Entscheidungen mit Umweltauswirkungen über die Unternehmensgrenzen hinaus zu treffen. Dies gilt vor allem im Rahmen der Arbeitsplanerstellung mit ihren Möglichkeiten der Einbindung von Fremdfertigern oder der unternehmensübergreifenden Wiederverwendung von Reststoffen. Weiter ist die Demontageplanung, welche erst durch eine frühzeitige und regelmäßige Kontaktpflege zu Kooperationspartnern im Recyclingbereich effizienter arbeiten kann, in Betracht zu ziehen. Schließlich entstehen durch eine überbetriebliche Nutzung bzw. einen unternehmensübergreifenden Einsatz von Betriebsmitteln umweltorientierte Optimierungspotenziale (s. Abbildung 5.2-3).

Alle drei angesprochenen Bereiche bedürfen der Abstimmung mit externen Partnern, wie Zulieferern, Fremdfertigern, Recycling-Dienstleistern oder Unternehmen, die im näheren Umfeld angesiedelt sind. In allen Fällen sind verschiedene Schritte, wie die Initiierung, der Aufbau und Betrieb und evtl. eine Rekonfiguration sowie eine Auflösung einer Kooperation mit unterschiedlicher Intensität durchzuführen. Dazu sei hier auf das Kapitel 5.1 verwiesen.

Umweltorientierte Arbeitsplanerstellung

Im Rahmen der Arbeitsplanung werden Entscheidungen über eine Fremdvergabe von Bearbeitungsaufgaben gefällt (Eversheim 1997). Bei der Auswahl eines Fremdfertigers sind bzgl. dessen Herstellungsverfahren neben ökonomischen auch Umweltkriterien zu beurteilen. D.h., es muss ermittelt werden, welcher Lieferant das umweltfreundlichste Herstellungsverfahren bzgl. Material-, Hilfsstoff- und Betriebsstoffverbrauch sowie Energiebedarf bietet (Müller 1995). Die Transportaufwendungen, die der Bezug mit sich bringt, sind ebenso zu berücksichtigen.

Aufgrund geringer Spielräume durch meist restriktive Vorgaben aus der Konstruktion muss jeder aus Umweltgründen heraus motivierte Änderungswunsch abgestimmt werden (Feldmann 1997). Nicht immer lassen sich von der Konstruktion vorgegebene Rohstoffe durch Sekundärrohstoffe externer Recycling-Dienstleister ersetzen. Dies kann zum einen die Qualität des Produktes negativ beeinflussen und zum anderen kann diese Substitution auch Einfluss auf das äußere Erscheinungsbild haben und damit Designfragen oder

Verkaufsprobleme aufwerfen (Pfnür 1995). Auch die beschränkten Bearbeitungsmöglichkeiten des vorhandenen Maschinenparks setzen der Verwendung von Alternativstoffen Grenzen.

Kernaufgaben	Querschnittsaufgaben
Prozeßplanung ○ Arbeitsplanerstellung ○ Prüfplanung ○ Montageplanung ○ **Demontageplanung** 　- Recycling- bzw. Demontageplanerstellung Operationsplanung NC-Programmierung Datenverwaltung • Teileverwaltung • Stücklistenverwaltung • Arbeitsplanverwaltung • Produktionsmittelverwaltung • Plandatenverwaltung	Betriebsmittelmanagement ○ Betriebsmittelplanung ○ Betriebsmittelbewirtschaftung ○ Betriebsmittelversorgung Kostenplanung • Kostenberechnung • Kalkulation • Verfahrensvergleich • Wirtschaftlichkeitsrechnung Methodenplanung • Arbeitsstudium • Planungsmethoden • Bereitstellung von Planungshilfsmitteln

Umweltpotentiale in den fett markierten und hinterlegten Aufgabenbereichen in Anlehnung an FIR, Aachen

Abb. 5.2-3 Erweitertes Aufgabenmodell einer überbetrieblichen umweltorientierten Arbeitsplanung

Demontageplanung

Ähnlich wie in der Arbeitsplanerstellung definiert die Demontageplanung Vorgehensweisen in Arbeitsvorgängen, um Fertigungsmittel zuzuordnen, mit denen Altprodukte demontiert werden können. Die Demontage ist unter Einbeziehung eigener Betriebsmittel auf die Montage abzustimmen.

Die frühzeitige Einbindung eines Recycling-Dienstleisters ist zum einen wichtig für die Abstimmung der Einsteuerung von Recyclingmaterialien in die eigene Produktion und zum anderen, um eine direkte Weiterleitung recyclierbarer Reststoffe zu garantieren. Damit wird der Stoffkreislauf effizient geschlossen. Die Auswahl eines Kooperationspartners erfolgt neben ökonomischen Aspekten auch nach Kriterien der Umweltrelevanz, seinen technologischen Möglichkeiten sowie nach den anfallenden Transportaufwendungen. Da der externe Dienstleister zur frühzeitigen Planung einer effizienten Demontage der Altprodukte Informationen über diese benötigt, ist eine Schnittstelle zur Konstruktion zu schaffen. Eventuell können durch Absprachen sogar Verbesserungen der Demontagefreundlichkeit von Produkten erzielt werden.

Umgekehrt benötigt die Demontageplanung Informationen über potenzielle externe Recycling-Dienstleister. Dazu ist eine gute und vertrauensvolle Zulieferer-Kunde-Beziehung erforderlich, da zuverlässige Daten eine notwendige Bedingung für die Effizienz dieses Vorgehens sind.

Umweltorientiertes Betriebsmittelmanagement

Die unternehmensübergreifende Nutzung von Ressourcen (z.B. Heizkraftwerk, Demontage- und Recyclinganlage, Kläranlage o.ä.) kann wie einzelne überbetrieblich eingesetzte Betriebsmittel (z.B. Maschinen, die große Investitionen erfordern, aber umweltfreundlicher als andere zu nutzen sind) ein Optimierungspotenzial unter ökonomischen und Umweltgesichtspunkten darstellen.

Bestehen zwischen Unternehmen langfristige Zulieferbeziehungen und haben beide Bedarf an einer Ressource im oben genannten Sinne, so ist unter ökonomischen wie Umweltgesichtspunkten eine Prüfung einer gemeinsamen Anschaffung sinnvoll und die Initiierung einer Kooperation anzustreben.

Ein Betriebsmittel unternehmensübergreifend zu nutzen, erfordert einen erhöhten Planungsaufwand, da eine zusätzliche Abstimmung mit dem Kooperationspartner unabdingbar ist. Zur Bewältigung dieser Aufgabe sind heutige PPS-Systeme mit einer ergänzenden Supply Chain Management (SCM) Funktionalität geeignet und hilfreich.

5.2.3
Produktionsplanung und -steuerung

von Ralf Pillep und Richard Schieferdecker

Die konventionelle Produktionsplanung und -steuerung (PPS) umfasst die Planung und Steuerung sämtlicher dispositiver Prozesse bezüglich Mengen-, Termin- und Kapazitätszielen im Unternehmen (Much u. Nicolai 1995). Während der Planungsbereich der PPS sich bisher in der Regel auf ein Unternehmen erstreckt, gewinnen in der Praxis Unternehmenskooperationen zunehmend an Bedeutung. Für die Realisierung eines Produktionsintegrierten Umweltschutzes muss daher statt der Erreichung von Suboptima in den einzelnen Unternehmen ein überbetriebliches Gesamtoptimum angestrebt werden. Bezogen auf das Gestaltungsfeld der PPS kann dieses Potenzial nur durch eine überbetriebliche Synchronisation bzw. Koordination von umweltorientierten Kapazitäten sowie von Stoff-, Energie- und Informationsströmen erschlossen werden (Vogts u. Halfmann 1995).

Der PPS kommt somit im Rahmen der umweltorientierten Kooperation von Unternehmen die Aufgabe zu, die unternehmensübergreifende, ökologierelevante Kapazitätsnutzung sowie die zwischenbetrieblichen Stoff- und Energieströme zu planen, zu steuern und zu überwachen (s. Abbildung 5.2-4). Als

Basis dieser erweiterten dispositiven Prozesse müssen daher die erforderlichen Informationsströme aufgebaut und EDV-technisch unterstützt werden.

Generell ist die ökologische und ökonomische Effizienz der konzipierten Lösungsansätze für das überbetriebliche Umweltmanagement um so höher, je größer der Wiederholgrad der Fertigung ist, durch den ein Betriebstyp gekennzeichnet ist (Dinkelbach u. Rosenberg 1997). Aus diesem Grund lassen Serien- bzw. Lagerfertiger, die durch höhere Planungstiefe bzw. größere Planungshorizonte gekennzeichnet sind, ein bevorzugtes Umsetzungsfeld für die Realisierung von Lösungsansätzen des überbetrieblichen Umweltmanagements erwarten.

Die Realisierung eines unternehmensübergreifenden, produktionsintegrierten Umweltschutzes erfordert eine effiziente Nutzung der eingesetzten Ressourcen Material, Energie, Betriebsmittel und Informationen. In Bezug auf die Ressource Betriebsmittel liegt das erschließbare Potenzial vor allem in der gemeinsamen Nutzung umweltorientierter Kapazitäten, wie zum Beispiel dem kooperativen Betrieb von Recycling- bzw. Entsorgungsanlagen. Die effiziente Nutzung der Ressourcen Material und Energie kann durch ein umfassendes, unternehmensübergreifendes Stoff- und Energiestrommanagement sichergestellt werden. Beispiele hierfür sind der Einsatz von Produktionsabfällen als Sekundärrohstoffe bzw. die Nutzung von Produktionsabwärme als Prozessenergie.

Das hohe Schadschöpfungspotenzial des überbetrieblichen Transports erfordert daher ein systematisches Logistikmanagement durch die PPS. Beispiele hierfür stellen das überbetriebliche Transportraummanagement sowie die gemeinsame Lagerbestandsführung von Abfällen bzw. Sekundärrohstoffen dar. Für die Planungs-, Steuerungs- und Kontrollprozesse des überbetrieblichen Umweltmanagement spielt die Ressource Information eine zentrale Rolle. Im Rahmen der überbetrieblichen, umweltorientierten PPS ist daher die Datenbereitstellung für ein umweltorientiertes Controlling zur Informationserfassung und -bereitstellung notwendig. Die übergeordneten Aufgabenkomplexe des überbetrieblichen Umweltmanagement im Rahmen der Produktionsplanung und -steuerung sind in Abbildung 5.2-5 zusammengefasst.

Die Aufgabenstellung des überbetrieblichen Kapazitätsmanagement ist es, Bedarf und Angebot an unternehmensübergreifend genutzten ökologierelevanten Kapazitäten, d.h. Betriebs- bzw. Recyclingmitteln, zu ermitteln und aufeinander abzustimmen. Dieser Abstimmungsprozess muss analog zur unternehmensinternen Kapazitätsplanung iterativ und in mehreren Stufen mit zunehmendem zeit- und mengenbezogenen Detaillierungsgrad erfolgen. Bei der Einführung eines überbetrieblichen Kapazitätsmanagement wird ein maximaler und gleichmäßiger Nutzungsgrad umweltorientierter Kapazitäten angestrebt. Dadurch kann z.B. die erforderliche kontinuierliche Auslastung von Recyclinganlagen realisiert werden.

Im Rahmen des Stoff- und Energiemanagement können Produktionsabfälle und Abwärme aus der industriellen Produktion nach einer evtl. Aufarbeitung als Sekundärstoffe bzw. -energien in Produktionsprozessen anderer Unternehmen eingesetzt werden. Für das Stoff- und Energiemanagement sind mengen- und zeitbezogen Stoff- und Energieangebot sowie -bedarf bei den Kooperationspartnern abzustimmen.

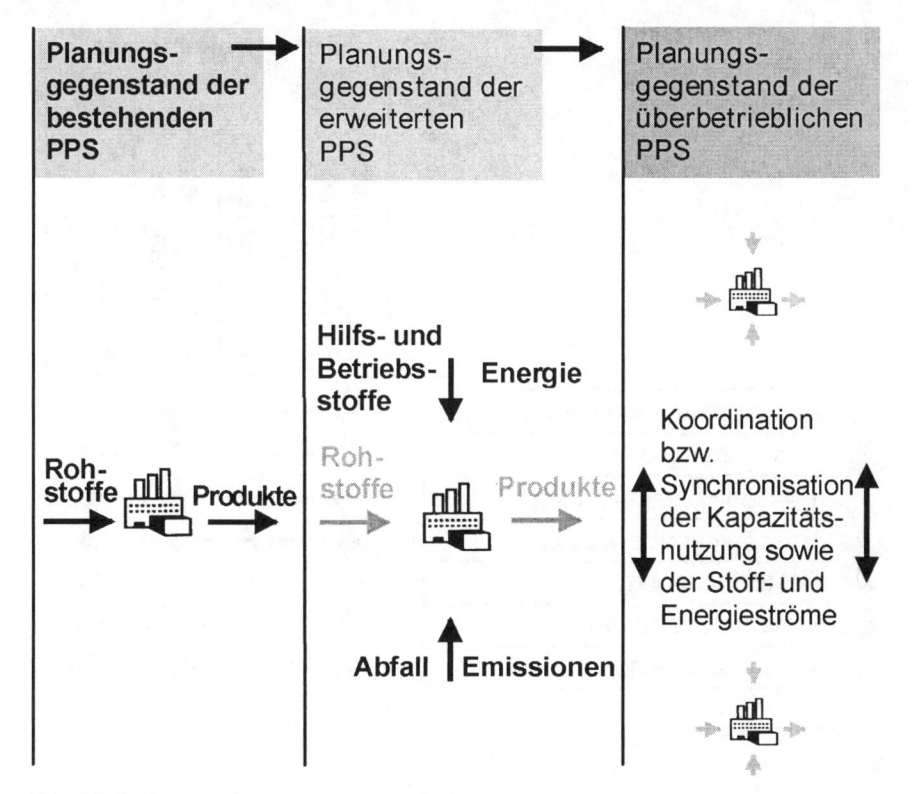

5.2 Einflussmöglichkeiten und Aufgaben betrieblicher Funktionsbereiche

[Figure: Planungsgegenstand der bestehenden PPS / erweiterten PPS / überbetrieblichen PPS, mit Rohstoffen, Produkten, Hilfs- und Betriebsstoffen, Energie, Abfall, Emissionen sowie Koordination bzw. Synchronisation der Kapazitätsnutzung sowie der Stoff- und Energieströme]

Abb. 5.2-4 Planungsobjekte der überbetrieblichen PPS

Gegenstand des Stoffstrommanagement sind sowohl das Produktionsabfall-Recycling, das Altstoffrecycling als auch das Recycling während des Produktgebrauchs (Produkt- bzw. Materialrecycling) (Rautenstrauch 1997). Fokus des Energiemanagement ist die möglichst vollständige Nutzung verfügbarer Sekundärenergie.

Gegenstand des Logistikmanagement ist die Planung und Steuerung aller überbetrieblichen logistischen Abläufe, d.h. aller Transport-, Lager- und Verpackungsvorgänge, im Hinblick auf die Verringerung von Umweltbelastungen. Die durch das überbetriebliche Logistikmanagement erschließbaren Potenziale liegen in der Reduzierung des Energieaufwands für Transport und Lagerhaltung, der Verringerung transportbedingter Emissionen sowie der Verringerung von Verpackungsabfällen.

Aufgabe des Öko-Controlling im Kontext der PPS ist die Erfassung und Bereitstellung von produktions- und produktbezogenen umweltrelevanten Informationen hinsichtlich Energie- und Materialströme sowie Kapazitäten. Die erfassten Daten werden durch das unternehmensinterne Öko-Controlling verdichtet und bewertet, evtl. Kooperationspartner zur Verfügung gestellt und zur Entscheidungsfindung herangezogen.

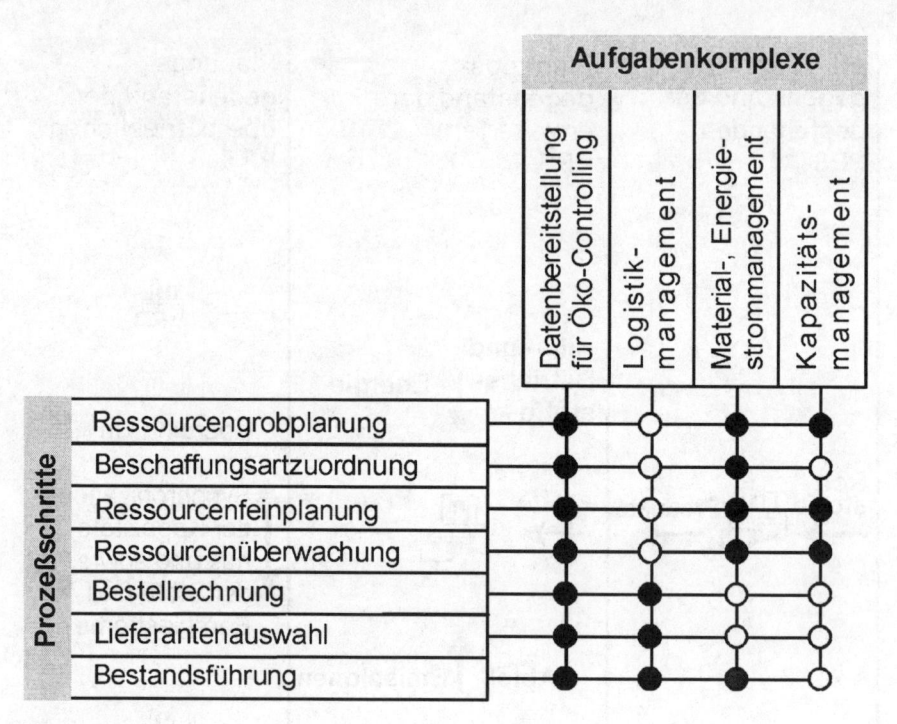

	Aufgabenkomplexe			
Prozeßschritte	Datenbereitstellung für Öko-Controlling	Logistik-management	Material-, Energie-strommanagement	Kapazitäts-management
Ressourcengrobplanung	●	○	●	●
Beschaffungsartzuordnung	●	●	●	○
Ressourcenfeinplanung	●	●	●	●
Ressourcenüberwachung	●	●	●	●
Bestellrechnung	●	●	○	●
Lieferantenauswahl	●	●	●	○
Bestandsführung	●	●	●	○

○ nicht relevant
● relevant

Abb. 5.2-5 Aufgabenkomplexe der überbetrieblichen PPS

5.2.4
Bilanzierung und Controlling

von Frank Döpper, Jens-Uwe Heitsch, Bernhard Mischke

Aufbauend auf den in OPUS entwickelten Grundlagen für ein ressourcenorientiertes Bilanzierungs- und Controllingkonzept ergeben sich insbesondere Ansätze für ein überbetriebliches Umweltmanagement. Betrachtungsgegenstand ist hierbei grundsätzlich das interne Bilanzierungs- bzw. Controllingsystem eines Unternehmens, jedoch mit dem Ziel, überbetrieblich umweltbezogene Optimierungsansätze aufzuzeigen und zu bewerten.

Drei konkrete Ansätze sind hierbei zu nennen. Ausgangspunkt ist eine unternehmensübergreifende Lageanalyse, die mit Hilfe eines überbetrieblichen Informationsaustausches zwischen den kooperierenden Unternehmen erstellt werden soll. Eine anschließende Zielplanung dient der Festlegung von gemeinsamen umweltorientierten Zielen anhand von Kennzahlensystemen sowie der Maßnahmenableitung zur Zielerreichung. Im Rahmen einer überbetrieblichen Bewertung wird eine Evaluation der Maßnahmenalternativen vorgenommen. Während der Realisierungsphase werden die ausgewählten Methoden zur gemeinsamen Ressourcenschonung eingeführt und umgesetzt.

Lageanalyse

Ein Potenzial für ein unternehmensübergreifendes Umweltmanagement im Bereich Bilanzierung und Controlling liegt in einem systematischen, zielgerichteten und regelmäßigen Austausch ressourcenorientierter Informationen auf überbetrieblicher Ebene. Zur Erstellung einer umweltorientierten Produktbilanz ist ein Unternehmen insbesondere von externen Informationen seiner Kooperationspartner abhängig. Dies bezieht sich sowohl auf produzierende Bereiche als auch die zwischenbetriebliche Logistik. Ziel ist es hierbei insgesamt, nicht nur betriebsinterne Abläufe zu optimieren, sondern auch die vor- und nachgelagerten Prozesse bei Kooperationspartnern als weitere Schritte der Prozesskette zu betrachten und einzubeziehen (s. Abbildung 5.2-6).

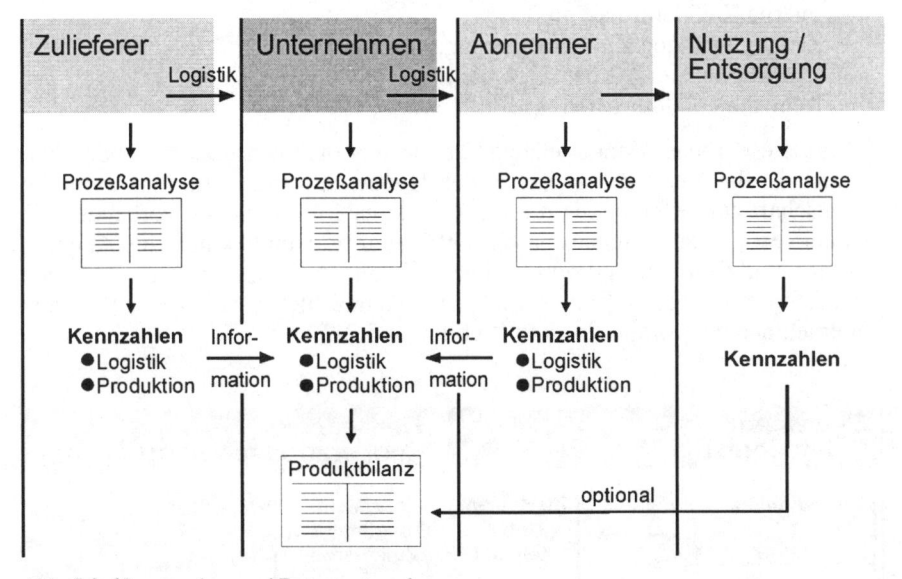

Abb. 5.2-6 Lageanalyse und Datenaustausch

Durch eine Erweiterung der betriebsinternen Prozessanalyse um produktbezogene Sachbilanzen der Kooperationspartner kann somit eine unternehmensübergreifende Produktbilanz aggregiert werden. Jeder Zulieferer innerhalb einer Auftragskette liefert hierbei seinem jeweiligen Abnehmer ressourcenorientierte Informationen. Durch einen fraktalen Aufbau bietet das entwickelte Konzept darüber hinaus die Möglichkeit, Bilanzen aus der Nutzungs- bzw. Entsorgungsphase eines Produktes in die Betrachtungen einzubeziehen. Auf Basis der aggregierten Daten kann eine unternehmensübergreifende Identifizierung ökologischer Schwachstellen und erhöhte Ressourcenbedarfe in der

Wertschöpfungskette durchgeführt werden. Im Zusammenhang mit der Datenermittlung ist zu berücksichtigen, dass eine einmalige Informationsbereitstellung nicht ausreichend ist. Vielmehr ist eine dauerhafte Datenermittlung und Übermittlung erforderlich, um Entwicklungen und Trends zu identifizieren.

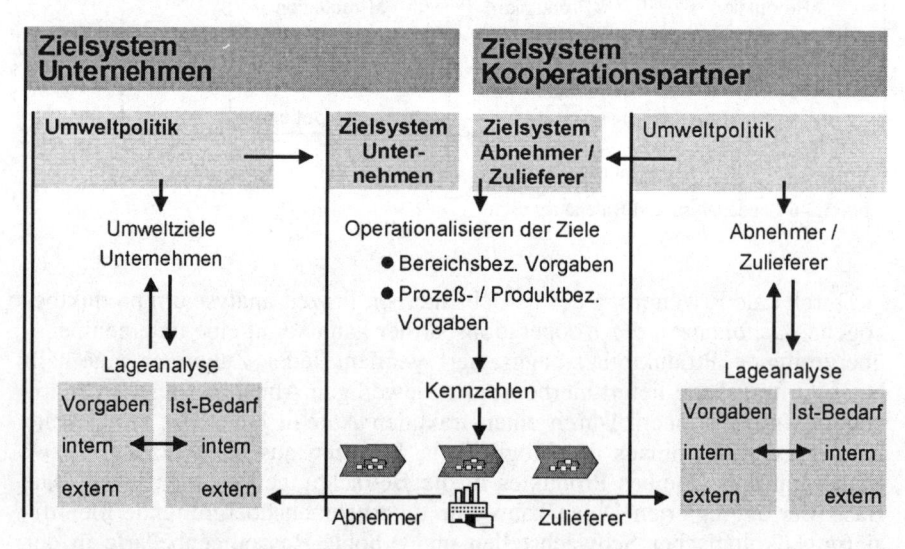

Unternehmensübergreifende Zielplanung

Neben der Lageanalyse ist die Zielplanung auf allen Unternehmensebenen eine zentrale Funktion des Controlling. Durch die adäquate Zielplanung wird sichergestellt, dass alle Unternehmenseinheiten und Mitarbeiter ihre Aktivitäten auf das gemeinsame Unternehmensziel ausrichten. Übertragen auf das überbetriebliche Umweltmanagement bedeutet dies, dass die kooperierenden Unternehmen ein gemeinsames Ziel bezüglich des Ressourceneinsatzes vereinbaren, an dem die Entscheidungen und Maßnahmen ausgerichtet werden.

Zur Ausschöpfung des Potenzials der unternehmensübergreifenden ressourcenorientierten Zielplanung sind vier Schritte erforderlich:

- Interne Zielidentifikation,
- Zielabgleich und Zielvereinbarung,
- Operationalisierung der Ziele und
- Kennzahlenbildung und -quantifizierung.

Eine wesentliche Voraussetzung für die unternehmensübergreifende Zielplanung ist das Vertrauen zwischen den Kooperationspartnern. Nur wenn die Bereitschaft zur Offenlegung relevanter interner Informationen vorhanden ist, kann ein effizienter Datenaustausch stattfinden. Im Hinblick auf eine Akquisition nachvollziehbarer und vergleichbarer Daten ist darüber hinaus ein in den Grundstrukturen abgestimmtes Ziel- und Kennzahlensystem der beteiligten Unternehmen zu gewährleisten (s. Abbildung 5.2-7).

Abb. 5.2-7 Unternehmensübergreifende Zielplanung

Kombinierte über- und innerbetriebliche Bewertung von Entscheidungsalternativen

Ein wesentliches Element im Hinblick auf eine Operationalisierung von Umweltmanagementzielen stellt die quantitative Bewertung von Handlungsalternativen unter Berücksichtigung ressourcenbezogener Gesichtspunkte dar. Zu diesem Zweck wurde im Rahmen von OPUS ein Bewertungsansatz entwickelt, auf dessen innerbetrieblichen Einsatz bereits in Kapitel 3.5 detailliert eingegangen wurde. Die fraktale Struktur des zugrunde liegenden Bilanzierungsansatzes lässt auch eine Anwendung auf überbetrieblicher Ebene zu (s. Abbildung 5.2-8).

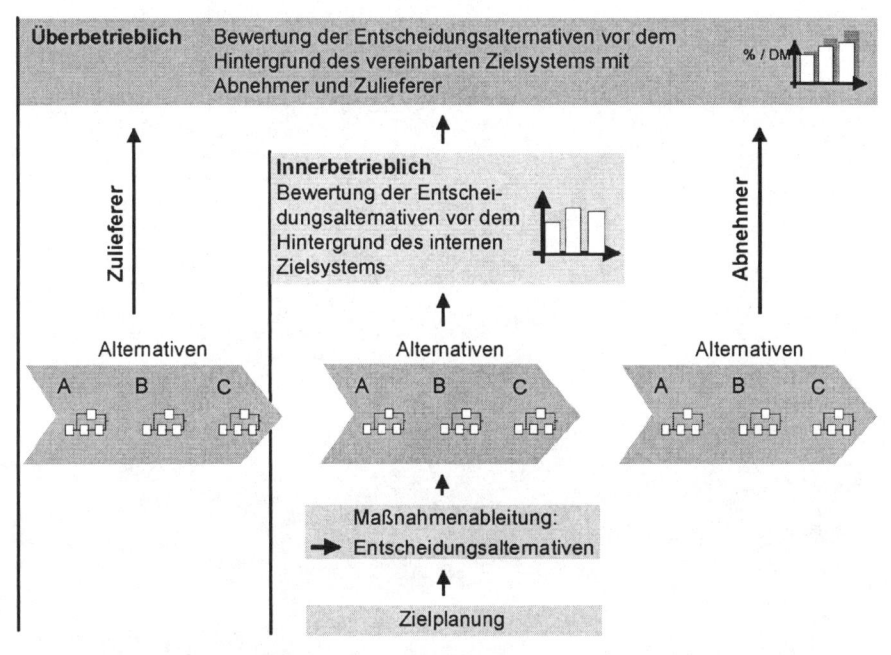

Abb. 5.2-8 Bewertung von Entscheidungsalternativen

Im Rahmen des entwickelten Bilanzierungs- und Controllingkonzepts erfolgt eine ressourcenbezogene Analyse einzelner Basiselemente. Basiselemente stellen hierbei einzelne Prozesse der Auftragsabwicklung dar. Zu den Bestandteilen eines Basiselements zählen alle ressourcenverzehrenden Anlagen und Einrichtungen, die zur Erfüllung des jeweiligen Prozesses erforderlich sind. Um die genannten Elemente wird eine Bilanzhülle gelegt, durch welche Ressourcenströme treten. Die Strukturierung der Ressourcenströme in Kategorien erlaubt die Schaffung einer universellen Schnittstelle zwischen den einzelnen Basiselementen (Prozessen). Hierdurch wird es möglich, mehrere Basiselemente zu koppeln (Betrachtung einer Prozesskette) und die gesamte Auftragsabwicklung zu modellieren. Einerseits wird somit die Identifizierung von Schwachstellen, d.h. von Produktionsbereichen, die durch einen hohen Ressourcenverzehr gekennzeichnet sind, möglich. Andererseits können alternative Prozesse oder Prozessketten unter dem Aspekt eines effizienten Ressourceneinsatzes bewertet werden.

Die zugrunde liegende fraktale Architektur ermöglicht somit eine systematische Planung, Umsetzung und Kontrolle umweltökonomischer Optimierungsmaßnahmen unter Einbeziehung inner- wie auch überbetrieblicher Gesichtspunkte.

Teil B   Fallstudien und Implementierung

6 Einführung eines Konzeptes zur Entwicklung umweltgerechter Produkte

Die Entwicklung von ressourcenschonenden Produkten wird zu einem entscheidenden strategischen Faktor für die Wettbewerbsfähigkeit von Unternehmen. Die Grundlage einer Nachhaltigkeit in Form eines produkt- und produktionsintegrierten Umweltschutzes wird dabei in der Produktentwicklung gelegt. Im ersten Teil dieses Kapitels werden die Vorgehensweise, Inhalte und Ergebnisse des OPUS-Umsetzungsprojektes „Hilfsmittel für die Entwicklung umweltgerechter Produkte" bei der Fa. SCHOTT GLAS vorgestellt und diskutiert. Anschließend wird aufbauend auf den Erfahrungen der durchgeführten Fallstudie ein Leitfaden zur Implementierung und Umsetzung dieses Ansatzes in anderen Unternehmen beschrieben.

6.1 Fallstudie: Entwicklung umweltgerechter Produkte

von Markus Hilleke, Hans-Walter Abraham, Bernhard Mischke, Christoph Würtz, Franz-Bernd Schenke, Peter Weber

6.1.1 Ausgangssituation im Unternehmen

Als Technologie-Unternehmen ist es Ziel der SCHOTT Gruppe, neben der technologischen Führerschaft auch im Bereich Umweltschutz die Vorreiterrolle auszubauen. Aufgaben im Umweltschutz sind die Sicherstellung der Umweltverträglichkeit der Produkte sowie der dazu notwendigen Produktionstechnologien und -prozesse.

Dem Ziel Umweltschutz sind damit insbesondere auch die Servicebereiche/-einheiten der SCHOTT Gruppe als Multiplikatoren verpflichtet, die Dienstleistungen für alle Geschäftsbereiche erbringen. Die Serviceeinheit Formen und Maschinen entwickelt Anlagen, Maschinen und Messmittel für die Produktion in den einzelnen Geschäftsbereichen. Die Auslegung dieser Produkte hat somit sowohl einen erheblichen Einfluss auf die ökologischen Eigenschaften der Produkte selbst, als auch während ihrer Nutzung auf die Produktionsprozesse bzw. die dabei hergestellten Glaserzeugnisse.

Die Sicherung der Serviceeinheit als kompetenter Entwicklungspartner für die Produktionsstätten ist ein wesentliches Ziel. Die Umsetzung eines umfassenden Umweltschutzes ist dabei eine entscheidende Voraussetzung. Dies gilt besonders vor dem Hintergrund der material- und energieintensiven Glasherstellung und -verarbeitung.

Ziel des Projekts war es, bestehende Konstruktionshilfsmittel anzupassen und Hilfsmittel aus dem Grundlagenprojekt einzuführen, mit denen die Berücksichtigung der Ökologie als eine wesentliche Restriktion in der Konstruktion möglich wird. Neben der Gestaltung dieser Hilfsmittel wurden Konstruktionsabläufe reorganisiert, Inhalte der Konstruktionsprozesse neu definiert und eine geeignete Integration der Hilfsmittel in den Konstruktionsablauf vorgenommen, um eine integrierte ökologieorientierte Produktentwicklung zu realisieren.

Am Beispiel der Konstruktion von Messmaschinen für Fernsehbildschirme wurde die Produktentwicklung bezüglich einer ökologieorientierten Ausrichtung optimal gestaltet. Dies erforderte das Zusammenspiel zwischen der systematischen Vorgehensweise zur Entwicklung umweltgerechter Produkte, einem ökologieorientierten Bilanzierung und Controlling und einem überbetrieblichen Umweltmanagement zur Berücksichtigung möglicher externer ökologischer Einflüsse.

6.1.2
Vorgehensweise

Betrachtungsobjekte waren gleichermaßen die Abläufe in der Produktentwicklung sowie das Beispielprodukt Messmaschine. Daraus resultierte eine Projektstruktur, bei der – unter Berücksichtigung von Abhängigkeiten zwischen den Betrachtungsobjekten – Analysen auf einer allgemeinen prozessseitigen und auf einer spezifischen produktseitigen Ebene durchgeführt wurden (Abb. 6.1-1).

	Arbeitsschritte	Ergebnisse	Umsetzung
Produkt	- Analyse Produkstruktur - Durchführung einer Konstruktions-FMEA - Analyse der Herstellungs- und Nutzungsphase der Meßmaschine - Entwicklung neuer Meßmaschinenkonzepte	- konstruktive Schwachstellen - Ressourcenbedarfe in der Entstehungs- und Nutzungsphase - alternative Konzepte zur Glasteilvermessung	Prototyp für Glasteilvermessung
Entwicklungsprozeß	- Prozeßanalyse und Ableitung eines Soll-Ablaufs - Entwicklung von Hilfsmitteln zur Gestaltung ressourcenschonender Produkte	- ökologieorientierte Hilfsmittel - Soll-Ablauf für die Produktentwicklung - Konstruktionsleitfaden mit zugeordneten Hilfsmitteln	Prototyp für ein Kommunikations- und Informationssystem

PE = Produktentwicklung; FMEA = Fehler-Möglichkeits- und Einflußanalyse

Abb. 6.1-1 Struktur der Fallstudie

Die Ergebnisse beider Ansätze wurden aggregiert und bildeten die Grundlage für die Gestaltung einer integrierten ökologieorientierten Produktentwicklung. Nachfolgend wird die gewählte Vorgehensweise anhand der einzelnen Arbeitsschritte detailliert beschrieben.

Analyse des Beispielprodukts Messmaschine

Für das Beispielprodukt Messmaschine wurde zunächst eine Produktstrukturierung, d.h. eine Aufteilung in Grundkomponenten durchgeführt. Als wesentliche Hauptbaugruppe wurde hierbei der Messkopf identifiziert. Charakteristisches Funktionsprinzip der derzeitigen Maschinenkonstruktion ist die taktile Messwertaufnahme. Die Messmaschine ist ein wichtiges Betriebsmittel in der Produktion, da sie zur Überprüfung der Innenkontur der hergestellten Glasbildschirme eingesetzt wird und diese maßgeblichen Einfluss auf die Bildqualität des Fernsehgerätes hat. Mit der Messmaschine wird die Innenkontur bei einem Messvorgang je nach Kundenanforderung anhand von 60-90 Messpunkten überprüft (Abb. 6.1-2).

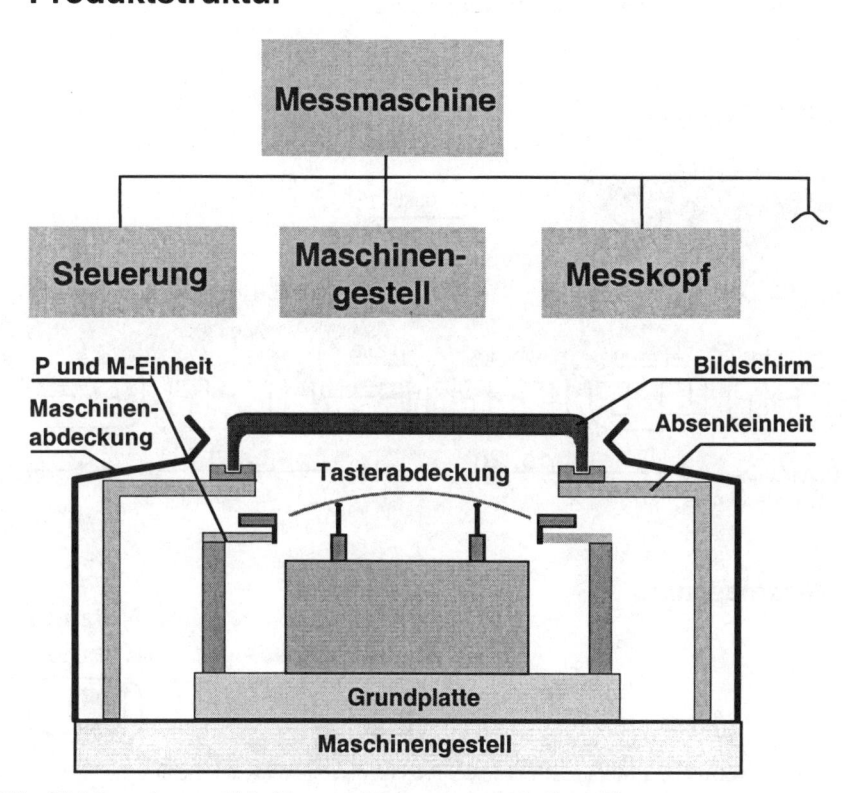

Abb. 6.1-2 Betrachtungsobjekt Messmaschine – schematische Darstellung

Analyse des Nutzungsprozesses der Messmaschine

Die größten Umwelteinflüsse bei der Bildschirmproduktion werden durch den Energieverbrauch bei der Glasherstellung verursacht. Dies unterstreicht die Notwendigkeit, die Ressourceneffizienz in der Bildschirmproduktion besonders bei der Glasherstellung zu optimieren. Der Ressourcenbedarf ergibt sich im wesentlichen aus der Aufschmelzenergie des Glases in einer Wanne als auch aus dem sich dem Urformvorgang anschließenden Abkühlungsprozess. Im Sinne einer ressourcenschonenden Produktion müssen Messmittel eingesetzt werden, welche ein prozesssicheres Erkennen von Ausschuss möglichst früh in der Produktionskette zulassen. Aus der Analyse der Entstehungsprozesse der Glasbauteile wird deutlich, dass Ressourcenbedarfe reduziert werden können, wenn die Messung vorverlegt wird und direkt hinter dem Kühlband stattfindet (Abb. 6.1-3). Auftretende Produktionsfehler in der Bildschirmherstellung, die durch Unsicherheiten in den vorhergehenden Produktionsprozessen, z.B. Verschleiß des Presswerkzeugs, auftreten, können erst bei der Messung der Innenkontur entdeckt werden. Bei fehlerhafter Produktion sind die bis zur Messmaschine – ca. 3,5 Stunden nach dem Pressprozess – produzierten Glasteile als Ausschuss zu betrachten. Durch den vorverlagerten Einsatz der Messmaschine kann die Zeit, in der fehlerhafte Bildschirme produziert werden, auf ca. 2 Stunden reduziert werden.

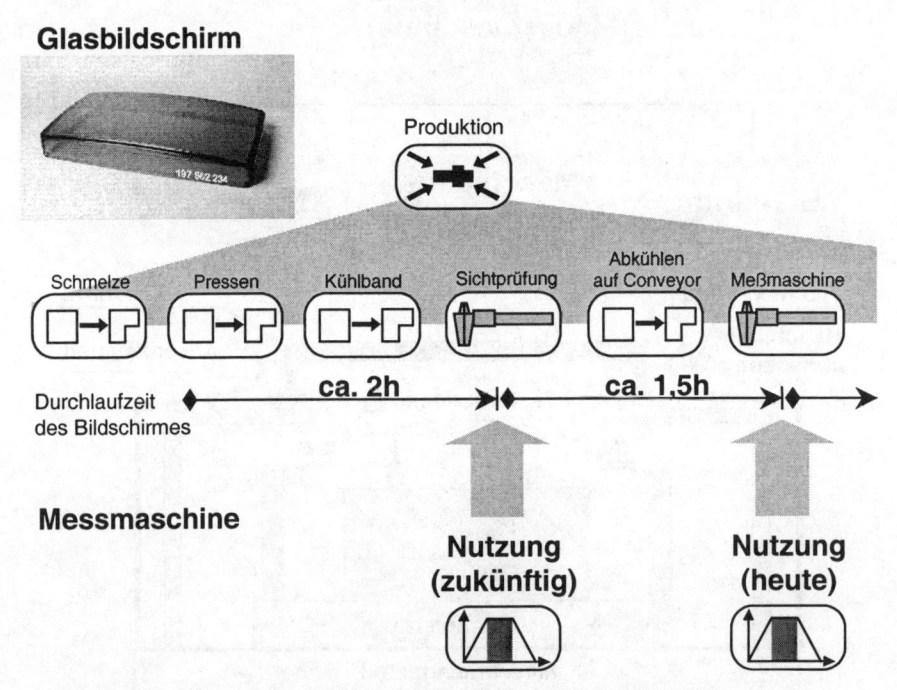

Abb. 6.1-3 Nutzung der Messmaschine in der Produktion von Fernsehbildschirmen

Darüber hinaus kann im Sinne eines enger begrenzten Regelkreises der Prozess, insbesondere der Pressprozess, rechtzeitig gesteuert und damit die Ausbeute erhöht werden.

Produktseitig wurde der taktile Messprozess systematisch auf mögliche Fehlerursachen mittels einer Konstruktions-FMEA (Fehler-, Möglichkeits- und Einfluss-Analyse) hin untersucht. Ziel dieser FMEA war es, insbesondere die Fehlerursachen zu erkennen, die zum Ausschuss der Glasteile führen. Hierzu wurden geeignete prozess- und konstruktionsseitige Abstellmaßnahmen ermittelt. An der FMEA waren sowohl Produktentwickler als auch Produktionsmitarbeiter der Glasteilproduktion und F&E-Dienstleister der Firma SCHOTT GLAS beteiligt. Die Analyse wurde einerseits für den bestehenden als auch für einen im Produktionsprozess vorgelagerten Standort für das bestehende Produkt und damit für das taktile Messprinzip durchgeführt.

Ergebnis der FMEA war, dass eine Vielzahl von Fehlerursachen vom taktilen Messprinzip ausgehen. Sowohl die Gesamtanzahl der Fehler als auch die Zahl der kritischen Fehler stiegen bei einer Standortverlagerung erheblich an. Für eine Vorverlagerung der Messmaschine im Produktionsprozess sind daher Änderungen bzw. Anpassungen an der bestehenden Konstruktion erforderlich. Deshalb wurde generell die Möglichkeit eines berührungslosen Messprinzips betrachtet. Dieser alternative Ansatz führte zu einer Reduzierung der Risikoprioritätszahl bei allen betrachteten Fehlerursachen.

Optimierung des bestehenden Produkts

Die Analyseergebnisse der FMEA wurden zur Produktoptimierung herangezogen. Dabei wurden zunächst Verbesserungen am bestehenden Produktkonzept ermittelt. Im Rahmen einer groben Bewertung bzgl. der Ressourcenbedarfe, die bei der Herstellung anfallen, und aufgrund der Ergebnisse der FMEA wurde das Gehäuse zur Aufnahme der Messtaster als kritisches Bauteil identifiziert. Bei einer aktuellen Neukonstruktion der Messmaschine wurde dieser Aspekt berücksichtigt (Abb. 6.1-4). Eine Modifikation und Optimierung der Tasteraufnahme führte dazu, dass anstelle des Alu-Gussgehäuses eine Aluminiumplatte verwendet wird. Diese Konstruktion ermöglicht eine Reduzierung des Materialvolumens um 40%. Zudem kann das anfallende Zerspanvolumen um 20% reduziert werden. Eine Einsparung hinsichtlich der aufzubringenden Energie ergibt sich durch den Wegfall des energieintensiven Gießprozesses. Die Herstellung und Wartung der Messeinrichtung wird durch den modularen Aufbau und den Wegfall verschiedener Anbauteile stark vereinfacht. Aufgrund dieser Umstellung lassen sich pro Bildschirmvariante erhebliche Betriebsmittelkosten einsparen.

Entwicklung eines neuen Produktkonzepts

Um das berührungslose Messprinzip identifizieren und ableiten zu können, wurde im Rahmen des Projektes ein Ideenfindungsworkshop durchgeführt, in dem neben den Entwicklern, den Produktionsmitarbeitern und den internen F&E-Dienstleistern auch externe Dienstleister mit entsprechender Spezialisierung auf dem Gebiet der Messtechnik beteiligt waren. Der Messprozess wurde in unterschiedliche Funktionen, z.B. Messfähigkeit herstellen, Bildschirm messen und Bildschirm positionieren, untergliedert. Die Fokussierung lag zunächst auf der Bildschirmvermessung. Ergebnis des Workshops war, dass für das Vermessen der Bildschirminnenkontur unter Berücksichtigung der technischen Anforderungen an den Messprozess und der herrschenden Umgebungseinflüsse ein optisches Messprinzip anzuwenden ist. Diese Art der Vermessung kann generell für alle zu erfassenden Qualitätsmerkmale eingesetzt werden. Wesentliche Einflussfaktoren auf die Entwicklung eines solchen Messsystems sind der Werkstoff Glas und seine optischen Eigenschaften bei unterschiedlichen Temperaturen als auch die zu erzielenden Auflösungen unter dem Aspekt der Genauigkeit und der Anzahl der Qualitätsmerkmale. Darüber hinaus ist für eine prozesssichere Vermessung der Glasteile die Handhabung und Positionierung entscheidend. Als technologisch limitierender Faktor ist bei der Entwicklung einer solchen Messmaschine das Vermessen der Bildschirminnenkontur bei höheren Temperaturen im Hinblick auf die Endabmessungen des Glasteils zu beachten. Die hiermit verbundenen Fragestellungen wurden deshalb in einem parallelen F&E-Projekt der Firma SCHOTT GLAS in Zusammenarbeit mit einem entsprechenden Entwicklungspartner behandelt.

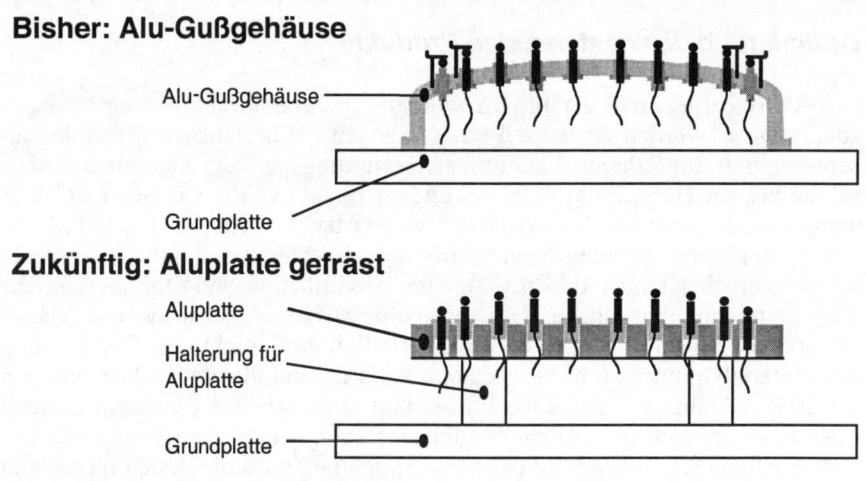

Abb. 6.1-4 Entwurf für neue Tasteraufnahme

Analyse der Produktentwicklung

Auf Basis von Interviews mit den Entwicklern von SCHOTT GLAS wurden die Konstruktionsprozesse detailliert aufgenommen und dokumentiert. Die Darstellung erfolgte in einem Prozessplan mittels der Prozesselementmethode. Bei dieser Prozessmodellierung wurden neben den Prozessinhalten Meilensteine, Verantwortlichkeiten und verwendete Dokumente ermittelt.

Die Abläufe der Produktentwicklung konnten in die Phasen Auftragsklärung, Grobkonzeptionierung, Angebotserstellung, Konzeptausarbeitung und Detaillierung untergliedert werden. In den Phasen Auftragsklärung und Erstellung des Grobkonzeptes erfolgt über die Abstimmung mit dem Kunden die Festlegung des Pflichtenheftes sowie, als weiterführender Entwicklungsansatz, die Vorstellung möglicher Lösungskonzepte. Die Auswahl unterschiedlicher Konzepte sowie eine erste Vordimensionierung der Anlage bilden die Grundlage für die Auftragsklärung. Nach Auftragserteilung wird das Konzept detailliert und in Zusammenarbeit mit dem Kunden umgesetzt. Die Erstellung der Produktdokumentation bildet den Abschluss der Entwicklungsabläufe (Abb. 6.1-5).

Mittels der gewählten Modellierungsmethode konnte im gesamten Projektteam ein gemeinsames Verständnis bzgl. der Entwicklungsprozesse erzielt werden. Der aufgestellte Prozessplan wurde zu einem wesentlichen Instrument für die Reorganisation hinsichtlich einer ökologieorientierten Konstruktion.

Anschließend wurde eine Schwachstellenanalyse mit Schwerpunkt auf der Berücksichtigung von Umweltaspekten durch das Projektteam durchgeführt. Als wesentliche Schwachstellen wurden fehlende Ansätze für eine systematische Konstruktion von ressourcenschonenden Produkten ermittelt. Dies umfasst im wesentlichen die durchgängige Methodenanwendung sowie Informationen über Umweltkriterien.

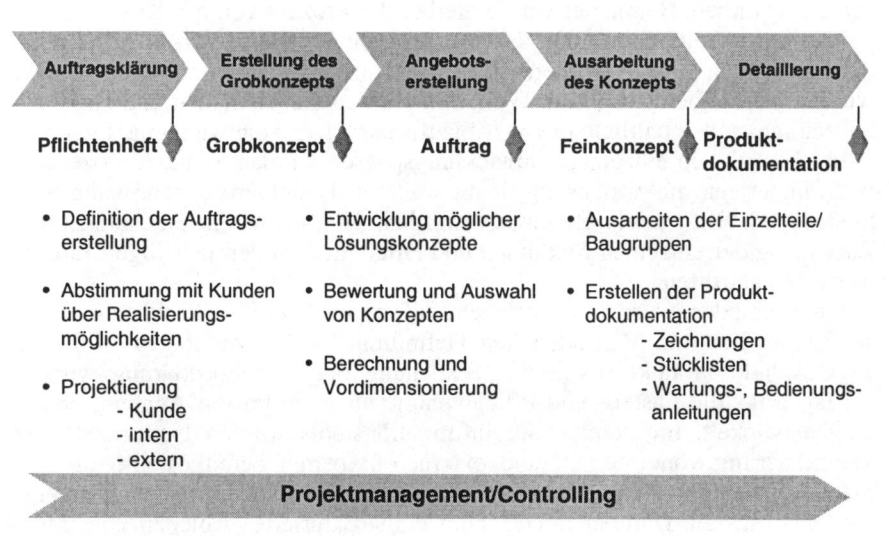

Auftragsklärung	Erstellung des Grobkonzepts	Angebotserstellung	Ausarbeitung des Konzepts	Detaillierung
Pflichtenheft	Grobkonzept	Auftrag	Feinkonzept	Produktdokumentation

• Definition der Auftragserstellung
• Abstimmung mit Kunden über Realisierungsmöglichkeiten
• Projektierung
  - Kunde
  - intern
  - extern
		• Entwicklung möglicher Lösungskonzepte
		• Bewertung und Auswahl von Konzepten
		• Berechnung und Vordimensionierung
			• Ausarbeiten der Einzelteile/Baugruppen
			• Erstellen der Produktdokumentation
			  - Zeichnungen
			  - Stücklisten
			  - Wartungs-, Bedienungsanleitungen	

Projektmanagement/Controlling

Abb. 6.1-5 Phasen der Produktentwicklung

Erfassung und Analyse des Hilfsmitteleinsatzes

Zur praxisorientierten Integration umweltrelevanter Aspekte in den Konstruktionsprozess eignet sich insbesondere die Ergänzung bereits bestehender Hilfsmittel (Checklisten, Vorlagen, Methoden etc.). Aus diesem Grunde wurde in diesem Arbeitsschritt der Einsatz von Konstruktionshilfsmitteln erfasst und analysiert. Insbesondere wurden hierbei die eingesetzten Hilfsmittel wie CAD, Wiederholteilkataloge, Richtlinien, Normen, Technologiedatenbanken und Expertennetzwerke auf ihre Eignung bzgl. einer ressourcenschonenden Konstruktion analysiert. Es konnte festgestellt werden, dass die derzeit bei SCHOTT GLAS angewandten Konstruktionshilfsmittel keine direkte Berücksichtigung von Umweltaspekten unterstützen. Ziel der weiteren Vorgehensweise war es somit, die bestehenden Hilfsmittel umweltorientiert zu ergänzen bzw. neue Hilfsmittel einzuführen und in einen Leitfaden zur ressourcenorientierten Konstruktion zu integrieren.

Konzeption einer ressourcenschonenden Konstruktion

Um eine ökologisch orientierte Modifizierung bzw. Optimierung der Entwicklungsprozesse zu ermöglichen, wurden verschiedene Hilfsmittel entwickelt, welche in den unterschiedlichen Phasen des Entwicklungsprozesses zum Einsatz kommen. Betrachtet wurde hierbei der Prozess von der Kundenanfrage bis zur Abnahmeprüfung der Messmaschine. Die zuvor identifizierten Schwachstellen und Anforderungen einer umweltorientierten Konstruktion wurden hierbei berücksichtigt. Weiterhin wurden die Methoden und Hilfsmittel zeitlich und inhaltlich in die Abläufe der Produktentwicklung integriert (Abb. 6.1-6). Den einzelnen Entwicklungsphasen wurden Standardprozessabläufe hinterlegt, auf welche in einem weiteren Detaillierungsschritt die Methoden und Hilfsmittel referenziert werden. Hierbei wurde eine eindeutige Zuordnung der einzelnen Methoden und Hilfsmittel zu den jeweiligen Einzelprozessen getroffen.

Unterschieden wurde in Vorlagen, Informationstools, Checklisten, Konstruktionshilfen und Methoden. Zur Definition der Anforderungen an das zu entwickelnde Produkt sowie zur Festlegung der Angebotsklärung wurden Vorlagen für die Lasten- und Pflichtenhefte als auch für die Angebotserstellung entwickelt. Im Bereich der Informationstools wurden Instrumente zur Identifizierung von internen und externen Experten bereitgestellt, um den Stand der Technik in entsprechenden Entwicklungsvorhaben frühzeitig miteinfließen zu lassen. Darüber hinaus stellt ein strukturiertes Ablegen von Informationen über bereits abgewickelte Projekte oder entwickelte Technologien die Basis dafür dar, das eigene Erfahrungspotenzial bzgl. der geforderten Entwicklungsleistung erneut zu nutzen und damit auch im Sinne eines ökologischen Erfahrungswertes entsprechendes Wissen in neuen Entwicklungsprojekten zu berücksichtigen.

**Entwicklungs-
phasen**

⬇

**Standard-
prozesse**

⬇

**Methoden
und
Hilfsmittel,
Vorlagen**

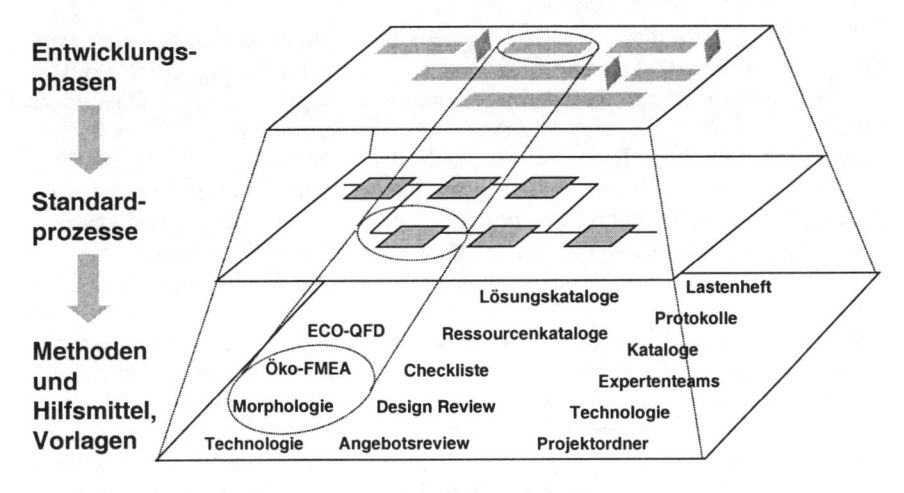

 ECO-QFD Lösungskataloge Lastenheft
 Öko-FMEA Ressourcenkataloge Protokolle
 Morphologie Checkliste Kataloge
 Technologie Design Review Expertenteams
  Angebotsreview Technologie
   Projektordner

QFD = Quality Function Deployment; FMEA = Fehler- Möglichkeits- und Einflußanalyse

Abb. 6.1-6 Struktur der ökologieorientierten Produktentwicklung

Das Modul Checklisten wurde insbesondere vor dem Hintergrund des Vermeidens von Definitions- und Konstruktionsfehlern bereitgestellt. In das Modul wurden unter anderem die Komponenten Angebots- und Designreview integriert. Ziel des Angebotsreviews ist neben der eindeutigen Definition der Anforderungen an die Maschine oder Anlage auch eine Überprüfung der eingesetzten internen und externen Entwicklungsressourcen. Im Designreview werden insbesondere die gestalterischen Maßnahmen überprüft, die zur Erfüllung u.a. der ökologischen Anforderungen eingesetzt wurden. Die Möglichkeit zur Ankopplung an eine Öko-Lieferantenbewertung dient zur Identifizierung von Zulieferern, welche im Sinne einer Bereitstellung von Teilen aus ressourcenschonenden Herstellungsprozessen als prioritär eingestuft werden. Die Konstruktionshilfen finden vorwiegend in der Detaillierungsphase ihren Einsatz. Zu ihnen gehören Norm- und Wiederholteilkataloge, Normen und Vorschriften, die insbesondere im Sinne eine ökologischen Bewertung des Produktes von Bedeutung sind. Im Modul Methoden wurden unterschiedliche Systematiken implementiert, welche in der Produktentwicklung allgemein bereits den Stand der Technik darstellen, aber in bezug auf die Entwicklung ressourcenschonender Produkte erweitert wurden.

Die Erweiterung der Entwicklungsmethoden hinsichtlich ökologischer Kriterien erfolgte für die QFD (Quality Function Deployment), die FMEA und den morphologischen Kasten (s. Kap. 3.3). Die QFD erlaubt neben der Berücksichtigung technischer Kriterien auch die Implementierung ökologischer Anforderungen, die in Produkteigenschaften umgesetzt werden. Somit wird in einem frühen Stadium in der Produktentwicklung das von dem Kunden geforderte Ökoprofil der zu entwickelnden Technologie und damit des zu fertigenden Produkts beschrieben und berücksichtigt. Eine solche Planung ist im Sinne der Vorgehensweise der QFD bis hin zu den Prozessen möglich, welche zur Herstellung des Produktes angewandt werden.

Die FMEA bietet dagegen die Möglichkeit, sogenannte Ressourcentreiber, die in dem Produkt vorhanden sind oder durch die Nutzung des Produktes offenbar werden, frühzeitig bei bestehenden Konzepten zu erkennen und zu eliminieren. Hierzu ist eine entsprechende Bewertung der Fehlerursachen erforderlich. Eine hohe Risikoprioritätszahl deutet damit auf eine entsprechende negative Bewertung mit Hinblick auf ökologische Kriterien hin. Entsprechende Abstellmaßnahmen, wie beispielsweise die Einbindung von ressourcenschonenden Technologien als auch konstruktive Änderungen, führen in diesem Falle zu einer entsprechenden Verbesserung der ökologischen Leistung.

Bei dem morphologischen Kasten werden Teilfunktionen entsprechende Funktionsträger gegenübergestellt und in Wertigkeiten bei den unterschiedlichen funktionalen Lösungsansätzen unterschieden. Solche Wertigkeiten können auch unter ökologischen Gesichtspunkten gestaltet und als Bewertungsmaßstab herangezogen werden. Die Ausprägung der Wertigkeit geschieht somit unter technischen, wirtschaftlichen und ökologischen Erfordernissen und stellt eine mehrdimensionale Bewertungsstruktur dar.

Die Hilfsmittel wurden in Form eines Konstruktionsleitfadens, der dem Entwickler einen schnellen Überblick über die einzelnen Ansätze geben soll, zusammengefasst.

Realisierung und Implementierung eines DV-Prototypen

Die zusätzliche Berücksichtigung von umweltrelevanten Aspekten und Randbedingungen führt zu einer Einschränkung des Lösungsraumes, der dem Konstrukteur zur Verfügung steht. Weiterhin sind seine Entscheidungen durch eine erhöhte Komplexität und Unsicherheit gekennzeichnet. Um die erforderliche Akzeptanz für die ressourcenorientierte Produktentwicklung zu erzielen, ist es somit erforderlich, den Konstrukteur durch eine geeignete Informationsbereitstellung und Entscheidungsunterstützung bei seiner täglichen Arbeit zu entlasten. In bezug auf die Verfügbarkeit der Methoden, Hilfsmittel und Vorlagen wurde ein DV-Prototyp entwickelt und bereitgestellt. Dieses Kommunikations- und Informationssystem (KIS) ist als Intranet-Lösung konzipiert (Abb. 6.1-7). Über Browserfunktionen wird ein schneller Zugriff der Entwickler auf die einzelnen Hilfsmittel garantiert.

Dieser „elektronische" Konstruktionsleitfaden bietet dem Konstrukteur bei umweltrelevanten Fragestellungen, aber auch bei „klassischen" Konstruktionsproblemen eine umfassende Unterstützung.

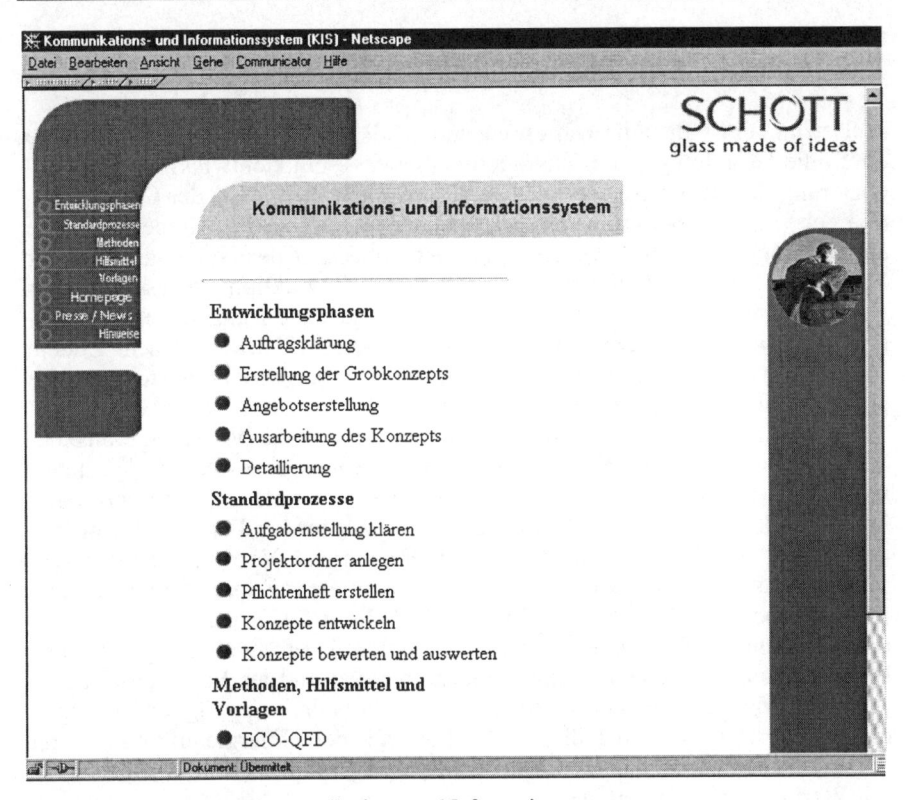

Abb. 6.1-7 Leitseite des Kommunikations- und Informationssystems

Verifizierung der ökologieorientierten Konstruktion

Für die Implementierung und Bewertung der entwickelten Methoden, Hilfsmittel und des DV-Tools, wurden mit allen Entwicklern Workshops veranstaltet. In diesem Rahmen wurden die Mitarbeiter bezüglich der Anwendung der Methoden und Hilfsmittel geschult und in die Grundlagen der ressourcenorientierten Konstruktion eingeführt. Die bei der Schulung und Nutzung identifizierten Verbesserungsvorschläge konnten zur Optimierung der ressourcenorientierten Produktgestaltung berücksichtigt werden. Wesentliche Anforderungen lagen in einer einfachen Handhabung der jeweiligen Tools. Zudem sollte die Anzahl der zu verarbeitenden Informationen überschaubar bleiben. Die Projektergebnisse wurden bei der Entwicklung der neuen Messmittelgeneration angewendet und verifiziert. Zudem werden die implementierten Ansätze in der Serviceeinheit Formen und Maschinen auf weitere Entwicklungsprojekte für Anlagen und Maschinen übertragen.

6.1.3
Diskussion der Ergebnisse

Zielsetzung der Fallstudie war es, anhand des Beispielprodukts Messmaschine durch die Gestaltung einer ökologieorientierten Produktentwicklung eine Reduzierung der Ressourcenverbräuche zu erreichen. Aufgrund der Charakteristika der Glasteilproduktion mit einem hohen Bedarf an Primärenergie sowie einer geringen Ausbeute << 100% lag der Fokus auf der Nutzungsphase der Messmaschine als elementares Betriebsmittel im Produktionsprozess. Primärer Handlungsbedarf lag darin, mit Fehlern behaftete Teile frühzeitig im Produktionsprozess zu erkennen, um den Ressourcenbedarf zu begrenzen. Zudem sollte durch ein frühes, rechtzeitiges Eingreifen in den Produktionsprozess die prozessseitige Ausbeute gesteigert werden.

In Hinblick auf die Ressourceneinsparung durch die Vorverlagerung der Vermessung der Glasteile innerhalb des Produktionsprozesses wurden unterschiedliche Szenarien betrachtet. Unterschieden wurde in den Fall eines 100%igen kontinuierlichen Ausschusses als auch in den Fall des Normalbetriebs der Glasteilproduktion. Im ersten Fall kann eine Verringerung der Ausschussproduktion von 43% bezogen auf den im Betrachtungszeitraum angefallenen Energiebedarf erreicht werden. Im Falle des Normalbetriebs wurden unterschiedliche Messzyklen definiert, die durch den früheren Eingriff in den Produktionsprozess entsprechend verkürzt wurden und als Folge dessen eine geringere Menge an produziertem Ausschuss zuließen. Die tägliche Energieeinsparung ist in diesem Falle vergleichbar mit dem Energieaufkommen zur Stromversorgung von ca. 3200 Haushalten ohne bzw. von ca. 1340 Haushalten mit Warmwasseraufbereitung.

Die Ergebnisse zeigen, dass die Vorverlagerung der Messmaschine zu einer erheblichen Ressourcenschonung führt. Die Entwicklung von Produkten unter Berücksichtigung ökologischer Kriterien ist damit in der durchgeführten Fallstudie als erfolgreich anzusehen. Damit sind auch deutliche ökonomische Effekte verbunden, so dass durch eine ökologieorientierte Produktgestaltung auch ökonomische Einsparungen erreicht werden.

Die Erfahrungen verdeutlichen, dass ein Entwicklungsprozess in Hinblick auf die Gestaltung ressourcenschonender Produkte mit bereits bestehenden Methoden, die ökologisch ausgerichtet werden, und systematischen Vorgehensweisen sinnvoll gesteuert werden kann. An dieser Stelle müssen das Methodenwissen und die Methodenanwendung bei den Mitarbeitern in den Konstruktionsabteilungen ausgebaut werden. Hierzu sind entsprechende Schulungen erforderlich. Denn ein zielgerichteter Methoden- und Hilfsmitteleinsatz bildet die Voraussetzung für die Erschließung der in der Produktentwicklung möglichen umweltökonomischen Potenziale. Die Akzeptanz bzgl. des OPUS-Ansatzes bei den Mitarbeitern und die Bereitschaft, diesen anzuwenden, sind vorhanden. Allerdings dürfen die in diesem Projekt erreichten Einsparungen beim Ressourcenverbrauch nicht darüber hinweg täuschen, dass die Entwicklungsabteilungen an ihrer Leistungsfähigkeit gemessen werden. Konkret bedeutet dies, dass Zeit- und Kostenaspekte bei der Maschinen- und Anlagenentwicklung im Vordergrund stehen.

Eine Berücksichtigung ökologischer Aspekte muss deshalb innerhalb des normalen Projektgeschäftes durchführbar sein und darf nicht zu einer deutlich stärkeren Belastung der Mitarbeiter führen.

Als sehr wichtig und als ein wesentlicher Erfolgsfaktor hat sich die Einbeziehung von Mitarbeitern aus weiteren Unternehmensbereichen, z.B. Produktion, erwiesen. Nur durch die Nutzung des dort vorhandenen Know-how lässt sich eine umfassende Produkt- und Produktionsbewertung sowie eine darauf aufbauende Optimierung sicherstellen. Dies bedeutet, dass neben der Bereitstellung von angepassten Methoden und Hilfsmitteln eine bereichsübergreifende Zusammenarbeit Grundvoraussetzung zur Realisierung eines produkt- und produktionsintegrierten Umweltschutzes ist.

Insgesamt stimmen die im Rahmen des Projektes „Hilfsmittel für die Entwicklung umweltgerechter Produkte" gewonnenen Erfahrungen zuversichtlich, dass die Ökologieorientierung in die Produktentwicklung integriert und dort zu einem festen Bestandteil werden kann. In dem Projekt wurde hierfür die Grundlage durch den Konstruktionsleitfaden und den Modellentwicklungsprozess gelegt. Von Seiten SCHOTT GLAS wird dieser Ansatz unterstützt und weiter ins Unternehmen getragen, so dass eine konsequente Anwendung der Ergebnisse auf weitere Entwicklungsprojekte innerhalb der Serviceeinheit Formen und Maschinen erfolgen wird.

6.2
Implementierung einer umweltgerechten Produktentwicklung

von Wilfried Kölscheid, Franz-Bernd Schenke, Peter Weber

In diesem Kapitel wird aufbauend auf den Erfahrungen des Umsetzungsprojekts „Hilfsmittel für die Entwicklung umweltgerechter Produkte" bei SCHOTT GLAS ein Leitfaden zur Implementierung des Ansatzes zur Gestaltung ressourcenschonender Produkte in die betriebliche Praxis vorgestellt. Dazu werden alle erforderlichen Arbeitsschritte bzgl. der gesetzten Zielsetzung, der Ergebnisse sowie der zeitlichen Einordnung beschrieben. Die Implementierung der entwickelten Ansätze sollte als eigenständiges Projekt definiert werden. Die Vorgehensweise ist daher stark an Inhalte des Projektmanagements orientiert, um so eine erfolgreiche Umsetzung sicherzustellen.

6.2.1
Projektstart und Problemanalyse

Im Rahmen dieses ersten Arbeitsschrittes erfolgt die Projektdefinition. Hierzu zählen u.a. die Festlegung der Projektziele, die Berücksichtigung aller relevanten Randbedingungen und die Definition der Projektorganisation, z.B. Projektleiter, Projektteam oder Art und Dauer der Projektphasen.

Gerade vor dem Hintergrund der neuartigen Problemstellung „Entwicklung umweltgerechter Produkte" kommt der Definition des Projektziels eine entscheidende Bedeutung zu. Es ist wesentlich, dass alle Teammitglieder das gleiche Verständnis über die Zielsetzung des Projektes haben. Dies erfordert eine intensive Einarbeitung in die Thematik der lebenszyklusorientierten Produktgestaltung. Durch die Auseinandersetzung mit dem Thema wird ein Diskussionsprozess initiiert, der zu einem im Projektteam abgestimmten Projektziel führt. Als grobe Zielvorgabe lässt sich die Einführung der Methoden und Hilfsmittel zur Gestaltung umweltgerechter Produkte definieren. Anhand der verabschiedeten Zielsetzung können im Projektverlauf Projektfortschritte bzw. die Zielerreichung kontrolliert werden.

Innerhalb der Problemanalyse müssen die möglichen Einflussgrößen auf die Implementierung geklärt werden. Hierzu zählen relevante Anforderungen seitens der Legislativen, z.B. Kreislaufwirtschaftsgesetz oder Schadstoffverordnung, die vorliegenden Unternehmensziele bzgl. Umweltschutz und bereits unternehmensintern durchgeführte Maßnahmen, z.B. Benennung eines Umweltbeauftragten.

Ein weiterer wichtiger Punkt bei der Projektdefinition ist die Festlegung des Objektbereiches. Dies beinhaltet eine Auswahl der zu betrachtenden Phasen des Produktlebenszyklus als auch die Hierarchisierung der Prozessebenen (Abb. 6.2-1).

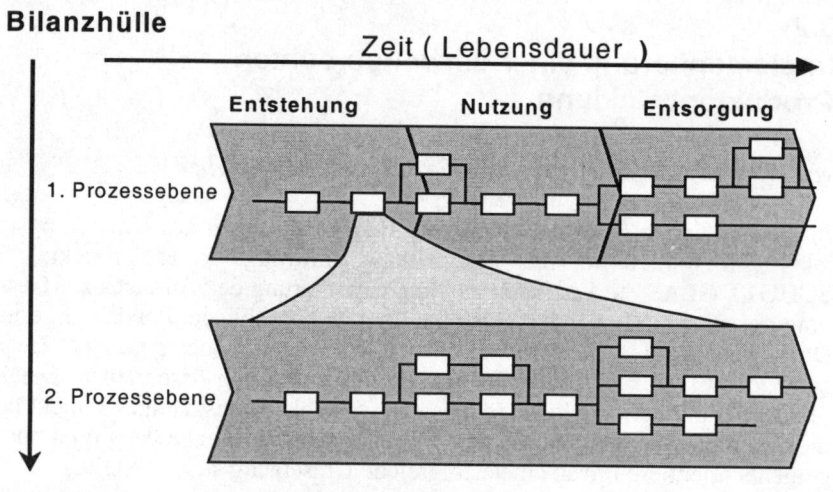

Abb. 6.2-1 Dimension der Bilanzhülle (nach Kölscheid 1999)

Dieser Schritt hat auch wesentliche Auswirkungen auf die Festlegung des Projektteams. Neben den Produktentwicklern ist es sinnvoll in Abhängigkeit der gewählten Bilanzhülle weitere Experten aus der Produktion, dem Umweltmanagement oder von Zulieferern bzw. Entsorgungsfirmen in das Team zu integrieren. Dies ist notwendig, wenn verschiedene Lebenszyklusprozesse von unterschiedlichen Komponenten miteinander verbunden werden (Abb. 6.2-2).

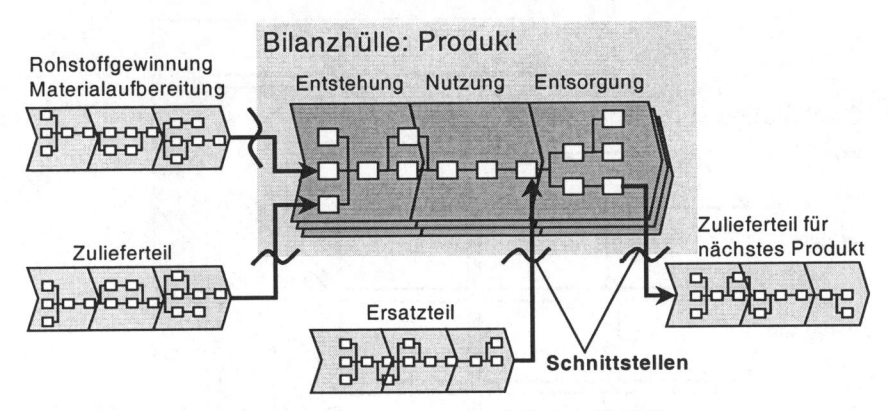

Abb. 6.2-2 Kopplung von Lebenszyklusprozessen (nach Kölscheid 1999)

Bezüglich der angesprochenen Schaffung eines gemeinsamen Verständnisses und zur Klärung offener Fragen seitens der Teilnehmer hat sich aus den gemachten Erfahrungen im Rahmen der Fallstudie bei SCHOTT GLAS ein Start-Workshop als geeignetes Mittel erwiesen. Dieser Workshop wird mit allen beteiligten Mitarbeitern durchgeführt. Dies schließt die Teilnahme des verantwortlichen Managements ausdrücklich mit ein. Insbesondere Projekte zum Thema „Umweltschutz" bedürfen einer starken Patenschaft seitens des Management. Dies ist vor dem Hintergrund der entstehenden Aufwände (Mitarbeiterkapazität) ein Erfolgsfaktor, denn hiermit wird die Ernsthaftigkeit bzw. der Stellenwert eines solchen Projektes gegenüber den involvierten Mitarbeitern bekräftigt und deren Motivation zur aktiven Projektteilnahme wesentlich gefördert.

6.2.2
Zieldefinition

Die Implementierung und Anwendung der Methode zur systematischen Gestaltung ressourcenschonender Produkte orientiert sich an dem Gestaltungsraum innerhalb des Unternehmens (Abb. 6.2-3).

Deshalb ist die Zieldefinition von elementarer Bedeutung. Das Projektziel bildet die Basis für die Erstellung eines Lastenheftes, d.h. der schriftlichen Fixierung der Zielgrößen, sowie zur Kontrolle des Projektfortschritts und der endgültigen Zielerreichung bei Abschluss der Implementierung.

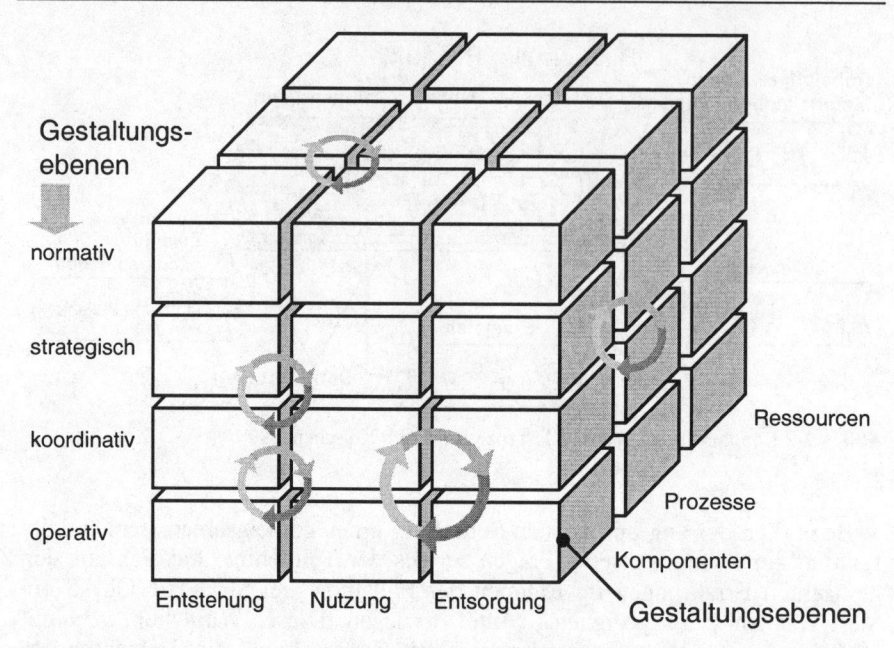

Abb. 6.2-3 Gestaltungsraum für die lebenszyklusorientierte Produktgestaltung (nach Kölscheid 1999)

Bei der Zielformulierung sollten folgende Grundsätze berücksichtigt werden:

- präzise und lösungsneutrale Formulierung der Ziele,
- widerspruchsfreie Definition,
- vollständige Berücksichtigung der relevanten Kriterien,
- Erfassung möglicher Wirkungsrichtungen,
- hierarchische Anordnung in Form eines Zielsystems,
- operationale Beschreibung,
- Differenzierung zwischen Muss- und Kann-Zielen sowie
- schriftliche Dokumentation der Zielsetzung.

Bezogen auf die Methodik zur lebenszyklusorientierten Produktgestaltung im Unternehmen stellt die Implementierung das Globalziel dar. Im Sinne eines Zielsystems lassen sich wirtschaftliche, technische, ökologische und soziale Ziele unterscheiden. Hier können mittels einer Dekomposition weitere Teilziele unterschieden werden (Abb. 6.2-4).

Als primäres ökologisches Ziel ist zunächst die Reduzierung bzw. Vermeidung des Ressourcenverbrauchs zu nennen. Hierzu ist aus dem Lebenszyklusmodell für produzierende Unternehmen der Betrachtungsfokus zu identifizieren. In Abhängigkeit von der betrachteten Lebensphase lassen sich weitere ökologische Teilziele definieren. Für den Entstehungsprozess können das beispielsweise die Vermeidung von spezifischen energieintensiven Prozessen, für die Gebrauchsphase ein minimierter Ressourcenverbrauch und für die Entsorgung eine Steigerung der Wieder- bzw. Weiterverwendung sein.

6.2 Implementierung einer umweltgerechten Produktentwicklung

```
                    Implementierung einer lebenszyklus-
                       orientierten Produktgestaltung
    ┌──────────────┬──────────────┬──────────────┬──────────────┐
  ökologische   wirtschaftliche   technische      soziale
     Ziele          Ziele           Ziele          Ziele

  Reduzierung des   Senkung der                  Schaffung von
  Ressourcen-       Abfall- und    Gewichts-     Umweltbewußtsein
  verbrauch         Entsorgungs-   ersparnis
                    kosten

  Vermeidung von    Reduzierung der              Unterstützung bei
  toxischen Stoffen Betriebs- und                der systematischer
                    Hilfsstoffe                  Gestaltung von
                                                 ressourcen-
                                                 schonenden
                                                 Produkten
```

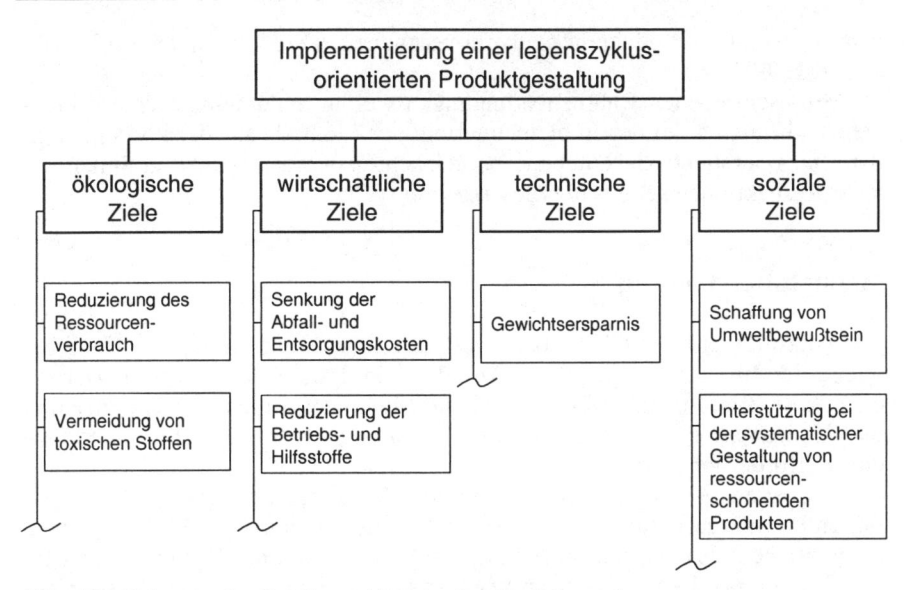

Abb. 6.2-4 Zielsystem für die lebenszyklusorientierte Produktgestaltung

Wirtschaftliche Ziele liegen beispielsweise in einer Senkung von Entsorgungs- und Abfallkosten oder in einer Reduzierung der erforderlichen Rohmaterialien. Technische Ziele können in der Entwicklung neuer Produktkonzepte liegen, die – z.B. vergleichbar mit dem neuen Konzept im Fallbeispiel – insbesondere Auswirkungen auf die Nutzungsphase des Produkts haben können. Soziale Ziele beziehen sich auf die Unterstützung der Mitarbeiter bei der Gestaltung ressourcenschonender Produkte.

Als Rahmenbedingungen sind die auf der normativen Ebene von der Unternehmensleitung festgelegten Leitlinien zu beachten. In diesen Leitlinien wird formuliert, welche wirtschaftliche, soziale und auch umweltbezogene Position ein Unternehmen einnimmt oder einnehmen will.

Eine weitere Randbedingung wird von der strategischen Gestaltungsebene aufgespannt. Hier werden Leitbilder und Visionen in konkrete Strategien umgesetzt. Markt- und ökologieorientierte Lebenszyklusstrategien müssen zur Sicherung der Marktposition festgelegt werden. Dabei ist aus ökologischer Sicht die Entscheidung über einzusetzende Ressourcen und die zu vermeidenden Abfälle und Emissionen notwendig. Wird z.B. der komplette Lebenszyklus der Produktprogramme berücksichtigt, so müssen auf dieser Ebene Entscheidungen über das generelle Vorgehen bei der Entsorgung der Altprodukte getroffen werden. Dies hat wiederum erheblichen Einfluss auf die Produktgestaltung. Bewertungskriterien sowie deren Gewichtung für die ökologische und ökonomische Bewertung weisen einen weiteren Bezug zur lebenszyklusorientierten Produktgestaltung bzw. deren Implementierung auf. Die Festlegung dieser Bewertungsgrößen ist insbesondere für eine unternehmensübergreifende Gestaltung notwendig, da nur bei Einsatz eines über die gesamte Bilanzhülle einheitlichen Bewertungsschemas die verschiedenen Lebenszyklusprozesse und Produktalternativen verglichen werden können (vgl. Kölscheid 1999).

Die beschriebenen Rahmenbedingungen werden unternehmensintern induziert und müssen bei der Implementierung der Methode auf der koordinierenden und operativen Gestaltebene berücksichtigt werden. Hinzu kommen externe Restriktionen seitens der Gesetzgebung.

6.2.3
Maßnahmenplanung

Die koordinierende und die operative Gestaltungsebene stellen die Hauptbereiche der Implementierung dar. Auf der koordinierenden Gestaltungsebene erfolgt die Zuordnung der Hilfsmittel und Methoden, welche zur Organisation und Koordination zur systematischen Gestaltung ressourcenschonender Produkte erforderlich sind.

Tätigkeiten, Methoden und Hilfsmittel, die direkt zur lebenszyklusorientierten Produktgestaltung dienen, werden auf der operativen Gestaltungsebene eingeordnet. Dies umfasst alle Aufgaben zur Gestaltung der Komponenten, zur Planung der Lebenszyklusprozesse sowie die Zuordnung der Ressourcenbedarfe und Bewertung unterschiedlicher Produkt- und Lebenszykluskonzepte.

Basis der Implementierung ist eine detaillierte Analyse der Ist-Situation auf der koordinierenden und operativen Ebene, weil hier die Umsetzung der normativen Ziele und strategischen Leitlinien erfolgt. Bei der Analyse sollte ein kombinierter Ansatz gewählt werden. Primäres Element des Ansatzes ist die Analyse der Prozesse, wobei die Ergebnisse an einem konkret ausgewählten Beispielprodukt reflektiert werden sollen, um einen direkten Bezug zu der Produktebene zu gewährleisten.

Um die aktuelle Berücksichtigung ökologischer Anforderungen des Unternehmens im Rahmen der Produktentwicklung mit einer systematischen Vorgehensweise zur Gestaltung ressourcenschonender Produkte abzugleichen, müssen die unternehmensspezifischen Konstruktionsprozesse erfasst und analysiert werden. Ziel ist es, detaillierte Kenntnisse über die Abläufe bei der Produktentwicklung zu erhalten und vor dem Hintergrund der hohen ökologischen und ökonomischen Verantwortung der Konstruktion eine transparente Prozessstruktur zu erzielen. Hierbei werden nicht nur der interne Konstruktionsprozess betrachtet, sondern auch notwendige Abstimmungen mit externen Partnern analysiert.

Die Darstellung und Dokumentation der Prozesse erfolgen in einem Prozessplan. Durch die Beschreibung und Analyse der Abläufe lassen sich Schwachstellen hinsichtlich der Entwicklung umweltgerechter Produkte ableiten und Anforderungen für eine systematische Unterstützung definieren.

Ergänzend erfolgt eine detaillierte Analyse des Hilfsmittel- und Methodeneinsatzes. Diese Analyse gibt Aufschluss über die im Rahmen der Konstruktionsprozesse eingesetzten Methoden und Hilfsmittel, ihre Einsatzhäufigkeit sowie die Dauer des Einsatzes.

Die Grundlage zur Bewertung des Ressourcenverzehrs bildet das Prozessmodell der Produktentstehung und -nutzung. Vor diesem Hintergrund ist es erforderlich, die Prozesse der Herstellung und -nutzung detailliert zu erfassen. Die Ermittlung des prozessspezifischen Ressourcenverzehrs erfolgt durch die Analyse vorhandener Informationen und Aufzeichnungen bzw. über die Abschätzung ausgewählter Ressourcen. Durch eine erste Analyse dieser Prozesse lassen sich bereits erste Verbesserungsmaßnahmen hinsichtlich einer umweltgerechten Produktion, Nutzung und Entsorgung/Recycling ableiten.

6.2.4
Umsetzung und Erprobung

Die Umsetzung und Erprobung des Ansatzes erfolgt in einem Pilotprojekt. Das Projekt sollte nicht zu komplex sein und die Laufzeit nicht länger als ein Jahr betragen. Parallel zu diesem Pilotprojekt sollen die Aufgaben zur Koordination der lebenszyklusorientierten Produktgestaltung systematisch in einem Rahmenkonzept abgebildet werden. In diesem unternehmensspezifischen Rahmenkonzept werden die operativen Aufgaben strukturiert und koordiniert.

Die Durchführung des Pilotprojekts, d.h. die Einführung der Ansätze zur lebenszyklusorientierten Produktgestaltung in die praktische Umsetzung, erfolgt mit Hilfe der Grundelemente des Projektmanagements (siehe Kapitel 3). Dies ist möglich, da viele Methoden des Projektmanagements heute schon in der Industrie angewandt werden und dieses Koordinationsinstrumentarium so flexibel gestaltet ist, dass umwelt- und lebenszyklusrelevante Aspekte in allen Phasen integriert werden können (vgl. Kölscheid 1999).

Wesentlich ist eine intensive Kommunikation und Abstimmung des Projektverlaufs und der erzielten Ergebnisse. Dies erfordert sowohl einen horizontalen Austausch zwischen den operativen Mitarbeitern als auch eine vertikale Verständigung über Hierarchieebenen hinweg.

Ein weiterer wichtiger Punkt stellt die Methoden- und Hilfsmittelanwendung innerhalb der lebenszyklusorientierten Produktgestaltung dar. Daher muss die Methodenanwendung geschult und kontinuierlich begleitet werden.

Wesentlich für den Erfolg der Implementierung ist auch die regelmäßige Überprüfung des Projektfortschritts. Als Steuerungsinstrument ist hierfür das Projektcontrolling geeignet (Abb. 6.2-5).

Die inhaltliche Kontrolle der Ergebnisse erfolgt über den Vergleich der Aufgabenstellungen mit den Ergebnissen zu den Meilensteinen. Sollte die Kontrolle Defizite bei den erarbeiteten Ergebnissen aufdecken, so sind Maßnahmen mit Hilfe des Gestaltungszyklus auf operativer und koordinativer Ebene einzuleiten, damit die Rahmenbedingungen für das Projekt und die Projektergebnisse realisiert werden können (vgl. Kölscheid 1999).

6.2.5
Konsolidierung und Projektabschluss

Mit der Durchführung eines Pilotprojekts ist die Grundlage zur Implementierung des Ansatzes zur lebenszyklusorientierten Produktgestaltung geleistet. Der Projektverlauf und die erarbeiteten Ergebnisse sind abschließend zu dokumentieren.

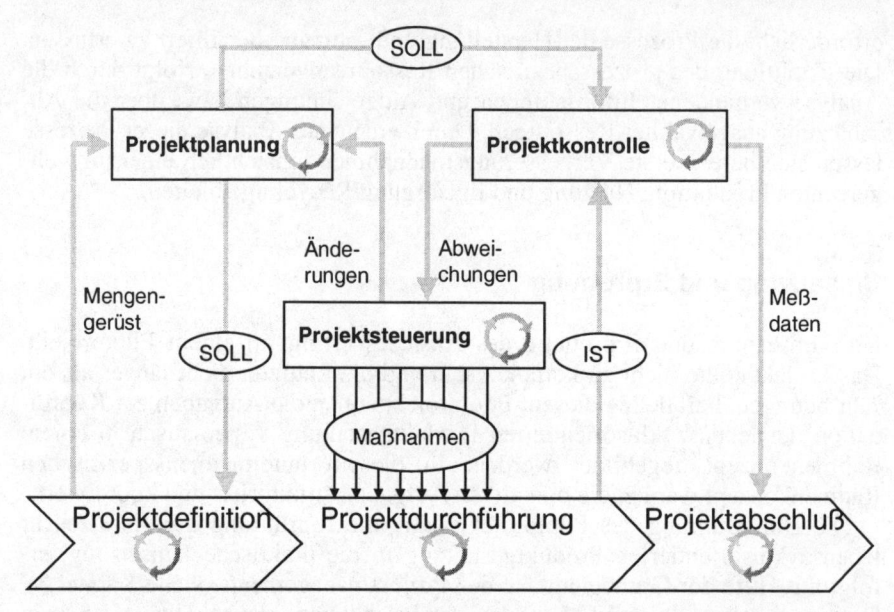

Abb. 6.2-5 Projektcontrolling zur lebenszyklusorientierten Produktgestaltung (nach Kölscheid 1999)

Hiermit wird sichergestellt, dass die durchgeführten Projektschritte nachvollziehbar sind. Zudem ist die Transparenz über das Projekt wichtig, da dies einen Initialschritt zur weiteren Implementierung leistet. Um die Probleme und Schwierigkeiten zu erfassen, sollte ein Projektreview stattfinden. Ziel dieses Reviews ist es, die aus der Sicht des jeweiligen Unternehmens relevanten Optimierungspunkte des Ansatzes zu identifizieren und entsprechende Verbesserungsmaßnahmen abzuleiten.

Mit dem dargestellten Ansatz wird die Erreichung der unternehmensbezogenen umweltökonomischen Ziele unterstützt. Das Konzept bildet die Klammer von der normativen bis zur operativen Ebene. Allerdings muss ein Abgleich der Zielvorgaben mit den Unternehmensleitlinien stattfinden. Aufgrund der Dynamik können daher Korrekturen hinsichtlich der Bewertung von Ressourcenbedarfen notwendig werden.

In Hinblick auf eine kontinuierliche umweltökonomische Leistungserstellung ist der Ansatz konsequent auf nachfolgende Projekte anzuwenden. Getragen wird das Konzept von den Mitarbeitern. Deren Motivation und Bereitschaft bilden neben der systematischen Vorgehensweise die Voraussetzung für eine erfolgreiche Implementierung der lebenszyklusorientierten Produktgestaltung.

7 Einführung von umweltorientierten Funktionalitäten in ERP-Systemen

von Dominik Eul und Uwe Rey

7.1 Fallstudie: Umweltorientierte Funktionalitäten in infor:COM

Die Fallstudie beschreibt die Einführung umweltorientierter Funktionalitäten in die ERP-Standardsoftware infor:COM. Hierbei stand die praktische Umsetzung der im Projekt OPUS erarbeiteten Anforderungen an Organisationsmodelle und Informationssysteme im Vordergrund. Durch die Integration in ein „lebendes" ERP-System konnten die im wissenschaftlichen Grundlagenprojekt OPUS gewonnenen Erkenntnisse umgesetzt und bewertet werden. Die infor business solutions AG konnte darüber hinaus ihre Innovationsbereitschaft in einem fortschrittlichen Ansatz erneut dokumentieren.

Zunächst wurden auf der Grundlage des wissenschaftlichen Leitvorhabens verschiedene funktionale Erweiterungen von infor:COM konzeptionell erarbeitet. In Kundenumfragen, Interviews und einer Marktanalyse wurde dann der Bedarf für die neuen Umweltfunktionalitäten in einem ERP-System ermittelt.

Hierbei stellte sich heraus, dass Umweltfunktionalitäten unter der Prämisse eines ganzheitlichen Qualitätsmanagement (Total Quality Management – TQM) von der Arbeitssicherheit über Abfallwirtschaftsbelange bis hin zur klassischen Qualitätskontrolle zu betrachten sind. Die vom Markt geforderten Funktionen wurden in infor:COM implementiert.

Beim Ansatz für die Integration der Umweltfunktionalitäten in infor:COM wurde die Tatsache genutzt, dass ein ERP-System im gesamten Unternehmen zur Verfügung steht und so für die Distribution umwelt- und sicherheitsrelevanter Daten besonders geeignet ist. So wurden die neuen Umweltfunktionen in alle betroffenen Geschäftsprozesse integriert. Dadurch wurde ein hoher Durchdringungsgrad erreicht, der dem Anwender Arbeitsaufwände für Organisation und somit Kosten sparen wird.

Die entwickelte Software befindet sich nun im Stadium der Pilotphase, in der das System bei ausgewählten Kunden im Einsatz ist. Dies geschieht, um die DV-Lösung zu testen und zu optimieren. Mit der Vorstellung des Umweltmoduls infor:EMS (Environmental Management System) auf der CeBIT

2000 hat die infor business solutions AG einen ersten Schritt zur Vermarktung und Verbreitung der Umweltlösung gemacht.

7.1.1
Ausgangssituation im Unternehmen

Unternehmensbeschreibung

Die infor business solutions AG hat sich seit ihrer Gründung im Jahre 1979 zum umfassenden Systemhaus für die mittelständische Fertigungsindustrie entwickelt. Sie hat ihren Stammsitz in Friedrichsthal/Saarland, von wo aus die weltweit 800 Mitarbeiter in mehr als 25 Standorten in 14 Ländern verwaltet werden. Mit 3000 Kunden hat sich die infor business solutions AG eine Spitzenstellung im Markt für ERP-Systeme erarbeitet.

Das Unternehmen hat 1979 zunächst sein infor-CIM-Leitstandsystem entwickelt und vertrieben. Seit 1987 arbeitet die infor business solutions AG an einer Komplettlösung zur Planung und Steuerung kleiner und mittelständischer Unternehmen auf der Basis einer Client-Server-Architektur. Mit infor:NT gelang es dann ein modernes ERP-System erfolgreich am Markt zu platzieren. Nun zum Jahrtausendwechsel konnte mit infor:COM eine technologisch neue Internet Business Application präsentiert werden. infor:COM ist die betriebswirtschaftliche Komplettlösung für mittelständische Unternehmen. Die Internet Business Application (IBA) vereinigt die Module Enterprise Ressource Planning (ERP), Produktionsplanung und -steuerung (PPS), Customer Relationship Management (CRM), e-business und Supply-Chain-Management (SCM) unter einer Plattform. Die moderne Internettechnologie der objektorientierten Lösung basiert auf Java, XML und Biztalk. Die modular gestaltete Software unterstützt alle Geschäftsprozesse innerhalb und mit der e-business-Komponente bzw. dem Supply-Chain-Management auch außerhalb eines mittelständischen Fertigungsunternehmens.

Innerhalb des ERP-Systems gibt es nun auch die Komponente infor:EMS, die als Zusatzmodul vertrieben wird. Dieses Modul enthält die neu entwickelten Funktionalitäten der Bereiche Abfall- und Gefahrstoffmanagement, sowie die Bereiche Kuppelproduktion und Recyclingmaterialien.

Während der gesamten Entwicklung des Software-Paketes infor:COM, sorgte die Zusammenarbeit mit Forschungseinrichtungen und Hochschulen für zusätzliche innovative Impulse.

ERP-System

Das Enterprise Ressource Planning-System (ERP-System) infor:COM enthält ein modernes PPS-Modul auf Basis des MRPII Konzeptes, ein sogenanntes PPS der 3. Generation.

Allgemein ausgedrückt ermöglicht das ERP-System infor:COM die unternehmensweite Integration aller Ressourcen, um eine optimale wirtschaftliche Leistungserstellung zu erreichen. Um die Potenziale des gesamten Unternehmens zu nutzen, umfasst infor:COM eine Vielzahl von Aufgabenbereichen.

Als Standard ERP-System enthält infor:COM demzufolge zu den PPS-Grundfunktionen zusätzlich Aufgabenbereiche.

Allgemein kann für ein produzierendes Unternehmen ein ERP-System aus den folgenden Aufgabenbereichen bestehen:

- Auftragsmanagement,
- Fertigungslogistik,
- Supply Chain Management (SCM),
- Finanz- und Rechnungswesen,
- Warenwirtschaft und Auftragsbearbeitung,
- Module für Human Ressource oder Reporting,
- Projektmanagement,
- Instandhaltung und Service,
- Kundenauftragsabwicklung,
- Kundeninformation und Abrechnungssystem,
- Auftragsverwaltung,
- Einkauf,
- Produktionsprogrammplanung,
- Lagerbestandsführung,
- Materialbedarfsermittlung,
- Termin- und Kapazitätsplanung,
- Ablaufplanung und
- Fertigungssteuerung und -kontrolle.

Als ERP-System berücksichtigt infor:COM auch integriert administrative Bereiche der Industrie, welche bei klassischen PPS-Systemen als Insellösung geführt werden.

Ein neuer Aspekt in infor:COM ist nun die Erweiterung des Systems um den Bereich des Abfall- und Gefahrstoffmanagements sowie der Arbeitssicherheit in dem neu geschaffenen Modul infor:EMS.

Da ERP-Systeme die Grundkonzeption der PPS enthalten, sind demnach die Ziele, die ein PPS-System verfolgt, auch Ziele der ERP-Systeme. Ziele der PPS-Systeme sind nach (Kernler 1995) in vier originäre PPS-Ziele und zwar in die bekannten betrieblichen Ziele:

- geringe Lagerbestände und
- hohe Kapazitätsauslastung

sowie in die marktorientierten Ziele

- hohe Lieferbereitschaft und
- kurze Durchlaufzeiten

zusammengefasst. ERP-Systeme wie infor:COM streben ergänzend die informationstechnische Verwirklichung von Zielen, wie:

- optimaler Ressourceneinsatz,
- präzise Planung und Kontrolle,
- größtmögliche Integration aller Marktpartner sowie
- bestmögliches Qualitätsmanagement

an, mit den Hintergrund, die komplexen Produktionsabläufe eines Unternehmens unter Beachtung aller Geschäftsprozesse zu optimieren.

Anwender

Die Struktur der Anwender von infor:COM besteht typischer Weise aus mittelständischen Unternehmen mit 50 bis 500 Mitarbeitern an einem Standort. Die Struktur der Anwender reicht vom kleinen lokal arbeitenden Handwerksbetrieb bis zu international tätigen Konzernen, die verschiedene Standorte im In- und Ausland betreiben. Das Produkt ist branchenneutral und wird sowohl bei Stückfertigern als auch bei Fließfertigern der prozessorientierten Industrie eingesetzt. So sind unter den Anwendern Prozessfertiger aus der chemischen Industrie ebenso zu finden wie Unternehmen mit mechanischer Verarbeitung und neuerdings auch immer mehr Dienstleister. Für verschiedene Branchen bietet infor:COM spezifische Lösungen z.B. im Bereich Automotive, Kunststoff, Schmuck und Textil, die in den entsprechenden Branchen eingesetzt wird.

In diesen kleinen und mittelständischen Unternehmen ist oft keine größere IT-Abteilung vorhanden, was eine besondere Herausforderung an die Installation und Wartung von infor:COM stellt.

Im Bereich des Umweltmanagements bestehen seitens der Anwender verschiedenste Anforderungen. Vom weltweiten Versand von Gefahrgütern über die Anforderungen der Gefahrstoffverordnung und des Kreislaufwirtschafts- und Abfallgesetzes bis hin zu Unternehmen, deren Anforderungen im Umweltbereich keiner IT-Unterstützung bedarf ist dabei jede Nuance vertreten.

Zusammenfassung

Die infor business solutions AG ist als Anbieter von ERP-Standardsoftware für kleine und mittlere Unternehmen weltweit tätig. Die Branchenneutralität ihres Produktes infor:COM und die große Anzahl von Kunden aus verschiedensten Industriezweigen, sowie die Innovationsfreudigkeit der infor business solutions AG, die sie bereits in der Vergangenheit in verschiedensten Forschungsprojekten unter Beweis stellte, ergaben die besten Voraussetzungen für die Entwicklung eines neuartigen Umweltmoduls.

7.1.2
Vorgehensweise

Da sich die infor business solutions AG als Systemhaus versteht, welches Projekte auf Basis von Standardsoftware realisiert, stand die Frage im Raum, ob es für die Unterstützung des betrieblichen Umweltmanagements mit seinen spezifischen Ausprägungen überhaupt eine standardisierte Lösung geben kann bzw. ob ein Konzept gefunden werden kann, dass die Anpassung der Systemlösung an die spezifischen Anforderungen hin erlaubt. Die Beantwortung hängt von folgenden Fragen ab:

- Welche unterschiedlichen Anforderungsprofile treten bei den Anwendern auf? Wie lassen sich diese klassizifieren?
- In welchem Maße muss das zu entwickelnde System anpassbar bzw. konfigurierbar sein?
- Welche Eigenschaften aus Anwendersicht muss die it-technische Lösung hinsichtlich Funktionalität, Benutzungsoberfläche und Kommunikationsfähigkeit haben?

Daraus wird deutlich, dass die Einbindung der Anwender von infor:COM der für die erfolgreiche Umsetzung des Projektes ausschlaggebende Faktor ist. Dementsprechend ist bei der Implementierung des Systems der Schwerpunkt des Projektes auf die in Kapitel 7.1.3 erhobenen Anforderungen zu legen.

Ist-Analyse des bestehenden ERP-Systems und Anforderungserhebung

Grundlage für spätere Arbeiten war die Identifikation, Aufnahme und Klassifikation der umweltrelevanten Aspekte im zugrundeliegenden Objektmodell des ERP-Systems (Attribute und Methoden) unter Heranziehung der wissenschaftlichen Ergebnisse (Anforderungen und Konzeptionen) aus dem Leitvorhaben.

Mittels Methoden und Werkzeuge der Objektorientierten Analyse wurden Bereiche des bestehenden infor:COM Objektmodells und dessen Schnittstellen unter umweltrelevanten Gesichtspunkten untersucht. Dabei standen insbesondere die Bereiche Produktion und Materialwirtschaft im Zentrum der Betrachtung. Darauf aufbauend wurden Anforderungen abgeleitet, die sich für eine umweltorientierte Erweiterung des Systems ergeben. Auf Basis der Anforderungsergebnisse erfolgt die Auswahl von Untersuchungsfeldern zur weiteren Projektbearbeitung.

Erhebung von Kundenanforderungen durch Marktanalyse

Zur Erhebung von Marktanforderungen wurde eine Umfrage unter den infor:COM Anwendern durchgeführt. Dazu wurden die Kunden über die angedachte umweltorientierte Erweiterung von infor:COM informiert und deren Anforderungen und Erwartungen hierfür erfragt.

Zu Projektbeginn wurden rund 1000 Kunden angeschrieben und mittels Fragebogen zu ihren Anforderungen an ein ganzheitliches ERP-System zur umweltorientierten Auftragsabwicklung befragt. Zusätzlich konnten durch eine Marktanalyse zusätzliche Aspekte eingebracht werden. Die ermittelten Daten werden bei der Konzeption der umweltorientierten Gesamtlösung berücksichtigt.

An die Befragung schloss sich eine Reihe von Interviews in verschiedenen Unternehmen an, in welchen sich diese intensiver zu deren Wünschen an eine umweltorientierte Erweiterung äußern konnten.

Mit der Befragung wurde auch das Ziel verfolgt, Interessenten eine spätere Erprobung der Ergebnisse zu ermitteln.

Konzeption und Erweiterung in ausgewählten Feldern

Ausgehend von den identifizierten Anforderungsfeldern und den gewonnenen Marktanforderungen wurde das bestehende Objektmodell und die implementierten EPR-Funktionalitäten erweitert. Weiter wurden die bestehenden grafischen Benutzungsoberflächen ergänzt.

Ergebnis ist ein überarbeitetes Objektmodell und ein Rahmenkonzept für die Erweiterung ausgewählter ERP-Bereiche zur Unterstützung des operativen Umweltmanagements sowie einer umweltorientierten Auftragsabwicklung.

Erprobung und Optimierung

Da sich das Projekt zur Zeit der Bucherstellung in der Evaluationsphase befindet, werden momentan folgende Schritte durchgeführt. Die Erprobung des um umweltrelevante Aspekte erweiterten ERP-Systems erfolgt in diesem Arbeitsschritt anhand von:

- internen Systemtests, welche die Entwicklungen auf Aspekte wie Plausibilität, Laufzeitverhalten und Benutzungsfreundlichkeit prüfen und
- Testinstallationen vor Ort auf Anwenderseite bei ausgewählten und interessierten Kunden, um die Erprobungsphase abzurunden und damit entscheidend zur Optimierung des Gesamtsystems beitragen zu können.

Die Bewertungsergebnisse fließen in einen Maßnahmenplan zur Optimierung des IT-Prototypen ein.

Entwicklung von Nutzungs- und Weiterentwicklungsstrategien

Auf Basis der gewonnenen Erkenntnisse aus der Erhebung der Marktanforderungen sowie der praktischen Erprobung des erweiterten Systems werden Strategien zur Nutzung und Weiterentwicklung des Prototypen nach Abschluss des Projektes erarbeitet, u.a.:

- Abschätzung des Marktpotenzials,
- Wirtschaftlichkeitsanalysen und
- Umsetzungs- und Einführungsstrategien inkl. Roll-Out-Konzepten.

Weitere Marktanforderungen werden durch Präsentationen des Entwicklungsergebnisses auf Kongressen, Messen etc. erhoben.

7.1.3
Ergebnisse der Anforderungserhebung

Auf der einen Seite wurden Anforderungen der Kunden und Anwender des Systems der infor business solutions AG ermittelt, welche auf der anderen Seite auch Systemen anderer Anbieter gegenüber gestellt wurden.

Anwenderbefragung

Es wurden Kunden der infor business solutions AG mit einem Fragebogen angeschrieben. Bei einem Rücklauf von knapp 20 Prozent haben sich nur zwei Betriebe nicht an einer umweltorientierten Erweiterung von infor:COM interessiert gezeigt.

Als Motivation für Umweltschutzaktivitäten stehen Verantwortungsbewusstsein (56%) und geltende rechtliche Vorschriften (61%) an erster Stelle. Ökoeffizientes Handeln ist ebenfalls eine treibende Kraft. Ressourcenschonung (38%), Kostenvorteile (28%) und Haftungsrisikominderung (31%) bieten nach Ansicht der infor Kunden Potenzial für Wettbewerbsvorteile.

Von den befragten Unternehmen gaben etwa drei Viertel an, sich im Rahmen ihrer Unternehmenstätigkeit konkret mit Umweltschutz zu beschäftigen. Zwei Drittel der Unternehmen erfassen umweltrelevante Daten vorwiegend zum Abfall und die Hälfte setzt Umweltinformationsinstrumente ein, um diese Daten auszuwerten und weiterzuverarbeiten.

Die gestellten Hauptanforderungen an eine Erweiterung um umweltorientierte Funktionalitäten in infor:COM sind:

- Erfassung von Stoffdaten,
- Erstellung von Abfallbilanzen und
- Management von Kreislaufprozessen (Demontage und Recycling).

Um diese Funktionalitäten zu erhalten, wären die Befragten bereit, ein Investitionsvolumen in der Höhe von ca. 500.000,- DM einzubringen (vgl. Abbildung 7.1-1).

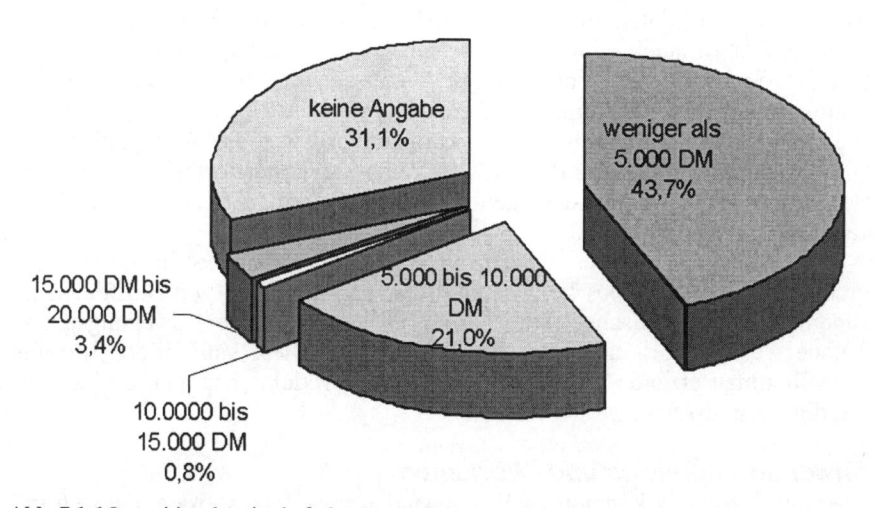

Abb. 7.1-1 Investitionsbereitschaft der Anwender

Es zeigt sich, dass das Umweltbewusstsein besonders im Bereich produzierender Unternehmen zunimmt. Die Hauptmotivation dafür bilden immer noch rechtliche Vorgaben durch den Gesetzgeber. Ökonomische Überlegungen stehen noch im Hintergrund.

Ursache dafür ist auch, dass integrierter Umweltschutz ohne informationstechnische Unterstützung schwer möglich ist. Die Nachfrage nach integrierten Komplettlösungen ist vorhanden. Dies bietet auch Systemanbietern wie der infor business solutions AG Chancen, mit solchen Komplettlösungen neue Kunden zu gewinnen und neue Märkte zu besetzen.

Marktuntersuchung
Untersucht wurde inwieweit die heute angebotenen ERP-Systeme den Anforderungen nach einer Unterstützung des Umweltmanagements gerecht werden. Aufgezeigt werden soll der aus den fehlenden Funktionalitäten abzuleitende Handlungs- bzw. Erweiterungsbedarf der existierenden Systeme.

Um diese Fragen beantworten zu können, wurden 240 ERP-System Anbieter in Deutschland, Österreich und in der Schweiz per Fragebogen nach der Erfassung umweltrelevanter Größen und dem Funktionsumfang deren aktuell angebotenen Systemlösung befragt.

Die Auswertung der rund 15 Prozent Rückläufer ergab, dass Daten zu den in der Produktion vorhandenen Stoffen erfasst werden könnten, welche von „reinen" Materialdaten über Gefahrstoffklassen bis hin zu weiteren Stoffdaten reichen können. Es besteht bei einigen Systemen auch die Möglichkeit, den Bedarf an Hilfs- und Betriebsstoffen sowie der Energiebedarf und das Abfallaufkommen zu registrieren. Wie allerdings die Stoffe und Energien die Fertigung durchlaufen kann nur selten oder nicht erfasst und verwaltet werden.

Andere Funktionalitäten dienen in der Hauptsache der Erfassung und Auswertung von Stoffdaten. So ist die Betriebsdatenerfassung (BDE), sofern technisch realisiert, auch von ökologischen Daten (Energieverbrauch, Lärm-, Schadstoffemission etc.) notwendige Voraussetzung für die automatische Warnung bei Überschreitung von Grenzwerten.

Leider stehen weitergehende Funktionalitäten, wie die Aggregation von Umweltdaten zu Produkt-, Prozess-, Betriebs- oder Standortbilanzen und die Bewertung der produktionsbezogenen Umweltperformance hinsichtlich Wirkkategorien, noch hinten an.

Extrem schlecht steht es mit dem unterstützenden Angebot im Bereich der Produktionsplanung. Dies liegt daran, dass die Aufnahme von Stoffdaten im allgemeinen nur statischer Art ist. D.h. es werden keine Bewegungsdaten, genauer gesagt Stoff- und Energieströme erfasst. Diese sind jedoch für eine sinnvoll umzusetzende ökologisch orientierte Produktionsplanung eine notwendige Voraussetzung.

Anwenderinterviews und -Workshop
Über die Befragung konnten zwölf Anwender gewonnen werden, die sich mit unterschiedlicher Intensität in den weiteren Verlauf des Projektes einbringen.

Dies beginnt bei der Unterstützung durch die Spezifikation eigener Wünsche und Anforderungen an die Erweiterung von infor:COM durch umweltorientierte Funktionalitäten in Interviews. In diesen Befragungen der Verantwortlichen Vorort in den Unternehmen konnten wertvolle Anregungen aufgenommen werden. In dieser Phase wurde eine erste Schwerpunktsetzung in der Unterstützung der Handhabung von Gefahrstoffen gelegt.

Im Verlauf des Projektes entwickelte Funktionalitäten wurden in einem Workshop präsentiert und von den Anwendern beurteilt. Damit wurde die Möglichkeit geschaffen, deren Ausrichtung und Inhalte rechtzeitig zu korrigieren. Weitere Interessenten konnten für den Workshop gewonnen werden und der Schwerpunkt Gefahrstoffmanagement wurde in seiner Dringlichkeit bestätigt.

Zur Erprobung der Erweiterungen von infor:COM wurden Pilotkunden gefunden, welche die entwickelten Funktionalitäten mit Echtdaten testen werden und dort das System evtl. in den produktiven Betrieb eingebunden werden wird. Zur Zeit der Bucherstellung befindet sich das Projekt in dieser Testphase.

7.2 Implementierung von umweltorientierten Funktionalitäten in einem ERP-System

Die Ziele von produzierenden Unternehmen sind geprägt durch eine Optimierung in den Bereichen Kosten, Produktivität, Flexibilität, Qualität bei gleichzeitiger Termintreue. Mehr und mehr wird in das unternehmerische Handeln aber auch der Umweltschutz mit einbezogen, der insbesondere unter dem Aspekt immer komplexer werdender Anforderungen durch den Gesetzgeber und durch Normen auf der einen Seite, wie auch durch die Ressourcenverknappung bedingten Erforderlichkeit zum Re-Design von Produkten bzw. einer Reorganisation der Produktentwicklungsprozesse auf der anderen Seite bestimmt wird (Bogaschewsky 1995, Kirchgeorg 1990).

Eine wesentliche Voraussetzung für eine kontinuierliche Verbesserung des Umweltschutzes ist die regelmäßige Erfassung und Bewertung der betrieblichen Umweltleistung. Nur wenn weitere Schwachstellen systematisch erkannt werden können und die Zielerreichung der geplanten Maßnahmen auch wirklich nachvollziehbar ist, kann sich das Umweltmanagement Schritt für Schritt im Sinne der Unternehmensziele weiterentwickeln.

Dies alles hat zur Folge, dass sich der Informationsbedarf an umweltrelevanten Daten in den Unternehmen stetig erhöht. Eine informationstechnische Unterstützung wird mit der Zeit unumgänglich sein. Verschiedene Wege und Vorgehensweisen sind dabei denkbar:

- Die Größen werden mit einfachen Hilfsmitteln, z.B. Office-Applikationen erfasst und ausgewertet.
- Es werden sogenannte Betriebliche Umweltinformationssysteme (BUIS) zu Unterstützung verschiedener Aufgaben im Bereich des betrieblichen Umweltschutzes angeschafft und eingeführt.
- Das im Unternehmen eingesetzte ERP-System wird basierend auf der vorhandenen Datenbasis, um weitere notwendige umweltrelevante Informationen ergänzt und um umweltorientierte Funktionalitäten erweitert.

Die Arbeit mit Office-Applikationen bedeutet meist eine händische Erfassung von Daten mit einem Programm, dass auf deren Auswertung nicht zugeschnitten ist und nur eine ungenügende Unterstützung leisten kann.

BUIS sind auf spezifische Bereiche des betrieblichen Umweltschutzes ausgerichtete informationstechnische Unterstützungssysteme. Damit wird für diesen Bereich Rechtssicherheit gewährleistet und ein effizientes Handeln ermöglicht. Wird allerdings keine Verbindung zum ERP-System realisiert, so fällt meist zusätzliche Aufwand durch eine mehrfache Erfassung der benötigten Größen an. Dadurch kann auch eine redundanzfreie Datenhaltung nicht mehr garantiert werden. Dies kann zu Inkonsistenzen führen (Bullinger et al. 1998).

Dafür bietet die Integration von umweltorientierten Funktionalitäten in das ERP-System u.a. die Vorteile, der Nutzung der in Stücklisten und Arbeitsplänen vorhandenen Daten, redundanzfreie Ergänzung um umweltrelevante Größen, direkte Verwendung der „Umweltdaten" für Planungszwecke und z.B. auch für die Aufgaben des Berichtswesen. Durch die Verknüpfung der Systeme über Schnittstellen sind auch Mittelwege denkbar, die eine Verbindung der Funktionalitäten von BUIS auf Basis der Datengrundlage eines ERP-Systems ermöglichen würde.

Bei der Implementierung von Umweltfunktionalitäten in ein ERP-System sind zwei Bereiche zu unterscheiden. Zum einen sind materialwirtschaftliche und zum anderen informationstechnische Aspekte zu berücksichtigen.

Auf Seiten der Materialwirtschaft sind der Anfall von Abfällen, die Verwaltung von Gefahrstoff- und Abfallbeständen und die Entsorgung von Abfällen zu berücksichtigen. Auf der informationstechnischen Seite kann das ERP-System den Umstand nutzen, im ganzen Unternehmen verfügbar zu sein und so für die Distribution umwelt- und arbeitsschutztechnisch relevanter sorgen. Dies zeigt, dass eine enge Vernetzung der neuen geplanten Funktionalitäten und bestehender im ERP-System abgebildeter Geschäftsprozesse notwendig sind.

7.2.1
Projektstart und Softwareanalyse

Da es sich bei der Erweiterung um ökologische Aspekte um die Einflechtung vieler verschiedener Querschnittsfunktionen handelt, sind mehrere Abschnitte notwendig, um die Bereiche zu beleuchten, in denen Erweiterungen stattfinden werden. Grundlegend für alle Bereiche ist jedoch das Einfügen neuer Informationen zu Materialien und Artikeln, die dann in der Produktion und in Organisationsbereichen wie der Disposition berücksichtigt werden müssen. Dazu ist eine Erweiterung der Stammdaten notwendig.

Die Abbildung 7.2-1 zeigt die Zusammenhänge zwischen den internen Modulen für die Bereiche Abfall, Gefahrstoff, Recycling, Kuppelproduktion und Stoffdatenverwaltung sowie der Stammdatenerweiterung auf. Weiter ist dargestellt, wie externe Module bzw. Software in den Softwareentwurf eingebunden werden können.

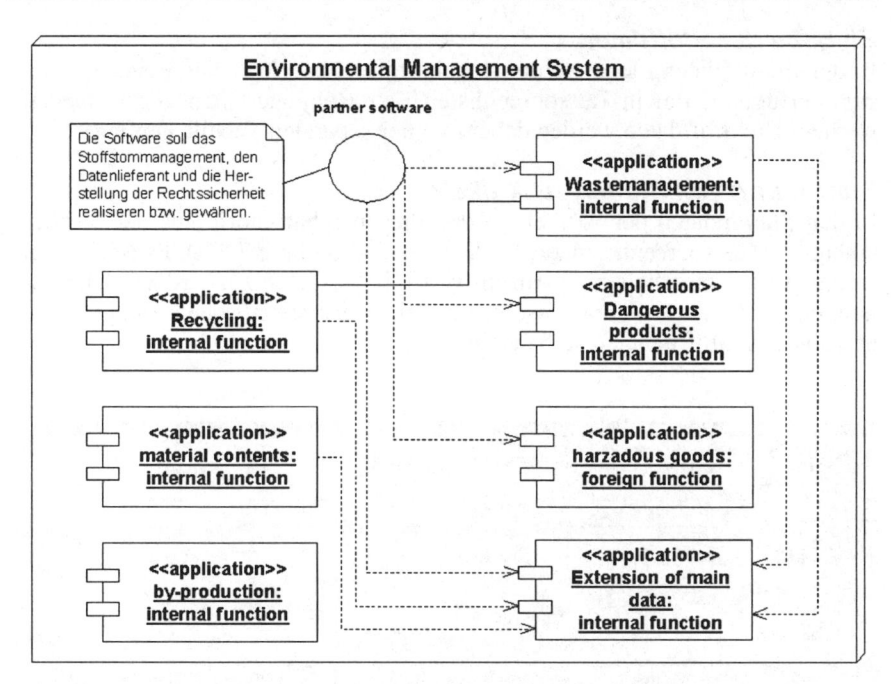

Abb. 7.2-1 Deployment Diagramm des Environmental Management Systems (infor:EMS)

Im folgenden Abschnitt werden die Attribute und Methoden sowie grafische Benutzungsoberflächen für die einzelnen Module entwickelt und dargestellt.

7.2.2 Softwaredesign

Stoffdatenverwaltung

Grundlage für eine ökologische Erweiterung ist, wie auch in der Kundenbefragung deutlich zum Ausdruck kam, eine Stoffdatenverwaltung. Als Stoffdaten sind im verwendeten Sinn nicht nur Daten über die Zusammensetzung von Materialien, sondern auch Zugehörigkeiten zu Stoffgruppen, wie Abfallstoffen etc. und weitere frei definierbare Eigenschaften wie Härtegrade, Aggregatzustände o.ä.

Stoffinformationen werden in zwei Bereiche unterteilt. Inhaltsstoffe und Stoffinformationen von Rohmaterialien werden getrennt dabei verwaltet. Die Inhaltsstoffe erhalten mit der Bezeichnung MI (Material-Inhaltsstoffe) eine eigene Satzart.

Eingabe der Stoffdaten

In der Stammdatenpflege werden Inhaltsstoffe hinterlegt. Diese stehen dann zur Verfügung, um in Ressourcenlisten den Rohmaterialien zugeordnet zu werden. Die Stoffdaten werden dabei in einer separaten Tabelle gepflegt.

Zuordnung von Stoffen zu Artikeln

In den Stammdaten der Artikel werden diesen Inhaltsstoffe aus der Stoffdatenbank in Ressourcenlisten zugeordnet (vgl. Abbildung 7.2-2). Es ist möglich jedem Artikel eine beliebige Anzahl von Inhaltsstoffen zuzuordnen. Umrechnungen für Gewichtsverhältnisse ermöglichen aus spezifischen Mengenangaben absolute Stoffmengen zu berechnen.

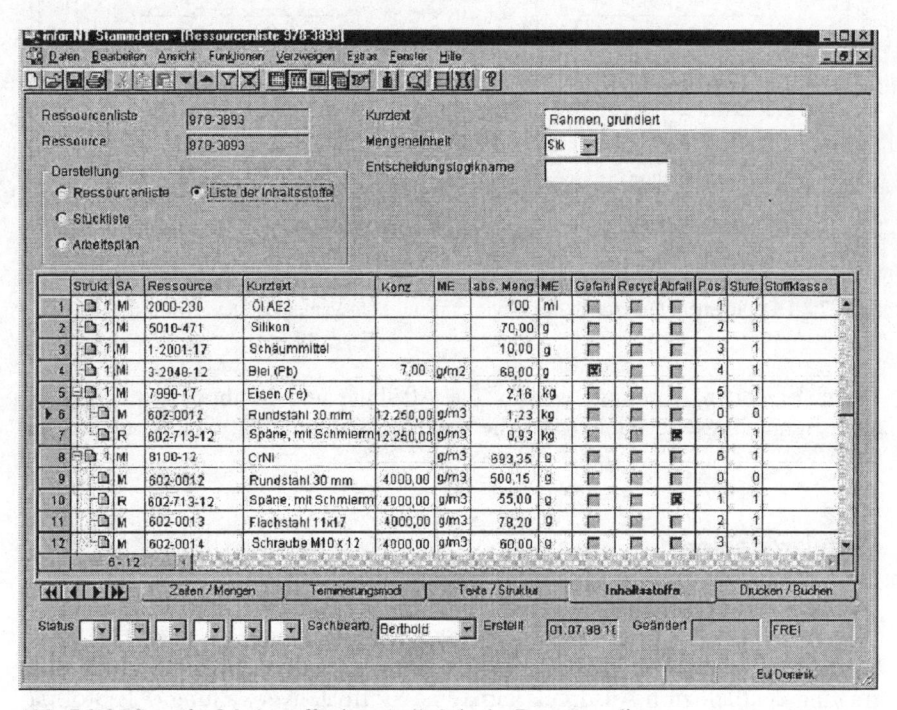

Abb. 7.2-2 Pflege der Inhaltsstoffe eines Artikels in der Ressourcenliste

Zuordnung von Inhaltsstoffen zu Eigenfertigungsartikeln

Bei Artikeln aus der Eigenfertigung ist es möglich, die Inhaltsstoffe gemäß den Ressourcen aus der Ressourcenliste berechnen zu lassen. Eine manuelle Eingabe ist ebenfalls möglich.

Stoffbilanzierung

Die Inhaltsstoffe können über einfachen Zugriff auf die Stoffdatenbank bilanziert werden. Bei korrekter zu den Einheiten der Inhaltsstoffen passender Dimensionsangabe des Artikels in der Längenverwaltung und vollständiger Pflege aller Inhaltsstoffe, kann für jedes Produkt eine Stoffbilanz in absoluten Werten erstellt werden.

Stammdaten zu Stoffen
Auf der Seite Stoffdaten werden zu jedem Artikel umweltrelevante Daten gepflegt. Neben Sicherheitsinformationen, Gefahrstoffklassen und dem Schlüssel aus dem europäischen Abfallkatalog (EAK), kann die Verwendung des Artikels, der Aggregatzustand und der Härtegrad angegeben werden.

Angaben zu den Inhaltsstoffen
Welche Inhaltsstoffe ein Artikel enthält, kann in der Ressourcenliste eines Stoffes auf der Seite Inhaltsstoffe angegeben werden. Hier werden Inhaltsstoffe in spezifischen Mengeneinheiten angegeben. Sind die zugehörigen Daten, wie Gewicht des Bauteils oder Abmessungen im Materialstamm hinterlegt, dann werden die absoluten Mengen eines Inhaltsstoffes daraus berechnet. Angezeigt wird hier auch die Verwendung eines Stoffes und seine Klassifizierung.

Die Seite Inhaltsstoffe wird aktiviert, wenn die Darstellung der Inhaltsstoffe aufgerufen wird. Danach werden die Stoffangaben zu den Materialien tieferer Fertigungsstufen geladen und nach Stoffen gruppiert. Auf der Stufe 0 ist jeweils die im angezeigten Artikel enthaltene absolute Stoffmenge angezeigt. Sie wird aus den Konzentrationsangaben und den für das Bauteil hinterlegten Maßen berechnet.

Die Angaben zu Artikeln tieferer Fertigungsstufe lassen sich nicht verändern. Es ist jedoch möglich, weitere Stoffe hinzuzufügen. Stoffsätze sind als MI-Sätze gekennzeichnet.

Abfallmanagement

Anfallende Abfälle lassen sich in ERP-Systemen zwar über negative Bedarfe modellieren und verfolgen (Rautenstrauch 1997), hier wird übersichtlichkeitshalber eine neue Materialklasse für Abfälle (R-Satz; R für Reststoffe, da das A für Arbeitsgang bereits belegt ist) eingeführt, welche entsprechend ausgewertet werden kann.

Diese Abfälle werden vom Anwender den Abfallklassen in den Stammdaten zugewiesen. Die Abfallklassen werden in Zuordnungstabellen oder als CAP-Merkmale vom Anwender gepflegt. Durch eine entsprechende Selektion über die Reststoffe können dann auch Abfallbilanzen erstellt werden.

Mit einem Geschäftsprozess „Entsorgungsauftrag" können Reststoffe entsorgt werden. Hierbei sind Abfall- und Wertstoffe zu unterscheiden. Wertstoffe können veräußert werden, während für Abfallstoffe ein Entgelt für die Abholung zu entrichten ist. Weiter ist bei Abfallstoffen zu beachten, dass evtl. ein Entsorgungsnachweis erstellt werden muss.

Für diese Aufträge wird eine neue Firmen-Verwendung „Entsorger" benötigt. Wertstoffe können über den Vertrieb verkauft werden. Mit einem Geschäftsprozess „Entsorgungsauftrag" können Reststoffe entsorgt werden. Hierbei sind Abfall- und Wertstoffe zu unterscheiden. Wertstoffe können veräußert werden, während für Abfallstoffe ein Entgelt für die Abholung zu entrichten ist. Weiter ist bei Abfallstoffen zu beachten, dass evtl. ein Entsorgungsnachweis erstellt werden muss.

Stammdatenpflege für Reststoffe
In den Stammdaten wird hinterlegt, ob es sich um einen Abfallstoff oder einen zu veräußernden Wertstoff handelt. Für Abfallstoffe lässt sich die Abfallklasse festlegen.

Die anfallenden Reststoffmengen können im Artikelkonto beobachtet werden. Bei Abfall- und Wertstoffen wird statt einer Mindestbestandsüberwachung eine Bestandsüberwachung im Lager durchgeführt, die bei überschreiten einer festgelegten Lagermenge die Entsorgung bzw. eine Nachricht an den Vertrieb auslöst. Der Verkauf von Wertstoffen muss sinnvollerweise erfolgen, wenn das Lager gefüllt ist, andernfalls muss das Material entsorgt werden.

Abfallklassen
Abfallklassen sind in gesetzlichen Vorschriften definiert. Die Liste der Abfallklassen kann in einer Zuordnungstabelle zusammen mit den textlichen Beschreibungen gepflegt werden. Dies erfolgt in der Stammdatenpflege. Angeboten werden könnte hier eine Beispielliste, die einem aktuellen Stand entspricht. Eine Weiterführung erfolgt durch den Benutzer.

Behandlung von Abfällen in Ressourcenlisten
In der Ressourcenliste wird ein Abfall als R-Satz eingefügt. Das Material wird wie gewöhnlich mit der Materialnummer benannt und ist in den Stammdaten hinterlegt. Es kann sich hierbei um ein spezielles Material für einen Reststoffe, wie z.B. Späne o.ä., um einen Rohstoff oder einen Gefahrstoff handeln. Entscheidend ist die Kennzeichnung als R-Satz. Die eingetragene Menge entspricht der Reststoffmenge, die bei dem übergeordneten Arbeitsgang anfällt. Die Buchung der Mengen erfolgt wie beim Standardablauf der Fertigung auf das in den Stammdaten hinterlegte Lagerkonto.

Auswertung
Anfallplätze lassen sich über eine Liste auswerten. Hier ist dann zu sehen, an welcher Stelle in der Wertschöpfungskette Abfälle anfallen und es lassen sich tatsächliche Kosten für den Abfall ermitteln.

Erstellung eines Entsorgungsauftrages
Wird in den Bestellvorschlägen ein Vorschlag für eine Entsorgung vermerkt, dann werden mögliche Lieferanten ausgewählt. Diese müssen in ihren Stammdaten einen Vermerk für die Verwendung als Entsorger besitzen. Außerdem wird geprüft, ob der Entsorger für den entsprechenden Artikel eine gültige Lizenz besitzt und die zulässige Entsorgungsmenge noch Restkapazitäten aufweist. Diese Informationen sind in den Stammdaten des Entsorgers hinterlegt, bzw. werden bei Erteilung eines Auftrags vom Programm nachgeführt.

Gefahrstoffmanagement

Gefahrstoffe sind durch den Gesetzgeber in einschlägigen Vorschriften (z.B. Chemikaliengesetz (ChemG), Bundesimmissionsschutzgesetz (BImSchG), Wasserhaushaltsgesetz (WHG), Bodenschutzgesetz (BSG), Gefahrstoffverordnung (GefStoffV), Chemikalienverbotsverordnung (ChemVerbotsV), Verordnung über brennbare Flüssigkeiten (VbF), Druckbehälterverordnung (DruckBehV), Gefahrgutverordnung Straße (GGVS), Störfallverordnung (12. BimSchV), Trinkwasserverordnung (TVO)) definiert und in Klassen zusammengefasst. So ist der in der Gefahrstoffverordnung festgehaltene Zweck: „Regelungen über die Einstufung, über die Kennzeichnung und Verpackung von gefährlichen Stoffen, Zubereitungen und bestimmten Erzeugnissen sowie über den Umgang mit Gefahrstoffen den Menschen vor arbeitsbedingten und sonstigen Gesundheitsgefahren und die Umwelt vor stoffbedingten Schädigungen zu schützen, insbesondere sie erkennbar zu machen, sie abzuwenden und ihrer Entstehung vorzubeugen, soweit nicht in anderen Rechtsvorschriften besondere Regelungen getroffen sind". Dazu sind folgende Maßnahmen und Geschäftsprozesse notwendig.

Stammdaten für Gefahrstoffe
Gefahrstoffe werden in den Stammdaten gekennzeichnet und einer Gefahrstoffklasse zugeordnet. Diese werden bei Erstellung eines Fertigungsauftrages, im Warenaus- und Wareneingang ausgewertet.

Gefahrstoffklassen
Gefahrstoffklassen sind in der Gefahrstoffverordnung (GefStoffV) definiert. Die Liste der Gefahrenklassen mit Randnummer und Kurztext kann in einer Zuordnungstabelle gepflegt werden. Für jede Gefahrstoffklasse lassen sich Sicherheitshinweise und Arbeitsanweisungen (R- und S-Sätze) hinterlegen. Die Zuordnung erfolgt gemäß Anhang I Nr. 1 der GefStoffV Kapitel 1.5 bzw. 1.6. Die Zuordnungstabelle wird in der Stammdatenpflege geführt. Angeboten werden könnte eine Beispielliste, die einem aktuellen Stand entspricht. Eine Weiterführung erfolgt durch den Benutzer nach Bedarf.

Gefahrstoffe im Wareneingang
Kommt im Wareneingang eine Lieferung mit Gefahrstoffen an, dann wird auf der Buchungsmaske mit einem roten Balken auf den Gefahrstoff hingewiesen. Die R- bzw. S-Sätze werden angezeigt. Des weiteren wird vermerkt, das die Lieferpapiere besonders geprüft und werden müssen.

Wenn in einer Bestellung Gefahrstoffe enthalten sind, dann wird über einen roten Balken auf diese hingewiesen. Eine Checkbox zeigt in der jeweiligen Bestellposition an, ob es sich um einen Gefahrstoff handelt (vgl. Abbildung 7.2-3).

Bei Anzeige eines einzelnen Artikel, sind auf der Seite „Sicherheitshinweise" Sicherheitshinweise und Arbeitsanweisungen (hier Hinweise zur Lagerung und zum Umgang) so, wie sie zur Gefahrstoffklasse des Artikels hinterlegt wurden, einzusehen. Ebenfalls wird das hinterlegte Gefahrstoffkennzeichen angezeigt.

Auf der Seite Sicherheitshinweise ist auch eine Checkliste zufinden. Diese dient dazu, notwendige Papier zu prüfen und diese Prüfung bei Bedarf zu dokumentieren. Es ist einstellbar, ob hier eine Eingabe erforderlich ist und ob die Daten gespeichert werden sollen. Ist die Eingabe erforderlich, darf eine Buchung erst erfolgen, wenn für alle Gefahrstoffe diese Checkliste ausgefüllt wurde. Die Checkliste kann ergänzt und verändert werden.

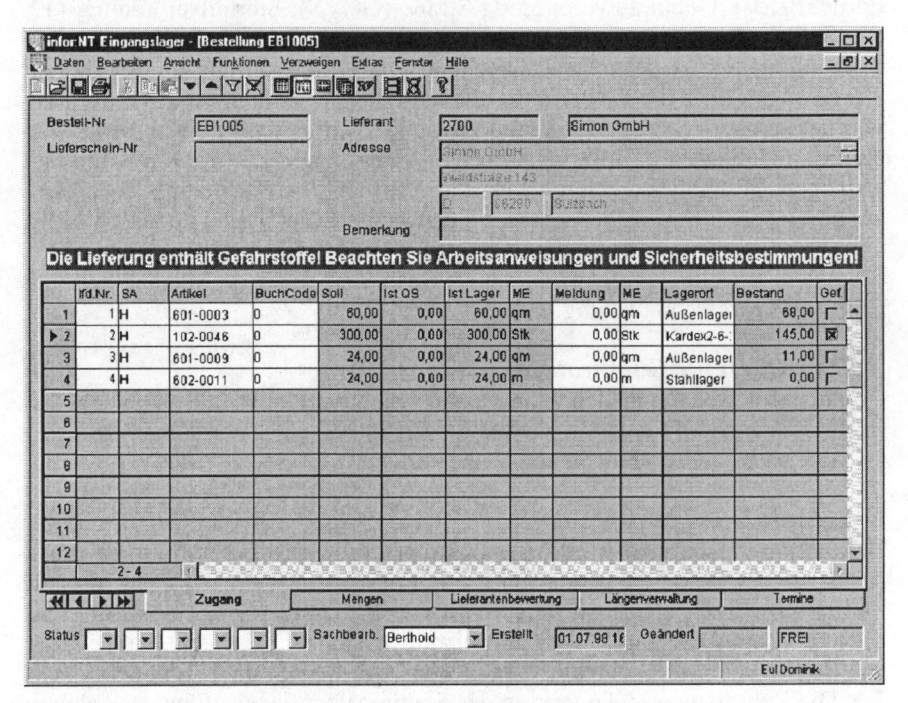

Abb. 7.2-3 Checkbox als Hinweis auf Gefahrstoff in Bestellposition

Gefahrstoffe in der Fertigung

Ist in einem Fertigungsauftrag ein Gefahrstoff enthalten, dann werden die für diesen Stoff hinterlegten Arbeitsanweisungen und Sicherheitshinweise mit ausgedruckt. Bei Anzeige eines solchen Fertigungsauftrages am Bildschirm wird durch einen roten Balken angezeigt, dass es Sicherheitsinformationen, welche auf der Seite „Sicherheitshinweise" angezeigt werden, zu beachten gibt.

In der Fertigung wird bei Anzeige eines Auftrages, welcher Gefahrstoffe zur Verwendung vorsieht, mit einem roten Balken auf den Gefahrstoff hingewiesen. Eine Checkbox markiert den Gefahrstoff in der Auftragsansicht. In der Einzelansicht einer Position sind auf der Seite „Sicherheitshinweise" Sicherheitshinweise und Arbeitsanweisungen zu finden. Ebenfalls wird die Kennzeichnung angezeigt.

Gefahrstoffe im Warenausgang

Wird eine Lieferung, welche Gefahrstoffe enthält, im Warenausgang bereitgestellt, dann wird auf den internen Lieferpapieren vermerkt, dass entsprechende zusätzliche Papiere gemäß Gefahrgutverordnung anzufertigen und der Entsorgungsnachweis nachzuführen sind. Diese speziellen Lieferpapiere werden manuell oder mit einem gesonderten Programm erstellt. Außerdem werden R- und S-Sätze angezeigt. Auf den Buchungsmasken weißt ein roter Balken auf den enthaltenen Gefahrstoff hin. Bei den Sicherheitshinweisen wird das Gefahrensymbol eingeblendet.

Im Warenausgang wird für ausgehende Lieferungen wieder mit einem roten Balken auf die Gefahrstoffe hingewiesen. Die Gefahrstoffe sind mit einer Checkbox markiert.

In der Ansicht eines einzelnen Artikels sind auf der Seite „Sicherheitshinweise" wieder Sicherheitshinweise, Arbeitsanweisung, das Kennzeichen und eine Checkliste zu finden (vgl. Abbildung 7.2-4). Auch hier gibt es die Möglichkeit, über einen Schalter einzustellen, ob die Bearbeitung der Checkliste protokolliert werden soll, bzw. eine Eingabe zwingend erforderlich ist. Die Checkliste kann ergänzt und verändert werden.

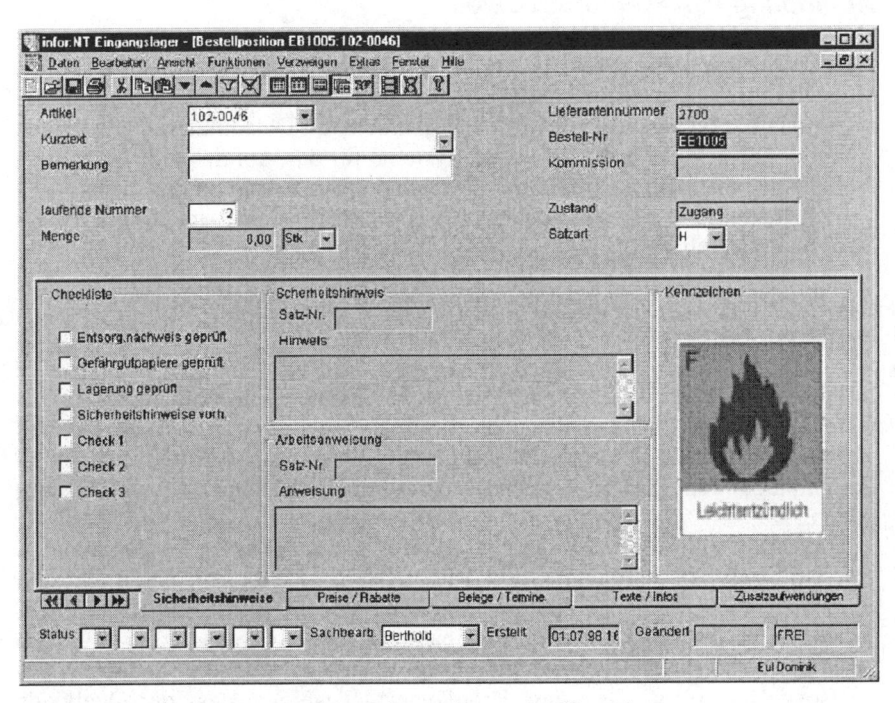

Abb. 7.2-4 Sicherheitshinweise und Arbeitsanweisungen im Wareneingang

Auswertung

Über Listen kann auswertet werden, welche Menge eines Gefahrstoffes oder einer Gefahrstoffklasse zur Zeit in der Produktion und im Lager befinden.

Kreislaufprozesse und Koppelprodukte

Für die Abbildung von Kreislaufprozessen und Koppelprodukten werden heute negative Bedarfe (M-Sätze) und Multiheader verwendet. Durch die neue Satzart für Abfälle eröffnet sich hier eine bessere Handhabung dieser Instrumente. Innerbetriebliches Recycling (vgl. Abschnitt Abfallmanagement) Kapitel und Demontage-Arbeiten im Rahmen eines Produktlebenszyklus lassen sich so abbilden.

Demontage zurückgenommener Artikel

Für einen Artikel wird eine spezielle Multiheader-Ressourcenliste angelegt. Als Header werden Reststoffe eingepflegt. Diese fallen bei der Demontage an und werden entsprechend ihrer Kennzeichnung als Wertstoff oder Abfallstoff weiter behandelt (vgl. Abschnitt Abfallmanagement).

Anbindung von Fremdprodukten

Durch die Kopplung mit Fremdprodukten, vorwiegend von Betrieblichen Umweltinformationssystemen (BUIS), wird zum einen eine Erweiterung der Funktionalität und zu anderen die Verfügbarkeit von Datenmaterial angestrebt.

In der näheren Betrachtung waren Systeme für das Abfall- und für das Gefahrstoffmanagement sowie für den Bereich des Stoffstrommanagement.

Von Interesse sind jedoch auch Stoff- oder Rechtsdatenbanken und andere Informationsquellen.

7.2.3
Implementierung

In diesem Abschnitt ist es nicht das Ziel, Implementationsstrategien für Software zu erörtern. Diese sind in der einschlägigen Literatur (z.B. McConnell 1994) zu finden und dem fachlich versierten Leser bekannt. Eine Implementationsstrategie hängt im wesentlichen auch vom Umfeld der Entwicklungsumgebung ab.

Hier soll versucht werden, die spezielle Problematik bei der Implementation von Umweltfunktionalitäten in ein ERP-System zu erörtern. Natürlich sind prinzipiell alle Richtlinien für die Erstellung von Standardsoftware wichtig. Im Gegensatz zu einer einmaligen Anpassung eines Systems an die Wünsche eines Kunden muss bei der Erstellung von Standardsoftware in der Konzeption- sowie bei der Realisierung darauf geachtet werden, dass der Quellcode wiederverwendbar, flexibel und leicht wartbar bleibt.

Eine Besonderheit der Umweltfunktionalitäten innerhalb eines ERP-Systems ist, dass es sich um eine Querschnittsfunktion handelt, die in diverse Geschäftsprozesse und somit Schnittstellen zu unterschiedlichen Arbeitsbereichen zugreift.

Definierte Schnittstellen müssen erweiterbar und wohl definiert sowie stabil implementiert werden. Je nach zugrunde liegender Philosophie müssen Objekte oder Funktionen einer Klasse oder eines Funktionsbereiches flexibel im Workflow eines Unternehmens integriert werden können, denn jeder Unternehmer hat in der Regel seine eigene Philosophie, wie er in einem Wareneingang oder einer Bestellung Umweltbelange bearbeitet.

Wenn bei der Konzeption galt, dass das ERP-System mit seinen Unternehmerischen und in erster Linie monetären Zielen nicht beeinträchtigt werden darf, dann gilt dies in adäquater Weise für den Quellcode der Umweltfunktionalitäten. Bestehende Prozesse und Objekte dürfen in der Regel nicht beeinträchtigt, sondern nur ergänzt werden. So ist es für einen Unternehmer in der Regel undenkbar, dass eine zentrale Buchungsroutine von einer Umweltfunktionalität blockiert wird. Plausibilitätsprüfungen und die Konfiguration des Systems müssen gewährleisten dass der Eingriff des Umweltmoduls in die tägliche Arbeit anpassbar bleibt.

Ein kritischer Punkt ist die Implementation zur Unterstützung des Anwenders bei der Beachtung von geltendem Recht. Wenn die Lebensdauer einer komplexen Software wie einem ERP-System betrachtet wird, dann ist leicht festzustellen, dass innerhalb einer Softwaregeneration Gesetze und Vorschriften häufig geändert werden. Dies geht von formalen Änderungen wie der Veränderung eines Schlüssels wie z.B. eines Abfallschlüssels bei Anzeige in der Benutzungsoberfläche oder der Speicherung, über die Aktualisierung von Daten wie Katalogen bis hin zu Änderungen in gesetzlich vorgeschriebenen Abläufen. Anbieter von BUIS haben daher Strategien entwickelt, wie sie diese Änderungen in ihr jeweiliges System integrieren können. Solche Mechanismen sollten auch an dieser Stelle berücksichtigt werden.

Für die Implementierung ist es wichtig, dass rechtzeitig Beispieldatensätze zu sicherheits-, gefahren- und umweltrelevanten Informationen vorliegen, damit rechtlich vorgeschriebene Formate eingehalten und unterstützt werden können.

Für eine Datenübernahme von bestehenden Daten bei Bestandskunden ist der Aufwand minimal zu halten. Den Artikeldaten sollte der „Umweltrucksack" in einfacher Art aufgesetzt werden, damit es nicht schon bei der Datenerfassung zu ersten Frustrationen mit dem neuen System kommt.

Datenbankzugriffe sind so zu optimieren, dass fachspezifische Termini leicht geprüft werden können. So ist ein Gefahrstoffkataster üblicherweise nach UN-Nummern aufgebaut, auf die ein besonders schneller Zugriff in der Datenbank möglich sein sollte. Ähnliches gilt für eine Abfallbilanz. Die Abfallkatalognummer ist hierbei ein Schlüsselkriterium für das Zugriffe optimiert werden müssen.

Für die Verteilung von Informationen im Unternehmen über Umweltbelange oder Gefahren- und Sicherheitshinweise sind verschiedene Strategien möglich, die bei der Implementation bereits unterstützt werden müssen. So können diese Dokumente beispielsweise entweder in einem Dokumentenmanagement abgelegt werden oder aber auch im Intranet des Unternehmens.

Hierbei ist auch darauf zu achten, dass Dokumente in den Benutzer spezifischen Sprachen vorliegen und zur Laufzeit entsprechend berücksichtigt werden.

7.2.4
Umsetzung und Erprobung

Bei der Umsetzung bzw. Erprobung von Umweltfunktionalitäten in einem ERP-System hat man zunächst mit den für die Einführung von neuen Softwaresystemen in ein Unternehmen üblichen Problemen der Akzeptanz zu arbeiten.

Dies beginnt üblicherweise bei der Geschäftsleitung und steht und fällt letztlich bei jedem einzelnen Arbeitnehmer, der an dem System arbeitet.

Die Akzeptanz kann dann zu einem kritischen Problem werden, wenn es einem Unternehmen bislang noch nicht gelungen ist, für Umweltaktivitäten Verständnis und Begeisterung zu wecken. Bei einer ergonomisch sinnvoll gestalteten Software wird der Anwender jedoch bald merken, dass die unter Umständen bislang lästigen, unbeliebten Arbeiten im Umweltbereich automatisiert und vereinfacht wurden und somit der Eindruck vermittelt werden kann, dass er ohne Vernachlässigung seiner Haupttätigkeit diese Aktivitäten erfolgreich erledigt hat.

Ein wichtiger Vorteil des ERP-Systems bei der Unterstützung umweltrelevanter Geschäftsprozesse ist, dass der Anwender in der ihm vertrauten Software arbeiten kann und er die Möglichkeit hat sich, im gewohnten Programmablauf leichter an neue Funktionalitäten zu gewöhnen. Akzeptanzprobleme für ein neues System dürften hier höher liegen.

Die Übernahme bestehender Daten und Nutzung vorhandener Organisationsstrukturen für die Erfassung neuer Daten erleichtern die Einführung der Umweltsoftware.

Die Erprobungsphase der Software kann erst dann als abgeschlossen gelten, wenn alle Funktionsbereiche erfolgreich getestet wurden. Dabei ist es üblich, mehrere Pilotkunden aus verschiedenen Geschäftsfeldern bzw. Branchen zu werben. Damit ist gewährleistet, dass beispielsweise das Gefahrstoff- und Abfallmanagement an den in unterschiedlichen Unternehmen erwarteten Funktionsumfang angepasst und intensiv auf konzeptionelle und programmtechnische Fehler geprüft werden kann.

7.2.5
Konsolidierung und Projektabschluss

Ein entscheidendes Problem beim Einsatz eines ERP-Systems im Umweltschutz kann die Kompetenzfrage darstellen. Ein ERP-Anbieter muss erst einmal seine Kompetenz auf dem Gebiet des Umweltmanagements unter Beweis stellen. Um so wichtiger ist die reibungslose Einführung und der erfolgreiche Start des Umweltmoduls nach Projektabschluss im Unternehmen.

Die wesentliche Schlüsselfunktion hat hier, neben den EDV-Verantwortlichen, der Umweltschutzbeauftragte, der für den Umweltbereich eine Schlüsselrolle einnimmt. Er wird vornehmlich mit dem Modul arbeiten und muss vom dem zu erwartenden Nutzen bzgl. einer erfolgreichen Einführung des Umweltmoduls überzeugt sein.

Ist die Software im Einsatz, dann werden sich erfahrungsgemäß schnell neue Anforderungen der Anwender ergeben. Die so eingeforderte stete Weiterentwicklung sorgt dann dafür, dass sich das Umweltmodul bei den ERP Anwendern als innovatives und nützliches Modul etablieren wird.

8 Einführung einer umweltorientierten Auftragsabwicklung und Produktionsplanung und -steuerung

8.1
Fallstudie: Einführung einer umweltorientierten Auftragsabwicklung und Produktionsplanung und -steuerung

von *Fritz Dorner, Ralf Pillep, Richard Schieferdecker, Dieter Weidel*

8.1.1
Ausgangssituation im Unternehmen

Aufgrund des verstärkten Wettbewerbs müssen die produzierenden Unternehmen der Investitionsgüterindustrie den betriebliche Umweltschutz heute so aufwandsarm und kostengünstig wie möglich gestalten. Neben den gesetzlichen Anforderungen, die erfüllt werden müssen, spielt vor allem die Verringerung umweltinduzierter Kosten eine wesentliche Rolle. Die weitgehende Unterstützung durch betriebliche EDV-Systeme ist dabei ein entscheidender Erfolgsfaktor für die effiziente Aufgabenerfüllung. Voraussetzung ist aber, daß die umweltbezogenen Aufgaben möglichst vollständig in den Prozess der Auftragsabwicklung integriert sind.

Viele EDV-Systeme für den betrieblichen Umweltschutz sind bislang als Stand-Alone-Lösungen konzipiert. Dies führt dazu, daß in den Unternehmen oft eine Vielzahl von unterschiedlichen Systemen für die zu erfüllenden Umweltaufgaben eingesetzt werden. Hinzu kommt, daß die eingesetzten Systeme zur Produktionsplanung und -steuerung (PPS) nicht oder nur in unzureichendem Maße umweltrelevante Aspekte berücksichtigen.

In dieser Situation befand sich auch die Battenfeld GmbH in Meinerzhagen, ein mittelständischer Hersteller von Kunststoff-Spritzgießmaschinen mit ca. 550 Mitarbeitern. Neben elektrisch und hydraulisch angetriebenen Standardmaschinen produziert das Unternehmen auch kundenspezifische Anfertigungen nach einem Baukastensystem.

Im Zuge der Firmenpolitik, verstärkte Anstrengungen im betrieblichen Umweltschutz zu unternehmen, wurde eine erste Analyse der Verbesserungspotentiale durchgeführt. Sie führte zu dem Ergebnis, daß bei Battenfeld im Bereich der Konstruktion bereits weitgehend umweltorientierte Gestaltungsansätze angewendet wurden und das größte Potential zur Verbesserung des Umweltmanagement in der Handhabung der im Rahmen der Fertigung und Montage eingesetzten und verbrauchten Kühlschmierstoffen (KSS) lag. In Zusammenarbeit mit der Deutschen Castrol Industrieoel, dem Hauptlieferanten von KSS, wurde daher ein wirksameres und effizienteres Umweltmanagement, speziell im Produktionsbereich, angestrebt. Hierfür wurde eine externe Unterstützung durch das Forschungsinstitut für Rationalisierung (FIR) herangezogen.

Das Unternehmen nutzt die Ergebnisse eines Arbeitspakets aus dem OPUS-Projekt, in dem ein umfassendes und durchgängiges Konzept für die umweltorientierte Auftragsabwicklung und Produktionsplanung und -steuerung (PPS) entwickelt wurde (vgl. dazu Kap. 3.3.3). Um eine systematische Berücksichtigung von Umweltaspekten auch in der Produktion zu erreichen, beschloss man, die in der Forschung erarbeiteten Lösungsansätze im Rahmen eines geförderten Umsetzungsvorhabens exemplarisch in die betriebliche Praxis zu übertragen. Aus Sicht des beteiligten Instituts sollten die bei der Umsetzung gewonnenen Erfahrungen später wieder in das Grundlagenprojekt zurück übertragen werden.

Die eingesetzten Forschungsergebnisse beinhalten die methodische Erweiterung der betrieblichen PPS um die Bereiche *Stoffstrommanagement*, *Energiemanagement* und *Öko-Controlling*. Die entwickelten Lösungsansätze wurden für die Verbesserung des KSS-Management und die umweltbezogene Sachbilanzerstellung bei Battenfeld genutzt. Ein weiterer Kernbestandteil des Projekts war die Verbesserung der überbetrieblichen Zusammenarbeit durch die Übernahme erweiterter Serviceumfänge beim Hilfs- und Betriebsstoffmanagement durch den Hauptlieferanten, der Deutschen Castrol Industrieoel (vgl. Abb.8-1.1).

Aufgabenkomplexe des Umweltmanagements

⇨ Abfallmanagement
⇨ Gefahrstoff- / -(gut)management
⇨ Emissionsmanagement
⇨ Energiemanagement
⇨ Störungsmanagement
⇨ Dokumentenmanagement

Zielsetzung

Integration des Umweltmanagements in die Produktion

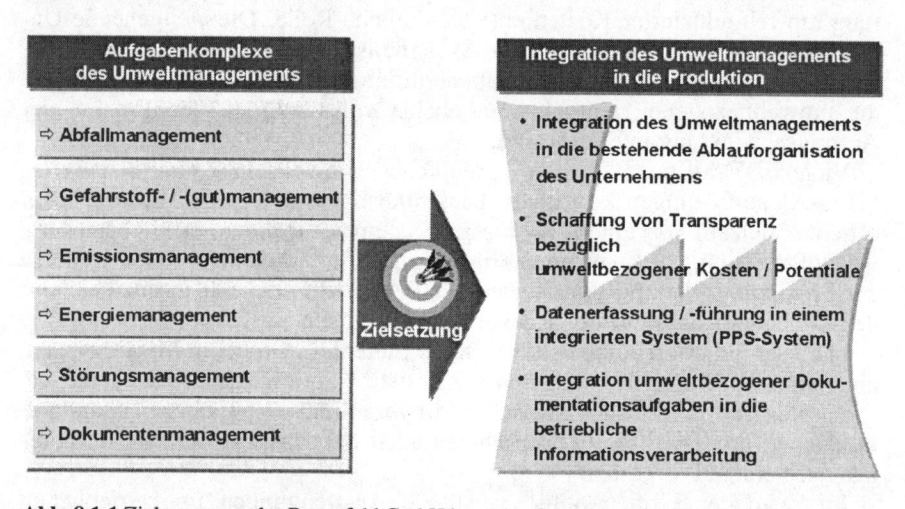

- Integration des Umweltmanagements in die bestehende Ablauforganisation des Unternehmens
- Schaffung von Transparenz bezüglich umweltbezogener Kosten / Potentiale
- Datenerfassung / -führung in einem integrierten System (PPS-System)
- Integration umweltbezogener Dokumentationsaufgaben in die betriebliche Informationsverarbeitung

Abb. 8.1-1 Zielsetzungen der Battenfeld GmbH bzw. der Castrol Industrieoel GmbH

Zu Projektbeginn erfolgte eine Analyse der bestehenden organisatorischen und technischen Schwachstellen in bezug auf das Umweltmanagement im gesamten Produktionsbereich sowie speziell für das Kühlschmier- und Schneidstoffmanagement. Die konkrete Ausgangssituation bei Battenfeld zu Beginn des Projektes wurde folgendermaßen charakterisiert (vgl. Abb. 8.1-2):

8.1 Fallbeispiel: Einführung einer umweltorientierten Auftragsabwicklung und PPS

- Die bestehende Betriebsorganisation kann nur durch zusätzlichen Aufwand sicherstellen, dass alle gesetzlichen Vorschriften und Umweltschutz-Anforderungen eingehalten werden.
- Die Stoffströme im Unternehmen sind durch die existierende Informationsversorgung z. T. schwer nachzuvollziehen. Daraus resultiert ein hoher Aufwand für die Erstellung einer Umwelt-Bilanz.
- Die umweltinduzierten Kosten in Produktion und Montage können den Verursachern (z.B. Kostenstellen) i.d.R. nicht zugeordnet werden.
- Durch die engere Zusammenarbeit mit nur noch einem Schmierstoff-Lieferanten wird erhebliches Potential zur Verbesserung der Informationsversorgung bezüglich der Kühl- und Schmierstoffe gesehen.

Aus der Sicht von Castrol stellte sich die Ausgangssituation wie folgt dar:

- Durch die sich verschärfenden Umweltauflagen steigt für die Kunden der Aufwand beim Einsatz der Kühl- und Schmierstoffe an.
- Da die Erbringung von Dienstleistungen im Umweltmanagement ein Bestandteil der Firmenstrategie ist, wird die Realisierung eines kompletten Fluid-Managements für den Kunden einschließlich der notwendigen EDV-Unterstützung angestrebt.

	Gesamtunternehmen	**Kühlschmierstoffmanagement**
Organisatorische Schwachstellen in bezug auf Umweltschutz	❏ Geringe Umweltkostentransparenz ❏ Geringe Transparenz/ Erfassung der Stoff- und Energieströme ❏ Unzureichende Berücksichtigung umweltrelevanter Aspekte im Einkauf ❏ Fehlende Organisationsstrukturen zur stetigen Verbesserung der Umweltsituation ❏ Mangelnde Vorbereitung zur Einführung eines Öko-Audits	❏ Unsicherheit bei zukünftiger Erfüllung der gesetzlichen Auflagen durch gegenwärtiges Kühlschmierstoff Lagerkonzept ❏ Zeitaufwendige Kühlschmierstoff-Pflege ❏ Hohe Störanfälligkeit des Systems (z.B. bei Befüllung)
EDV-technische Schwachstellen in bezug auf Umweltschutz	❏ Geringer Bezug umweltrelevanter Informationen aus PPS-Systemen ❏ Führung umweltrelevanter Daten in unterschiedlichen EDV-Systemen	❏ Fehlende EDV-technische Erfassung und Verbraucherzuordnung der KSS-Nachfüllmengen ❏ Keine EDV-technische Erfassung von Pflegeinformationen der KSS

Abb. 8.1-2 Organisatorische und EDV-technische Schwachstellen im Ausgangszustand

Aus diesen Problembeschreibungen ergeben sich für das gemeinsame Umsetzungsprojekt folgende Ziele:

- Das Umweltmanagement soll vollständig in die gesamte Prozesskette der Auftragsabwicklung integriert werden. Damit wird sichergestellt, daß die gesetzlichen Anforderungen des Umweltschutzes in der Produktion ohne zusätzlichen Aufwand eingehalten werden.
- Die Umweltauswirkungen der Produktion und die damit verbundenen Kosten sollen transparent werden, um eine Reduzierung zu ermöglichen. Hierzu ist eine verbesserte Datenerfassung und -bereitstellung zu konzipieren.
- Durch die Erweiterung der bestehenden Informationssysteme, insbesondere des eingesetzten PPS-Systems, soll das Umweltmanagement effizient unterstützt werden.
- Der Aufwand bezüglich des Hilfs- und Betriebsstoffmanagements soll reduziert werden. Das erfordert eine Steigerung der organisatorischen Effizienz hinsichtlich des Gefahrstoff-, Abfall- und Umweltkostenmanagement sowie die Einrichtung eines integrierten, unternehmensübergreifenden EDV-Systems für das Hilfs- und Betriebsstoffmanagement.

8.1.2 Vorgehensweise

Im Folgenden werden die einzelnen Vorgehensschritte der Fallstudie beschrieben, die ausgehend von einer Analyse des Ist-Zustands über die Konzeption der organisatorischen und EDV-technischen Gestaltung einer umweltorientierten PPS bis zur Implementierung der Lösungsansätze reichen.

Analyse der Stoff- und Energieflüsse sowie der organisatorischen Abläufe für das Umweltmanagement

Am Anfang der Konzeption der umweltorientierten Auftragsabwicklung bzw. PPS stand zunächst die Analyse der umweltbezogenen organisatorischen Abläufe sowie aller relevanten Stoff- und Energieflüsse.

Diese Analyse erfolgte zunächst auf der Ebene des Gesamtunternehmens und anschließend mit erhöhtem Detaillierungsgrad am Beispiel eines flexiblen Fertigungszentrums im Bereich der mechanischen Fertigung. Diese besteht aus drei CNC-gesteuerten Bearbeitungsmaschinen, einer Werkzeug- und Palettentransportsteuerung sowie einem Leitrechner.

Anschließend wurde die Umweltrelevanz sämtlicher eingesetzter und erzeugter Stoffe mittels eines unternehmensspezifischen Schemas, der sog. Umweltprioritätszahl klassifiziert. Wichtig für die spätere Konzeption der Planung war, ob die Abfallmaterialien jeweils einem Auftrag zugeordnet werden können oder auftragsneutral (periodisch) anfallen.

Über die quantitative Erfassung der Stoffströme erfolgt die Zuordnung zu den Beschaffungs- und Entsorgungskosten.

Durch die Dokumentation der organisatorischen Abläufe, die jeweils mit dem Stoffluß verbunden sind, läßt sich der Zusammenhang mit der Auftragsabwicklung herstellen.

Durch die Übertragung der Analyse auf die anderen Bereiche der Fertigung und Montage entstand eine Gesamtdokumentation aller relevanten Stoff- und Energieströme sowie der umweltbezogenen organisatorischen Abläufe im

Unternehmen. Die Vorgehensweise im Umsetzungsprojekt beschreibt Abbildung 8.1-3.

Exemplarische Umsetzung am Beispiel KSS*-Management
*) KSS = Kühlschmierstoff

- Erarbeiten von Analyseinstrumenten
- Analyse der umweltrelevanten Stoff- bzw. Energieflüsse und organisatorischen Abläufe für das Umweltmanagement
- Konzeption des Soll-Zustands: Organisatorische Abläufe, EDV-Integration
- Praktische Implementierung des Soll-Konzepts
- Validierung der Lösungsansätze in der betrieblichen Praxis

Übertragung auf Gesamtunternehmen

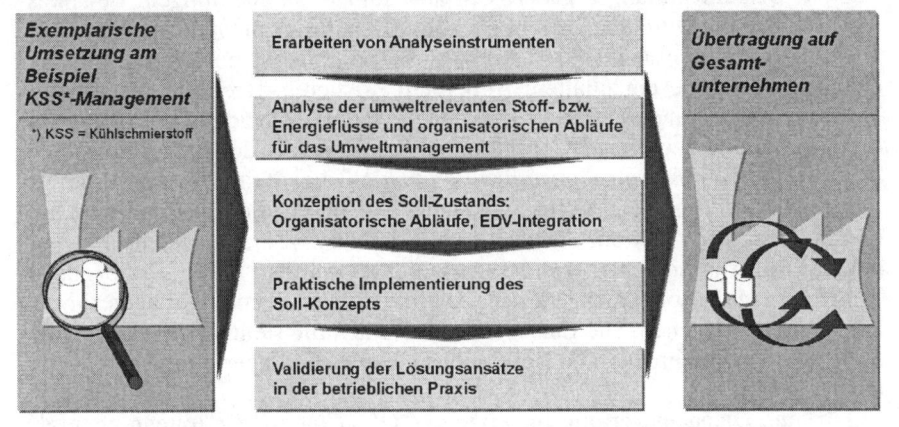

Abb. 8.1-3 Vorgehensweise im OPUS-Umsetzungsprojekt bei Battenfeld und Castrol

Konzeption der organisatorischen Abläufe und der Erweiterung der betrieblichen Informationssysteme

Auf Basis der Analyseergebnisse sowie der entwickelten Prozessreferenzmodelle aus dem Grundlagenprojekt wurden die organisatorischen Abläufe und die EDV-technische Integration der umweltrelevanten Aufgaben konzipiert. Ein detailliertes Stoffstrommanagement, das auch die anfallenden Abfälle verwalten und planen kann, bildet die Grundlage für ein umfassendes Abfallmanagement. Durch das eingesetzte PPS-System werden nahezu alle produktionsrelevanten Daten verwaltet. Um das betriebliche Abfallmanagement und die umweltbezogene Stoffbilanzierung möglichst einfach abzuwickeln, mußte das PPS-System aber in einigen Bereichen erweitert werden. Diese Erweiterungen betreffen in erster Linie die Aufgaben des *Stoffstrommanagements* und des *Öko-Controlling*.

Zu Projektbeginn war beabsichtigt, im Zuge einer *Abfallentstehungsrechnung* die in der Produktion anfallenden Abfälle zu ermitteln, die bei der Ausführung des Produktionsprogramms entstehen und einen *Entsorgungsprogrammvorschlag* zu erstellen. Dazu wurde geplant, im PPS-System eine deterministische Berechnung der Abfallmengen und -arten mit Auftragsbezug durchzuführen. Um diese Daten zu ermitteln, müssen Arbeitspläne und Stücklisten die abfallrelevanten Informationen enthalten, die beim Betrieb bzw. bei Rüstvorgängen anfallen. Damit die Entstehung der unterschiedlichen Abfallarten geplant werden kann, muß das Material-Klassifikationsschema um abfallrelevante Attribute erweitert werden.

Im Rahmen der *Fremdentsorgungsplanung und -steuerung* sollte die Entsorgung der entstandenen Abfälle verwaltet werden. Vergleichbar der Bestellrechnung beim Fremdbezug, sollte für das Entsorgungsprogramm eine *Entsorgungsrechnung* durchgeführt werden. Ziel war es, die wirtschaftlichste Entsorgungsmenge und ggf. den Entsorgungstermin zu ermitteln. Im Gegensatz zur Bestellrechnung ergaben sich aber einige Veränderungen. Beispielsweise spielte die Durchlaufzeit für Entsorgungsaufträge nicht die gleiche Rolle wie für Produktionsaufträge. Daher war es i.d.R. nicht notwendig, entsprechende Ecktermine einzuhalten. Außerdem existieren durch die gesetzlichen Umweltauflagen andere Randbedingungen und Entscheidungsparameter für die Bearbeitung der Entsorgungsaufträge. Als Ergebnis der Entsorgungsrechnung sollten im *Entsorgungsauftragsvorschlag* die optimalen Entsorgungsmengen und -termine zur Verfügung stehen. Wenn für die Entsorgung mehrere Entsorger zur Auswahl stehen, sollte eine *Entsorgerauswahl* nach unternehmensspezifischen Kriterien durchgeführt werden. Die *Entsorgungs-Auftragsfreigabe* sollte sicherstellen, daß alle notwendigen Unterlagen für den Entsorger bereitstehen. Die *Entsorgungsüberwachung* stellt sicher, daß aus der Sicht des Unternehmens alle gesetzlichen Umweltauflagen eingehalten werden.

Für eine Datenauswertung im Zuge des *Öko-Controlling* können ebenfalls die bereits umfangreich vorliegenden Daten im PPS-System genutzt werden. Auf den unterschiedlichen Planungsstufen können Daten für die Stoff- und Energie-Bilanzierung zur Verfügung gestellt werden. Die Versorgung mit Daten erfolgt durch die Erweiterung der Produktions-, Beschaffungs- und Entsorgungsprogramme sowie die Rückmeldung umweltorientierter Betriebsdaten. Damit umweltbezogene Bilanzen vom PPS-System bereitgestellt werden können, war die Erweiterung einiger Artikelstammdaten erforderlich. In erster Linie betrifft das Betriebsmittel- und Materialstammdaten sowie Stücklisten und Arbeitspläne. Die *Materialdaten* der PPS müssen um klassifizierende Informationen bezüglich Abfällen, Gefahrstoffen und Emissionen erweitert werden.

Die Ist-Bilanzdaten werden durch die Rückmeldung der Aufträge aus der Betriebsdatenerfassung (BDE) der Produktion ermittelt. Hierzu wurde eine Kopplung der Barcode-Erfassung des Chemical-Management-Systems von Castrol mit dem erweiterten PPS-System bei Battenfeld konzipiert, um KSS-spezifische Daten (z.B. Verbrauchsdaten für Betriebsstoffe, Kostenstellenzuordnung) zu übertragen. Aus der Verdichtung der in der *Entsorgungsüberwachung* erhaltenen Daten sollen kosten- und mengenbezogene Auswertungen, beispielsweise die gesetzlich geforderten Abfallbilanzen „auf Knopfdruck" erstellt werden können.

Implementierungstrategie des Soll-Konzepts

Zur Implementierung der konzipierten organisatorischen Abläufe wurde das Instrument des sog. Umweltmanagement-Regelkreises gewählt, das einen periodischen Durchlauf durch einen Zyklus aus Analyse-, Konzeptions- und Bewertungsschritten beinhaltet. Die Überwachung der Zielerreichung durch die Geschäftsführung sollte die angestrebte kontinuierliche Steigerung der „Umweltleistung" des Unternehmens sicherstellen. Im Rahmen des OPUS-Betriebsvorhabens wurde der konzipierte Regelkreis am Beispiel des KSS-

Management durchlaufen, eine Erweiterung auf andere Bereiche im Unternehmen sowie die Dokumentation der erstellten Regelungen im QM-Handbuch ist geplant (vgl. Abb. 8.1-4).

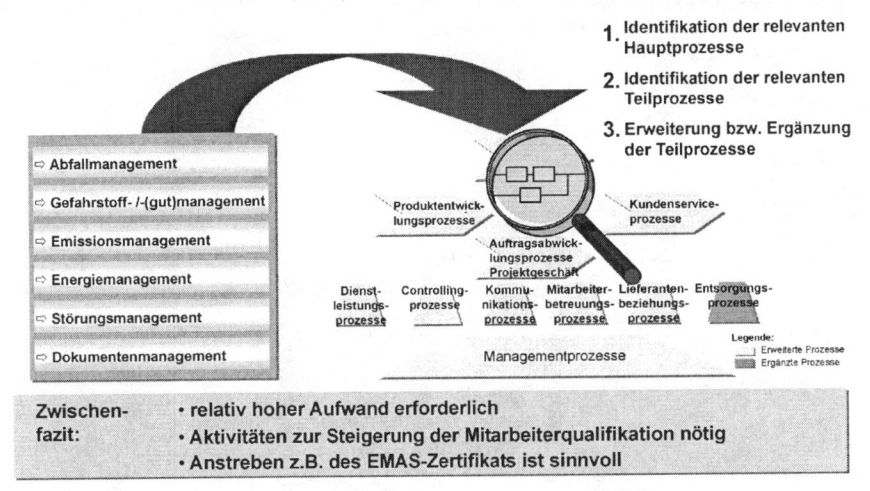

Abb. 8.1-4 Implementierung der organisatorischen Regelungen für das Umweltmanagement

8.1.3
Diskussion der Ergebnisse

Als Grundlage für die systematische Konzeption des integrierten KSS-Managements wurde zunächst der gesamte Prozessablauf der Beschaffung, Verwendung und Entsorgung der Kühlschmierstoffe einschließlich der jeweiligen Verantwortlichkeiten dokumentiert (vgl. Abb. 8.1-5). Darüber hinaus wurden die für die Durchführung der einzelnen Prozessschritte notwendigen EDV-Funktionen sowie die dazu erforderlichen Daten und deren Quellen ermittelt.

Um die dispositiven Prozesse für das KSS-Management, insbesondere das Beschaffungs- und Abfallmanagement, möglichst effizient zu unterstützen, und umweltbezogene Stoffbilanzierung möglichst einfach abzuwickeln, wurde das eingesetzte PPS-System in einigen Funktionsbereichen erweitert. Die realisierten Erweiterungen betreffen in erster Linie die Aufgaben des *Stoffstrommanagements* und des *Öko-Controlling*. Nachfolgend werden diese Ergänzungen anhand des Ablaufs des KSS-Prozesses erläutert.

Ergänzung der Stammdaten

Die Basis für die Unterstützung der umweltrelevanten Aktivitäten durch das PPS-System wird durch die Erweiterung der bestehenden Stammdaten gebildet. Notwendige umweltrelevante Informationen, die den verwalteten Materialien zugeordnet werden müssen, sind unter anderem:

- Kennzeichnung, ob es sich um einen Gefahrstoff/Gefahrgut handelt,
- Hinweis, ob ein Sicherheitsdatenblatt geführt werden muss,
- Abfallschlüsselnummer bzw. EAK-Nummer,
- Wassergefährdungsklasse,
- Maximale Lagermenge (laut Sicherheitsbestimmung) sowie
- Hinweise für das Gefahrstoffkataster.

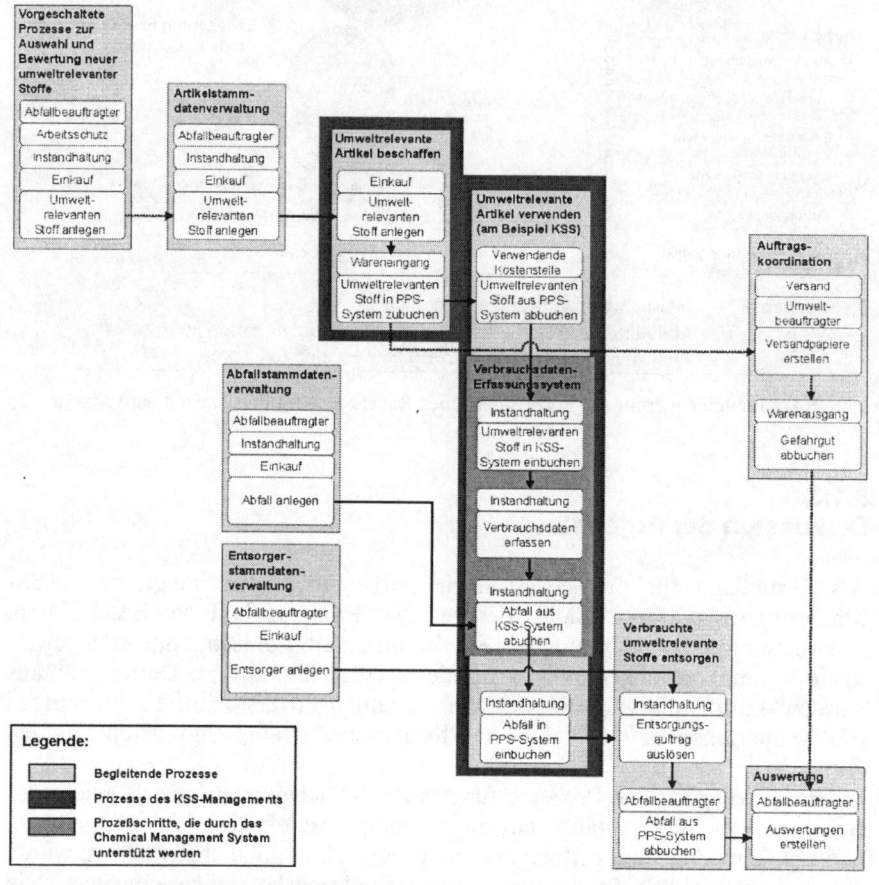

Abb. 8.1-5 Dokumentation des KSS-Prozesses

Für Abfälle müssen vergleichbare Stammdaten gepflegt werden. Dazu kommen Angaben über die zulässigen Entsorgungsunternehmen oder die für die Entsorgung notwendige Dokumentation. Die Entsorgerstammdaten umfassen grundsätzlich die gleichen Informationen wie die Lieferantenstammdaten sowie den Hinweis darauf, für welche Abfälle der Entsorger zugelassen ist und den Zulassungszeitraum.

Beschaffung der umweltrelevanten Artikel

Bei der Beschaffung der umweltrelevanten Materialien, d.h. KSS, müssen ggf. Sicherheitsbestimmungen beachtet werden. Falls für Stoffe ein Sicherheitsdatenblatt vorgeschrieben ist, darf das PPS-System eine Bestellung dieses Artikels nur zulassen, wenn das Sicherheitsdatenblatt im Unternehmen vorhanden ist. Für bestimmte Artikelgruppen (z.b. brennbare Materialien) gelten aus Sicherheitsgründen Höchstlagermengen. Beim Wareneingang wird so z.B. überprüft, ob durch die Zugangsbuchung der maximale Lagerbestand überschritten wird.

Einsatz der umweltrelevanten Artikel in der Produktion

Für den Einsatz der KKS in der Produktion werden diese aus dem Zentrallager entnommen und mit Wasser zur sog. Emulsion vermischt. Bei der Entnahme der KSS werden die jeweiligen Kosten der entnehmenden Kostenstelle zugeschrieben. Hierzu wird in der Fertigung das Castrol-System für die Erfassung KSS-relevanter Daten eingesetzt. Es besteht aus einer mobilen Barcode-Erfassungseinrichtung sowie einer Datenbank und verwaltet die Daten von:

– Artikelbezeichnung (KSS),
– Verbrauchsmengen und
– Identifikation der verbrauchenden Kostenstelle

in bezug auf das KSS-Management-System. Dieses übernimmt die weitere Verwaltung der KSS und ermöglicht die Erfassung der Verbrauchsdaten. Für die verursachende Kostenstelle werden die entstehenden Abfalldaten gesammelt und wieder an das PPS-System übergeben. Damit verbunden ist die Belastung der Kostenstelle mit den letzten Entsorgungskosten für diesen Abfall. Die exakten Entsorgungskosten lassen sich erst nach der physischen Entsorgung ermitteln, wenn vom Entsorger auf der Rechnung die genauen Entsorgungsmengen mitgeteilt werden. Neben den KSS-Daten können auch weitere in der Produktion entstehende Abfälle durch das KSS-Management-System erfaßt und wieder an das PPS-System übergeben werden.

Entsorgung verbrauchter umweltrelevanter Materialien

Die zunächst geplante deterministische Entstehungsrechnung für die verbrauchte KSS-Emulsion erwies sich im Praxisbetrieb als nicht praktikabel. Unvorhersehbare Ereignisse, wie das temperaturbedingte „Umkippen" von Maschinenbefüllungen durch Bakterienbefall, können nicht durch eine arbeitsplanabhängige Mengenermittlung berücksichtigt werden. Aus Vergangenheitsdaten können jedoch aussagekräftige Planungsinformationen für größere Zeithorizonte (z.B. Quartale) gewonnen werden. Aus diesen Gründen wurde eine reaktive Auslösung von Entsorgungsaufträgen umgesetzt.

Wenn die kontinuierliche Bestandsprüfung für Abfälle eine Überschreitung der maximalen Bestandshöhen ergibt, werden für den Disponenten Entsorgungsvorschläge generiert. Daraus wählt der Abfallbeauftragte die gewünschten Vorschläge aus und wandelt sie in Entsorgungsaufträge um. Nach der physischen Abholung der Abfälle durch das Entsorgungsunternehmen werden die entsprechenden Mengen aus dem PPS-System abgebucht. Durch das erweiterte PPS-System wird die Entsorgungsüberwachung – vergleichbar der Bestellüberwachung – unterstützt und die Einhaltung der Termine und Dokumentationspflichten geprüft.

Erstellung von umweltbezogenen Auswertungen

Aus vorhandenen umweltrelevanten Daten lassen sich eine Reihe unterschiedlicher Auswertungen generieren. Die Abfallbilanz des Unternehmens (wie von der Umweltbehörde verlangt) entsteht aus der Summe der Entsorgungsaufträge. Mit den Daten aus konventionellen und umweltrelevanten Bestellungen für Materialien sowie den Informationen über die ausgelieferten Produkte ergibt sich eine vollständige Stoffbilanz für den Unternehmensstandort. Aus den umweltrelevanten Materialinformationen (Stammdaten) in Verbindung mit den Buchungen auf die verwendenden Kostenstellen kann das Gefahrstoffkataster für den Betrieb erstellt werden. Kostenauswertungen über die Material- bzw. Entsorgungskosten können sowohl für die einzelnen Kostenstellen als auch für einzelne Abfallmaterialien ermittelt werden. Die Datengruppen der konzipierten Erweiterungen des PPS-Systems sind in Abb. 8.1-6 dargestellt.

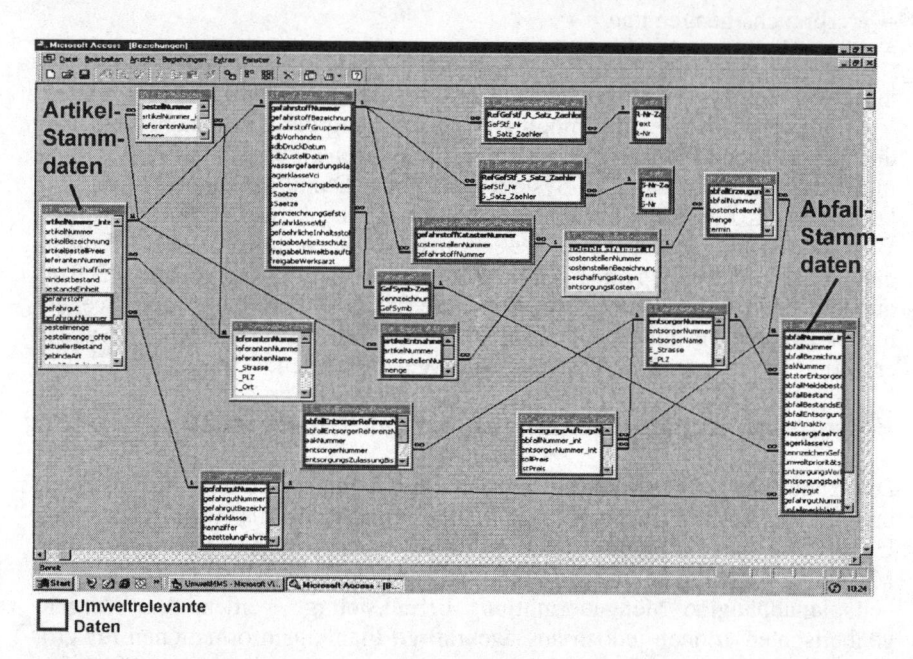

Abb. 8.1-6 Umweltorientiert erweitertes Datenmodell des PPS-Systems

Fazit aus der Fallstudie

Der bisherige Einsatz des umweltorientiert erweiterten PPS-Systems zeigt, daß sowohl Umweltschutz- als auch Kostensenkungspotentiale im betrachteten Produktionsbereich systematisch ermittelt und ausgenutzt werden konnten. Durch das systematische KSS-Management konnte ein Einsparungspotential von ca. 8 Prozent der jährlichen Beschaffungs- und Entsorgungskosten realisiert werden. Die Zielsetzung des geringen operativen Aufwands im laufenden Betrieb mußte jedoch zunächst mit dem Preis eines hohen Initialaufwands für die Implementierung „erkauft" werden. Neben der Konzeption der organisatorischen Abläufe und der EDV-technischen Unterstützung spielt hierbei insbesondere die (teilweise manuell durchgeführte) Integration der erforderlichen umweltrelevanten Informationen in das PPS-System sowie die Einweisung der betroffenen operativen Mitarbeiter eine wesentliche Rolle. Die Qualifikation der Mitarbeiter in Produktion und Umweltmanagement muß dabei berücksichtigt werden (vgl. Abb. 8.1-7).

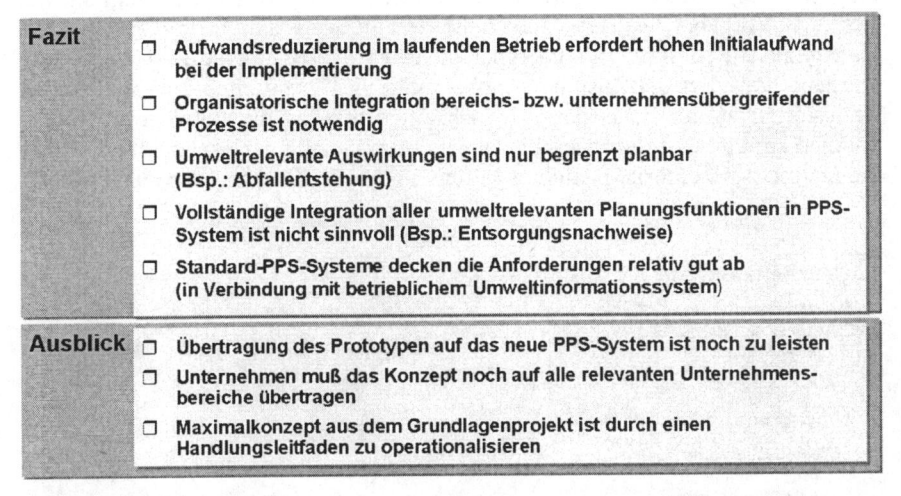

Fazit	
	☐ Aufwandsreduzierung im laufenden Betrieb erfordert hohen Initialaufwand bei der Implementierung
	☐ Organisatorische Integration bereichs- bzw. unternehmensübergreifender Prozesse ist notwendig
	☐ Umweltrelevante Auswirkungen sind nur begrenzt planbar (Bsp.: Abfallentstehung)
	☐ Vollständige Integration aller umweltrelevanten Planungsfunktionen in PPS-System ist nicht sinnvoll (Bsp.: Entsorgungsnachweise)
	☐ Standard-PPS-Systeme decken die Anforderungen relativ gut ab (in Verbindung mit betrieblichem Umweltinformationssystem)
Ausblick	☐ Übertragung des Prototypen auf das neue PPS-System ist noch zu leisten
	☐ Unternehmen muß das Konzept noch auf alle relevanten Unternehmensbereiche übertragen
	☐ Maximalkonzept aus dem Grundlagenprojekt ist durch einen Handlungsleitfaden zu operationalisieren

Abb. 8.1-7 Fazit & Ausblick

Im Rahmen des Umsetzungsprojekts konnte bestätigt werden, daß die dem OPUS-Grundlagenprojekt zugrundeliegende „Philosophie" einer Integration von umweltmanagement- und produktionsbezogenen Abläufen einen in der Praxis gangbaren Weg darstellt. Darüber hinaus erwies sich der Einsatz von erweiterten Standard-PPS-Systemen als effiziente Lösung zur Unterstützung der Aufgaben einer umweltorientierten Auftragsabwicklung. Für spezialisierte Aufgaben, z.B. die Nachweisführung für Entsorgungsvorgänge, ist jedoch der Einsatz externer, gekoppelter betrieblicher Umweltinformationssysteme (BUIS) sinnvoll.

8.2
Implementierungskonzept

von Ralf Pillep und *Richard Schieferdecker*

Die umweltorientierte Produktionsplanung und -steuerung (PPS) betrachtet neben den bestehenden Planungsgegenständen *Rohstoffe* und *Produkte* auch *Hilfs- und Betriebsstoffe, Energie, Abfälle* sowie *Emissionen*. Will ein Unternehmen diese Planungsgegenstände berücksichtigen, muß es Aufgaben des Umweltmanagements in die Auftragsabwicklung integrieren. Darüber hinaus sind zusätzliche Funktionen und Daten in das PPS-System zu integrieren.

8.2.1
Projektstart und Zieldefinition

Für die Integration des Umweltmanagements in die Auftragsabwicklung hat sich eine Vorgehensweise entsprechend dem in der Praxis erprobten Umweltmanagement-Regelkreis als geeignet erwiesen. Nachdem die Ziele festgelegt wurden, wird der Ist-Zustand erhoben und die ermittelten Schwachstellen analysiert. Auf der Basis der Schwachstellen werden die notwendigen Maßnahmen geplant und durchgeführt. Nach der Kontrolle der Maßnahmen erfolgt die interne bzw. externe Berichterstattung und neue Ziele werden ausgewählt.

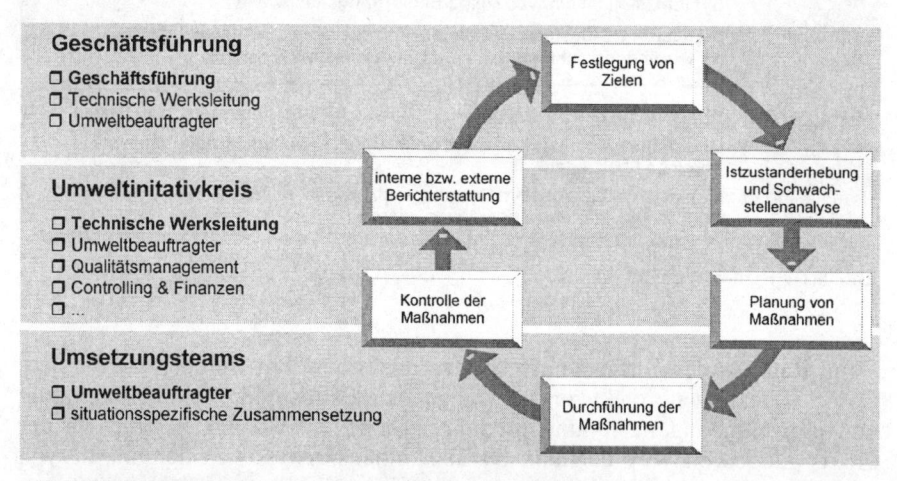

Abb. 8.2-1 Zuständigkeiten im Rahmen des Umweltmanagements

In einem ersten Schritt müssen die Zuständigkeiten im Rahmen des Umweltmanagement festgelegt werden (vgl. Abb. 8.2-1): Die Geschäftsführung, die technische Werksleitung und der Umweltbeauftragte sind für die Festlegung der umweltrelevanten Ziele verantwortlich. Ein Umweltinitiativkreis, bestehend aus der technischen Werksleitung, den Beauftragten für Qualitäts- und Umweltmanagement sowie Mitarbeitern aus den betroffenen Abteilungen analysieren den Ist-Zustand, ermitteln die Schwachstellen und planen die notwendigen Maßnahmen. Umsetzungsteams, die durch den Umweltbeauftragten situationsspezifisch zusammengesetzt werden, sorgen für die Durchführung der Maßnahmen. Der Umweltinitiativkreis kontrolliert die Durchführung der Maßnahmen und sorgt für die interne bzw. externe Berichterstattung.

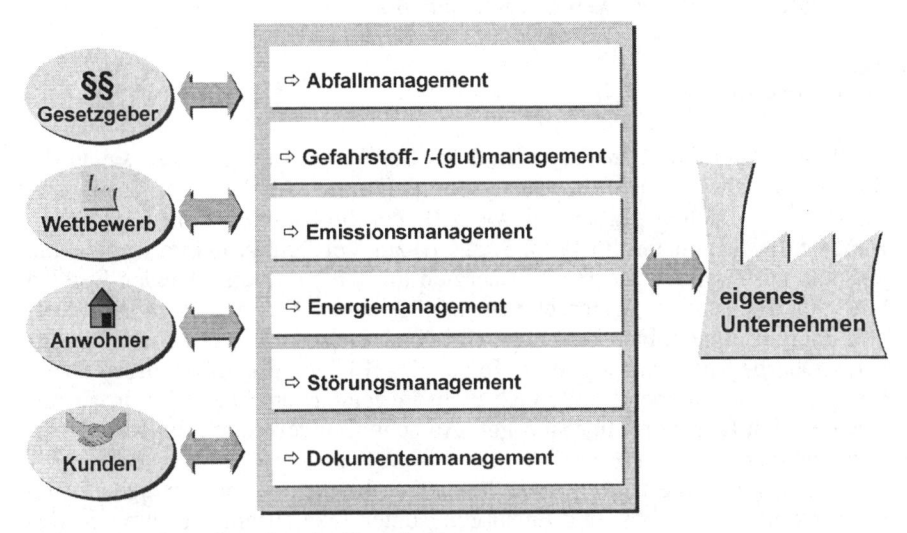

Abb. 8.2-2 Aufgabenkomplexe des Umweltmanagements

Zu Projektbeginn müssen zunächst die Aufgabenkomplexe des Umweltmanagements identifiziert werden, die das Unternehmen in die eigene Auftragsabwicklung integrieren will. Die Auswahl der Aufgabenkomplexe ist dabei abhängig von den umweltrelevanten Anspruchsgruppen, mit denen das Unternehmen konfrontiert ist. Zu den Anspruchsgruppen zählen z.B. der Gesetzgeber, Wettbewerber, Anwohner oder Kunden (vgl. Abb. 8.2-2).

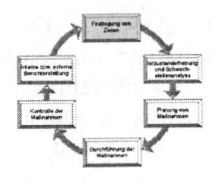

Ziele für das Schmierstoff-Management	Potential
Einhaltung gesetzlicher Anforderungen	nicht quantifizierb.
Verbesserung der Störsicherheit (Gefährdungspotential)	nicht quantifizierb.
Reduzierung der Mitarbeiterbelastung	nicht quantifizierb.
Reduzierung des Wasserverbrauchs zur Reduzierung der Umweltbelastung (Standzeit erhöhen)	5-10 %
Reduzierung des Kühlschmierstoff-Verbrauchs durch Standzeiterhöhung	3-5 %

Abb. 8.2-3 Zieldefinition (am Beispiel des Schmierstoffmanagements aus Kap. 8.1)

Das in Kapitel 3.3.3 beschriebene Aufgabenmodell der umweltorientierten Auftragsabwicklung bietet eine Hilfestellung bei der Beantwortung der Frage, welche umweltrelevanten Informationen geplant bzw. gesteuert werden sollen. Idealerweise erfolgt die Auswahl der ersten Ziele für einen abgegrenzten Bereich bzw. Prozess (vgl. Kap. 8.2.4). Wenn in diesem Bereich die Integration des Umweltmanagements in die Auftragsabwicklung erfolgreich durchgeführt wurde, können die Ergebnisse auf alle weiteren relevanten Bereiche des Unternehmens übertragen werden. Soweit es möglich ist, sollten für die einzelnen Ziele Potentiale genannt werden (vgl. Abb. 8.2-3).

8.2.2
Problemanalyse

Im Rahmen der Problemanalyse sind die Stoff- und Energieflüsse sowie die organisatorischen Abläufe zu analysieren. Für die Analyse der Stoff- und Energieflüsse stehen Hilfsmittel wie z.B. der Stoffkontenrahmen (vgl. z.B. Bundesumweltministerium 1995, S. 296 f.) zur Verfügung. In ihm werden alle ein- und austretenden Stoffe und Energien für den zu untersuchenden Bereich bzw. für das gesamte Unternehmen aufgezeichnet. Dabei werden die Stoff- und Energieflüsse abhängig vom gewünschten Detaillierungsgrad unter geeigneten Oberbegriffen subsummiert. In der Regel liegen die notwendigen Daten für den zu untersuchenden Bereich nicht in geeigneter Form bzw. in ausreichendem Umfang vor. Hier sind ggf. Aufschreibungen durch die Mitarbeiter vorzunehmen.

Wird das gesamte Unternehmen betrachtet, können die notwendigen Daten aus Einkaufs-, Vertriebs- und Entsorgungsunterlagen zusammengetragen werden. Bereits hier wird deutlich, welche Einsparungen durch eine intelligente Erweiterung der eingesetzten betrieblichen Informationssysteme für die Auftragsabwicklung erreicht werden können.

Der Aufwand zur Sammlung der notwendigen Informationen kann erheblich reduziert werden, wenn die Einkaufs-, Vertriebs- und Entsorgungs-Bewegungsdaten automatisiert für eine Stoffbilanz zur Verfügung gestellt werden können. Das gleiche gilt für die im Betrieb zu erfassenden Stoffströme. Die zusätzliche Erfassung der umweltrelevanten Materialflüsse in den Abteilungen bei der Materialausgabe bzw. Rückmeldung von Arbeitsgängen bereitet wesentlich weniger Aufwand als die nachträgliche Sammlung der Informationen.

Die Analyse der organisatorischen Abläufe erfolgt durch die Aufnahme der betroffenen Prozesse. Im Idealfall existieren bereits Prozessbeschreibungen, z.B. aus einem prozessorientierten Qualitätsmanagement, die aus umweltrelevanter Sicht überarbeitet und ergänzt werden können. Insbesondere hier kann die Zusammenarbeit mit den Mitarbeitern aus dem Qualitätsmanagement zu erheblichen Arbeitserleichterungen führen. Für die betrachteten Bereiche werden alle durchzuführenden Arbeiten in Prozessform beschrieben.

Mit der Stoff- und Energieflussanalyse und den Prozessbeschreibungen können in der Regel die relevanten Schwachstellen identifiziert werden (vgl. Abb. 8.2-4). Dabei sollte zwischen Schwachstellen bezüglich der Umweltmanagement-Organisation und der (fehlenden) IT-Unterstützung unterschieden werden. Die erkannte Schwachstellen der IT-Unterstützung bilden die Grundlage, auf deren Basis das Pflichtenheft für die Erweiterung der eingesetzten betrieblichen Informationssysteme für Auftragsabwicklung und Produktionsplanung und -steuerung (PPS-System) erstellt wird.

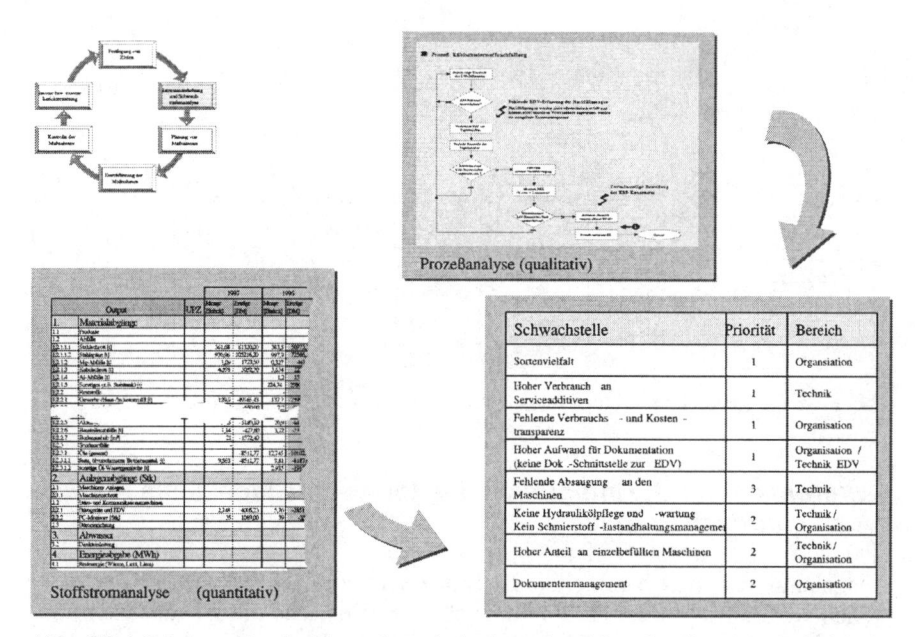

Abb. 8.2-4 Erhebung des Ist-Zustands und Analyse der Schwachstellen (am Beispiel des Schmierstoffmanagements aus Kap. 8.1)

8.2.3
Maßnahmenplanung

Zur Behebung der Schwachstellen müssen Maßnahmen definiert werden (vgl. Abb. 8.2-5). Ideen und Lösungsvorschläge, die in der Analysephase entstanden sind, sind auszuwerten und in Bezug auf ihre Praktikabilität, die voraussichtlich entstehenden Kosten und die notwendige Dauer zu bewerten.

Für die Integration des Umweltmanagements in die organisatorischen Abläufe sowie die Erweiterung des PPS-Systems muß ein Soll-Konzept erarbeitet werden. Die Basis für dieses Soll-Konzept bilden

– die Prozesse, die im Rahmen der Ist-Analyse aufgenommen wurden,
– die Prozesse des Referenzmodells der umweltorientierten Produktionsplanung und -steuerung (vgl. Kapitel 3.3.3),
– die ermittelten Schwachstellen und
– die identifizierten Anforderungen an die IT-Unterstützung.

Abhängig von den Potentialen in Bezug zu den gesetzten Zielen werden die Maßnahmen priorisiert. Für die ausgewählten Maßnahmen sind die Zuständigkeiten festzulegen und der notwendige Schulungsbedarf zu bestimmen.

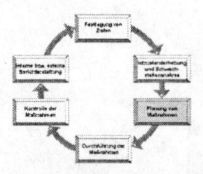

Schwachstelle	Priorität	Bereich
Sortenvielfalt	1	Technik
Hoher Verbrauch an Serviceadditiven	1	Technik
Fehlende Verbrauchs- und Kostentransparenz	1	Organisation
Hoher Aufwand für Dokumentation (keine Dok.-Schnittstelle zur EDV)	1	Organisation/ Technik EDV

Maßnahme	Verantwortung		Kosten	Dauer
Sortenrationalisierung	Technik	-Lieferant -Zulieferanlage -Instandhaltung	k. A.	6 Monate
Wasseraufhärtung	Technik	-Lieferant -Instandhaltung	2.5 TDM	1 Monat
Einführung einer Betriebsdatenerf./ Erweiterung des PPS-Systems	Orga./ EDV	-Instandhaltung -EDV Einkauf -Lieferant	gesamt 300 TDM	1 Jahr

Abb. 8.2-5 Aus den Schwachstellen werden Maßnahmen abgeleitet

Soll-Konzept für die Integration des Umweltmanagements in die organisatorischen Abläufe

Ausgehend von den ermittelten Ist-Prozessen und den erkannten Schwachstellen wird ein optimiertes Sollkonzept entworfen, das die gewünschten umweltrelevanten Prozesse und Funktionen erfüllt.

Bei Unternehmen, die bereits ein prozessorientiertes Qualitätsmanagement implementiert haben, lassen sich die organisatorischen Änderungen in einem integrierten Umwelt- und Qualitätshandbuch aufbereiten.

Für jeden Prozessschritt sind die aus Umweltsicht neuen bzw. zusätzlich notwendigen Funktionen und Daten zu beschreiben. Dabei ist die gewünschte EDV-Unterstützung bereits zu berücksichtigen. Einen Anhaltspunkt für mögliche Funktionalität liefert das PPS-Referenzmodell (vgl. Kap. 3.3.3).

Als Ergebnis enthält das Umweltmanagement-Handbuch (ggf. in das Qualitätsmanagement-Handbuch integriert)

1. die Ziele, Aufgaben und Instrumente, die in die Auftragsabwicklung integriert werden (das beinhaltet den Bezug zu einschlägigen Normen, die Umweltpolitik, die betroffenen Aufgabenbereiche (Abfallmanagement, Gefahrstoffmanagement, etc.), den Umweltmanagement-Regelkreis, den Kontenrahmen, etc.),
2. die Beschreibung der umweltrelevanten Prozesse und
3. die Dokumentation der umweltrelevanten Informationen (relevante Umweltvorschriften, Stoffströme, etc.).

Das Umweltmanagement-Handbuch bildet damit die Grundlage für die Erweiterung der eingesetzten betrieblichen Informationssysteme.

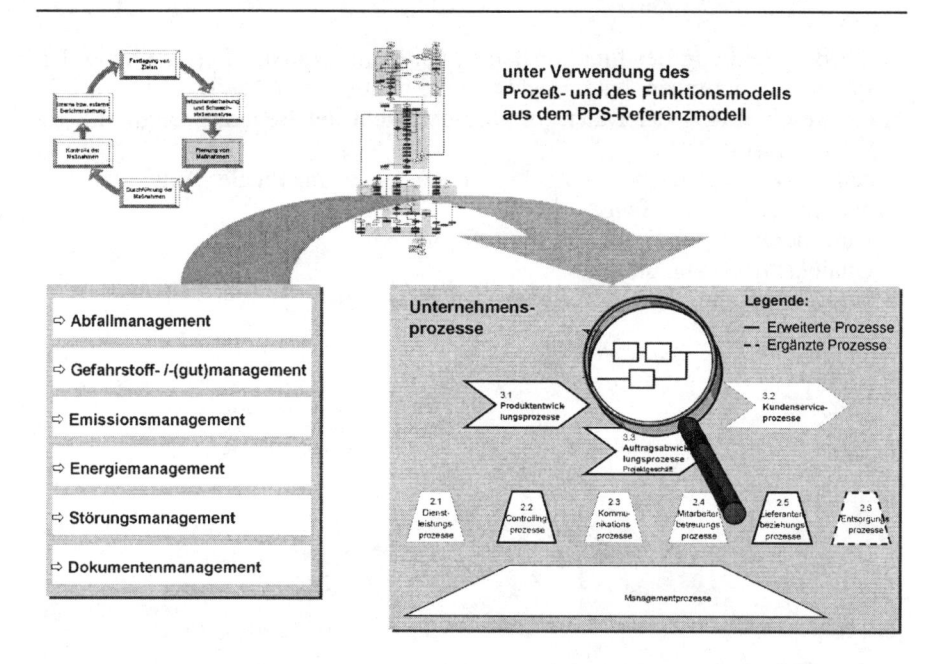

Abb. 8.2-6 Implementierung der Umweltaufgaben in die Unternehmensprozesse unter Berücksichtigung des Prozeß- und des Funktionsmodells aus dem PPS-Referenzmodell (vgl. Kap. 3.3.3).

Soll-Konzept für die Erweiterung der betrieblichen Informationssysteme (Pflichtenheft)

Aus dem Soll-Konzept für die organisatorische Integration des Umweltmanagements in die Auftragsabwicklung ergeben sich Anforderungen für die qualitative Erweiterung der betrieblichen Informationssysteme. Für die Umsetzung dieser Erweiterungen ist ein Pflichtenheft zu erstellen (vgl. Balzert 1996, S. 91-114).

Die Beschreibung der Anforderungen muß ausreichend detailliert und präzise sein, damit für den Softwareentwickler Klarheit über den gewünschten Leistungsumfang besteht.

Dabei wird im Pflichtenheft beschrieben, *was* die Erweiterungen in Bezug auf die notwendigen Funktionen und Daten leisten soll, nicht *wie* durch die Erweiterung der geforderte Leistungsumfang erfüllt werden soll. Das Pflichtenheft enthält (vgl. Balzert 1996, S. 106-109)

1. Ziele, die mit der Erweiterung des PPS-Systems erreicht werden sollen,
2. Informationen über den geplanten Einsatz der Erweiterung (Anwendungsbereiche, Zielgruppen, Betriebsbedingungen),
3. Informationen über die Umgebung, in die die Erweiterung eingebunden wird (Software, Hardware, organisatorische Randbedingungen, Schnittstellen),

4. die Beschreibung der funktionalen Erweiterung (verbale Beschreibung der Einzelanforderungen, untergliedert nach Funktionsbereichen),
5. die Beschreibung der Daten (die aus der Sicht der Benutzer langfristig zu speichern sind),
6. zeit- bzw. umfangsbezogene Leistungen (z.B. maximale Antwortzeiten, maximaler Datenumfang, etc.),
7. Anforderungen an die Benutzeroberfläche,
8. Qualitätsmerkmale und
9. die Beschreibung anwendungsbezogener Testfälle.

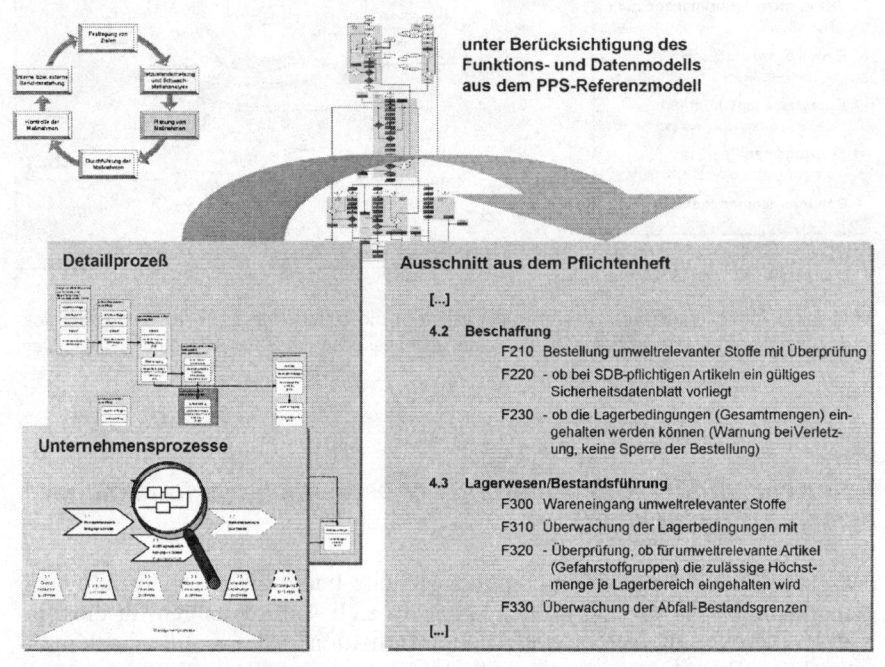

Abb. 8.2-7 Ableitung des Pflichtenheftes für die Erweiterung des PPS-Systems aus dem Sollkonzept unter Berücksichtigung des Funktions- und Datenmodells aus dem PPS-Referenzmodell am Beispiel des Kühlschmierstoffmanagements (vgl. Kap. 8.1)

8.2.4
Umsetzung und Erprobung

Für die Implementierung der Aufgaben in die Unternehmensprozesse hat sich eine stufenweise Vorgehensweise als geeignet herausgestellt. In einem Initialbereich im Unternehmen wird mit der Analyse und Umsetzung begonnen. Anschließend werden die Aktivitäten auf alle weiteren betroffenen Bereiche des Unternehmens übertragen.

Die Umsetzung des Pflichtenheftes für die IT-Erweiterung erfolgt sinnvollerweise nicht für einzelne Bereiche im Unternehmen, sondern nur für die gesamte Erweiterung der betrieblichen Informationssysteme. Nach der Programmierung der Erweiterungen erfolgt der Test entsprechend den im Pflichtenheft beschriebenen Testfällen. Damit muß sichergestellt werden, daß die Erweiterungen auch die gesetzten Anforderungen erfüllen.

Abhängig vom Qualifikationsbedarf müssen die Benutzer und das Betriebspersonal geschult werden. Das gilt sowohl für die neuen bzw. geänderten organisatorischen Abläufe als auch für die Erweiterungen der betrieblichen Informationssysteme.

8.2.5
Projektabschluss und Zusammenfassung

Den Abschluß der Implementierung (bzw. des ersten Durchlaufs durch den Umweltmanagement-Regelkreis) bildet die Berichterstattung an die Geschäftsführung (und soweit das gewünscht wird an interessierte Externe). Abhängig von den ergriffenen Maßnahmen und den daraus resultierenden Ergebnissen erfolgt für den nächsten Durchlauf ggf. eine Anpassung

- der Aufgabenbereiche, die zukünftig betrachtet werden sollen und
- der Ziele, die für diese Aufgabenbereich gesteckt werden.

Damit wird eine systematische Optimierung und Anpassung der Aufgaben und Ziele erreicht (vgl. Abb. 8.2-8).

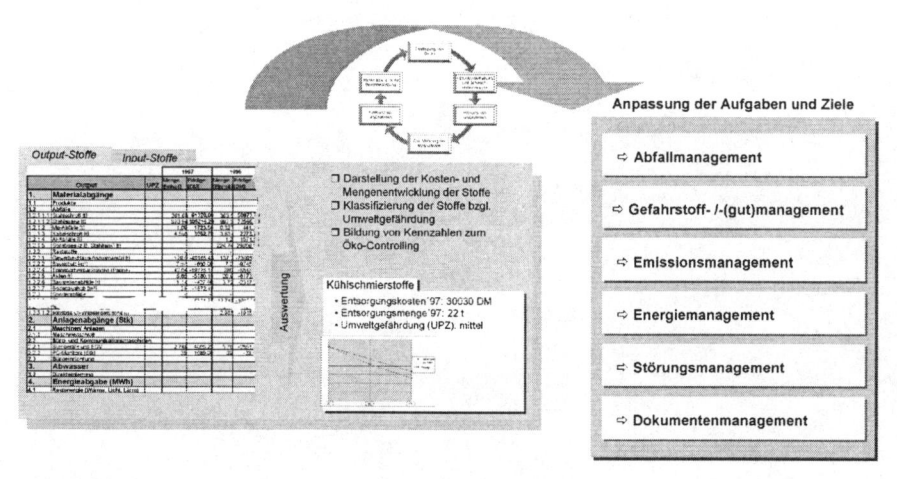

Abb. 8.2-8 Systematische Optimierung und Anpassung der Ziele

Das vorgestellte Vorgehen bietet die Möglichkeit, systematisch Umwelt- und Kostensenkungspotentiale zu ermitteln. Das Ziel eines geringen Aufwands für die Sammlung und Aufbereitung der umweltrelevanten Daten im laufenden Betrieb kann damit erreicht werden.

Für die Implementierung muß jedoch zunächst ein relativ hoher Initialaufwand geleistet werden, wenn alle betroffenen Bereiche des Unternehmens systematisch analysiert und umweltorientiert angepaßt werden sollen. Dabei ist es insbesondere wichtig, die bereichs- bzw. unternehmensübergreifenden umweltrelevanten Prozesse zu berücksichtigen.

Es zeigt sich, daß in einigen Bereichen (z.B. beim Abfallmanagement für Kühlschmierstoffe, vgl. Kap. 8.1) im Unternehmen im Einzelfall geprüft werden muß, ob der Aufwand für eine deterministische Planung der entstehenden Mengen (z.B. der Abfallentstehung) gerechtfertigt ist.

Abhängig von den unternehmensspezifischen Randbedingungen und den eingesetzten betrieblichen Informationssystemen ist es ggf. besser, nicht die gesamte notwendige Funktionalität in das PPS-System zu integrieren. Hier sollte die Ankopplung spezialisierter EDV-Systeme geprüft werden (das gilt insbesondere für betriebliche Umweltinformationssysteme).

Letztendlich hat sich aber gezeigt, daß Standard-PPS-Systeme mit den besprochenen Erweiterungen sehr gut in der Lage sind, die Anforderungen des in die Produktionsorganisation integrierten Umweltmanagement abzubilden.

9 Einführung eines betrieblichen Stoffstrommanagement

9.1 Fallstudie: Einführung eines betrieblichen Stoffstrommanagement

von Jörg von Steinaecker, Gunnar Jürgens, Thomas Knupfer

Diese Fallstudie beschreibt die Konzeption, Umsetzung und Bewertung eines betrieblichen Stoffstrommanagement[1] im Rahmen eines Projektes bei einem Hersteller komplexer Anlagen mit hoher Kundenorientierung. Der Schwerpunkt der Ausführungen liegt in der Darstellung von geeigneten Ansätzen für eine effiziente Unterstützung des betrieblichen Stoffstrommanagement durch Betriebliche Umweltinformationssysteme (BUIS, vgl. Rautenstrauch 1999, Bullinger et al. 1999). Wesentlicher Gegenstand ist die Unterstützung einer Produktionsplanung mittels stoffstromorientierter Informationen.

Nach den gegenwärtigen Konzepten umfasst die Produktionsplanung und -steuerung (PPS) lediglich die Abbildung und Planung von relevanten Kernprozessen und Produkten. Aufgrund einer auf getrennte Verantwortungsbereiche eines Unternehmens fokussierten Problemsicht werden dabei nur Ausschnitte der betrieblichen Stoffströme betrachtet. Eine ganzheitliche Optimierung betrieblicher Stoffströme nach Umwelt- und Kostenzielen erfordert die Einführung neuer Planungsaufgaben im Unternehmensmanagement.

Im Rahmen des betrieblichen Stoffstrommanagement werden in Analogie zur PPS betriebliche Stoffströme erfaßt und für Planungsprozesse auf taktischer und strategischer Ebene ausgewertet. Die Erfassungstiefe orientiert sich dabei an dem Ziel, die Gesamtheit der betrieblichen Stoffströme im Zusammenhang zu optimieren. Dabei werden sowohl umwelt- als auch kostenrelevante Eigenschaften der Stoffströme berücksichtigt. In Erweiterung der PPS werden auch Hilfs- und Betriebsstoffe, Nebenprodukte, Energieverbräuche und Abfälle in die Betrachtung mit eingeschlossen.

Im ersten Teil dieses Beitrags wird die Ausgangssituation des Unternehmens vor Projektbeginn, die Vorgehensweise sowie wesentliche Ergebnisse beschrieben. Der zweite Teil generalisiert die dabei gewonnen Erkenntnisse

---

[1] Der Begriff „betriebliches Stoffstrommanagement" wird hier in Abgrenzung zu einem betriebsübergreifenden Verständnis des Stoffstrommanagement gebraucht, der v.a. durch die Arbeiten der Enquete-Kommission „Schutz des Menschen und der Umwelt" des 12. Deutschen Bundestages geprägt worden ist (Enquete-Kommission 1994).

und leitet daraus Handlungsempfehlungen für ein entsprechendes Vorgehen in anderen Unternehmen ab.

9.1.1
Ausgangssituation im Unternehmen

Unternehmensbeschreibung

Die TRUMPF Gruppe ist Anbieter von Spitzentechnologie für die Fertigungstechnik und nimmt weltweit eine führende Position ein. Stammsitz der TRUMPF Gruppe ist Ditzingen, nahe Stuttgart. TRUMPF ist mit 31 Tochtergesellschaften und Niederlassungen in fast allen europäischen Ländern, in wichtigen Industrieländern Nord- und Südamerikas sowie in Asien vertreten. Die TRUMPF Gruppe zählt weltweit 4.500 Beschäftigte, die im Geschäftsjahr 1998/99 einen Umsatz von 1,71 Milliarden DM erzielten.

TRUMPF ist Ausrüster der Industrie in mehreren Bereichen: Für die flexible Blech- und Materialbearbeitung liefert TRUMPF computergesteuerte Werkzeugmaschinen zum Stanzen und Umformen, für die Laserbearbeitung, zum Wasserstrahlschneiden und für das Biegen. Zusätzlich verfügt TRUMPF über ein breites Angebotsspektrum auf dem Gebiet der Laser- und Hochfrequenztechnik. Die produzierten Maschinen werden in unterschiedlichen Varianten hergestellt, teilweise werden auch kundenspezifische Anlagen gefertigt. Daher sind die notwendigen Planungs- und Steuerungsprozesse sowie die zugrundeliegenden Daten- und Informationsstrukturen komplex.

Organisatorisch und informatorisch wurde folgende Ausgangssituation im betrieblichen Umweltschutz angetroffen:

Organisatorische Ausgangssituation im betrieblichen Umweltschutz

Die Situation im betrieblichen Umweltschutz vor Projektbeginn war auf die Einhaltung bestehender Gesetze ausgerichtet. Hierfür waren Verantwortlichkeiten für Abfall, Gewässerschutz, Emissionsschutz usw. benannt und organisatorisch verankert worden. Eine zusammenfassende organisatorische Plattform, welche die einzelnen organisatorischen Einheiten mit ihren laufenden Aktivitäten im betrieblichen Umweltschutz koordiniert, war nicht verfügbar. Die Einhaltung der relevanten Vorschriften konnte mit diesen Strukturen zwar sichergestellt werden, aber nur unter hohem Aufwand. Eine Nutzung von umweltorientierten und betriebswirtschaftlichen Synergien zwischen den einzelnen Organisationseinheiten und Prozessen fand nicht statt.

Informatorische Ausgangssituation im betrieblichen Umweltschutz

Umweltrelevante Informationen wurden nur jährlich auf Werksebene erhoben. Sie waren wenig transparent und wurden nur unzureichend strukturiert, archiviert und kommuniziert. Bedingt durch diesen Sachverhalt war es zunehmend schwierig, die gesetzlichen Anforderungen an die Bereitstellung von Umweltinformationen, z.B. hinsichtlich des Kreislaufwirtschafts- und Abfallgesetz (KrW-/AbfG), operativ umzusetzen. Auch wurde bemängelt, daß eine zusammenhängende Dokumentation von geplanten, laufenden und abgeschlossenen Umweltmaßnahmen nicht verfügbar war, obwohl TRUMPF eine Vielzahl solcher Aktivitäten bereits angestoßen hatte. Vorhandene Informationslücken führten dazu, dass geringe Transparenz über kostenintensive Prozesse, Materialien und Stoffe bestand. Beispielsweise konnte nicht identifiziert werden, welchem Prozess oder Produkt welche Mengen und Kosten für elektrische Energie, Druckluft oder Entsorgung zuzuordnen sind. Hiermit fehlte eine wesentliche Grundlage zur Optimierung.

Zusammenfassung

Da TRUMPF der ökologischen Verträglichkeit seiner Produkte und Prozesse einen hohen Stellenwert einräumt und davon ausgeht, daß die Forderung nach einer Transparenz bezüglich betrieblicher Stoffströme (insbesondere Abfall) in Zukunft zunehmen wird, bestand hier Handlungsbedarf. Auch hat TRUMPF den betrieblichen Umweltschutz als ganzheitlichen Optimierungsansatz erkannt und ist bestrebt, die in diesem Rahmen einzusetzenden Methoden und Werkzeuge sowohl organisatorisch als auch informationstechnisch zu nutzen.

Ziel war, mittels geeigneter Werkzeuge nicht nur umweltorientierte, sondern auch betriebswirtschaftliche Optimierungspotentiale aufzudecken und konsequent nutzen zu können. Der wesentliche Ansatzpunkt hierfür lag folglich in der Entwicklung und Einführung eines Umweltmanagementsystems, welches alle betrieblichen Bereiche durch ein integriertes Stoffstrommanagementsystem unterstützt. Dieses Stoffstrommanagementsystem sollte dann auch die vereinzelten, meist auf Tabellenkalkulationsprogrammen basierenden, Lösungen (z.B. für die Berechnung von Abfallmengen) so unterstützen, dass der hierauf entfallende Aufwand reduziert und ihr Aussagegehalt erhöht wird.

9.1.2 Vorgehensweise

Analyse des Ist-Zustandes und Aufdecken von Handlungsfeldern

In einem ersten Schritt galt es, den Handlungsbedarf auf der Basis einer systematischen Untersuchung des Ist-Zustandes zu identifizieren. Hierfür wurden vier parallele Untersuchungen durchgeführt:

1. Mittels eines breit gestreuten *Fragebogens* an alle betroffenen Mitarbeiter wurden allgemeine, meist auf die jeweiligen Arbeitsplätze bezogene Informationen erhoben. Zusätzlich wurde nach Zuständigkeiten und Verantwortlichkeiten im betrieblichen Umweltschutz gefragt.
2. Die Sicht der Führungskräfte und der direkt an den bestehenden Aufgaben des betrieblichen Umweltschutzes mitwirkenden Personen wurde durch *Interviews* mit allen Leitern der Produktionseinheiten, dem Werksleiter, Umweltbeauftragten, Abfallbeauftragten usw. erfaßt. Anhand eines Interviewleitfadens wurden insbesondere fehlende Informationen und Anforderungen

an eine umweltorientierte Organisation und informationstechnische Unterstützungsmöglichkeiten erhoben.
3. *Quantitative Analysen* über alle Stoffströme an den produktiven Arbeitsplätzen wurden anhand von Stoffstromerhebungen durchgeführt. Mittels eines Erfassungsbogens und einer Datenbank wurden alle im letzten Jahr produzierten bzw. konsumierten Stoff- und Energiearten mit ihren Mengen und Einheiten erfaßt.
4. Um auch überbetriebliche Aspekte berücksichtigen zu können, wurde in einem *Workshop* zusammen mit anderen Industriepartnern des Projektes OPUS eine Analyse derjenigen Stakeholder durchgeführt, die für TRUMPF hinsichtlich umweltbezogener Themenstellungen relevant sind oder sein könnten.

Die Auswertung der Ergebnisse aus den vier Erhebungen ließen u.a. folgende Schlüsse zu:

- Die Aufbau- und Ablauforganisation im betrieblichen Umweltschutz bei TRUMPF war zwar eindeutig geregelt, jedoch nicht allen Mitarbeitern transparent. Dies betraf sowohl die normative und strategische Ebene als auch operative Belange. Auch existierten keine Leitlinien und Zielvorgaben zum Thema Umwelt. Eine Sensibilisierung der Mitarbeiter für das Thema Umwelt wurde als wichtiges Optimierungspotential zur Kostenreduzierung und Erhöhung der Umweltverträglichkeit des Unternehmens erkannt, mußte aber ausgebaut werden.
- Diverse umweltbezogene Tätigkeiten wurden als sehr aufwendig beschrieben. Als unbefriedigend wurde neben der Erstellung der Abfallbilanzen insbesondere empfunden, daß die mit einem geplanten Produktionsprogramm verbundenen Stoffströme für Abfall, Energie und Druckluft kaum zu ermitteln waren.
- Es zeichnete sich ein Defizit an Umweltinformationen in der mittleren Führungsebene ab. Dies betraf insbesondere Informationen zu relevanten, weil zunehmend kostenintensiven Materialien und Stoffen wie Energie, Druckluft und Abfall. Auch war es schwierig, PE[2]-übergreifende Prozesse, die in hohem Maße umweltrelevant sind, unter verhältnismäßigem Aufwand zu quantifizieren. Dies hatte zur Folge, daß die betrieblichen Planungsentscheidungen i.d.R. nicht unter Beachtung umweltrelevanter Ziele, Restriktionen oder Potentiale getroffen werden konnten, da hierfür sowohl Methoden als auch Werkzeuge und Daten fehlen.
- Eine verursachergerechte Zuordnung von umweltbezogenen Kosten auf die jeweiligen Verursacher (Produkt oder Organisationseinheit) war bisher nur in Ansätzen möglich.

---

[2] „PE" bezeichnet die in sich autonomen Produktionseinheiten der Firma TRUMPF

Konzeption und Einführung des betrieblichen Stoffstrommanagement mit Unterstützung durch BUIS

Aufbauend auf der beschriebenen Ist-Analyse wurde zunächst ein Umweltmanagementsystem konzipiert. In enger Zusammenarbeit mit dem Umweltbeauftragten von TRUMPF wurden Vorschläge entwickelt, die sukzessive im Rahmen eines dafür eingerichteten Umweltstrategiekreises vorgestellt, diskutiert und beschlossen wurden.

Anforderungen aus EMAS (EMAS 1993) bzw. der Normenreihe ISO 14.000ff (ISO14001 1996) dienten bei der Konzeption des Umweltmanagementsystems als Maßstab, jedoch nicht als Vorgabe für das zu entwickelnde Konzept. Wesentliches Ziel bei der Definition der Aufbau- und Ablauforganisation war eine organisatorische Verankerung der einzelnen Aufgaben des betrieblichen Stoffstrommanagement.

Als Grundlage für die Konzeption einer geeigneten Softwareunterstützung für die Aufgaben des betrieblichen Stoffstrommanagement wurde in einem mehrstufigen Ausleseprozess das BUIS „E-Bilanz" der Firma I-Punkt Software ausgewählt. Dieses galt es gemäß den Anforderungen von TRUMPF weiter zu entwickeln und einzuführen. Wesentliche Zielsetzung war dabei die Bereitstellung von z.T. umfangreichen Auswertungsfunktionen zur Produkt-, Prozess- und Anlagenbilanzierung auf der Basis eines einheitlichen Stoffstrommodells. Die in E-Bilanz verwendeten Berechnungsfunktionen, die ursprünglich für die Bilanzierung von Energieströmen entwickelt worden waren, stellten eine praxisorientierte, methodische Grundlage für die Konzeption geeigneter Stoffstrommodelle dar. Für die verbleibenden Anforderungen wurden zusammen mit Mitarbeitern von TRUMPF entsprechende Erweiterungen des BUIS konzipiert, die dann von I-Punkt Software implementiert wurden.

Zusätzlich war es notwendig, eine zentrale Kommunikationsplattform für alle umweltrelevanten Informationen bei TRUMPF einzuführen, die den zentralen Informationstransfer in alle betrieblichen Bereiche aufwandsarm unterstützen sollte. Hierzu wurde eine praxisorientierte, EXCEL-basierte Lösung entwickelt, in der sowohl stoffstromorientierte Bilanzen aus E-Bilanz als auch allgemeine Informationen des Umweltmanagement eingepflegt und kommuniziert werden können. Dieses, mit TRUMPF-UIS bezeichnete Werkzeug wurde in den bereits allen Mitarbeitern bekannten Dokumentenmanager integriert.

Die Einführung der Konzepte vollzog sich in mehreren Schritten. Zunächst wurde in dem neu einberufenen Umweltstrategiekreis das Umweltmanagementsystem konzipiert und wesentliche Bausteine wie die Umweltleitlinien etc. festgelegt. Die Einführung und Umsetzung des Umweltmanagementsystem erfolgte über den Qualitätsverantwortlichen, da diese Querschnittsaufgabe bereits eine hohe Integration erreicht hat, die für das Umweltmanagementsystem effizient genutzt werden konnte. Auf diesen Ergebnissen aufbauend wurden parallel sowohl das Stoffstrommodell vorbereitet als auch die notwendigen Erweiterungen von E-Bilanz definiert. Hierzu wurden mehrere Workshops mit Vertretern von TRUMPF und I-Punkt Software durchgeführt. Das BUIS wurde zunächst mit seiner vorhandene Funktionalität eingeführt und das Stoffstrommodell angelegt. Die neuen Erweiterungen wurden sukzessive installiert.

9.1.3
Diskussion der Ergebnisse

Organisatorische Verankerung des betrieblichen Stoffstrommanagement

Bei der Konzeption des Umweltmanagementsystems wurde versucht, eine durchgehende Integration des Umweltschutzes in alle Unternehmensebenen zu erreichen. Dadurch konnte die starke Dezentralisierung der Fertigung und Montage in unabhängige Produktionseinheiten bei TRUMPF unterstützt werden.

Geschäftsleitung
Verantwortliche Leitung des Umweltmanagement

Umweltkoordinator
Koordination und Beratung der Umweltorganisation

Umweltstrategiekreis
Entwicklung und Kontrolle der UM-Strategie

Umweltarbeitskreise
Konkretisierung und Umsetzung der Umweltziele

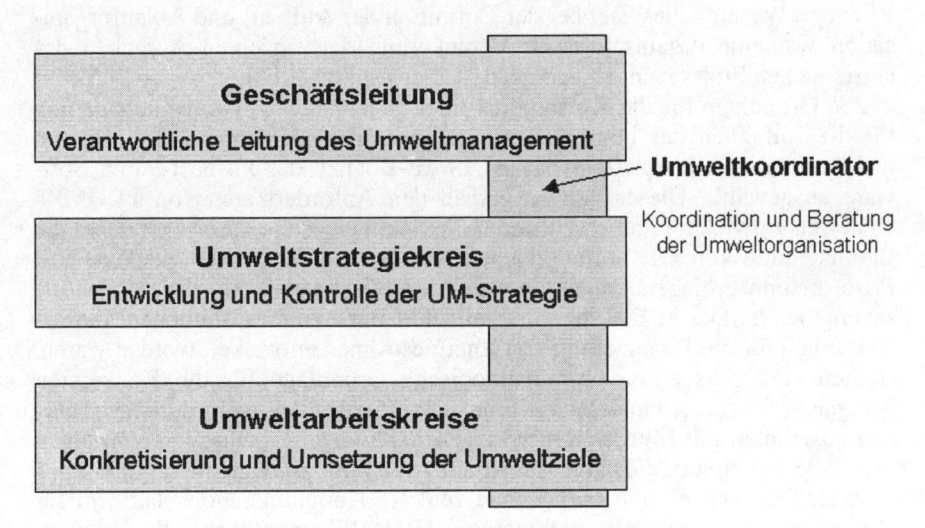

Abb. 9.1-1 Organisation des Umweltmanagementsystems bei TRUMPF

Die Aufbauorganisation
Die Aufbauorganisation des Umweltmanagementsystems wurde in drei voneinander unabhängige Ebenen sowie eine koordinierende Querschnittsfunktion unterteilt (Abb. 9.1-1):

1. Die Geschäftsleitung ist für das Umweltmanagementsystem verantwortlich. Als *normative Ebene* sorgt sie für eine praxisnahe Formulierung von Umweltleitlinien.
2. Die Umsetzung der Umweltleitlinien ist die Aufgabe des Umweltstrategiekreises, der die *strategische Ebene* des Umweltmanagementsystems darstellt. Im Umweltstrategiekreis, der sich aus Mitgliedern des Management aller Unternehmensbereiche zusammensetzt, werden Entscheidungen für mittel- bis langfristige Maßnahmen getroffen und Zielvorgaben für die operative Ebene entwickelt. In den jeweiligen Unternehmensbereichen sorgen die einzelnen Mitglieder des Umweltstrategiekreises für eine effektive Umsetzung der Zielvorgaben.

3. Dafür werden bei Bedarf themenspezifische Umweltarbeitskreise organisiert, in denen Verbesserungsvorschläge gesammelt und geeignete Maßnahmen geplant werden. Diese Ebene stellt schließlich die *operative Ebene* des Umweltmanagementsystems dar.
4. Der Umweltkoordinator dient als Berater und Vermittler zwischen den beschrieben Ebenen des Umweltmanagementsystems.

Die Ablauforganisation

Bei der Definition der Ablauforganisation wurde ein besonderer Schwerpunkt auf die Aufgaben eines betrieblichen Stoffstrommanagement gelegt. Das Umweltmanagementsystem wurde als ein in sich geschlossener Regelkreis konzipiert, der eine kontinuierliche Verbesserung der betrieblichen Umweltleistung unterstützen soll. Dieser Regelkreis ist in der folgenden Abb. 9.1-2 dargestellt.

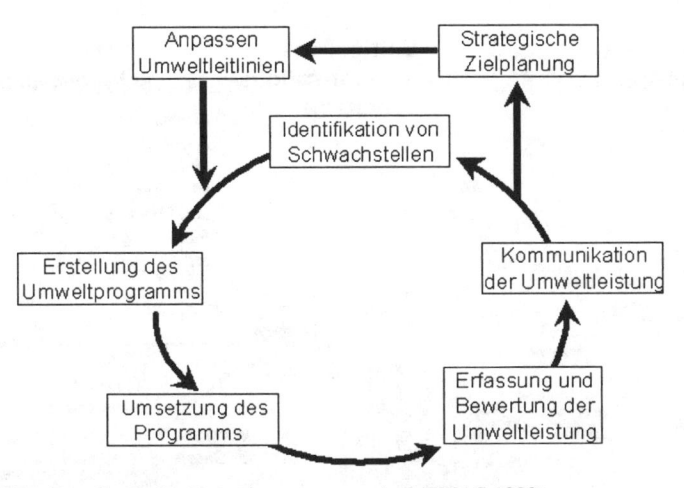

Abb. 9.1-2 Der Regelkreis des Umweltmanagement (vgl. EMAS 1993)

Informationstechnische Unterstützung des betrieblichen Stoffstrommanagement

Übersicht

Zur Unterstützung der oben beschriebenen Aufgaben des betrieblichen Stoffstrommanagement wurde ein Konzept für ein Betriebliches Umweltinformationssystem (BUIS) entwickelt und umgesetzt. Hauptanforderung an das BUIS war, dass eine systematische Stoffstrombilanzierung und -auswertung von Prozessen, Produktionseinheiten und Produkten effizient unterstützt werden kann. Beispielhafte Fragestellungen des betrieblichen Stoffstrommanagement, deren Bearbeitung durch den Einsatz des BUIS wesentlich erleichtert werden sollten, waren dabei u.a.:

- Welche Bereiche verursachen welche Kosten im Bereich Abfall?
- Welche Abfallmengen fallen bei einem geplanten Produktionsprogramm an?
- Welche sind die energieintensiven Prozesse?
- Wie viel umweltbezogene Kosten verursacht ein bestimmtes Produkt?

Wichtige Ziele der Konzeption des BUIS waren weiterhin, Datenredundanzen innerhalb der bei TRUMPF eingesetzten Informationssysteme zu vermeiden, den Pflegeaufwand zu reduzieren und eine möglichst hohe Integration in bestehende Organisationsstrukturen und Informationstechnik zu gewährleisten. Eine wesentliche Rolle spielte in diesem Zusammenhang der Austausch von Daten zwischen SAP R/3 und dem BUIS (Abb. 9.1-3). Hierüber sollten beispielsweise dynamische Verteilungsschlüssel aus den produzierten Stückzahlen und Maschinenlaufzeiten pro Arbeitsplatz berechnet werden können.

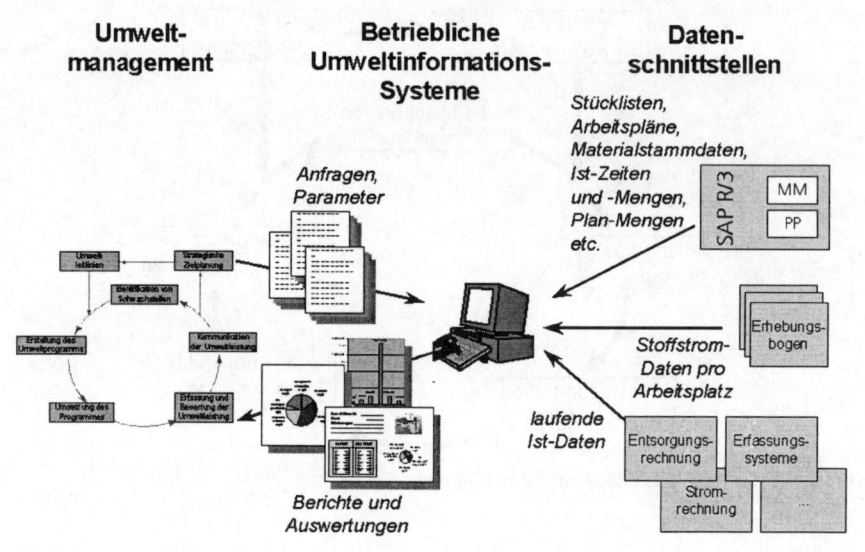

Abb. 9.1-3 Betriebliche Umweltinformationssysteme (BUIS) als Informationsgrundlage für das betriebliche Stoffstrommanagement

Aufbau und Funktionsweise des Stoffstrommanagementsystems

In der Prozessindustrie ist es aufgrund von Umfang und Qualität der verfügbaren Stamm- und Bewegungsdaten oftmals möglich, Stoffstrombilanzen unmittelbar auf der Basis von Produktionsdaten aus SAP R/3 zu berechnen. Die von der Firma TRUMPF gefertigten Maschinen werden dagegen in individueller Absprache mit dem jeweiligen Kunden in einer z.T. sehr großen Variantenvielfalt produziert. Für die Berechnung von Stoffströmen auf der Grundlage der verfügbaren Produktionsdaten aus SAP R/3 musste daher ein Konzept entwickelt werden, das Ergebnisse einer hinreichenden Genauigkeit liefert kann, ohne die Pflege von umfangreichen Stammdaten vorauszusetzen. Dieses Konzept wird im Folgenden beschrieben.

Grundsätzlich geht es in dem entwickelten Konzept darum, eine periodisch (insb. monatlich) bekannte Gesamtmenge (z.B. Energieverbrauch oder Abfall pro Werk) auf mehrere Arbeitsplätze zu verteilen. Diese Verteilung soll verursachergerecht erfolgen und die dabei benutzte Methode soll flexibel auf Änderungen reagieren können. Bei der Verteilung der Stoffarten auf die Arbeitsplätze sollten drei Verteilungsarten flexibel einsetzbar sein:

- *Fixe Verteilung:*
  Jeden Monat wird dieselbe Menge eines Stoffes an einem Arbeitsplatz verbraucht oder produziert.
- *Zeitproportionale Verteilung:*
  Die Verteilung einer Stoffmenge auf die Arbeitsplätze richtet sich nach der Zeit, die der Arbeitsplatz in dem betrachteten Monat in Betrieb war.
- *Mengenproportionale Verteilung:*
  Die Verteilung eine Stoffmenge auf die Arbeitsplätze richtet sich nach der Stückzahl (Ausbringungsmenge), die auf dem Arbeitsplatz in dem betrachteten Monat produziert wurden.

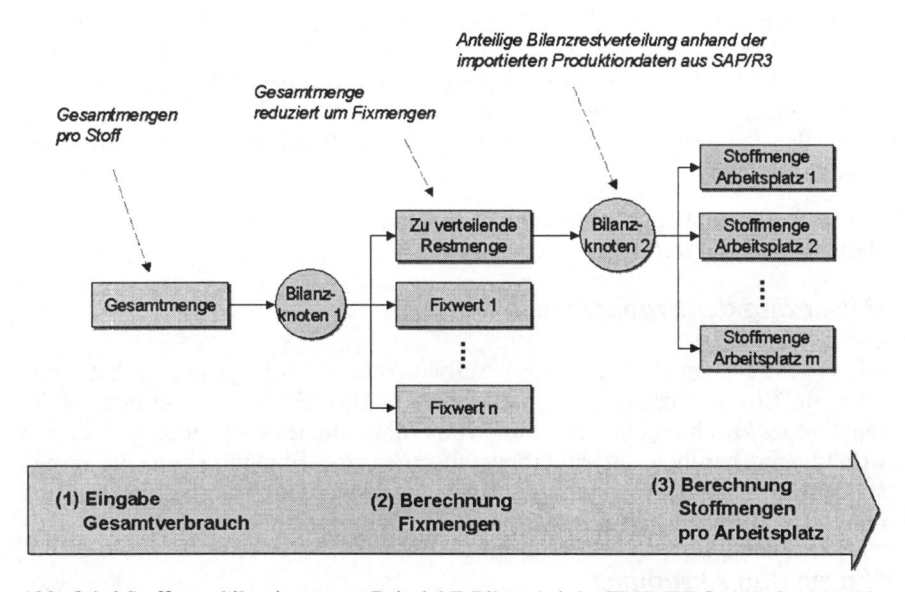

Abb. 9.1-4 Stoffstrombilanzierung am Beispiel E-Bilanz bei der TRUMPF GmbH+Co. Maschinenfabrik

Pro Stoffart sollten grundsätzlich alle Verteilungsverfahren parallel einsetzbar sein. Der Ablauf der Datenerfassung über SAP R/3 sowie deren anschließende Bilanzierung im BUIS vollzieht sich dabei in den folgenden Schritten (vgl. auch Abb. 9.1-4).

1. *Eingabe Gesamtverbrauch*
   Der Anwender gibt (z.B. im Rahmen einer Messtour) die monatlichen, summarischen Verbrauchsmengen pro Stoffart wie z.B. den Energieverbrauch einer Unternehmenseinheit in E-Bilanz ein. Anschließend startet der Anwender den Import der SAP-Daten. Die durch SAP bereitgestellten Importdateien werden in das BUIS importiert. Diese Dateien enthalten alle Ausbringungsmengen (in Stück) und Maschinenlaufzeiten (in Stunden), die innerhalb eines Monats auf dem jeweiligen Arbeitsplatz produziert wurden bzw. die der Arbeitsplatz in Betrieb war.
2. *Verteilung der Fixmengen pro Arbeitsplatz*
   Das BUIS weist bestimmten Arbeitplätzen zunächst voreingestellte Fixverbrauchswerte für einzelne Stoffarten zu. Anschließend wird die Differenz zwischen der vom Anwender eingegebenen tatsächlichen Ist-Gesamtmenge eines Stoffes und der Summe aller Fixwerte pro Stoff als zu verteilender Rest berechnet. (Dies entspricht dem Bilanzrest im Bilanzknoten 1 in Abb. 9.1-4).
3. *Verteilung der variablen Stoffmengen pro Arbeitsplatz*
   Für jeden Arbeitsplatz liegen durch den Datenimport aus SAP bereits entweder produzierte Stückzahlen oder Betriebszeiten vor (je nach Verteilart). Der Summe dieser Werte steht der Input in Bilanzknoten 2 gegenüber, beide Werte sind i.d.R. nicht identisch. Daher wird die Differenz zwischen diesen Werten (Bilanzrest) anteilig auf die einzelnen Arbeitsplätze verteilt. Ist die Differenz negativ, so werden die Werte auf den Arbeitsplätzen reduziert, ist sie positiv, werden sie entsprechend erhöht. Das Ergebnis ist die gewünschte proportionale Verteilung der Stoffmengen auf die einzelnen Arbeitsplätze.

Die Stoffstrombilanz ist damit berechnet und kann über die entsprechenden Berichte und Auswertungen analysiert werden.

Bewertung der Ergebnisse

Die beschriebenen Konzepte zum Aufbau eines softwaregestützten betrieblichen Stoffstrommanagement bei der Firma TRUMPF wurden über einen Zeitraum von 2 ½ Jahren entwickelt und eingeführt. Die im Folgenden berichteten Erfahrungen beruhen auf Mitarbeiteraussagen und Erkenntnissen, die insbesondere im letzten Projektabschnitt gewonnen wurden. Langfristige Anwendungserfahrungen lagen zum Zeitpunkt der Beitragserstellung noch nicht vor.

Nutzen und Akzeptanz

Die Akzeptanz der Lösungen ist stark von dem Nutzen abhängig, den Mitarbeiter und Unternehmen durch das eingeführte betriebliche Stoffstrommanagement erzielen. Betrachtet man den Nutzen der einzelnen Zielgruppen getrennt nach den unterschiedlichen Ebenen der Umweltorganisation bei TRUMPF (vgl. Abb. 9.1-1), so ergibt sich das folgende Ergebnis:

– *Geschäftsleitung*
  Der Hauptnutzen, der durch die Einführung des betrieblichen Stoffstrommanagement aus der Sicht der Geschäftsleitung entstanden ist, liegt darin,

dass eine praxisorientierte Planungsgrundlage für kontinuierliche Verbesserungsprozesse im Unternehmen geschaffen worden ist. Diese führt zu einer besseren Umweltleistung aber auch zu einer erhöhten ökonomischen Effizienz. Ein weiterer wichtiger Aspekt besteht in einer erhöhten Auskunftsfähigkeit über die betriebliche Umweltleistung, die unternehmensintern, im Kundenkontakt und gegenüber Behörden und der interessierten Öffentlichkeit von hohem Wert ist.

– *Mitglieder des Umweltstrategiekreises*
Die Mitglieder des Umweltstrategiekreises stellen Mitarbeiter des Management dar, die jeweils mit Leitungsaufgaben für verschiedene Unternehmensbereiche betraut sind. Durch die Einführung des betrieblichen Stoffstrommanagement bei TRUMPF erhalten die Mitglieder des Umweltstrategiekreises neue, planungsrelevante Informationen z.B. in Form von Kennzahlen, mit denen sie in ihrem jeweiligen Verantwortungsbereich Verbesserungen anstoßen können. Die verbesserte Transparenz stellt daher einen Anreiz für eine höhere Planungsautonomie hinsichtlich Umwelt- und Kosteneffekten für die jeweiligen Unternehmensbereiche dar.

– *Umweltkoordinator*
Der Umweltkoordinator erzielt zusammen mit weiteren fachspezifischen Betriebsbeauftragten den größten unmittelbaren Nutzen durch die Einführung des betrieblichen Stoffstrommanagement. Zum einen stellen die eingesetzten Instrumente für eine systematische Erfassung und Auswertung relevanter Daten eine starke Arbeitserleichterung dar.

Umwelt- und Kosteneffekte
TRUMPF kann seit der Einführung des BUIS z.B. schon während der Planung der Produktion abschätzen, wie viel Energie bei der Produktion von Stanz- bzw. Laserschneidmaschinen verbraucht wird, welche Abfälle in welcher Menge anfallen werden, usw. Wichtige Vorgänge können so bereits im voraus optimiert werden.

Die Planungsaussagen, die auf Basis des betrieblichen Stoffstrommanagement getroffen werden können, sind dabei über rein umweltbezogene Entscheidungsprozesse im Rahmen des Umweltmanagementsystems hinaus von Interesse. Betrachtet ein Unternehmen z.B. das Thema Abfallentstehung in der Produktion nur unter dem Blickwinkel der Abfallentsorgung, dann kennt es u.U. nur einen Bruchteil der Kosten, die real durch die Abfallentstehung entstanden sind. Im Rahmen einer Stoffstrombetrachtung ist dagegen möglich, die Kosten der Abfallentsorgung durch diejenigen Kosten zu ergänzen, die im Einkauf, der Materialwirtschaft und in der Produktion entstanden sind, bis ein unerwünschtes Nebenprodukt als „Abfall" aus einem Prozess ausgeschleust wird. Erfahrungswerte des Fraunhofer-IAO zeigen z.B., dass allein das Reststoffhandling bei Verpackungen, d.h. die Kosten zum Auftrennen und Zerkleinern von Verpackungen sowie deren Transport zur betriebsinternen Sammelstelle Kosten verursachen können, die um mehr als den Faktor 10 größer sind, als die für die Entsorgung der Reststoffe zu entrichtenden Gebühren (Barankay et al. 2000). Die Potentiale, die sich durch eine stoffstromorientierte Betrachtung bei TRUMPF ergeben, sollen im Folgenden vereinfacht anhand des Beispiels der Entstehung von Aluminiumabfällen dargestellt werden.

Über den Verlauf eines Jahres fällt in der Produktion bei TRUMPF eine Menge von ca. 110 Tonnen Aluminiumspäne an. Bei der Entsorgung der Aluminiumspäne erhält TRUMPF eine Gutschrift zwischen 0,70-0,80 DM pro kg. Wenn man den Betrachtungsraum, wie vor Projektbeginn bei TRUMPF der Fall, allein auf die betriebliche Abfallwirtschaft fokussiert, wird dort durch die Entsorgung von Aluminiumspänen folglich ein Erlös von ca. 80.000,- DM erzielt. Die Entstehung von Aluminiumabfällen wurde daher unternehmensintern bisher nicht als Potential für Verbesserungsmaßnahmen wahrgenommen.

Im Rahmen des betrieblichen Stoffstrommanagement werden isolierte Stoffbetrachtungen durch eine ganzheitliche Betrachtung ersetzt, die nach Möglichkeit den zusammenhängenden Stoffstrom von Werkstor zu Werkstor zum Gegenstand hat. Hierdurch werden die folgenden, neuen Aussagen möglich. Der Einkaufspreis für 1 kg Aluminium ist starken Schwankungen unterworfen. Setzt man einen durchschnittlichen Materialwert von 7,- DM pro kg an, so ergeben sich bei der Entstehung von 110.000 kg Aluminiumspänen ein jährlicher Materialverlust im Wert von 770.000,- DM. Reduziert um die Entsorgungsgutschriften von 80.000,- DM verbleiben Gesamtkosten von knapp 700.000,- DM, die allein der Produktion von Aluminiumspäne zuzurechnen sind. Weitere Kosten, wie z.B. die Kosten der Materialbearbeitung und des Transports auf dem Werksgelände sind dabei noch nicht mit eingerechnet.

Vor diesem Hintergrund muss bzgl. der Entstehung von Aluminiumabfällen bei TRUMPF statt von einem jährlichen „Gewinn" von 80.000,- DM von einem zumindest teilweise erschließbarem *Einsparpotential von ca. 700.000,- DM* gesprochen werden. Im Rahmen des betrieblichen Stoffstrommanagement bei TRUMPF ist es durch das eingesetzt BUIS möglich, diese Kostenbetrachtung durch eine Berechnung von potentiellen Umweltauswirkungen zu ergänzen. Legt man als Datenbasis Werte des schweizerischen Bundesamt für Umwelt, Wald und Landschaft zugrunde (BUWAL 1996a,b) so ergibt sich durch die Vermeidung der jährlichen Aluminiumabfälle ein *Einsparpotential von rd. 113 t CO_2*.[3] Zusammenfassend ergeben sich auf der Basis einer stoffstromorientierten Betrachtung die in Tabelle 9.1-1 dargestellten Ergebnisse.

Tabelle 9.1-1 Stoffstromorientierte Planungsgrundlagen am Beispiel von Aluminiumabfällen

	Kostenaspekte	*Umweltaspekte*
Planungsgrundlage vor Einführung des betrieblichen Stoffstrommanagement	Gewinn von 80.000,- DM*	k.A.
Planungsgrundlage durch stoffstromorientierte Betrachtung	Einsparpotential durch Materialverluste im Wert von rd. 700.000 DM*	Einsparpotential von rd. 113 t CO_2

* *bei einer jährlichen Abfallmenge von 110.000 kg Aluminiumspänen*

---

[3] Dieser Berechnung liegen folgende Annahmen zugrunde:
Anteil Sekundäraluminium = 50%; Strommix UCPTE (Westeuropa exkl. Britische Inseln)

9.2
Implementierung eines betrieblichen Stoffstrommanagement

von Gunnar Jürgens

Im vorangehenden Kapitel 9.1 wurde die Einführung eines betrieblichen Stoffstrommanagement bei der Firma TRUMPF beschrieben. Im Folgenden wird ein allgemeines Vorgehensmodell abgeleitet, das als Leitfaden für nachfolgende Projekte herangezogen werden kann.

Das Vorgehensmodell setzt sich aus mehreren aufeinander folgenden Arbeitsschritten zusammen. Jeder der Arbeitsschritte umfasst verschiedene Aufgaben, die für eine systematische Einführung eines betrieblichen Stoffstrommanagement zu erfüllen sind. In Abb. 9.2-1 sind die Arbeitsschritte des Vorgehensmodells dargestellt. Die dazugehörigen Aufgaben sind darin anhand des Kriteriums klassifiziert, ob sie sich auf Aspekte der Unternehmensorganisation oder dem unternehmensinternen Umgang mit Informationen beziehen. Die folgenden Abschnitte sind anhand der abgebildeten Arbeitsschritte gegliedert. Für jeden Arbeitsschritt werden Instrumente vorgestellt, mit deren Hilfe die Abwicklung der erforderlichen Aufgaben effizienter gestaltet werden kann.

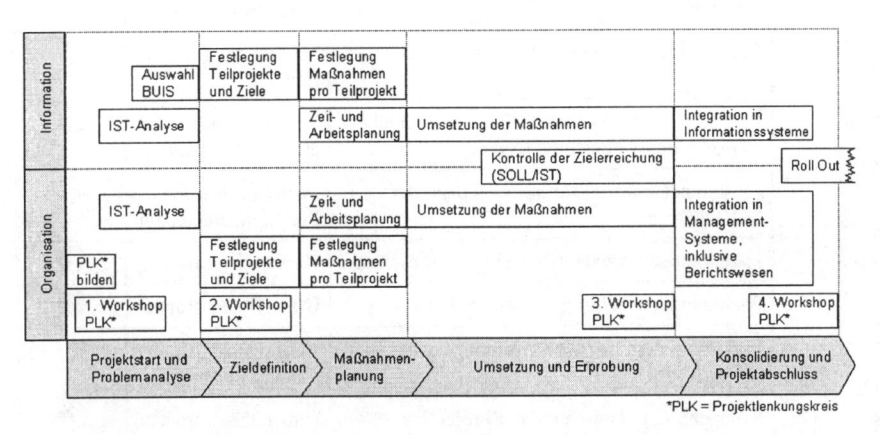

Abb. 9.2-1 Schritte zur Einführung eines betrieblichen Stoffstrommanagement

9.2.1
Projektstart und Problemanalyse

Projektlenkungskreis (PLK) bilden

Der erste Schritt zu Beginn des Einführungsprojektes ist die Bildung eines geeigneten Projektlenkungskreises (PLK). Dieser PLK erfüllt die im Folgenden genannten Funktionen:

- Treffen notwendiger Entscheidungen,
- Fachliche Beratung der Durchführenden,
- Kontrolle des Projektfortschritts und
- Vorbereitung einer Akzeptanz der Ergebnisse im Unternehmen.

Je nach Vorkenntnissen und Stellung einzelner Mitarbeiter im Unternehmen kann die Zusammensetzung eines PLK unterschiedlich ausfallen. Zusätzlich zu den genannten Funktionen sollten dabei die in Tabelle 9.2-1 dargestellten Erfolgsfaktoren beachtet werden. Sind einzelne Kompetenzen und Funktionen im PLK anhand von verfügbaren Mitarbeitern nicht vollständig zu besetzen, so ist frühzeitig eine aktive Beteiligung von externen Beratern zu empfehlen.

Tabelle 9.2-1 Erfolgsfaktoren für die Zusammensetzung des Projektlenkungskreises

	Erfolgsfaktoren für die Zusammensetzung des Projektlenkungskreises	*Erfordert Beteiligung von*	*Externer Berater?*
Entscheidtreffen	Entscheidungskompetenz des Projektlenkungskreises	Vertreter der Geschäftsführung	○
Fachliche Beratung der Durchführenden	Fachkompetenz zu gesetzlichen Anforderungen	Umweltbeauftragter	◐
	Fachkompetenz zu Aspekten der Produktionsplanung	Vertreter der Produktionsplanung	◐
	Fachkompetenz zu Produktionsprozessen	Meister aus Produktion	◐
	Fachkompetenz über vorhandene betriebliche Informationssysteme und Daten	Entscheidungsträger aus IT-Abteilung	◐
	Fachkompetenz zu Stoffströmen bzgl. der Gebäudetechnik	Vertreter des Facilitymanagement	◐
	Fachkompetenz zu stofflichen Umweltaspekten	Umweltbeauftragter	◐
	Fachkompetenz zum Einsatz von BUIS	Umweltbeauftragter	●
	Fachkompetenz zu Aspekten von Betriebs- und Hilfsstoffen	Vertreter der Materialdisposition	◐
Kontrolle Projektfortschritt	Kompetente Koordination der Projektlenkungskreises	Umweltbeauftragter, geeigneter Managementvertreter	◐
Vorbereitung der Akzeptanz der Ergebnisse	Akzeptanz von Anpassungen an vorhandenen Informationssysteme	Entscheidungsträger aus der IT-Abteilung	○
	Akzeptanz der generierten stoffstrombezogenen Informationen (Kennzahlen, u.a.)	Informationsempfänger mittleres Management	○

Legende: ●=*eher sinnvoll,* ◐=*positiver Einfluß möglich,* ○=*erscheint nicht sinnvoll*

Erster Workshop des PLK

Hauptgegenstand des 1. Workshop des PLK ist die ausführliche Diskussion der Ausgangssituation sowie die gemeinsame Entwicklung einer für alle Beteiligten geltenden Vision für das Projektergebnis. Anschließend erfolgt eine Grobplanung der für die Projektbearbeitung notwendigen Arbeitsschritte sowie eine Zuteilung von Verantwortlichkeiten zu den einzelnen Aufgaben. Als Hilfestellung für die Grobplanung kann das in der obigen Abbildung 9.2-1 dargestellte Vorgehensmodel genutzt werden.

IST-Analyse

Um eine aussagekräftige Informationsgrundlage für eine spätere Feinplanung der für die Einführung eines betrieblichen Stoffstrommanagement erforderlichen Teilprojekte und -ziele zu erhalten, wird im Anschluss an den Projektstart eine IST-Analyse durchgeführt. Die IST-Analyse lässt sich in zwei sich ergänzende Bereiche aufteilen:

- Erhebung von Zielen und Erwartungen der Mitarbeiter an die Projektergebnisse in verschiedenen Unternehmensebenen.
- Analyse der Betriebsstrukturen im Hinblick auf die effiziente Einführung eines betrieblichen Stoffstrommanagement.

Erhebung von Zielen und Erwartungen der Mitarbeiter

Ziel dieser Erhebung ist, die bei den Mitarbeitern vorhandenen Informationen und Anforderungen grob zu erheben und damit im Projekt berücksichtigen zu können. Zudem werden die Mitarbeiter hiermit frühzeitig integriert, was eine Steigerung der Akzeptanz in der Umsetzungsphase begünstigt.

Der Umfang einer unternehmensinternen Erhebung ist von den zu erreichenden Projektzielen abhängig. Vor Beginn der Befragung sollte daher dokumentiert werden, welche Mitarbeiter während und nach dem Einführungsprojekt vom betrieblichen Stoffstrommanagement betroffen sind. Relevant sind dabei v.a. solche Mitarbeiter, die entweder als Ideen- und Informationsquelle oder als Informationsempfänger und Entscheidungsträger eine besondere Funktion ausüben werden. Zur Erhebung der erwünschten Informationen eignet sich bei einer größeren Zielgruppe die Verteilung von Fragebögen. Die Auswertung der Fragebögen kann anschließend durch einzelne Interviews mit einer Auswahl von wesentlich erscheinenden Mitarbeitern ergänzt werden. Beschränkt sich die Erhebung von Beginn an nur auf eine Auswahl von Mitarbeitern, so ist die Durchführung von Interviews ausreichend. In der folgenden Abbildung 9.2-2 sind die aufbereiteten Ergebnisse einer solchen Erhebung beispielhaft dargestellt. Die aufbereiteten Ergebnisse der Mitarbeiterbefragung stellen die Grundlage für eine detaillierte Zielplanung im 2. Workshop dar, der im nächsten Arbeitsschritt beschrieben wird.

Analyse der Betriebsstrukturen

Der Aufwand bei der Einführung eines betrieblichen Stoffstrommanagement ist wesentlich von unternehmensspezifischen Betriebsstrukturen abhängig.

Vor einer Feinplanung der zu tätigenden Arbeitsschritte ist daher eine Analyse derjenigen Kriterien sinnvoll, die einen wesentlichen Einfluss auf das Kosten/Nutzen-Verhältnis bei der Konzeption, der Einführung und dem Betrieb eines betrieblichen Stoffstrommanagement haben.

Ziele und Erwartungen	Ist-Zustand
Schaffung von organisatorischen Voraussetzungen für "legal compliance".	◐ Zentrale Ablage der gesetzlichen Regelwerke ist erfolgt; Auswertung und Nutzung der Dokumente ist nicht festgelegt.
Weiterbildung und Sensibilisierung der Mitarbeiter.	○ Ermittlung des Weiterbildungsbedarfes im Umweltschutz erfolgt bisher nicht; Weiterbildungsplan im Bereich Umweltschutz fehlt.
Integration des Umweltschutzes in die Produktplanung und die Auswahl neuer Produktionsverfahren.	◐ Systematische Prüfung der Verfahren und Produkte auf umweltrelevante Verbesserung erfolgt bisher nicht.
Untersuchung des betrieblichen Umweltschutzes bei Vertragspartnern.	○ Einbeziehung von externen Partnern in die Verbesserung des Umweltschutz erfolgt bisher nicht.

○ nicht vorhanden   ◐ teilweise vorhanden   ● bereits vorhanden

Abb. 9.2-2 Beispielhafte Auswertung der IST-Analyse

Bzgl. der Systematisierung von Einflusskriterien für entstehende Aufwendungen ist eine Unterscheidung in unternehmensneutrale Kriterien und solche, die stark von den individuellen Strukturen eines Produktionsbetriebes abhängen, sinnvoll. Als unternehmensneutrale Kriterien können z.B. die Kosten für anzuschaffende Software oder neue Mengenzähler für Stoffströme wie z.B. Stromzähler genannt werden. Die durch diese Kriterien beeinflussten Aufwendungen sind verhältnismäßig gering. Wesentlich stärker wirken sich die Kosten unternehmensspezifischer oder -externer Personalaufwendungen aus. Diese resultieren unmittelbar aus den vorliegenden Betriebsstrukturen.

Vereinfacht dargestellt, lassen sich auf der Grundlage der vorliegenden Erfahrungen die folgenden Merkmale von unternehmensspezifischen Betriebsstrukturen bilden, die einen starken Einfluß auf die diskutierten Aufwendungen ausmachen: Betriebsgröße, gefertigte Produkte, zum Einsatz kommende Prozesse, Einbeziehung von Fremdfertigern, Betriebsorganisation, eingesetzte Stoffe und Verfügbarkeit geeigneter Daten. In der folgenden Tabelle 9.2-2 sind die beschriebenen Kriterien, ergänzt um präzisierende Merkmale, dargestellt und hinsichtlich Ihres Einflusses auf die entstehenden Aufwendungen bewertet. Anhand der in der Tabelle dargestellten Methodik können Aufwendungen unterschiedlicher Unternehmen systematisch abgeschätzt und verglichen werden.

Tabelle 9.2-2 Qualitative Bewertung des Aufwands für Konzeption, Einführung und Betrieb eines durch BUIS unterstützten betrieblichen Stoffstrommanagement

Einflusskriterien für die Höhe des Aufwands		Bezugssysteme	Konzeption	Einführung	Betrieb
Unternehmensgrösse		Grosse Anzahl an Standorten	◐	●	◐
		Grosse Anzahl an Mitarbeitern	◐	◐	◐
		Hoher Umsatz	◑	◑	◐
Produkte		Grosse Anzahl von Produkten	●	●	◑
		Hohe Komplexität der Produkte	●	◑	◐
		Hoher Variantenreichtum	●	●	◑
		Hohe Durchlaufzeiten pro Produkt	◐	◑	◐
Prozesse		Grosse Anz. Fertigungsalternativen/Produkt	●	●	◐
		Grosser Anteil von „Stoffmischprozessen"	●	●	◑
Fremdfertigung		Hoher Anteil fremdvergebender Fertigungsschritte	●	●	◐
		Grosse Anzahl Fremdfertiger pro Fertigungsschritt	◐	●	◐
Organisation		Hohe organisatorische Segmentierung	◐	◑	◐
		Hohe Autonomie einzelner Segmente	◐	◐	◐
Stoffe		Hohe Anzahl eingesetzter Stoffe	◐	◑	◐
		Hohe Komplexität d. Stoffströme (Divergenzen u.a.)	●	◐	◑
		Grosse Anzahl unterschiedlicher Bezugsfunktionen zum Menge/Zeit-Bezugssystem	●	●	●
		Hohe Komplexität der Bezugsfunktionen zum Menge/Zeit-Bezugssystem	●	●	●
Daten		Hoher Grad an informationstechnischer Unterstützung in allgemeinen Unternehmensfunktionen	◑	◐	◐
		Grosse Anzahl von Teilstücklisten pro Produkt (Varianten, Baukasten, Mengenübersichtslisten)	◐	◐	◐
		Hohe Verfügbarkeit von Ressourcenattributen (Anlagen, Stoffe, Hilfs- und Betriebsstoffe)	◐	◐	◐
		Hohe Verfügbarkeit von Bewegungsdaten (Anlagen, Stoffe, Hilfs- und Betriebsstoffe)	◐	◐	◐
		Hohe zeitliche Dichte verfügbarer Bewegungsdaten.	◐	◐	◐

Legende: ●=sehr starker Einfluss, ◐=starker Einfluss, ◑=geringer Einfluss, ○=kein Einfluss

Auswahl des Betrieblichen Umweltinformationssystems

Die Auswahl des zur Unterstützung des betrieblichen Stoffstrommanagement einzusetzende Betrieblichen Umweltinformationssystems (BUIS) ist vor der nachfolgenden Feinplanung von Teilprojekten durchzuführen. Durch die fortlaufende Spezialisierung von BUIS in den verschiedensten Anwendungsgebieten des Umweltmanagement stehen im Bereich des betrieblichen Stoffstrommanagement leistungsfähige Softwaresysteme zur Verfügung (vgl. Bullinger et al. 1999). Eine grobe Vorauswahl der zu vergleichenden BUIS anhand der am Markt verfügbare BUIS ist über den fortlaufend aktualisierten Web-Server IKARUS (IKARUS 2000) des Fraunhofer IAO möglich.

Für einen anschließenden Vergleich der BUIS im Hinblick auf die Unterstützung eines betrieblichen Stoffstrommanagement hat sich die Methode eines paarweisen Vergleichs bewährt. Dabei können die in der folgenden Tabelle 9.2-3 dargestellten Kriterien genutzt werden, die in Abhängigkeit von unternehmensspezifischen Anforderungen beliebig detailliert werden können.

Tabelle 9.2-3 Beispielhafte Kriterien zum Vergleich von Betrieblichen Umweltinformationssystemen (BUIS) für das betriebliche Stoffstrommanagement

Vergleichskriterium	*Wichtigkeit*
Modellierung der Produktionsprozesse und Stoffverwaltung	●
Berechnungsalgorithmen	●
Auswertungsflexibilität und Szenarienbildung	◑
Generierung von Input-/Outputbilanzen	◑
Kostenrechnungsfunktionen	◐
Bilanzbewertungsmöglichkeiten	◑
Grafische Aufbereitung der Ergebnisse	◐
Datenaustausch über Import- und Export-Schnittstellen	●
Aufwand-/Nutzenverhältnis bei Modellierung und Datenpflege	●
Gesamteindruck des Systems	◑

Legende: ●=*sehr wichtig,* ◐=*wichtig,* ○=*erscheint weniger wichtig*

9.2.2
Zieldefinition

2. Workshop des PLK

Gegenstand des 2. Workshop des PLK ist die abschließende Diskussion der Ergebnisse der IST-Analyse sowie die Konkretisierung der zu erreichenden Projektziele.

Die anhand der oben beschriebenen Methoden aufbereiteten Ergebnisse der IST-Analyse werden im PLK vorgestellt und diskutiert. Anhand der Diskussionsergebnisse wird die im 1. Workshop erarbeitete Vision durch klar definierte Zielvorgaben konkretisiert.

Festlegung von Teilprojekten und -zielen

Die Zielvorgaben aus dem 2. Workshop des PLK stellen die Grundlage für die Definition von konkreten Teilprojekten dar, die im Rahmen der Einführung eines betrieblichen Stoffstrommanagement durchzuführen sind. Bei der Definition der Teilprojekte wird wiederum in die Dimensionen Organisation und Information unterschieden.

Die Teilprojekte in der Dimension *Organisation* orientieren sich an dem Ziel, die aufbau- und ablauforganisatorischen Voraussetzungen für das betriebliche Stoffstrommanagement herzustellen. In der folgenden Abbildung 9.2-3 ist exemplarisch ein Modell für die im betrieblichen Stoffstrommanagement enthaltenen Aufgaben dargestellt.

Die Teilprojekte in der Dimension *Information* sind auf das Ziel ausgerichtet, eine effiziente Unterstützung des betrieblichen Stoffstrommanagement durch BUIS in Anbindung an weitere betriebliche IT-Systeme zu erreichen. Als Grundlage für die Festlegung geeigneter Teilprojekte können die folgenden Vorschläge genutzt werden (vgl. Jürgens u. Steinaecker 1999):

- Abbildung der betrieblichen Prozesse in einem Stoffstrommodell,
- exemplarische Erfassung von Stoffstromdaten (Bewegungsdaten) anhand von PPS-Daten, Buchungsunterlagen und Messdaten, sowie durch Erhebungen und Betriebsbegehungen,
- exemplarische Bilanzierung von Stoffströmen in dem ausgewählten BUIS sowie zielgruppenspezifische Auswertung und Aufbereitung der Bilanzergebnisse,
- Konzeption, Implementierung und Test von Schnittstellen zu betrieblichen Informationssystemen und
- ggf. Konzeption und Implementierung von Erweiterungskomponenten bzgl. des ausgewählten BUIS.

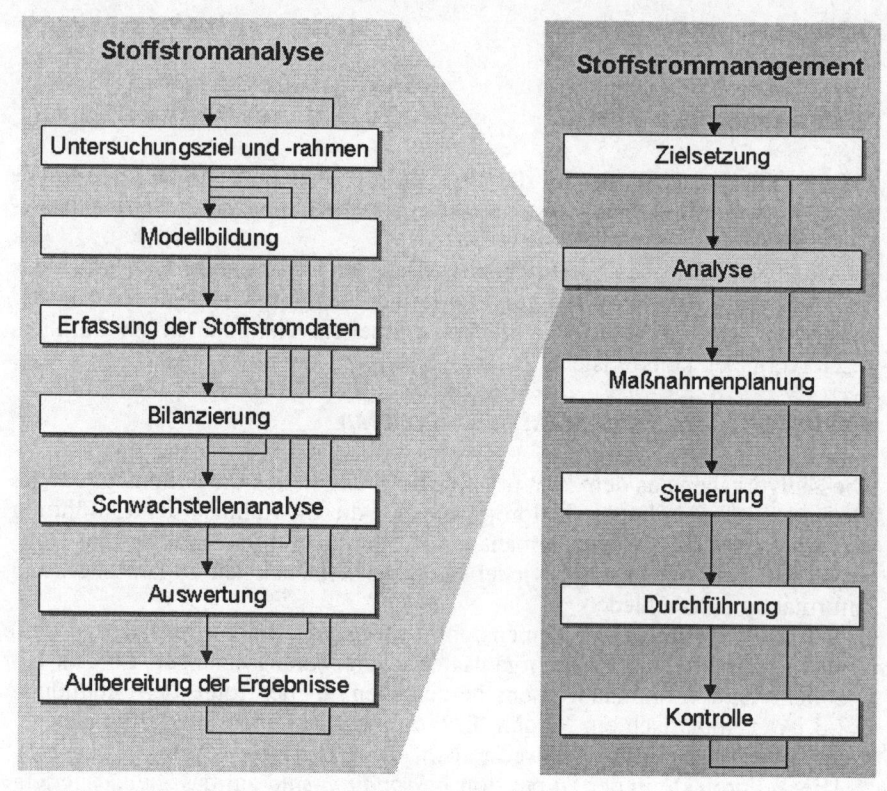

Abb. 9.2-3 Aufgaben des betrieblichen Stoffstrommanagement

9.2.3 Maßnahmenplanung

Festlegung von Maßnahmen pro Teilprojekt

Nach der Definition von durchzuführenden Teilprojekten erfolgt eine detaillierte Feinplanung von Einzelmaßnahmen für jedes der Teilprojekte. Dabei ist auf eine sich sukzessive ergänzende Folge der einzelnen Maßnahmen innerhalb der Teilprojekte zu achten.

Zeit- und Arbeitsplanung

Die festgelegten Maßnahmen werden anschließend in den Zeitplan des gesamten Einführungsprojektes eingeplant. Bei der Planung ist zu berücksichtigen, dass parallel laufende Teilprojekte zeitlich aufeinander abgestimmt werden müssen, wenn einzelne Maßnahmen auf Teilergebnisse anderer Maßnahmen aufbauen.

9.2.4 Umsetzung und Erprobung

Umsetzung der Maßnahmen

Die Umsetzung der Maßnahmen erfolgt anhand der festgelegten Feinplanung. Zur Sicherstellung eines effizienten Projektfortschritts kommt einem regelmäßigen Informationsaustausch zwischen den Beteiligten in den einzelnen Teilprojekten eine besondere Bedeutung zu. Dies kann bei Bedarf durch eine Vereinbarung von Projektfortschrittsberichten an den Projektkoordinator unterstützt werden.

Kontrolle der Zielerreichung

Jedes Teilprojekt ist hinsichtlich der Erreichung der beabsichtigten Ziele zu kontrollieren. Dieser Schritt kommt einer Art Qualitätskontrolle gleich, bei der ggf. Nachbesserungsarbeiten festgelegt werden. In der folgenden Tabelle 9.2-4 sind Möglichkeiten einer solchen Qualitätskontrolle getrennt nach den Dimensionen Organisation und Information dargestellt.

Tabelle 9.2-4 Kontrolle der Zielerreichung in den Dimensionen Organisation und Information

Methoden zur Kontrolle der Zielerreichung		Eignung in den Dimensionen	Organisation	Information
Mitarbeiterbefragung	SOLL/IST-Vergleich durch Wiederholung der Befragung der Mitarbeiter		●	◔
	Durchführung von zielgruppenspezifischen Interviews		●	◑
Statistische Prüfmethoden	Sensitivitätsanalysen		◕	●
	Konsistenzprüfungen		◕	◔
	Statistische Fehleranalysen		○	◑
Test im Realbetrieb	Kontrollierter Praxistest (Step by Step)		◐	◑
	Unkontrollierter Praxistest mit anschließender Auswertung		◕	◐

Legende: ● =sehr gut geeignet, ◐ =geeignet, ○ =erscheint nicht geeignet

3. Workshop des PLK

Die Ergebnisse der Teilprojekte werden auf dem 3. Workshop des PLK zur Diskussion gestellt. Wichtigstes Ziel des Workshops ist eine kritische Würdigung der erreichten Ergebnisse sowie eine Grobplanung des weiteren Vorgehens hinsichtlich einer mittelfristigen Verankerung des betrieblichen Stoffstrommanagement in der Unternehmensorganisation.

9.2.5 Konsolidierung und Projektabschluss

Integration in Managementsysteme, inklusive Berichtswesen

Zunächst sind die eingeführten organisatorischen Lösungen in bestehende Managementstrukturen zu integrieren. Hierbei stehen neben dem betrieblichen Führungs- und Controllingkreislauf insbesondere das Qualitätsmanagement und die Arbeitssicherheit im Vordergrund. Im einzelnen sind folgende Arbeiten zu leisten:

- Integration der Berichte und Kennzahlen aus dem Umweltmanagementsystem in die inner- und überbetrieblichen Kommunikationsstrukturen (z.B. Intranet, Internet, Umwelterklärungen, Geschäftspläne und -berichte, Tagesordnungen von Managementmeetings etc.),
- Integration von Entscheidungsergebnissen des Umweltmanagementsystems in die bestehenden Entscheidungsstrukturen (hierbei ist insbesondere auf Konfliktlösungsregeln bei sich wiedersprechenden Sachverhalten zu achten).

Integration in Informationssysteme

In diesem Schritt sind die eingeführten informationstechnischen Lösungen in die vorhandenen betrieblichen Informationssysteme abschließend zu integrieren, soweit dies nicht bereits in einem entsprechenden Teilprojekt erfolgt ist. Dies bedeutet, dass entsprechende Schnittstellen (z.B. zum PPS- und Controllingsystem) zu implementieren sind, die einen Datentransfer zum BUIS unterstützen und damit die wiederholte Eingabe und Pflege von Daten vermeiden. Zusätzlich sind notwendige Maßnahmen im Rahmen des Änderungswesens zu definieren. Weiterhin werden hier auch die technologischen Aspekte behandelt, die zur Unterstützung einer aufwandsarmen Berichterstellung notwendig sind, z.B. durch Einrichtung von Exportfunktionen aus dem BUIS in z.B. Internet-/Intranetfähige „html"-Dokumente.

4. Workshop des PLK

Auf der Grundlage der bis zu diesem Zeitpunkt vorliegenden Projektergebnisse trifft sich der PLK mit den folgenden Zielsetzungen:

- Abschließende Bewertung des Projektes hinsichtlich Zielerreichung,
- Identifikation von Ansatzpunkten zur Integration der Projektergebnisse in bis dato noch nicht betrachtete Unternehmensfunktionen (z.B. Produktentwicklung, Controlling, Marketing),

- Identifikation von Maßnahmen zur Ausdehnung der Projektergebnisse auf andere Unternehmensbereiche oder -standorte und ggf. Geschäftspartner (siehe Roll-out).

Vor diesem Hintergrund empfiehlt sich ein erweiterter Teilnehmerkreis, der auch externe Geschäftspartner umfassen kann. Wichtig ist, dass zu diesem Zeitpunkt gesicherte Erkenntnisse und erste Erfahrungen über die Leistungsfähigkeit sowie Stärken, Schwächen der eingeführten Lösungen vorliegen.

Roll Out

Es ist vielfach sinnvoll, im Rahmen der Einführung eines betrieblichen Stoffstrommanagement zunächst mit einem abgegrenzten Unternehmensbereich (z.B. eine Fertigungseinheit oder ein Teilwerk) zu beginnen, um hiermit Erfahrungen zusammeln. Nach erfolgreichem Abschluss ist der sog. Roll-out anzustreben, in dem sowohl die organisatorischen als auch die informationstechnischen Lösungen auf andere Unternehmensbereiche, Werke oder Standorte ausgedehnt werden.

In diesem Zusammenhang bietet sich auch die Einbeziehung von (externen) Geschäftspartnern wie Tochterunternehmen, Partner, Lieferanten oder Kunden an. Beispielsweise kann der Aufwand für den Austausch von Umweltinformationen zwischen Partnern entlang einer logistischen Kette erheblich reduziert werden, wenn die jeweiligen BUIS integriert sind. Alternativ kann auch eine Eingabe von Daten über Internet-basierte Schnittstellen eines BUIS erfolgen.

10 Einführung eines umweltschutzorientierten Produktionsleitsystems

von Stephan Franke, Axel Tuma, Hans-Dietrich Haasis, Manfred Kupke

10.1 Fallstudie: Umsetzung eines umweltschutzorientierten Produktionsleitsystems anhand eines Beispiels aus dem Bereich Oberflächenschutz

Zur Umsetzung eines integrierten Umweltschutzes ist es von herausragender Bedeutung, Stoff- und Energieströme so zu steuern bzw. aufeinander abzustimmen, daß unter Berücksichtigung von technischen Rahmenparametern vor- und nachgeschalteter Produktionsstufen zur Verfügung stehende Ressourcen möglichst effizient genutzt und durch den Produktionsprozess entstehende Emissionen aller Art, soweit dies technisch möglich ist, vermieden bzw. vermindert werden (Haasis 1996, Tuma 1994, Wagner 1997). Diese Zielsetzung korrespondiert mit einer auch die Wettbewerbsposition stärkenden Umsetzung von Ansätzen einer nachhaltigen Entwicklung in Unternehmen.

In derzeit eingesetzten Produktionsleitsystemen bzw. Produktionsleitständen werden i.Allg. nur betriebswirtschaftliche Zielsetzungen berücksichtigt (Stadtler et al. 1995). Notwendig erscheint daher eine Entwicklung umweltschutzorientierter Produktionsleitsysteme (Tuma et al. 1996). Aufgaben solcher Systeme sind insbesondere die Terminierung der Produktionsaufträge, die Auswahl der einzusetzenden Produktionsverfahren sowie die Festlegung der Betriebsweise der einzelnen Aggregate unter Berücksichtigung betriebswirtschaftlicher und umweltschutzorientierter Kriterien. Aus bisherigen Erfahrungen in Pilotprojekten zeigt sich, daß die Integration umweltschutzorientierter Zielsetzungen (z.B. Schaffung von Stoffkreisläufen, Steigerung des Aufarbeitungspotentials, Reduktion von Abwasserfrachten, Abfallmengen und Emissionen) nicht notwendigerweise zu höheren Kosten oder einer weniger effizienten Produktion führen muß (Franke et al. 1998a, Tuma 1994). Etwa im Bereich der Oberflächenbeschichtung kann der Einsatz umweltschutzorientierter Produktionsleitsysteme durch die Verminderung des Ressourceneinsatzes sowie der Abwasser- und Abfallmengen zu einer deutlichen Reduktion der Kosten führen (Haasis 1996). Dies gewährleistet eine entsprechende Akzeptanz beim Nutzer und stellt eine Voraussetzung für eine erfolgreiche Umsetzung eines integrierten Umweltschutzes dar.

Die Anwendung umweltschutzorientierter Produktionsleitstände wird im Folgenden an einem Beispiel aus der Fertigungsindustrie dargestellt. Hierbei handelt es sich um den Bereich Oberflächenschutz der DaimlerChrysler Aerospace Airbus GmbH, Werk Bremen.

10.1.1
Beschreibung und Modellierung des Produktionssystems

Das betrachtete Produktionssystem besteht aus einer Galvanik, einer Lackiererei sowie einer Entgiftungs- und Neutralisationsanlage (ENA) zur Behandlung der Abwasserfrachten (vgl. Abb. 10.1-1). Der Fertigungsablauf kann folgendermaßen charakterisiert werden. Zunächst werden in einem Kommissionierbereich die einzelnen Werkstücke, die sich u.a. in Form und Größe unterscheiden, zu Losen zusammengestellt und an einem Werkstückträger angebracht, der als Transporthilfsmittel im Galvanikbereich dient. Die Galvanik besteht aus einem Bereich zur Bearbeitung von Aluminiumwerkstücken und einem weiteren Bereich zur Behandlung von Stahl-, Edelstahl- und Titanwerkstücken, in denen jeweils unterschiedliche Beschichtungsverfahren eingesetzt werden. In beiden Bereichen fallen sowohl saure als auch alkalische Abwasserfrachten an, die in der Entgiftungs- und Neutralisationsanlage behandelt werden (Tuma et al. 1998). In Abhängigkeit der den Arbeitsplänen zu entnehmenden Beschichtungsverfahren durchlaufen die an den Werkstückträgern angebrachten Teile unterschiedliche Vorbehandlungs-, Spül- und Wirkbäder. Im Anschluß an die Galvanisierung werden die Werkstückträger entkommissioniert und die Werkstücke vor der Lackiererei zu neuen Losen zusammengefasst. Hierbei werden die Werkstücke den beiden zur Verfügung stehenden Lackiersystemen (Lackierautomat, manuelle Lackierkabine) zugeordnet.

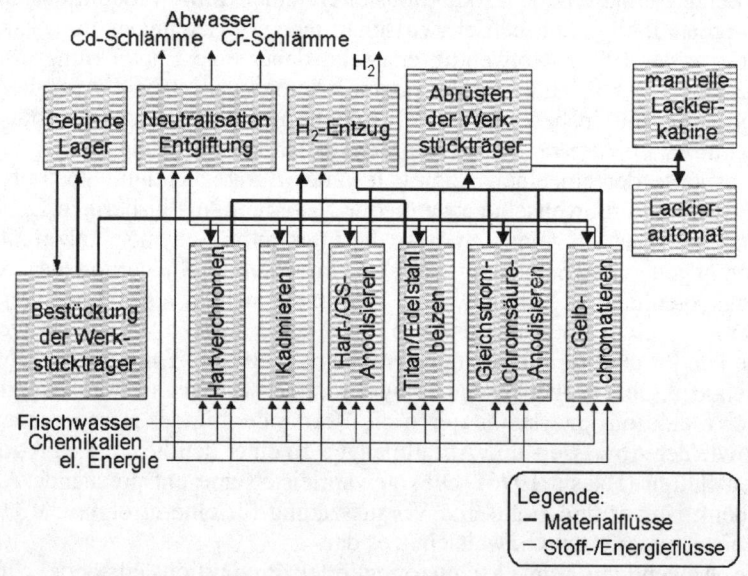

Abb. 10.1-1 Schematische Darstellung des Produktionssystems aus der Fertigungsindustrie

Entsprechend der besonderen Anforderungen im Bereich der Luft- und Raumfahrtindustrie spielen sowohl terminorientierte (Reduktion der Lieferzeit und Gewährleistung einer hohen Liefertreue) als auch qualitätsorientierte Ziele eine herausragende Rolle. Eine Systemanalyse des Produktionssystems ergibt darüber hinaus folgende zu berücksichtigende umweltschutzorientierte Zielsetzungen:

- *Reduktion des Energiebedarfs durch Deaktivierung redundanter Bäder*: Die verschiedenen Verfahren der Aluminium-Galvanik nutzen teilweise identische Vorbehandlungsverfahren (z.B. geheizte alkalische Entfettungsbäder sowie saure Beizbäder). Diese werden für jedes Beschichtungsverfahren getrennt vorgehalten. Aufgrund der vergleichsweise kurzen Prozesszeiten im Bereich der Werkstückvorbehandlung laufen diese Bäder häufig in heißer Redundanz. Durch eine gemeinsame Nutzung dieser Bäder kann der Energiebedarf des Produktionssystems signifikant reduziert werden. Dies kann jedoch zu einer Engpasssituation in der Galvanik führen, die durch entsprechende Entscheidungen auf Produktionsleitsystemebene entschärft werden muss.
- *Verminderung des Einsatzes von Fremdchemikalien zur Neutralisation*: Durch eine entsprechende Abstimmung der sauren und alkalischen Abwasserfrachten der einzelnen Bäder kann der Einsatz von Fremdchemikalien (z.B. HCl) in der ENA reduziert werden.
- *Reduktion von Umrüstemissionen*: Durch eine entsprechende Reihenfolgebildung der Lackierlose können Farbwechsel und die damit verbundenen Lösemittelemissionen aufgrund von Umrüstvorgängen reduziert werden.
- *Verlängerung der Standzeit der Bäder*: Eine Verlängerung der Standzeit mit dem Ziel einer Verringerung des Abwasser- und Abfallaufkommens erfordert die Berücksichtigung variabler Prozesszeiten und damit eine Fahrweise bei sich im Zeitverlauf ändernden Intensitäten.

Zur Entwicklung eines problemadäquaten Produktionsleitsystems ist es empfehlenswert, das zugrundeliegende Produktionssystem in einem Modell abzubilden. Ziel dieser Modellierung ist es, die Konsequenzen verschiedener Handlungsalternativen aufzuzeigen (z.B. Ableitung des Einflusses unterschiedlicher Auftragsmixe im Rahmen der Auftragsfreigabe, Untersuchung der Auswirkungen unterschiedlicher zeitlicher Anpassungsmaßnahmen und Einlastungsstrategien). Basierend auf einer Analyse wesentlicher Eigenschaften im Modellverhalten bei Variation der Modellparameter können Rückschlüsse auf das Verhalten des realen Systems gezogen werden. In diesem Sinne kann das Modell eines Produktionssystems als Laborversion des entsprechenden realen Stoff- und Energieflusssystems angesehen werden, an dem Experimente zur Konzeption und Parametrisierung entsprechender Verfahren auf Ebene der kurzfristigen Termin- und Kapazitätsplanung bzw. der Feinsteuerung durchgeführt werden können. Abbildung 10.1-2 zeigt ein Modell des untersuchten Produktionssystems auf Basis einer domänenunabhängigen Simulationssprache (Simulation Language for Alternative Modelling [SLAM]).

274 10 Einführung eines umweltschutzorientierten Produktionsleitsystems

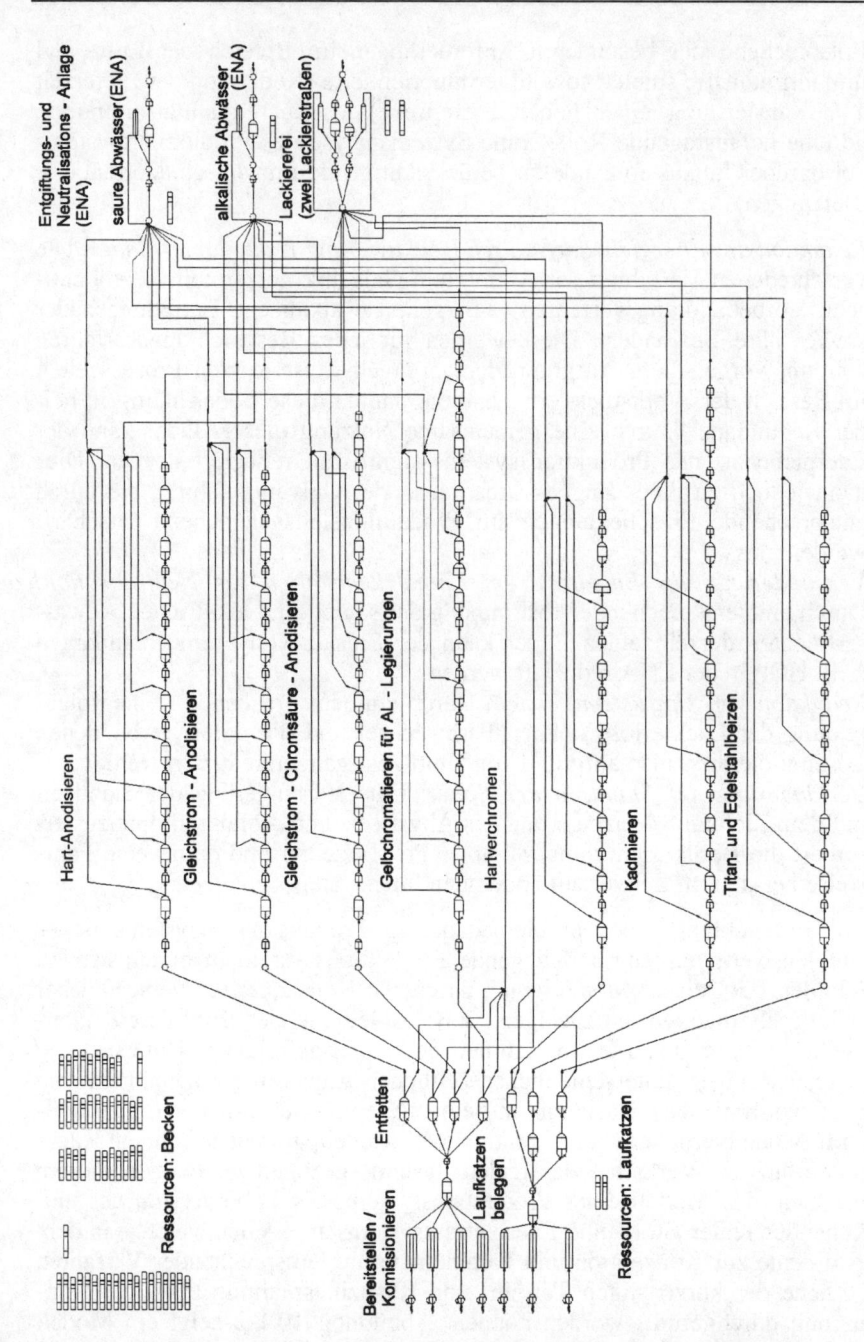

Abb. 10.1-2 Modellierung des Produktionssystems auf Basis eines Simulationsansatzes

10.1.2 Vorgehensweise zur Umsetzung eines umweltschutzorientierten Produktionsleitsystems

Die genannten Zielsetzungen zur Umsetzung eines umweltschutzorientierten Produktionsleitsystems für das untersuchte Produktionssystem betreffen sowohl Aufgaben auf Ebene der kurzfristigen Termin- und Kapazitätsplanung als auch auf Ebene der Feinsteuerung.

Evaluation eines bestandsorientierten Konzepts im Rahmen der kurzfristigen Termin- und Kapazitätsplanung

Die formulierten betriebswirtschaftlichen Zielsetzungen (Verkürzung von Durchlaufzeiten, Erhöhung der Termintreue) sowie die Struktur der Produktionssteuerungsaufgabe (vernetztes, mehrstufiges Produktionssystem) legen eine Anwendung des Konzepts der belastungsorientierten Auftragsfreigabe nahe. Die umweltschutzorientierten Zielsetzungen, insbesondere die Reduktion des Energiebedarfs sowie die Verminderung des Einsatzes von Fremdchemikalien, können durch die in Kapitel 3.4 dargestellte umweltschutzorientierte Erweiterung dieses Konzepts adressiert werden.

Abbildung 10.1-3 zeigt eine schematische Modellierung des untersuchten Produktionssystems als Trichtermodell. Hierbei können entsprechend die Bereiche Kommissionierung, galvanische Behandlung, Entkommissionierung und Lackiererei unterschieden werden.

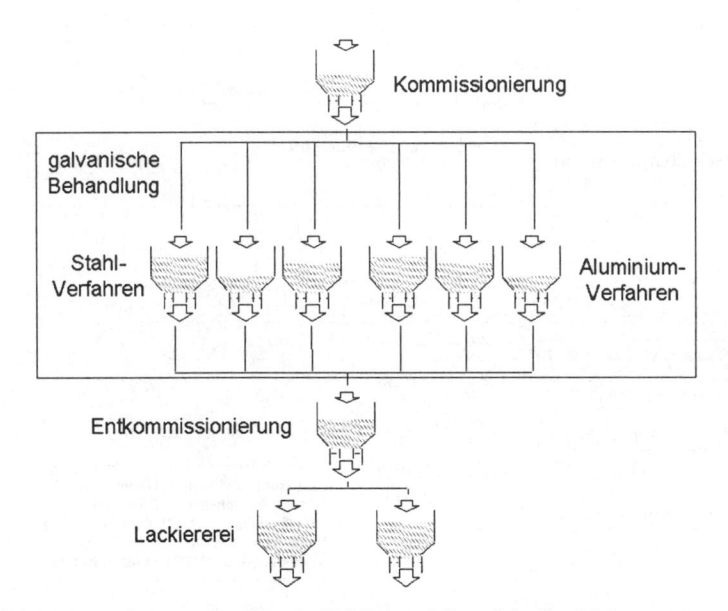

Abb. 10.1-3 Schematische Anwendung des Trichtermodells auf das Produktionssystem

Kommissionierung: Im Rahmen der Kommissionierung werden sowohl Stahl- als auch Aluminiumteile unterschiedlicher Größe und geometrischer Gestalt manuell auf entsprechenden Haltevorrichtungen bzw. Werkstückträgern aufgebunden. Die Kommissionierzeit (Kapazitätsbedarf) eines Auftrags hängt dabei stark von der Form und der Anzahl der aufzubindenden Teile ab. Determinante der verfügbaren Kapazität und der sich daraus ergebenden Belastungsschranke dieses Arbeitssystems stellt die disponierbare Arbeitszeit des Kommissionierpersonals dar. Anpassungsmaßnahmen können hierbei insbesondere zeitlicher (Überstunden) und quantitativer (vorübergehender Einsatz zusätzlichen Personals aus anderen Bereichen) Natur sein.

Galvanik: Die galvanotechnische Behandlung der metallischen Werkstücke lässt sich prinzipiell in die Bereiche "Stahlgalvanik" und "Aluminiumgalvanik" unterteilen. Diese umfassen jeweils drei Beschichtungsverfahren, die getrennt modelliert werden. Hierbei ist zu berücksichtigen, dass ein Verfahren jeweils wiederum aus mehreren Prozessschritten besteht. Diese können grob in Vorbehandlungs- und Wirkstufen unterteilt werden. Da die Prozessschritte eines Verfahrens in einer kontinuierlichen Folge ohne Unterbrechungen durchlaufen werden, empfiehlt es sich, jedes Verfahren durch einen Trichter zu modellieren. Die Kapazität eines solchen Systems orientiert sich dabei am Verfahrensschritt mit der längsten Prozesszeit. Die Prozesszeit kann hierbei als Funktion des Badzustands interpretiert werden. Daher ist zur genauen Modellierung des Kapazitätsangebots in diesem Zusammenhang die Berücksichtigung von Informationen aus der Betriebsdatenerfassung und -analyse erforderlich. Abbildung 10.1-4 zeigt ein Neuronales Netz zur Prognose der Prozesszeit eines Beizbades in Abhängigkeit von Zustandsparametern.

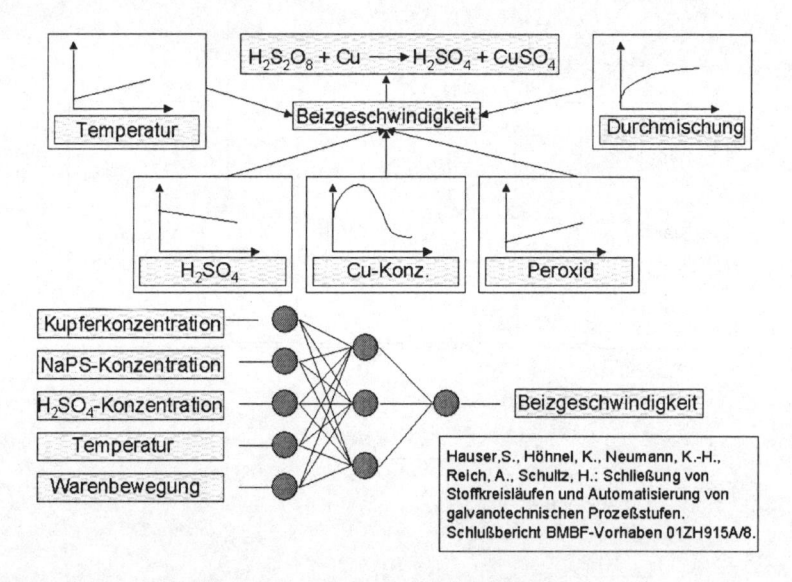

Abb. 10.1-4 Prognosemodell für die Prozesszeit (Hauser et al. 1995)

Auf der Grundlage der so ermittelten Prozesszeit, der maximalen Badbeladung sowie der Anodenspannung (bei elektro-chemischen Verfahren) wird die Kapazität des Arbeitssystems ermittelt. Geht man von konstanten Prozesszeiten aus, wie es zur Vermeidung von prozessbedingten Qualitätsrisiken in der Praxis häufig vorzufinden ist, sind intensitätsmäßige Anpassungsmaßnahmen nicht möglich. Eine Fahrweise mit konstanten Prozesszeiten erfordert jedoch ein häufiges Nachschärfen der Bäder[1] (z.B. Zugabe entsprechender Badchemikalien). Da i.Allg. keine redundanten Galvanikstraßen vorgehalten werden, impliziert dies den ausschließlichen Einsatz zeitlicher Anpassungsmaßnahmen.

Entkommissionierung: Im Rahmen der Entkommissionierung werden die Werkstücke manuell von den Trägern entnommen und für die Lackiererei auf Sieben vorsortiert. Der Kapazitätsbedarf einzelner Aufträge sowie die verfügbare Kapazität des Arbeitssystems lassen sich in Analogie zur Kommissionierung berechnen. Anpassungsmaßnahmen können hierbei ebenfalls zeitlicher (Überstunden) und quantitativer (vorübergehender Einsatz zusätzlichen Personals aus anderen Bereichen) Natur sein.

Lackiererei: Die Lackiererei besteht aus zwei Lackiersystemen, einem Lackierautomaten sowie einer manuellen Lackierkabine. In der Lackierkabine werden überwiegend geometrisch komplexe Teile manuell lackiert, während im Lackierautomaten ausschließlich planare Teile im Paternosterprinzip lackiert werden. Entsprechend der Heterogenität dieser Arbeitssysteme wird die Lackiererei auf der Basis von zwei getrennten Trichtern modelliert.

Die Kapazität des Lackierautomaten hängt im Wesentlichen von der Bandvorschubgeschwindigkeit sowie der Dichte der Siebbelegung ab. Intensitätsmäßige Anpassungsmaßnahmen durch Erhöhung der Bandvorschubgeschwindigkeit sind aufgrund der Qualitätsanforderungen i.Allg. nicht möglich. Von besonderer Bedeutung bei der Ermittlung der durchschnittlichen Intensität sind die Anzahl der durchschnittlich geplanten Umrüstvorgänge. So impliziert eine Erhöhung der Umrüstvorgänge, etwa im Rahmen einer Flexibilitätssteigerung, eine Erhöhung der umrüstbedingten Stillstandszeiten und führt so zu einer Kapazitätsminderung. Neben zeitlichen Anpassungsmaßnahmen sind auch „quantitative" Anpassungsmaßnahmen möglich. Hierbei handelt es sich nicht um das Zuschalten redundanter Anlagen, sondern um eine Nutzung vorhandener Kapazitäten in der manuellen Lackierkabine. Eine solche Anpassung führt demnach nicht zu einer Veränderung der Kapazitätslinie des Lackierautomaten.

Die Lackierzeit in der manuellen Lackierkabine hängt im Wesentlichen von der zu lackierenden Fläche ab. Sekundäre Einflüsse liegen in der Geometrie und Teilegröße. Eine Anpassung des Kapazitätsangebots kann hierbei durch zeitliche (Überstunden, Zusatzschicht) und quantitative (vorübergehender Einsatz zusätzlichen Personals aus anderen Bereichen) Maßnahmen realisiert werden.

---

[1] Aus umweltschutzorientierter Sicht erscheint eine Fahrweise bei variablen Prozesszeiten empfehlenswerter. Dies führt i.Allg. sowohl zu einer Reduktion des Chemikalieneinsatzes als auch zu einer Verlängerung der Standzeit der Bäder.

Durch die beschriebene Modellierung der Arbeitssysteme lassen sich die betriebswirtschaftlichen Zielsetzungen auf Ebene der kurzfristigen Termin- und Kapazitätsplanung adressieren. Ziel einer umweltschutzorientiert erweiterten Modellierung des untersuchten Produktionssystems ist insbesondere die Reduktion des Energieeinsatzes sowie die Reduktion des Einsatzes von Fremdchemikalien durch Maßnahmen im Rahmen der kurzfristigen Termin- und Kapazitätsplanung. Ersteres wird basierend auf einer anlagenbezogenen Sichtweise modelliert, letzteres auf Basis einer stoffbezogenen Sichtweise.

Reduktion des Energieeinsatzes: Ansatzpunkt für eine Reduktion des Energiebedarfs ist ein partielles Abschalten der teilweise in heißer Redundanz laufenden Vorbehandlungsbäder der Aluminium-Galvanik. Dies erfordert eine getrennte Berücksichtigung der Vorbehandlungsstufe der Aluminium-Verfahren. In diesem Zusammenhang empfiehlt sich die Modellierung der gesamten Vorbehandlungsstufe der Aluminium-Verfahren durch einen entsprechenden Trichter (Abb. 10.1-5). Die Kapazität dieses so definierten Arbeitssystems berechnet sich aus der Summe der Kapazitäten der tatsächlich betriebenen Vorbehandlungsbäder. Deren Kapazität ergibt sich aus den entsprechenden Prozesszeiten bzw. der maximalen Beladung der Bäder (gemessen in Quadratmeter pro Arbeitsgang). Geht man wie oben beschrieben von konstanten Prozesszeiten aus, ergibt sich kein Spielraum für intensitätsmäßige Anpassungsmaßnahmen. Im Rahmen von zeitlichen Anpassungsmaßnahmen ist darauf zu achten, dass diese mit den weiteren Prozessstufen der jeweiligen Verfahren der Aluminium-Galvanik koordiniert werden müssen, da reale Wartezeiten zwischen den einzelnen Bädern prinzipiell zu vermeiden sind. Von besonderem Interesse bei einem derartigen Arbeitssystem sind quantitative Anpassungsmaßnahmen. So kann zu Beginn der Planungsperiode eine Entscheidung über die prinzipiell zu aktivierenden Vorbehandlungsbäder getroffen werden.

Reduktion des Fremdchemikalieneinsatzes: Eine Reduktion des Chemikalieneinsatzes in der Entgiftung- und Neutralisationsanlage der Galvanik erfordert eine substantielle Erweiterung des Konzepts der belastungsorientierten Fertigungssteuerung um sogenannte Emissionstrichter (stoffbezogene Sichtweise). Ansatzpunkt für eine entsprechende Reduktion ist eine Abstimmung des Anfalls saurer und alkalischer Abwasserströme in der Planperiode zur Eigenneutralisation. Hierzu werden zwei entsprechende Trichter für die sauren und alkalischen Abwässer definiert (Abb. 10.1-5). Die Maßeinheit dieser Trichter ist problemadäquat zu wählen. Im vorliegenden Beispiel empfiehlt sich etwa die Verwendung von [mol] bzw. eines zu definierenden Neutralisationsäquivalents als Funktion der zugrundeliegenden stöchiometrischen Beziehung zwischen den Neutralisationsreagenzien. Die festzulegenden „Belastungsschranken" dieser Trichter geben die jeweils maximal tolerierbare, fremd zu neutralisierende Abwassermenge, gemessen in der oben spezifizierten Maßeinheit, an. Dies gewährleistet eine effiziente Fahrweise des Produktionssystems im Sinne eines integrierten Umweltschutzes, indem es ceteris paribus zu einer vollständigen Nutzung der zur Eigenneutralisation in der Planperiode zur Verfügung stehenden Ressourcen führt. Kapazitive Anpassungsmaßnahmen (bezogen auf die durchgesetzte Stoffmenge und damit das freigegebene Auftragsvolumen) implizieren eine Heraufsetzung der Belastungsschranke des im Überschuss vorliegenden Neutralisationspartners und können zur Erreichung betriebswirtschaftlicher Zielsetzungen erforderlich werden.

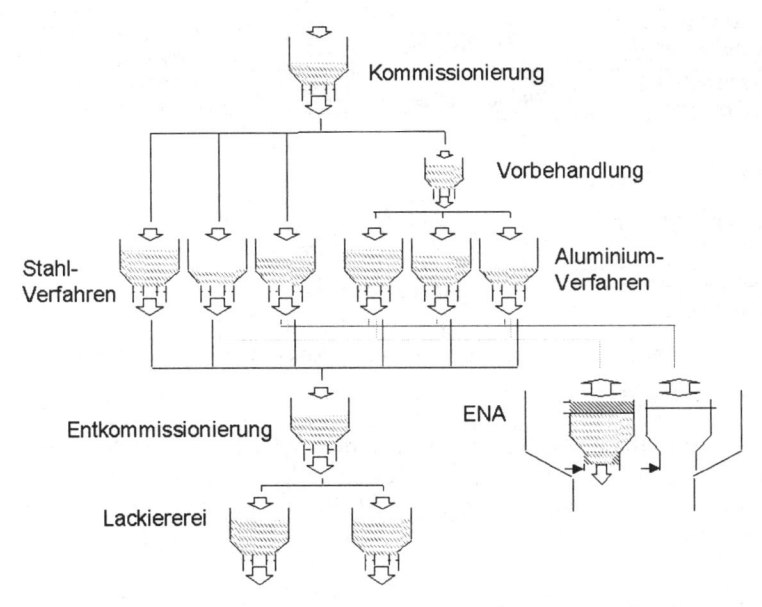

Abb. 10.1-5 Umweltschutzorientierte Erweiterung des Trichtermodells für das untersuchte Produktionssystem

Evaluation eines regelbasierten Verfahrens zur Feinsteuerung

Entsprechend der Struktur des Entscheidungsproblems (multikriterielle Zielfunktion, „unscharfes Produktionswissen" in expliziter Form) werden fuzzyfizierte Expertensysteme zur Feinsteuerung des dargestellten Produktionssystems entwickelt. Ein Beispiel für „unscharfes Produktionswissen" liefert etwa folgende Regel: „Wenn der ph-Wert in der ENA hoch ist, empfiehlt es sich, Aufträge einzulasten, die eher saure Abwasserfrachten implizieren". Die Formulierung des Produktionswissens in „unscharfer Form" ist charakteristisch für entsprechende Experten (z.B. Galvanikmeister). Zur Verarbeitung derartigen Wissens eignen sich sogenannte „fuzzyfizierte Expertensysteme".

Abbildung 10.1-6 zeigt die Struktur des entwickelten Fuzzy-Systems mit Regelblöcken zur Abstimmung von Stoffströmen für den Neutralisationsprozess, zur Abstimmung der Arbeitsbelastung in den einzelnen Lackiersystemen sowie zur kontinuierlichen Auslastung der Engpassbäder in der Galvanik.

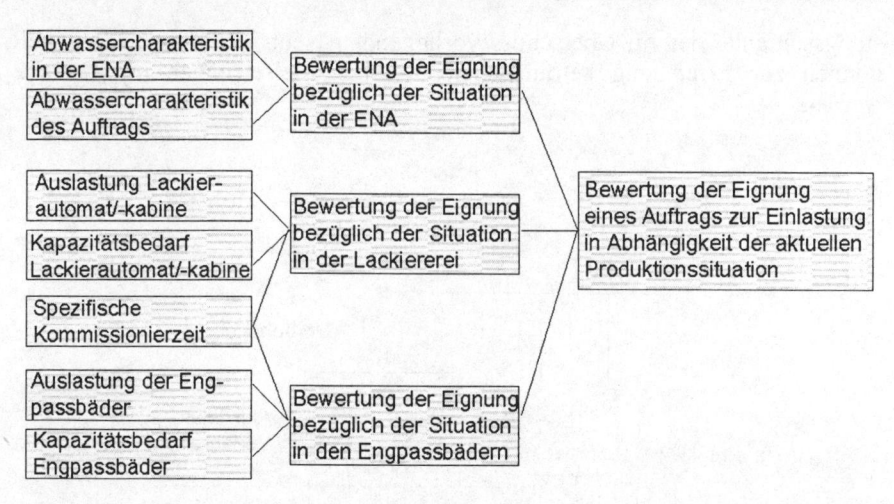

```
Abwassercharakteristik
in der ENA                    Bewertung der Eignung
Abwassercharakteristik        bezüglich der Situation
des Auftrags                  in der ENA

Auslastung Lackier-                                    Bewertung der Eignung
automat/-kabine               Bewertung der Eignung    eines Auftrags zur Einlastung
Kapazitätsbedarf              bezüglich der Situation  in Abhängigkeit der aktuellen
Lackierautomat/-kabine        in der Lackiererei       Produktionssituation

Spezifische
Kommissionierzeit

Auslastung der Eng-
passbäder                     Bewertung der Eignung
Kapazitätsbedarf              bezüglich der Situation
Engpassbäder                  in den Engpassbädern
```

Abb. 10.1-6 : Schematische Darstellung eines wissensbasierten Systems zur Auftragseinlastung

Jeder einlastbare Auftrag wird entsprechend der genannten Teilkriterien bewertet und die Einzelergebnisse über einen kompromissbildenden Operator aggregiert. Der Auftrag mit der höchsten Bewertung wird im Folgenden eingelastet.

10.1.3
Diskussion der Ergebnisse

Das auf den skizzierten Methoden beruhende Produktionsleitsystem befindet sich zur Zeit in der Erprobungsphase im Werk Bremen der DaimlerChrysler Aerospace Airbus GmbH. Vorbehaltlich des weiteren Verlaufs der Evaluationsphase ergibt eine erste Einschätzung folgende zu erwartende Ergebnisse. Durch eine Reduzierung redundanter Vorbehandlungsbäder erscheint eine Reduktion des Energiebedarfs in der Vorbehandlungsstufe der Aluminium-Galvanik um bis zu 50% möglich. Bezogen auf die in der ENA zu neutralisierenden Abwässer wird im Rahmen einer Verknüpfung von produktions- und prozessintegrierten Umweltschutzmaßnahmen ein Schritt in Richtung einer abwasserfreien Galvanik vorgenommen. Durch eine entsprechende Reihenfolgeplanung in der Lackiererei erscheint eine Reduzierung der Lösemittelemissionen um 50% möglich. Bezüglich der Verlängerung der Standzeit der Bäder kann zum gegenwärtigen Zeitpunkt noch keine Aussage getroffen werden. Kritisch ist hier insbesondere die Einhaltung der hohen Qualitätsanforderungen im Flugzeugbau. Der personelle Aufwand zur Entwicklung des beschriebenen Produktionsleitstands einschließlich Systemanalyse, Erstellung eines Simulationsmodells, Akquisition des relevanten Produktionswissens, Implementierung und Evaluation beträgt vier Personenjahre. Der Aufwand für eine Installation des Leitstands auf Basis des entwickelten Prototypen lässt sich gemäß der bisherigen Betriebserfahrungen mit einem Personenjahr veranschlagen.

10.2 Leitfaden zur Einführung eines umweltschutzorientierten Produktionsleitsystems

Die prinzipielle Vorgehensweise bei der Einführung umweltschutzorientierter Produktionsleitsysteme gliedert sich in die Phasen

- Problemanalyse und Zieldefinition,
- Maßnahmenplanung und Umsetzung/Erprobung sowie
- Integration in die betriebliche Informationssystemarchitektur.

Wesentliche Aufgaben der ersten Phase sind die Identifikation der Einsatzpotentiale eines umweltschutzorientierten Produktionsleitsystems im Anwendungsfeld sowie die Ableitung entsprechender Ziele für die zu implementierenden Entscheidungsmodelle (vgl. Kapitel 3.4). Gegenstand der zweiten Phase ist der Entwurf geeigneter Lösungsverfahren, deren prototypische Implementierung und Validierung im täglichen Produktionsbetrieb. Im Rahmen der dritten Phase sind insbesondere die Schnittstellen der dezentralen Planungs- und Steuerungsstelle zur zentralen Planungsstelle der PPS sowie zur BDE/Automatisierungsebene zu spezifizieren.

10.2.1 Problemanalyse und Zieldefinition

Prinzipiell empfiehlt sich der Einsatz umweltschutzorientierter Produktionsleitsysteme dann, wenn Ressourcenverbrauch bzw. Emissionsanfall im Rahmen des Leistungserstellungsprozesses durch dispositive Maßnahmen auf Betriebsbereichsebene signifikant beeinflusst werden können. Dispositive Maßnahmen auf Leitsystemebene sind:

- die Selektion der innerhalb der Planperiode zu fertigenden Aufträge,
- die prinzipiell in der Planperiode einzusetzenden Arbeitssysteme bzw. Aggregate,
- die Festlegung der Betriebszeiten der Arbeitssysteme innerhalb der Planperiode (z.B. Überstunden, Zusatzschichten),
- die Festlegung der Intensitäten (Fahrweisen) der Arbeitssysteme bzw. Aggregate sowie
- die tatsächliche Einlastung einzelner Aufträge bzw. Teilaufträge auf den Arbeitssystemen bzw. Aggregaten.

Vor diesem Hintergrund ist besonderes Augenmerk auf die Wirkung der skizzierten Maßnahmen (Entscheidungsvariablen) im Hinblick auf die umweltschutzorientierten Zielkriterien „Reduktion des Ressourcenverbrauchs" und „Verringerung des Emissionsanfalls" zu legen. Dazu ist es hilfreich, die Entscheidungsvariablen in zwei Teilmengen, entsprechend des in Kapitel 3.4 dargestellten Ebenenkonzepts eines Produktionsleitsystems, zu zerlegen:

- Die längerfristig orientierten Entscheidungen auf Ebene der kurzfristigen Termin- und Kapazitätsplanung über die Auftragsfreigabe, die Festlegung

der Betriebszeiten sowie der potentiell einplanbaren Aggregate determinieren Ressourcenverbrauch und Emissionsanfall mittelbar durch die Festlegung des Handlungsspielraums auf Feinsteuerungsebene. So bestimmt die Auftragsfreigabe durch Festlegung des potentiellen „Auftragsmix" wesentlich die Menge der Handlungsalternativen auf Feinsteuerungsebene. Damit schafft sie überhaupt erst die Voraussetzungen für die Möglichkeit einer effizienten Reduzierung von Ressourcenverbrauch und Emissionsanfall. In Analogie haben auch die Entscheidungen bezüglich der Menge der potentiell einplanbaren Aggregate in hohem Maße Einfluss auf die genannten umweltschutzorientierten Ziele. Ferner kann die Ergreifung zeitlicher Anpassungsmaßnahmen im Rahmen der Festlegung der Betriebszeiten intensitätsmäßige Anpassungsmaßnahmen ersetzen und somit wesentlich auf Emissionsanfall und Ressourcenverbrauch wirken.
- Im Gegensatz zu den dargestellten, längerfristig orientierten Entscheidungen wirken Einlastungsentscheidungen im Zusammenwirken mit der Festlegung einer auf dem ausgewählten Aggregat zu fahrenden Intensität auf Ebene der Feinsteuerung direkt auf den Emissionsanfall bzw. den Ressourcenverbrauch. Hierbei kann man prinzipiell in aggregatabhängige, intensitätsabhängige und einlastungszeitpunktabhängige Emissionen bzw. Ressourcenverbräuche unterscheiden. Da Entscheidungen bezüglich der Fahrweise stets auch von dem ausgewählten Aggregat abhängen, werden diese im Folgenden zusammen betrachtet. Unabhängig davon kann man in auftragsabhängige und auftragsunabhängige Emissionen bzw. Ressourcenverbräuche unterscheiden. Einen Spezialfall der ersten Kategorie stellen reihenfolgeabhängige Emissionen und Ressourcenverbräuche dar.

Aufbauend auf dem auf Betriebsbereichsebene gegebenen Entscheidungspotential können die in Tabelle 10.2-1 dargestellten Ansatzpunkte zur Umsetzung einer umweltschutzorientierten Produktion klassifiziert werden.

Tabelle 10.2-1 Ansatzpunkte eines umweltschutzorientierten Produktionsleitstands

	aggregat-/intensitätsabhängig, einlastungszeitpunktunabhängig	einlastungszeitpunktabhängig, aggregat-/intensitätsunabhängig	aggregat-, intensitäts- und einlastungszeitpunktabhängig
unabhängig vom Auftrag	leerlaufabhängige Emissionen/ Ressourcenverbräuche		
auftragsbezogene Abhängigkeiten	technologie- und intensitätsabhängige Emissionen/ Ressourcenverbräuche		externes Abstimmungsproblem
Abhängigkeiten zwischen Aufträgen	reihenfolgeabhängige Emission	Liegeemission, Alterungsprozess	internes Abstimmungsproblem

Basierend auf den dargestellten Ansatzpunkten lassen sich folgende Ziele umweltschutzorientierter Produktionsleitsysteme ableiten:

- *Reduktion leerlaufabhängiger Emissionen*: Hierbei handelt es sich um Emissionen/Ressourcenverbräuche, die durch die Aufrechterhaltung der Betriebsfähigkeit zeitweise nicht genutzter Aggregate (heiße Redundanz) bedingt werden. Ein Ansatzpunkt auf Ebene der kurzfristigen Termin- und Kapazitätsplanung ist die Stillegung des Aggregats, gegebenenfalls flankiert durch die Ergreifung zeitlicher Anpassungsmaßnahmen. Die sich potentiell ergebenden kapazitiven Engpässe müssen weiter durch entsprechende Maßnahmen auf Feinsteuerungsebene ausgeglichen werden.
- *Reduktion technologie- und intensitätsabhängiger Emissionen*: Hierbei handelt es sich um Emissionen bzw. Ressourcenverbräuche, deren Ursache in der Fahrweise der entsprechenden Aggregate liegt. Ansatzpunkte auf Ebene der kurzfristigen Termin- und Kapazitätsplanung liegen in der Durchführung zeitlicher und/oder quantitativer Anpassungsmaßnahmen mit dem Ziel, diese Aggregate auf Ebene der Feinsteuerung im emissions- bzw. ressourcenoptimalen Betriebspunkt zu fahren.
- *Abstimmung mit den Stoff- und Energieströmen externer Produktionseinheiten*: Eine solche Abstimmung muss im Rahmen eines bereichsübergreifenden bzw. überbetrieblichen Produktionsmanagements stattfinden. Auf Ebene der kurzfristigen Termin- und Kapazitätsplanung ist ein Auftragsmix zu bestimmen, welches überhaupt erst die Voraussetzungen schafft, auf Feinsteuerungsebene im Sinne einer Schraubenwirtschaft eine Abstimmung mit extern vorgegebenen Stoff- und Energieströmen zu realisieren (z.B. Vermeidung eines zusätzlichen Ressourcenbedarfs und zusätzlicher CO_2-Emissionen durch eine Abstimmung der Produktion auf zur Verfügung stehenden Prozessdampf einer externen Produktionseinheit).
- *Reduktion reihenfolgeabhängiger Emissionen*: Ein Beispiel für derartige Emissionen sind Umrüstemissionen. Wesentlicher Ansatzpunkt hierbei ist der Einsatz entsprechender Verfahren zur Auftragseinlastung auf Feinsteuerungsebene. Voraussetzung ist wiederum die Ermittlung eines geeigneten Auftragsmix auf Ebene der kurzfristigen Termin- und Kapazitätsplanung.
- *Reduktion von Liegeemissionen bzw. Vermeidung von alterungsprozessbedingtem Ausschuss*: Ein Beispiel für derartige Emissionen sind ungewollte thermische Abkühlprozesse, Lösemittelausdampfungen von Halbfertigfabrikaten sowie Qualitätsverluste durch Alterungsprozesse. Zentraler Ansatzpunkt zur Vermeidung solcher Emissionen ist die Berücksichtigung maximaler Wartezeiten zwischen den Bearbeitungsschritten im Rahmen der Einlastungsentscheidungen. Voraussetzung ist die Gewährleistung der Verfügbarkeit ausreichender Kapazitäten durch entsprechende Maßnahmen auf Ebene der kurzfristigen Termin- und Kapazitätsplanung.
- *Abstimmung interner Stoff- und Energieströme*: Hierbei handelt es sich um eine Abstimmung innerhalb des betrachteten Betriebsbereichs. Auf Ebene der kurzfristigen Termin- und Kapazitätsplanung ist ein Auftragsmix zu bestimmen, welcher überhaupt erst die Voraussetzungen schafft, auf Feinsteuerungsebene im Sinne eines produktionsintegrierten Umweltschutzes Stoff- und Energieströme aufeinander abzustimmen (z.B. Vermeidung von Fremdchemikalien zur Neutralisation durch Abstimmung alkalischer und saurer Abwässer).

10.2.2
Maßnahmenplanung, Umsetzung und Erprobung

Wesentlicher Punkt bei der Konstruktion von Produktionsleitsystemen ist daher die Auswahl und Spezifikation von Lösungsverfahren für die den Regler repräsentierenden Entscheidungsmodelle sowohl auf Ebene der kurzfristigen Termin- und Kapazitätsplanung als auch auf Feinsteuerungsebene. Hierbei sind insbesondere folgende Kriterien zu beachten:

- Steigt der Aufwand zur Berechnung einer Lösung exponentiell an?
- Sind multikriterielle Zielvorstellungen zu berücksichtigen?
- Sind stochastische Einflüsse zu berücksichtigen?
- Liegt das Produktionswissen in einer expliziten oder impliziten Form vor?

Analysiert man die oben genannten Ansatzpunkte zur Umsetzung umweltschutzorientierter Produktionsleitsysteme sowie die sich aus den in Kapitel 3.4 genannten Zielen ergebenden Anforderungen an Systeme zur Lenkung zukunftsorientierter Produktionssysteme (Steuerung von vernetzten Produktionseinheiten, Berücksichtigung multikriterieller Zielfunktionen, Berücksichtigung stochastischer Einflüsse im Rahmen einer flexiblen Produktion), erkennt man, dass optimierende Verfahren zur Lösung der entsprechenden Entscheidungsmodelle für praktische Anwendungsfälle i.Allg. nicht anwendbar sind. Aus diesem Grund werden in der industriellen Praxis überwiegend Heuristiken bzw. Meta-Heuristiken eingesetzt. Auf Ebene der kurzfristigen Termin- und Kapazitätsplanung empfiehlt sich eine entsprechende Erweiterung bestehender Konzepte zur Auftragsfreigabe und Kapazitätsanpassung (z.B. Integration umweltschutzorientierter Zielvorstellungen in das Konzept der belastungsorientierten Fertigungssteuerung (Franke et al. 1998b)). Auf Ebene der Feinsteuerung (Aggregatbelegung) werden in realen Anwendungsfällen derzeit in erster Linie Prioritätsregelverfahren eingesetzt (Stadtler et al. 1995, Glaser et al. 1992). Aufgrund der skizzierten Charakteristika (multikriterielle Zielfunktion, Anzahl und Art verfahrenstechnischer Restriktionen) sowie des Umfangs und der Struktur des zur Verfügung stehenden Produktionswissens (z.B. unscharfes, implizites Wissen) sind jedoch konventionelle Prioritätsregelverfahren i.Allg. nicht ausreichend. Je nach Struktur des verfügbaren Produktionswissens empfiehlt sich eine Verwendung symbolischer oder numerischer Verfahren. Erstere können etwa in regelbasierte (Tuma et al. 1998, Zimmermann 1991) oder verhandlungsorientierte (Corsten u. Gössinger 1998, Zelewski 1998, Kirn 1996, Tuma et al. 1997) Ansätze unterschieden werden. Wichtige Vertreter numerischer Verfahren sind etwa genetische Algorithmen (Bierwirth et al. 1996, Goldberg 1989), Neuronale Netze (Corsten u. May 1995, Tuma 1994) und Tabu Search (Voß 1997).

Bezogen auf die Aufgaben auf Ebene der kurzfristigen Termin- und Kapazitätsplanung erscheint, nicht zuletzt aufgrund der bereits vorhandenen industriellen Erfahrungen, eine Erweiterung des Konzepts der belastungsorientierten Fertigungssteuerung um umweltschutzorientierte Belange erfolgversprechend. Kernpunkt dieser Erweiterung ist die Integration umweltschutzorientierter Zielkriterien. Hierbei kann in eine anlagen- und eine stoffbezogene Sichtweise unterschieden werden.

- Bei der anlagenbezogenen Sichtweise stellt die Modellierung variabler Kapazitäten den Ansatzpunkt für eine umweltschutzorientierte Erweiterung der belastungsorientierten Fertigungssteuerung dar. In diesem Kontext ist zunächst unter Berücksichtigung der in Tabelle 10.2-1 genannten Ansatzpunkte zu untersuchen, ob im Sinne einer Umsetzung umweltschutzorientierter Zielsetzungen spezifische kapazitive Anpassungsmaßnahmen (z.B. Abschaltung von in heißer Redundanz betriebener Aggregate bzw. von Anlagen mit spezifisch höherem Ressourcenverbrauch/Emissionsanfall, Einplanung zusätzlicher Aggregate mit dem Ziel einer Vermeidung von Liegeemissionen) zu treffen sind. Die Durchführung entsprechender Kapazitätsanpassungsmaßnahmen erfordert eine Adaption der Belastungsschranke des betrachteten Arbeitssystems und hat insbesondere Auswirkungen auf Leistung und Durchlaufzeit. Zur Berechnung der neuen Belastungsschranke ist es erforderlich, Durchlaufdiagramm und Betriebskennlinien zu analysieren. So hat die Art der Kapazitätsanpassung (Erhöhung bzw. Reduzierung von Plankapazitäten) einen direkten Einfluss auf die Kapazitätskurve im Durchlaufdiagramm sowie auf die korrespondierenden Betriebskennlinien. Entsprechend der in Abbildung 10.2-1 dargestellten Berechnungsvorschrift kann der resultierende mittlere Bestand bzw. die Leistung vor und nach Durchführung der Anpassungsmaßnahme ermittelt werden. Dies korrespondiert mit den Kurven (1) und (3) in Abbildung 10.2-1. Aus Addition des so berechneten mittleren Bestands und des aus der Anpassungsmaßnahme resultierenden Planabgangs ergibt sich die Belastungsschranke des betrachteten Arbeitssystems. Der Übergang von Kurve (2) auf Kurve (4) zeigt die Reduktion der Durchlaufzeit in Abhängigkeit der Kapazitätserweiterung.

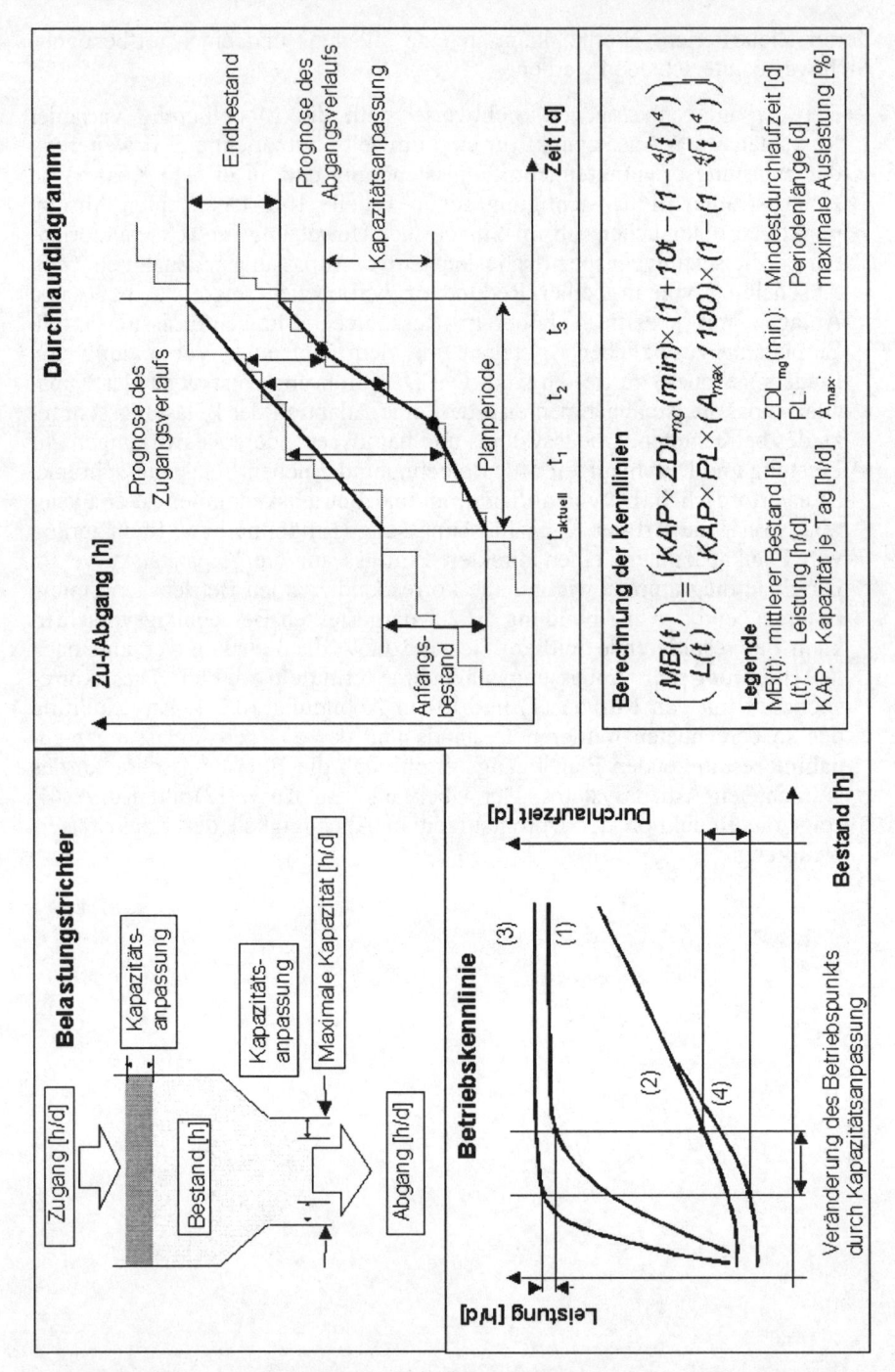

Abb. 10.2-1: Belastungstrichter, Durchlaufdiagramm und Betriebskennlinie bei anlagenbezogener Sichtweise

- Die stoffbezogene Sichtweise erfordert eine substantielle Erweiterung des Ansatzes. So sind zur Berücksichtigung stoffbezogener Zielvorstellungen sogenannte Emissions- bzw. Ressourcentrichter einzuführen (vgl. Abb. 10.2-2). Ein derartiger Trichter wird durch den stofflichen Zugang bzw. Abgang, gemessen in Mengen-/Volumeneinheiten pro Zeiteinheit sowie den Bestand, gemessen in Mengen-/Volumeneinheiten charakterisiert. Im Gegensatz zum Belastungstrichter besteht das Ziel nicht darin, einen spezifischen Betriebspunkt anzufahren, sondern von außen vorgegebene Unter- bzw. Obergrenzen des für die betrachtete Periode geplanten Ressourcenverbrauchs bzw. Emissionsanfalls nicht zu unter- bzw. zu überschreiten. Entsprechend ergibt sich in der Betriebskennlinie ein einzuhaltender Bereich. Die Untergrenze kann sich beispielsweise aus verfahrenstechnischen Restriktionen nachgeschalteter Aufbereitungs- oder Entsorgungsanlagen ergeben. Das entsprechende Durchlaufdiagramm stellt den jeweils aktuellen und den maximalen Bestand des betrachteten Stoffs dar.

Zur Durchführung der Aufgaben auf Feinsteuerungsebene werden im Folgenden exemplarisch Verfahren auf der Basis „unscharfer" regelbasierter Ansätze, Methoden der Mustererkennung und hybride Ansätze diskutiert.

Für einen Einsatz von *„unscharfen" regelbasierten Verfahren* ergeben sich aus der vorliegenden Arbeit folgende Richtlinien:

- In Gebieten, in denen explizite Regeln zur Abstimmung von Stoff- und Energieströmen angegeben werden können, ist ein Einsatz von „unscharfen" regelbasierten Verfahren empfehlenswert.
- Eine Analyse der Ergebnisse verschiedener regelbasierter Systeme zeigt, dass bei deren Entwicklung die Bestimmung von Plausibilitätswerten für die einzelnen Regeln von zentraler Bedeutung ist.
- Hierzu wird ein umfassendes Modell des Produktionssystems bzw. der relevanten Teilprozesse benötigt, auf dessen Grundlage Strategien zur Justierung der Regelstruktur entwickelt werden können.
- Die Konstruktion eines derartigen Modells hängt insbesondere von der Anzahl der Einflussfaktoren und deren Interdependenzen ab.

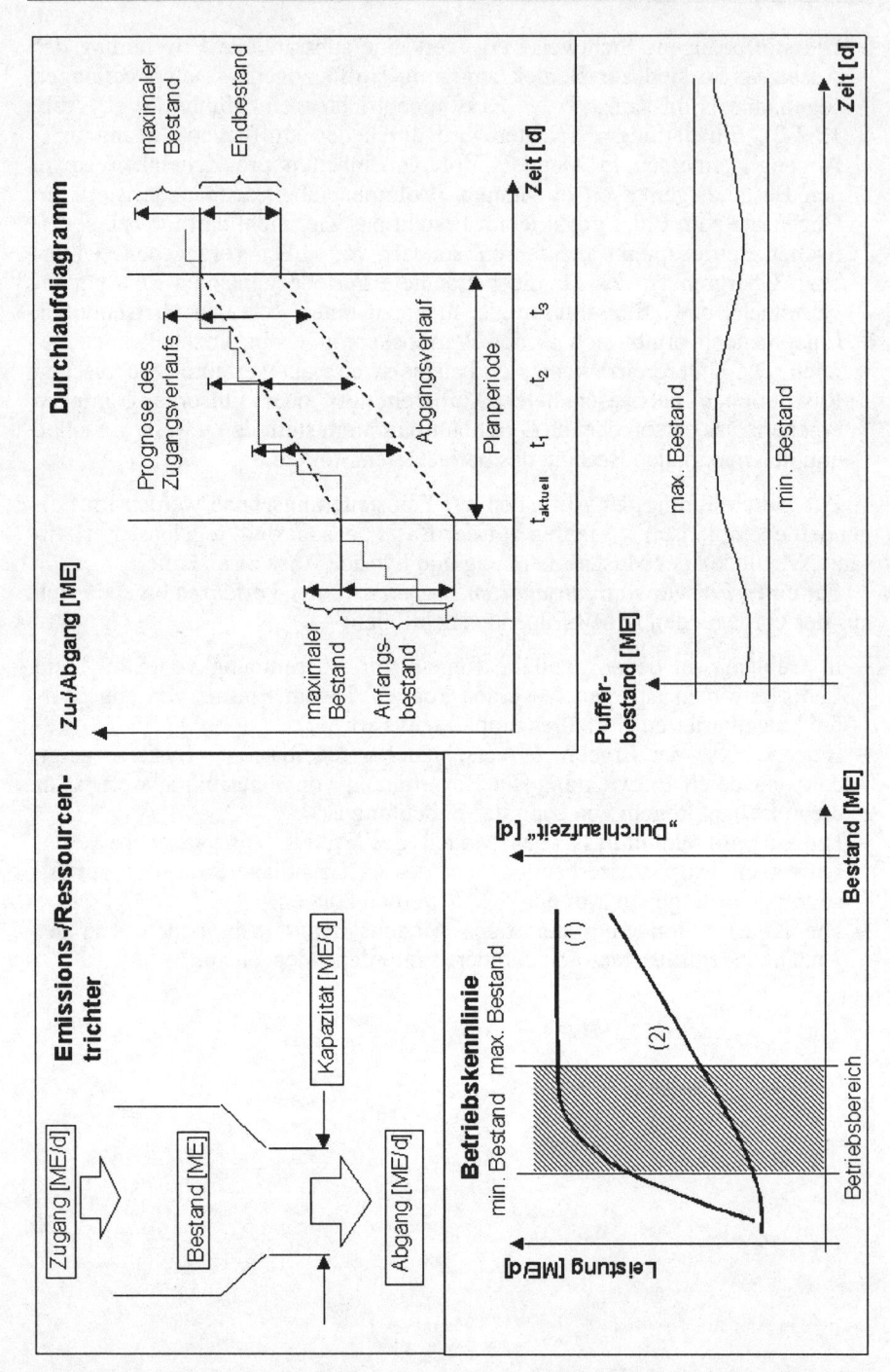

288 10 Einführung eines umweltschutzorientierten Produktionsleitsystems

Abb. 10.2-2: Belastungstrichter, Durchlaufdiagramm und Betriebskennlinie bei stoffbezogener Sichtweise

10.2 Leitfaden zur Einführung eines umweltschutzorientierten Produktionsleitsystems

Bezogen auf einen Einsatz **Neuronaler Netze** lassen sich aus einer Analyse entwickelter Systeme folgende Richtlinien bzw. Handlungsempfehlungen zur Konstruktion umweltschutzorientierter Verfahren zur Feinsteuerung ableiten:

– In Gebieten, in denen z.b. aufgrund der Anzahl und Struktur verfahrenstechnischer Restriktionen und Interdependenzen kein hinreichendes Modell zur Bestimmung expliziter Regeln angegeben werden kann, erscheint ein Einsatz von Verfahren am erfolgversprechendsten, die implizites Produktionswissen (z.b. repräsentative Einplanungsentscheidungen) auswerten können.

– In diesem Zusammenhang ist es zunächst notwendig, die zugrundeliegenden Entscheidungsprobleme in einer Weise zu formulieren, die den Einsatz entsprechender Methoden (z.b. Neuronaler Netze) erlaubt. Hierbei erweist es sich als vorteilhaft, die Abstimmung von Stoff- und Energieflüssen als Projektion entscheidungsrelevanter Parameter (z.b. Warte- und Bearbeitungszeiten von Aufträgen, Veränderung des pH-Werts im Abwasserbecken) in Abhängigkeit verschiedener Handlungsalternativen zu formulieren.

– Von entscheidender Bedeutung bei der Entwicklung Neuronaler Netze ist die Bereitstellung geeigneter Lerndaten. Strukturell können diese aus Daten potentieller Einplanungsentscheidungen und deren Bewertung in Abhängigkeit der daraus resultierenden Veränderung des Systemzustands bestehen (z.b. Daten, die den Systemzustand zum Zeitpunkt der Einplanungsentscheidung charakterisieren bzw. einen potentiell auszuwählenden Auftrag oder ein entsprechendes Verfahren betreffen).

– Neben der Identifikation geeigneter System-, Auftrags- und Verfahrensparameter ist hierbei insbesondere die Definition eines adäquaten Bewertungsmaßstabs durchzuführen und ständig zu überprüfen. Die Parameter sollten so definiert sein, dass sie in einem direkten Bezug zu den Zielkriterien stehen (wird z.b. eine möglichst effiziente Auslastung von Abwasserbehandlungsanlagen angestrebt, empfiehlt sich der pH-Wert im Abwasserbecken als Inputparameter).

– Prinzipiell hat es sich im Laufe der bisherigen Untersuchung gezeigt, dass es einfacher ist, relative Größen (z.b. Veränderung des pH-Werts) zu lernen als absolute.

– Von besonderer Bedeutung bei der Bewertung von Beispieldaten ist der Systemzeitpunkt, an dem die Auswirkungen einer Entscheidung überprüft werden. Es empfiehlt sich, diese möglichst unmittelbar zu bewerten, das heißt z.b. direkt nach der Fertigstellung des betreffenden Auftrags. Eine spätere Bewertung ist infolge der Überlagerung durch Einflüsse anderer Planungsentscheidungen problematisch. Die genaue Definition der Eingangs- und Bewertungsparameter sowie des Bewertungszeitpunkts ist jedoch fallspezifisch und hängt stark von der Komplexität des Produktionssystems (Anzahl der Produktionsanlagen in einer Produktionsstufe, Anzahl der Produktionsstufen, etc.) sowie von verfahrenstechnischen Restriktionen (z.B. Reihenfolgebeziehungen) ab.

Für einen Einsatz von **Neuro-Fuzzy-Systemen** ergeben sich aus der vorliegenden Arbeit folgende Richtlinien:

- Neuro-Fuzzy-Systeme können eingesetzt werden, um die Vorteile regelbasierter Systeme (Möglichkeit zur Formulierung expliziter Regeln) bzw. Methoden des Maschinellen Lernens (Fähigkeit zur Auswertung impliziten Wissens) zu verbinden.
- Hierbei empfiehlt es sich, von der Regelstruktur eines unscharfen Regelsystems auszugehen und diejenigen Parameter, für die kein hinreichendes Modell existiert, auf der Basis einer Auswertung impliziten Wissens zu adaptieren.
- Die Architektur von Neuro-Fuzzy-Systemen ist auf die Struktur des verfügbaren Produktionswissens abzustimmen. Sind lediglich die Plausibilitätswerte einzelner Regeln zu adaptieren und können die entsprechenden Operatoren hinreichend durch das Konzept eines semantischen „ODER" operationalisiert werden, ist aus Effizienzgründen eine Kombination von Backpropagation-Netzen und Verfahren des „Competitive Learning" empfehlenswert, welche ohne eine Bildung von Ableitungen auskommen.

Neben den skizzierten Punkten sind beim industriellen Einsatz der vorgeschlagenen Verfahren folgende Bereiche kritisch zu prüfen bzw. entsprechend zu berücksichtigen:

- *Probleme bei einer Integration unternehmensübergreifender Stoff- und Energieströme*: Prinzipiell bieten die untersuchten Methoden zwar die Möglichkeit, auch unternehmensüberschreitende Stoff- und Energieflüsse (z.B. Prozessdampf eines benachbarten Unternehmens) zu berücksichtigen. Dies erfordert jedoch eine ständige Verfügbarkeit entsprechender Produktionsdaten (z.B. momentan verfügbare Leistung, Rauchgasvolumenstrom) dieser Unternehmen.
- *Personeller und finanzieller Aufwand*: Die Entwicklung von Methoden zur kurzfristigen Termin- und Kapazitätssteuerung bzw. zur Feinsteuerung auf Basis der vorgestellten Ansätze erfordert unter Nutzung der erarbeiteten Ergebnisse bei einem dem untersuchten Produktionssystem vergleichbaren System einen Aufwand von ca. zwei „Personenjahren".
- *Organisatorische und technische Umstellungen*: Die Einführung der vorgestellten Systeme impliziert u.a. eine Verlagerung von Tätigkeitsfeldern bzw. Entscheidungskompetenz auf Betriebsbereichsebene sowie eine Integration verschiedener Planungs-, Steuerungs- und Informationssysteme (PPS-Systeme, Prozessleitstände und Einzelsteuerungen von Aggregaten).

10.2.3
Integration in die betriebliche Informationssystemarchitektur

Prinzipiell empfiehlt es sich, bei der Entwicklung von Produktionsleitsystemen von einem kybernetischen Modell des Produktionssystems auszugehen, bei dem das eigentliche Leitsystem die Funktion der Produktionslenkung auf Betriebsbereichsebene im Sinne eines Reglers übernimmt. Dies erfordert eine entsprechende Abstimmung mit der die einzelnen Betriebsbereiche koordinierenden zentralen Planungsstelle der PPS. Prinzipiell basiert die zu definierende Schnittstelle auf dem in konventionellen PPS-Systemen realisierten Datenaustausch zwischen Produktionsplanung und -steuerung. Bezogen auf die Funktionalität der kurzfristigen Termin- und Kapazitätsplanung entfallen konkrete Einlastungsdaten. Hierfür sind entsprechende Planungsinformationen (z.B. Stücklisten, Arbeitspläne) weiterzumelden. Zur Abstimmung der Produktionsprozesse mit den Stoff- und Energieströmen vor- und nachgelagerter Produktionseinheiten sind der Produktionsleitsystemebene, soweit verfügbar, Informationen über das zu erwartende Anfallprofil der Ressourcen (Prognosedaten) zur Verfügung zu stellen. Im Rahmen der geforderten umweltschutzorientierten Erweiterung sind Informationen, die eine ressourcenschonende bzw. emissionsarme Produktion ermöglichen, zur Verfügung zu stellen (z.B. Verbrauchsfunktionen, Emissionsfaktoren, Einsatzmöglichkeiten von Sekundärrohstoffen). Dementsprechend empfiehlt es sich, eine Schnittstelle gemäß der in Tabelle 10.2-2 und Tabelle 10.2-3 genannten Spezifikation zu schaffen.

Tabelle 10.2-2 Schnittstelle Produktionsplanung – Produktionsleitsystem

Datenaustausch Zentrale Planungsstelle PPS – Dezentrale Planungsstelle Betriebsbereich

Artikelstammdaten:
- Bestände
- Entsorgungs-/Abfallschlüssel
- Lagereinheiten, Abmessungen, Transportbehälter
- Qualitätsmerkmale
- Stoffeigenschaften
- Stoffrelevante Umweltnormen

Arbeitsplatzstammdaten:
- Beginn- / Endzeitpunkt von Kapazitätsbeschränkungen
- Emissionsfunktionen
- Kapazitäten (inkl. interner / externer Entsorgungskapazitäten)
- Personal
- Rüstemissionen
- Verbrauchsfunktionen

Arbeitsplanstammdaten:
- Arbeitsanweisungen, Prüfvorschriften
- Bearbeitungs-, Transport-, Liege-, Rüstzeiten
- Emissionsfunktionen
- Prozessfolge
- Verbrauchsfunktionen
- Verhalten bei Störungen

Tabelle 10.2-3 Schnittstelle Produktionsleitsystem – Produktionsplanung

Datenaustausch Dezentrale Planungsstelle Betriebsbereich – Zentrale Planungsstelle PPS
Artikelstammdaten: - Produzierte Mengen - Qualitätsmerkmale *Arbeitsplatzstammdaten:* - Auslastung - Bearbeitungszeiten - Emissionen/Abfälle - Ressourcenverbrauch - Störungen, Wartungszeiten, Reparaturzeiten *Arbeitsplanstammdaten:* - Durchlaufzeiten, Transportzeiten, Liegezeiten, Rüstzeiten - Emissionen/Abfälle - Ressourcenverbrauch

Neben den Schnittstellen zur zentralen Produktionsplanungsebene ist im Rahmen einer Einbettung von umweltschutzorientierten Produktionsleitsystemen in die betriebliche Informationsstruktur der Datenaustausch zur Prozessebene zu spezifizieren. Wesentliche vom Produktionsleitsystem aufzunehmende Daten betreffen mengen-, zeit- und zustandsbezogene Ist-Daten (z.B. Energieverbrauchsdaten, Ressourceneinsatz, Überstunden, Aggregatstörungen, Ausschussquote) hinsichtlich der Kategorien Betriebsmittel, Aufträge und Personal (Tabelle 10.2-4). Diese Daten dienen einerseits als Instrument zur Produktionsprozesskontrolle, andererseits werden sie in einer geeignet aggregierten Form an das Controlling weitergegeben. Die Erfassung dieser Daten sollte, soweit technisch möglich, automatisiert erfolgen.

Tabelle 10.2-4 Schnittstelle BDE/Automatisierung – Produktionsleitsystem

Datenaustausch BDE/Automatisierung – Dezentrale Planungsstelle Betriebsbereich
Betriebsmitteldaten: - Zustand: Störungen, Wartung, Bearbeitung, etc. - Zeiten: Bearbeitungs-, Warte-, Stillstands-, Rüstzeiten, etc. - Mengen: Energie-/Ressourcenverbrauch, Emissionsprofil, etc. *Auftragsdaten:* - Zustand: Fertigungsfortschritt - Zeiten: Bearbeitungs-, Transport-, Liege-, Rüstzeiten, etc. - Mengen: produzierte Mengen bezüglich Produkten und Kuppelprodukten *Personaldaten:* - Zustand: Verfügbarkeit - Zeiten: die Zeitabrechnung betreffende Daten - Mengen: die mengenabhängige Lohnabrechnung betreffende Daten

11 Einführung eines ressourcenorientierten Bilanzierungs- und Controllingkonzepts

11.1 Fallstudie: Ressourcenorientierte Optimierung einer Bildröhrenfertigung

von Hans-Günter Becker, Walter Eversheim, José Fidalgo, Wolfgang Tiling, Dirk Untiedt

11.1.1 Ausgangssituation im Unternehmen

In der Philips GmbH Glasfabrik Aachen werden pro Jahr ca. 10 Millionen TV-Glasteile (Schirme und Konen) gefertigt, in der Philips GmbH Bildröhrenfabrik Aachen jährlich über 2,5 Millionen Bildröhren. Diese bestehen im Wesentlichen aus acht Hauptbestandteilen (s. Abbildung 11.1-1).

Zur Einordnung der Tätigkeiten, die im Rahmen der Fallstudie durchgeführt wurden, wird im Folgenden zunächst auf die einzelnen Bauteile sowie die Verfahrensabläufe innerhalb der Bildröhrenfertigung eingegangen.

Bildröhrenaufbau

Glasschirm: Er besteht überwiegend aus Siliziumoxid und geringen Zusätzen von Natrium-, Barium-, Kalium- und Aluminiumoxid sowie Eisen. Das Glas wird in zähflüssigem Zustand gepresst und in einem Ofen getempert. Auf der Glasschirminnenseite wird später durch das sogenannte Flowcoaten der Leuchtstoff aufgebracht. Es entstehen senkrecht angeordnete, nebeneinanderliegende rote, grüne und blaue Leuchtstoffstreifen. Der Leuchtstoff besteht zum größten Teil aus Sulfiden. Ihre atomare Struktur ermöglicht es, die kinetische Energie der Elektronen in sichtbares Licht umzuwandeln.

Abschirmkonus: Bestehend aus einem 0,3 mm dicken Stahlblech, erhält er seine Form durch Tiefziehen auf hydraulischen Pressen. Seine Aufgabe besteht darin, die Elektronenstrahlen gegen Fremdmagnetfelder (z.B. Erdmagnetfeld, Transformatoren etc.) zu schützen.

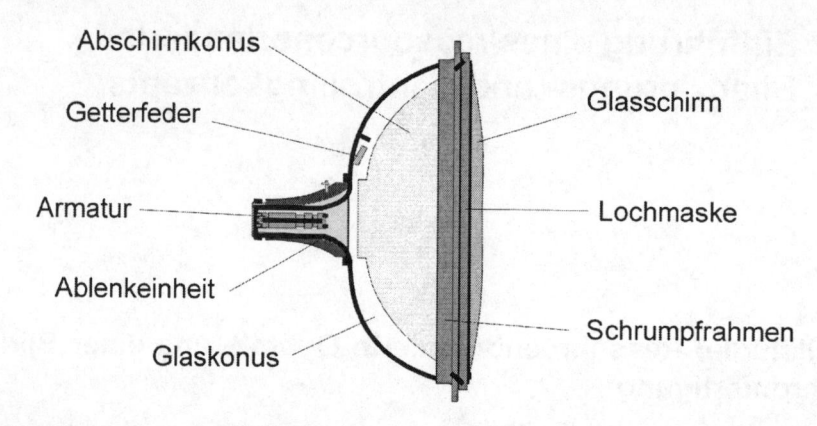

Abb. 11.1-1 Aufbau einer Bildröhre

Glaskonus: Er besteht aus einer ähnlichen Zusammensetzung wie der Glasschirm, ist dabei allerdings von anderer Glasqualität. Er bildet die Rückseite der Bildröhre und dient der Aufnahme von Armatur und Ablenkeinheit.

Getterfeder: Zusammengesetzt aus einer Stahlfeder und der sogenannten „Getterpille" (Bariumoxydpille) stellt sie eine elektrische Verbindung zwischen dem Abschirmkonus und dem Hochspannungskontakt (Anodenkontakt) her. Die Getterpille wird im Rahmen der Fertigung verdampft und bindet Restgasmoleküle in der Bildröhre (chemische Pumpe).

Armatur: Sie ist der bedeutendste Teil der Farbbildröhre. Ihre Bestandteile sind die Kathoden für Rot, Grün und Blau. Diese senden frei bewegliche Elektronen aus, die von elektrischen Feldern gebündelt und beschleunigt auf den Schirm geschossen werden.

Ablenkeinheit: Bestehend aus vier Kupferdrahtspulen und einem Ferritkörper, hat sie die Aufgabe, die Elektronenstrahlen mittels magnetischer Felder über den gesamten Bildschirm abzulenken.

Schrumpfrahmen: Der Rahmen besteht aus einem ca. 1 mm dicken Stahlband. Er hat die Aufgabe, die durch das Evakuieren der Röhre entstehenden mechanischen Spannungen im Glas auszugleichen. Darüber hinaus dient der Schrumpfrahmen zur Befestigung der Bildröhre im Fernsehgerät.

Lochmaske: Als Lochmaskenmaterial werden sowohl ACOCA (Stahl mit hohem Aluminiumanteil) als auch INVAR (Stahl mit hohem Nickelanteil) verwendet. In das 0,12 mm dicke Maskenblech (Flachmaske) werden durch ein photochemisches Ätzverfahren je nach Maskengröße 350.000–400.000 konische Löcher eingebracht. Anschließend werden Eckstücke, sogenannte Diaphragmateile angebracht.

Bildröhrenfertigung

Von der Glasherstellung bis zur Verpackung der fertigen Bildröhre durchlaufen die einzelnen Bauteile eine Vielzahl von Produktionsprozessen, die in sieben Produktionsschritte gegliedert werden können (s. Abbildung 11.1-2).

Als erster Schritt erfolgt in der Glasfabrik die Gemengeaufbereitung. In dieser werden Gemenge für die verschiedenen Glasqualitäten des Schirm- und des Konenglases hergestellt. Dazu werden die Rohstoffe zunächst in Gemengetürmen aufbereitet und in Silos zwischengelagert, bevor sie über Einlegeapparate der Schmelzwanne zugeführt werden. In der gasbeheizten Wanne wird das Gemenge aufgeschmolzen. Von dort gelangt die Schmelze in die so genannte Arbeitswanne, aus der portionsweise Glas entnommen und in Pressen zu Glasvorprodukten geformt wird. Die Glasteile werden anschließend der Bildröhrenfabrik übergeben. Die Weiterverarbeitung der Schirme erfolgt in der Abteilung Maskenfertigung. Dort werden die Lochmasken gepresst, geschwärzt und in den Schirm montiert. Das Auftragen des Leuchtstoffs erfolgt durch das Flowcoaten im Bereich der Schirmbearbeitung. Der eigentliche Zusammenbau der Bildröhren geschieht in der Abteilung Thermische Prozesse. Zunächst wird der Abschirmkonus auf den Schirm aufgesetzt, anschließend wird der Glaskonus mit dem Schirm verbunden. Abschließend erfolgt das Evakuieren der Bildröhre und der Einbau der Armatur. Am Ende des Fertigungsprozesses werden die Bildröhren geprüft und verpackt.

In den Bereich Maskenfertigung wurde zudem der Trennraum eingegliedert, der außerhalb der eigentlichen Fertigung betrieben wird. Hier erfolgt das Zerlegen (Reclaimen) von Bildröhren, die den hohen Qualitätsanforderungen nicht entsprechen (Line Rejects). Im Anschluss an die Zerlegung der Bildröhren durch ein nasschemisches Verfahren werden die zurückgewonnenen Bauteile und Scherben wieder in den Produktionsprozess eingebracht.

Abbildung 11.1-2 beinhaltet neben einer Übersicht der Produktionsschritte auch die Benennung der im Rahmen der Fallstudie initiierten, direkt prozessbezogenen Projektteams und deren Zuordnung zu den einzelnen Bereichen. Eine detailliertere Beschreibung der Projektteams erfolgt in Kapitel 11.1.2. Zuvor wird jedoch auf die umweltbezogenen Rahmenbedingungen für die Fallstudie eingegangen.

Umweltschutz in der Philips GmbH

Die beteiligten Unternehmen der Philips GmbH nehmen eine führende Stellung bei der Produktion von Bildröhren und notwendigen Glasvorprodukten ein. Für beide Unternehmen ist es vor dem Hintergrund der gesellschaftlichen Verantwortung und der Kundenanforderungen von besonderer Bedeutung, auch im Bereich Umweltschutz eine Vorreiterrolle einzunehmen. Es ist daher ein Ziel der Unternehmen, die Umweltverträglichkeit der betrieblichen Leistungserstellung kontinuierlich zu steigern.

Aus dieser Motivation heraus wurde in allen Unternehmen der Philips GmbH am Standort Aachen-Rothe Erde ein System zum Umweltmanagement aufgebaut, erfolgreich eingeführt und nach DIN ISO 14001 zertifiziert. So wurden mit Unterstützung des Fraunhofer IPT bereits 1996 die organisatorischen Voraussetzungen zur Erreichung dieses Ziels geschaffen. Als Ergebnis eines Benchmarking mit Wettbewerbern sowie des Bestrebens, den Interessen von Shareholdern und Stakeholdern gerecht zu werden, wurde im Philips Konzern gleichzeitig ein weltweites Umweltprogramm initiiert. In diesem wurden die Umweltziele des Konzerns für die nächsten Jahre definiert. Mit dem Programm „Eco-Vision" soll an allen Philips-Standorten der Bedarf an Ressourcen sowie das Emissionsaufkommen reduziert werden. Des Weiteren soll der Umweltfortschritt der Produktionsstandorte weltweit sichtbar ermittelt und eine Grundlage für die interne sowie die externe „Umweltkommunikation" geschaffen werden. Speziell für die Produktion werden im Rahmen des Programms konkrete Zielsetzungen für die Kategorien Energie, Abfall, Wasser und Emissionen festgelegt. Auch für die Produktionsstätten der Philips GmbH am Standort Aachen-Rothe Erde gelten damit die nachfolgenden Ziele auf der Basis der Ressourcenbedarfe und -abgaben von 1994:

- 35% Energie-Effizienz-Verbesserung bis zum Jahr 2002,
- 35% Abfall-Reduktion bis zum Jahr 2002,
- 25% Wasser-Reduktion bis zum Jahr 2002 und
- 20%, 50% bzw. 98% Reduktion der Emissionen in Luft und Wasser bis zum Jahr 2002, wobei eine Einstufung der Emissionen in Abhängigkeit von ihrer Umweltrelevanz vorgenommen wurde.

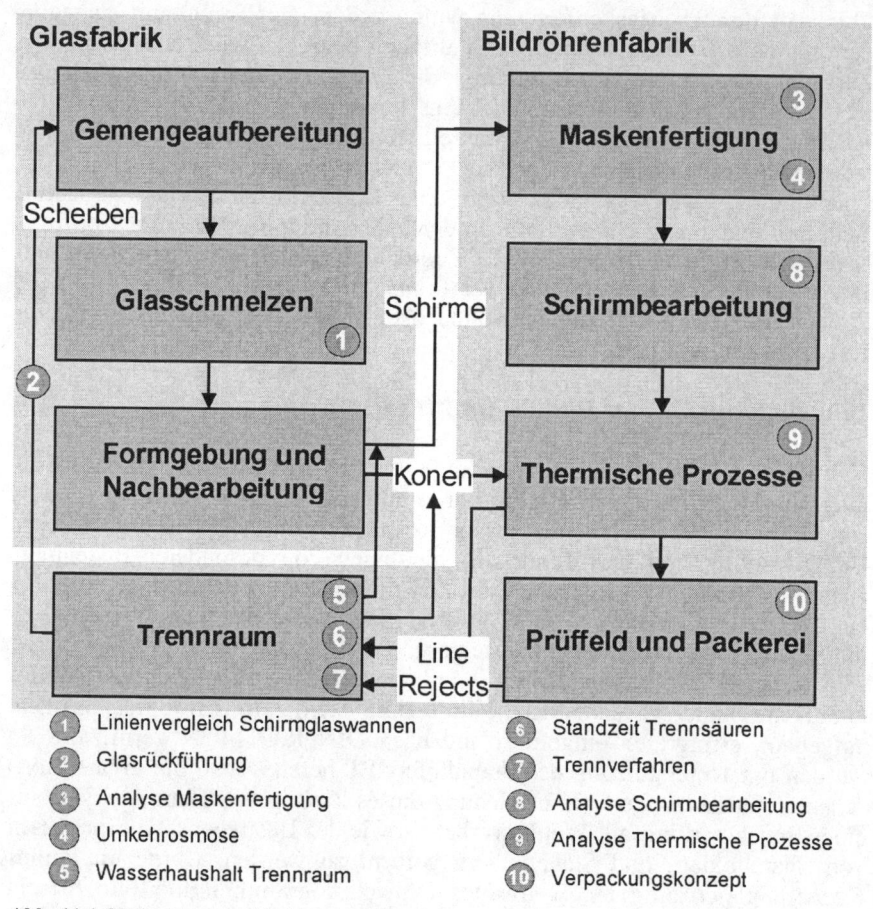

① Linienvergleich Schirmglaswannen
② Glasrückführung
③ Analyse Maskenfertigung
④ Umkehrosmose
⑤ Wasserhaushalt Trennraum
⑥ Standzeit Trennsäuren
⑦ Trennverfahren
⑧ Analyse Schirmbearbeitung
⑨ Analyse Thermische Prozesse
⑩ Verpackungskonzept

Abb. 11.1-2 Bildröhrenproduktion und Projektteams

11.1.2
Vorgehensweise

Vor dem Hintergrund der skizzierten Ausgangssituation wurden im Projekt „Ökologieorientiertes Bilanzieren und Controllen der Bildröhrenfertigung im Rahmen einer Unternehmenskooperation" die wesentlichen Prozesse der Bildröhrenfertigung von der Glasherstellung bis zur fertigen Bildröhre systematisch untersucht. Hierauf aufbauend konnten ressourcenbezogene Verbesserungsvorschläge abgeleitet werden. Darüber hinaus wurden im Rahmen der Fallstudie ausgewählte Optimierungsansätze aufgegriffen, überprüft, detailliert ausgearbeitet und exemplarisch bis zur Umsetzung begleitet.

Die grundlegende Vorgehensweise im Projekt basiert auf Ergebnissen aus dem Projekt OPUS, die in Kapitel 3.5.2 dargestellt sind. Es wurden umweltbezogene Aspekte auf Konzern-, Unternehmens- und Bereichsebene in die Arbeiten einbezogen (s. Abbildung 11.1-3). An den hierzu notwendigen unternehmensübergreifenden Aktivitäten waren Mitarbeiter der Philips GmbH Glasfabrik Aachen, der Philips GmbH Bildröhrenfabrik Aachen, der STAWAG Stadtwerke Aachen AG, des Fraunhofer IPT und des WZL der RWTH Aachen beteiligt. Die unterschiedlichen Kompetenzen der Partner wurden bedarfsgerecht genutzt.

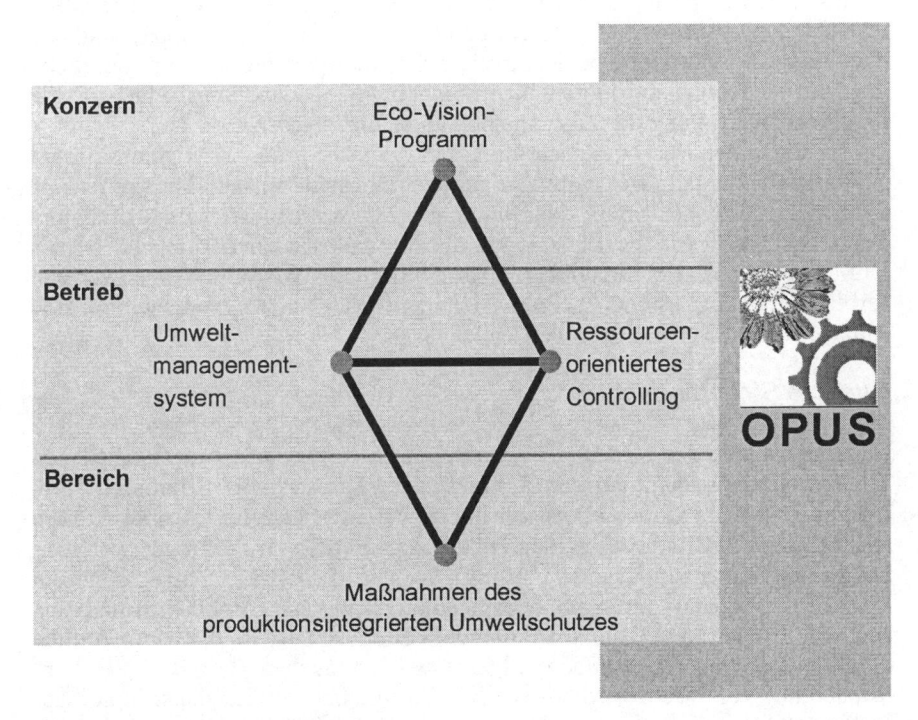

Abb. 11.1-3 Reichweite der Fallstudie

Zur Erreichung der angestrebten Ziele wurden in Projektteams systematische ressourcenorientierte Analysen der wesentlichen Produktionsbereiche durchgeführt, um Maßnahmen zur Realisierung einer ressourceneffizienteren Produktion ableiten, ökonomisch bewerten und ggf. einleiten zu können. Der ressourcenbezogene Fokus wurde dabei auf den Energieeinsatz sowie ausgewählte Materialströme gelegt. Eine effiziente Datenerfassung und -auswertung wurde mit Hilfe der IT-Tools CALA und CAPA (vgl. Kapitel 3) unterstützt. Zur Überprüfung der Wirksamkeit der Maßnahmen und ggf. der Einleitung neuer Aktivitäten wurde unter besonderer Berücksichtigung des Eco-Vision-Programms zudem ein ressourcenorientiertes Controlling-Konzept erarbeitet und eingerichtet.

11.1.3 Diskussion der Ergebnisse

Auf Basis der dargestellten Rahmenbedingungen und der grundsätzlichen Vorgehensweise wurden 14 Projektteams initiiert. Die Ergebnisse dieser Teams werden im folgenden skizziert:

Controlling-Konzept

Im Rahmen des Projektteams wurde ein ressourcenorientiertes Kennzahlensystem für die Bildröhrenfabrik erarbeitet, mit dem vor dem Hintergrund des Eco-Vision-Programms eine Kontrolle der Zielerreichung auf Betriebsebene möglich ist. Aufbauend hierauf kann ein konkreter Handlungsbedarf für die zeitgerechte Erfüllung der Zielvorgaben abgeleitet werden.

Die relevanten Ressourcenströme konnten mit Hilfe der verfügbaren Daten quantifiziert und den Zielsetzungen gegenübergestellt werden. Hierbei konnte festgestellt werden, dass in den Bereichen Umweltmanagement, Abfall und weitgehend auch für die Emissionen die Vorgaben nach Eco-Vision bereits erfüllt wurden. In den Bereichen Energieeffizienz, Wasserbedarf sowie den verbleibenden Emissionen zeigten sich deutliche Verbesserungen und eine Annäherung an die vorgegebenen Ziele.

Analyse Strombedarf

Gemeinsam mit der STAWAG wurden die Strombedarfe in verschiedenen Transformatorstationen auf dem Gelände der Philips GmbH Bildröhrenfabrik Aachen und der Philips GmbH Glasfabrik Aachen analysiert. Dabei wurden Auslastung und Blindleistung der Transformatoren sowie Verbrauchsschwankungen untersucht.

Anhand der Analysen wurde festgestellt, dass in vielen Stationen eine hohe, auch bei Produktionsstillstand anfallende, Grundlast besteht, die hauptsächlich durch Klimaanlagen und andere allgemeine Verbraucher wie z.B. die Hallenbeleuchtung verursacht wird. Diese Grundlastquellen wurden daher in aufbauenden Arbeiten genauer untersucht.

Allgemeine Verbraucher

Zu diesen aufbauenden Arbeiten zählte auch das Projektteam „Allgemeine Verbraucher". In diesem wurde eine exemplarische Analyse des Strombedarfs durchgeführt, der durch die Klimaanlagen einer Produktionshalle der Bildröhrenfabrik verursacht wurde. Hierauf aufbauend wurden Optimierungsansätze ermittelt und bewertet. Darüber hinaus wurde die Beleuchtung betrachtet und festgestellt, dass nennenswerte Einsparungen durch den Einsatz von moderneren Leuchtröhren erzielt werden können. Die identifizierten Potenziale wurden aufgegriffen und die Umsetzung vorbereitet.

Analyse Druckluftbedarf

Die Philips-Produktionsstätten in Aachen-Rothe Erde verfügen über ein gemeinsames Druckluftnetz, das seine Belastungsgrenze erreicht hat. Eine weitere Auslastung des Netzes ist mit Investitionen verbunden.

Im Rahmen von Begehungen wurde festgestellt, dass in den Produktionsbereichen i.d.R. verantwortungsvoll mit dem Medium Druckluft umgegangen wird. Es wurde bereits eine Vielzahl von Maßnahmen zur Reduzierung des Druckluftbedarfs umgesetzt. Dennoch konnte eine weitere Sensibilisierung der Mitarbeiter im Hinblick auf die Einsparung von Druckluft erreicht werden. Allein hierauf ist die Reduzierung des Druckluftbedarfs um ca. 10% während der Arbeit des Teams zurückzuführen.

Glasrückführung

Im Rahmen des Projektteams „Glasrückführung" wurden die Abläufe bei der Rückführung von Bildschirm- und Konenglas aus Line Rejects zwischen der Philips Bildröhrenfabrik Aachen und der Philips Glasfabrik Aachen untersucht und Optimierungsansätze abgeleitet.

Im Anschluss an eine Analyse der aktuellen Verwertungswege und der bestehenden Einbringungsmöglichkeiten für Glas in diese Verwertungswege wurden zunächst existierende Randbedingungen und Anforderungen an eine Glasrückführung aufgenommen. Basierend hierauf wurden verschiedene Szenarien für eine optimierte Glasrückführung entwickelt und monetär bewertet. Hierbei konnten für das empfohlene Szenario allein auf der Grundlage organisatorischer Änderungen nennenswerte Einsparungen ermittelt werden, die beiden Fabriken zugute kommen. Das erarbeitete Konzept wurde umgesetzt und dient mittlerweile als Ausgangspunkt für weitere überbetriebliche Kooperationen in der Glasverwertung.

Linienvergleich Schirmglaswannen

Im Mittelpunkt der Arbeiten dieses Projektteams in der Glasfabrik stand die Analyse der Ressourcenbedarfe der Glaswannenlinien zur Erzeugung von Glasschirmen sowie die Ableitung von technischen Optimierungsmaßnahmen. Es konnte ermittelt werden, dass sich die Differenz der Medienkosten zwischen den beiden Wannenlinien auf ca. 28 % je Tonne Glas beläuft. Als Ursachen hierfür wurden sowohl die unterschiedliche Auslastung der Linien als auch technische Unterschiede der entsprechenden Anlagen identifiziert.

Während grundsätzliche technische Modifikationen nur im Rahmen einer Wannenrevision erfolgen können, wurden mehrere Ansätze identifiziert, die auch außerhalb dieser periodischen Wartungsintervalle umgesetzt werden können. Von Interesse für eine baldige Umsetzung war insbesondere die Installation eines zusätzlichen Rohgaswärmetauschers an der teureren Linie.

Analyse Maskenfertigung

Für die Analyse der Maskenfertigung in der Bildröhrenfabrik wurden die prozessspezifischen Strom-, Erdgas- und Stickstoff- sowie Wasserbedarfe detailliert untersucht und mögliche Optimierungsansätze identifiziert.

Dabei gestaltete sich eine exakte Zuordnung der Strombedarfe zu einzelnen Prozessen als schwierig. Hier wird zukünftig eine erhöhte Transparenz angestrebt, um die Strombedarfe einzelner Maschinen und Anlagen präzise erfassen und zuordnen zu können. Im Hinblick auf den Erdgasbedarf und den Stickstoffbedarf der Maskenfertigung wurden die Öfen als Hauptverbraucher identifiziert und ihre Bedarfe stückbezogen quantifiziert (s. Abbildung 11.1-4). Die Frisch- und De-Wasserbedarfe (De-Wasser: deionisiertes Wasser) sind im Wesentlichen auf das Reclaimen und die Spülprozesse zurückzuführen. Für beide Prozesse wurden Möglichkeiten der Optimierung gesehen und in separaten Projektteams („Umkehrosmose" und „Wasserhaushalt Trennraum") detaillierter betrachtet.

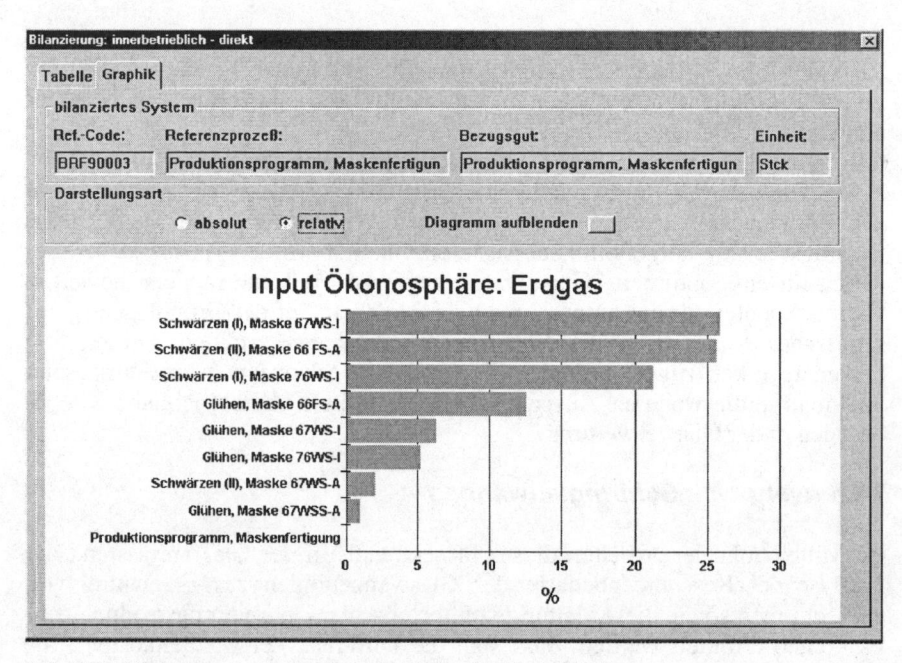

Abb. 11.1-4 Erfassung der Erdgasbedarfe mit dem IT-Tool CALA

Wasserhaushalt Trennraum

Als Ziel der Projektarbeit wurde eine signifikante Reduktion des Wasserbedarfs für das Reclaimen angestrebt. Um dies zu erreichen, wurden zunächst die Teilprozesse analysiert und eine Vielzahl von Faktoren und Randbedingungen bestimmt, die bei Optimierungen berücksichtigt werden müssen. Auf der Grundlage der ermittelten Parameter wurden Einsparungsmöglichkeiten auf der Basis von Kreislaufführungen des Prozesswassers identifiziert.

Es zeigte sich, dass bei einer Überarbeitung des Wasserhaushalts eine Reduzierung des Wasserbedarfs um bis zu 70% zu erwarten und aufgrund verbesserter Temperatureinstellungen eine Erhöhung der Prozessausbeute zu prognostizieren waren. Die Umsetzung der Ergebnisse wurde beauftragt.

Standzeit Trennsäuren

Für das nasschemische Reclaimen werden neben Wasser auch große Mengen Säure eingesetzt. Deshalb wurde neben einer Reduzierung des Wasserbedarfs auch eine Optimierung des Säureeinsatzes angestrebt. Hierzu wurden alternative Verfahren zur Säureaufbereitung im Bereich Trennraum ermittelt. Insgesamt sollten mit diesen die Arbeitsbedingungen verbessert, eine kontinuierliche Betriebsweise realisiert und durch definierte Betriebszustände die Ausbeute erhöht werden.

Aufbauend auf einer detaillierten Betrachtung der chemischen Prozessschritte wurden Trennsäureproben in Vorversuchen bei Anbietern von Membranverfahren aufbereitet. Im Anschluss wurde eine Versuchsanlage zur Pilotierung einer kontinuierlich betriebenen Nano-Filtrationsanlage für die Säureaufbereitung errichtet und über einen längeren Zeitraum betrieben. Erste Versuchsergebnisse lassen einen wirtschaftlichen Einsatz des Membranverfahrens für die Erhöhung der Säurestandzeiten erwarten.

Trennverfahren

Der Trennraum ist Bestandteil der produktionsnahen Glaskreisläufe der Bildröhrenfertigung und trägt damit wesentlich zu einer effizienten Ressourcenausnutzung bei. Lediglich das nasschemische Trennprinzip des Prozesses ist unter Umweltgesichtspunkten als nachteilig einzustufen.

Daher wurden aufbauend auf der Analyse der Werkstoffeigenschaften der Gläser und des Glaslots alternative Trennungsmöglichkeiten auf der Basis unterschiedlicher Trennprinzipien erarbeitet. Die Überlegungen führten zu grundsätzlich geeigneten Alternativkonzepten, die zur weiteren Verfolgung an die zentrale Philips-Entwicklung in Eindhoven übergeben wurden. Damit wurde neben der kurz- bis mittelfristigen Optimierung des Trennraums durch einen effizienteren Wasser- und Säureeinsatz auch ein langfristig angelegter Prozess der Technologiesubstitution eingeleitet.

Umkehrosmose

Im Bereich Maskenfertigung der Bildröhrenfabrik werden zwei Entfettungsanlagen mit nachgeschaltetem Spülprozess betrieben. Dieser stand im Mittelpunkt der Betrachtungen innerhalb des Projektteams Umkehrosmose.

Zum Spülen der Lochmasken wurden große Mengen an deionisiertem Wasser benötigt, das nach Gebrauch in die Kanalisation geleitet wurde. Auf der Basis von Wasseranalysen wurden daher Technologien zur Aufbereitung und Kreislaufführung des Spülwassers identifiziert und mit Hilfe des IT-Tool CAPA (vgl. Kapitel 11.2.4) bewertet.

Abbildung 11.1-5 stellt das Ergebnis in Form eines ressourcenbezogenen Prozessgüteportfolios dar; es wird die Auswahl einer Umkehrosmoseanlage empfohlen. Aufbauend auf Gesprächen mit mehreren Anbietern wurde eine Pilotanlage installiert und über einen längeren Zeitraum betrieben. Aufgrund der Ergebnisse der Testphase konnte von einer grundsätzlichen technischen Eignung der Umkehrosmose für die Reinigung der Spülwässer ausgegangen und eine angemessene Amortisationsdauer prognostiziert werden, so dass eine Umkehrosmoseanlage beschafft wurde.

Der Einsatz der Reinigungsanlage führte zu einer Reduzierung des Wasserbedarfs von bis zu 80% für den Spülprozess. Des Weiteren konnte der Einsatz von Reinigungsmitteln minimiert werden. Zusätzlich wird durch eine verbesserte Wasserqualität eine Ausbeuteerhöhung in nachgelagerten Prozessschritten erwartet.

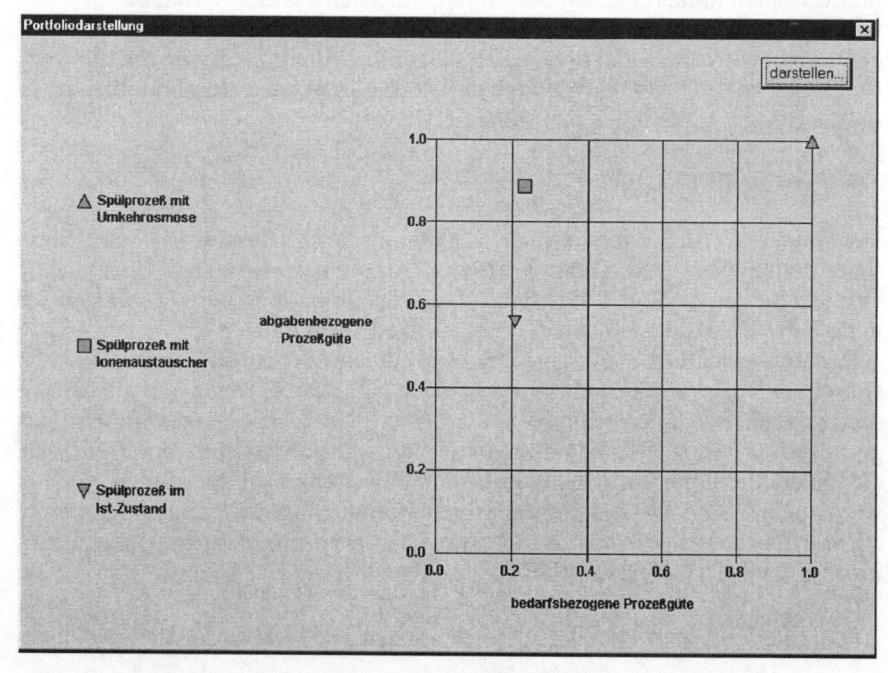

Abb. 11.1-5 Prozessgüteportfolio (Projektteam Umkehrosmose)

Analyse Schirmbearbeitung

Die Analyse der Schirmbearbeitung wurde auf eine detaillierte Betrachtung der Strom-, Frischwasser- und De-Wasserbedarfe ausgerichtet.

Analog zur Analyse in der Maskenfertigung gestaltete sich auch hier eine exakte Zuordnung des Strombedarfs zu einzelnen Maschinen und Anlagen sehr schwierig. Zukünftig soll die Transparenz weiter erhöht werden, um die Strombedarfe präzise erfassen und zuordnen zu können. Das größte Optimierungspotenzial wurde für die Turbo-Anlagen zur Belüftung aufgezeigt.

Frisch- und De-Wasser wurden im Bereich Schirmbearbeitung noch zu selten im Kreislauf geführt. Ein Teil des gebrauchten De-Wassers wurde zur Wiederaufbereitung in die zentrale Anlage zur De-Wasser-Erzeugung geleitet. Der weitaus größte Teil des Frisch- und De-Wassers wurde nach Gebrauch direkt in die Abwasseraufbereitung abgeführt. Hier wurden wirtschaftliche Optimierungspotenziale durch den vermehrten Aufbau von Kreislaufführungen (vgl. Projektteam „Umkehrosmose") aufgezeigt, die in aufbauenden Tätigkeiten weiter verfolgt werden können.

Analyse Thermische Prozesse

Wie in den Bereichen Maskenfertigung und Schirmbearbeitung wurde im Rahmen der Projektarbeit auch die Transparenz der prozessspezifischen Ressourcenbedarfe im Bereich Thermische Prozesse erhöht. Dies gilt insbesondere im Hinblick auf die Ressourcen Wasser, Erdgas und Strom.

Insgesamt führte die Analyse der Thermischen Prozesse zu einer Identifikation der Hauptverbraucher für die ökonomisch relevanten Ressourcen. Darauf aufbauend wurden eine Vielzahl möglicher Verbesserungsmaßnahmen erarbeitet. Diese potenziellen Handlungsfelder wurden vor dem Hintergrund ihrer Fristigkeit, des notwendigen Umsetzungsaufwands, der vermuteten Einsparungspotenziale und des technischen Zustands der betroffenen Anlagen priorisiert. Damit wurden zielgerichtete Maßnahmen eingeleitet.

Verpackungskonzept

Im Anschluss an die Analyse der Ressourcenbedarfe, die mit dem aktuellen Verpackungskonzept verbunden sind, wurden Anforderungen an alternative Verfahren abgeleitet. Im Rahmen einer Marktrecherche wurden nachfolgend Angebote von Verpackungsanlagenherstellern eingeholt und unter umweltökonomischen Aspekten quantitativ sowie unter strategisch-technischen Gesichtspunkten qualitativ bewertet. Für das empfohlene Szenario, das im Hinblick auf seine technische Realisierbarkeit noch abschließend zu überprüfen ist, konnten dabei erhebliche Einsparungen prognostiziert werden.

Gesamtergebnisse der Fallstudie

Die beschriebenen Ergebnisse belegen die erfolgreiche Arbeit in den 14 Projektteams. Es wurde eine Vielzahl von Optimierungspotenzialen identifiziert und zur weiteren Verfolgung in den Fabriken bereitgestellt. Darüber hinaus wurden für einen Teil der bestehenden Potenziale technische Ansätze zur Erschließung erarbeitet und teilweise bereits umgesetzt. Ein herausragendes Beispiel ist dabei die Realisierung einer sortenreinen Glasrückführung von der Bildröhren- in die Glasfabrik, mit der ohne Investitionen nennenswerte Einsparungen und umweltorientierte Verbesserungen durch eine effizientere Ressourcennutzung erzielt werden konnten.

Ein Vergleich der Ist-Werte der Bildröhrenfarbrik aus dem Jahre 1998 mit den Zielvorgaben aus dem Eco-Vision-Programm verdeutlicht, in welchen Bereichen die Ziele bereits erreicht wurden bzw. wo auf bestehende Erfolge zur Ressourceneinsparung aufgebaut werden kann. Einen Überblick über den Stand der Einsparungen vor Projektabschluss vermittelt Abbildung 11.1-6. Wie aus der Darstellung hervorgeht, wurden die Zielvorgaben für die jährlichen Abfallmengen sowie die Emissionsaufkommen der Kategorien I und III bereits erreicht. In diesen Bereichen gilt es, zukünftig den erreichten Status unter Berücksichtigung der von Jahr zu Jahr schwankenden Ausbeuten zu halten. Bezogen auf die Emissionen der Kategorie II sind konkrete technische Maßnahmen in Planung, die ein Erreichen des Ziels ermöglichen werden. In den Bereichen Energieeffizienz und Wasserbedarf zeigen sich deutliche Verbesserungen und eine Annäherung an die vorgegebenen Ziele.

Zur Ausschöpfung aller identifizierten Potenziale wurden die Arbeiten nach dem Abschluss der Fallstudie weitergeführt. Für die Zukunft wird in den beteiligten Unternehmen der Philips GmbH angestrebt, die Ressourceneffizienz in der Produktion weitestmöglich zu steigern. Hierzu bietet das OPUS-Konzept die notwendige methodische Unterstützung.

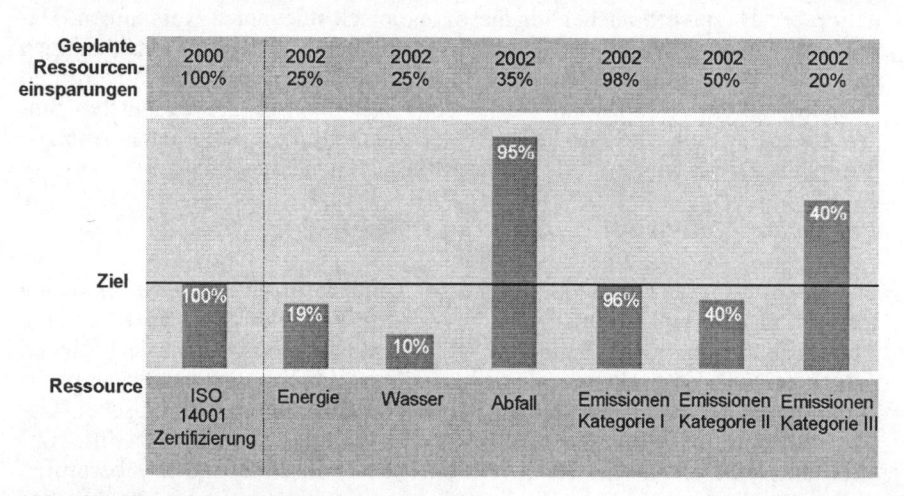

Abb. 11.1-6 Ressourceneinsparungen – Status 1998

11.2 Implementierung: Ressourcenorientiertes Bilanzierungs- und Controllingkonzept

von Walter Eversheim, Fritz Klocke, Frank Döpper, Jens-Uwe Heitsch, Sascha Klappert, Udo Schneider

Aufbauend auf den theoretischen Überlegungen (Kapitel 3.5) und praktischen Erfahrungen (Kapitel 11.1) werden im Folgenden Methoden und Hilfsmittel für die effiziente Implementierung eines ressourcenorientierten Bilanzierungs- und Controllingkonzepts beschrieben.

11.2.1 Projektstart und Problemanalyse

Zur Unterstützung einer strukturierten und nachvollziehbaren Vorgehensweise erfolgt zunächst eine Einteilung der Produktion in überschaubare Teilbereiche. Dabei kann eine gegebenenfalls bestehende Abteilungsstruktur der Produktionsstätten genutzt werden. Aufbauend hierauf erfolgt die Problemanalyse, für die zwei Vorgehensweisen verfolgt werden können.

Zum einen kann auf die Erfahrungen und bestehenden Ideen der Mitarbeiter in einzelnen Bereichen zurückgegriffen werden. Zum anderen können gezielte bereichsbezogene Analysen der bestehenden Ressourcenbedarfe und -abgaben vorgenommen werden. Dies ermöglicht die Identifizierung der Hauptressourcenverbraucher und führt zu einer Strukturierung der Ressourcenströme. Zu diesem Zweck können die Ressourcenbedarfe prozessspezifisch erhoben und z.B. in das IT-Tool CALA übertragen werden. Eine detailliertere Beschreibung dieser Vorgehensweise erfolgt in Abschnitt 11.2.3. Sofern die so identifizierten Potenziale zur Steigerung der Ressourceneffizienz aufgrund begrenzter interner Möglichkeiten, wie z.B. fehlendem spezifischem Know-how, Personalengpässen oder Kommunikationsdefiziten nicht erschlossen werden können, ist eine Zusammenarbeit mit externen Partnern anzustreben.

11.2.2 Zieldefinition

Die Definition der umweltorientierten Ziele bestimmt die ökologische Ausrichtung eines Unternehmens. Wie in Kapitel 3.5.2 beschrieben, sind dabei unternehmensexterne und -interne Einflussfaktoren zu berücksichtigen. Diese ermöglichen die Definition quantitativer Umweltziele. Dabei können (lediglich) eine Erfüllung der gesetzlichen Vorschriften angestrebt, oder aber weitreichendere Ziele einbezogen werden. Letzteres wurde beispielsweise mit dem Umweltprogramm „Eco-Vision" der Philips GmbH verwirklicht.

Die anschließende Gewichtung der eingesetzten Ressourcen auf der Basis qualitativer Umweltziele erfolgt mit Hilfe paarweiser Vergleiche. Dies er-

11 Einführung eines Bilanzierungs- und Controllingkonzepts

möglicht eine Präordnung der eingesetzten Ressourcen und somit die Bestimmung der relativen umweltbezogenen Wertigkeit einer Ressource für ein Unternehmen. Zu diesem Zweck kann z.B. das IT-Tool CAPA eingesetzt werden, das in Abschnitt 11.2.4 detaillierter beschrieben wird.

Dabei wird in Ressourcenbedarfe, -abgaben und jeweils nach ressourcenfluss- und ressourcenartbezogene Ausprägungen, d.h. nach Exposition und Wirkung, unterschieden. Die Paarvergleiche werden mit Hilfe einer Bewertungsskala in Anlehnung an die QFD-Methodik durchgeführt. Dies beinhaltet die Einstufung von deutlich wichtiger (9) bis deutlich unwichtiger (-9). Anschließend erfolgt die Aggregation der Einschätzungen zu einer Gesamtreihenfolge. In Kombination mit den Evolutionsfaktoren, den quantitativen Umweltzielen, wird somit ein umweltbezogenes Zielsystem definiert (s. Abbildung 11.2-1).

Ressourcenflußbezogene Gewichtungen der Ressourcenbedarfe

	Ressource	Gewichtung	Skalierung	1	2	3	4	5	6	7	8	9	10	11
1	02 - Antiscalingmittel	-56	35		-9	-9	-9	-9	1	-3	-9	-9	-9	9
2	03 - Strom	84	175	9		9	3	9	9	9	9	9	9	9
3	04 - Reiniger 1	40	131	9	-9		1	3	9	9	9	-9	9	9
4	05 - Natronlauge	32	123	9	-3	-1		1	9	9	-1	-9	9	9
5	06 - Salzsäure	20	111	9	-9	-3	-1		9	9	-3	-9	9	9

Ressourcenbezogene Gewichtungsfaktoren

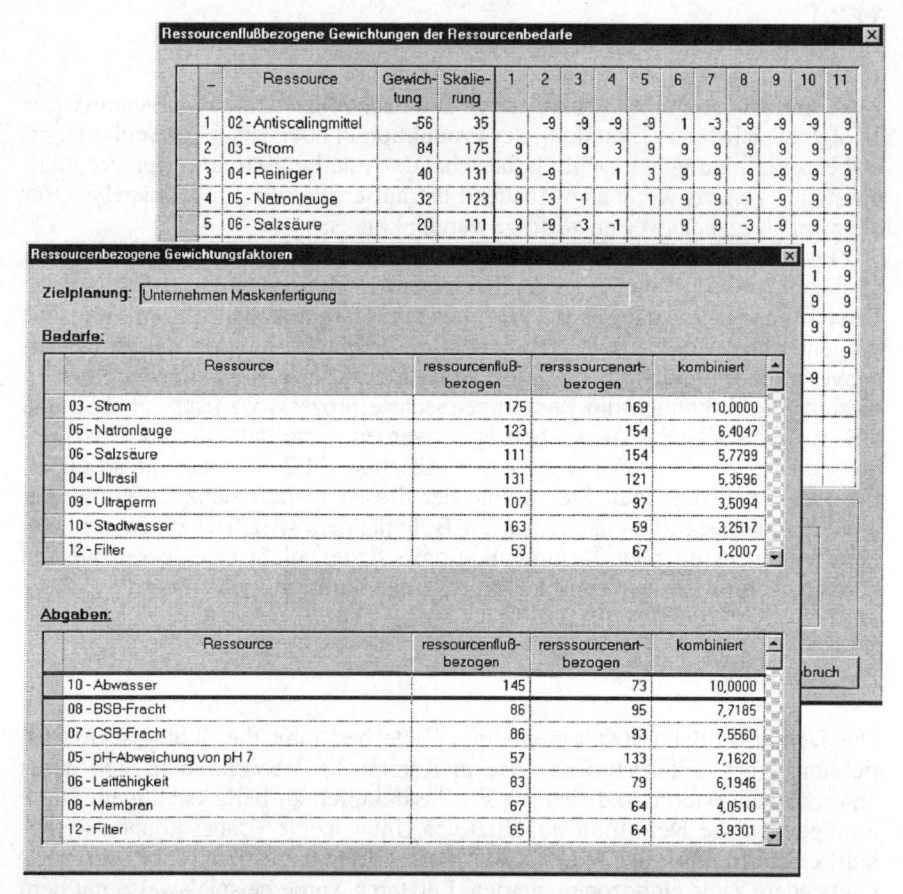

Zielplanung: Unternehmen Maskenfertigung

Bedarfe:

Ressource	ressourcenflußbezogen	rerssourcenartbezogen	kombiniert
03 - Strom	175	169	10,0000
05 - Natronlauge	123	154	6,4047
06 - Salzsäure	111	154	5,7799
04 - Ultrasil	131	121	5,3596
09 - Ultraperm	107	97	3,5094
10 - Stadtwasser	163	59	3,2517
12 - Filter	53	67	1,2007

Abgaben:

Ressource	ressourcenflußbezogen	rerssourcenartbezogen	kombiniert
10 - Abwasser	145	73	10,0000
08 - BSB-Fracht	86	95	7,7185
07 - CSB-Fracht	86	93	7,5560
05 - pH-Abweichung von pH 7	57	133	7,1620
06 - Leitfähigkeit	83	79	6,1946
08 - Membran	67	64	4,0510
12 - Filter	65	64	3,9301

Abb. 11.2-1 Beispiel eines Paarvergleichs zur Ressourcengewichtung mit zugehöriger Auswertung im IT-Tool CAPA

11.2.3
Maßnahmenplanung

Sachbilanzen stellen die Grundlage für alle zu ergreifenden Maßnahmen dar. Die Erfassung der prozessspezifischen Ressourcenbedarfe kann z.B. mit Hilfe des IT-Tool CALA erfolgen.

Der Prototyp des Programms CALA wurde im Rahmen des DFG-geförderten Sonderforschungsbereichs 144 „Methoden zur Energie- und Rohstoffeinsparung für ausgewählte Fertigungsprozesse" am Fraunhofer-Institut für Produktionstechnologie IPT in Aachen konzipiert. Inzwischen wurde das Tool, das die Erfassung, Bilanzierung und Bewertung von Energien, Materialien, Abfällen und Emissionen unterstützt, gezielt in Bezug auf industrielle Anforderungen weiterentwickelt. Durch eine konsequent prozessorientierte Datenstruktur können flexibel produkt- oder betriebsorientierte Analysen und Auswertungen durchgeführt werden.

Im Vorfeld der Datenaufnahme werden auf der Grundlage einer ABC-Analyse der Gesamtressourcenbedarfe des Unternehmens zunächst die ökonomisch relevanten Stoffe und Energien identifiziert. In Abbildung 11.2-2 ist diese Vorgehensweise anhand eines Beispiels dargestellt.

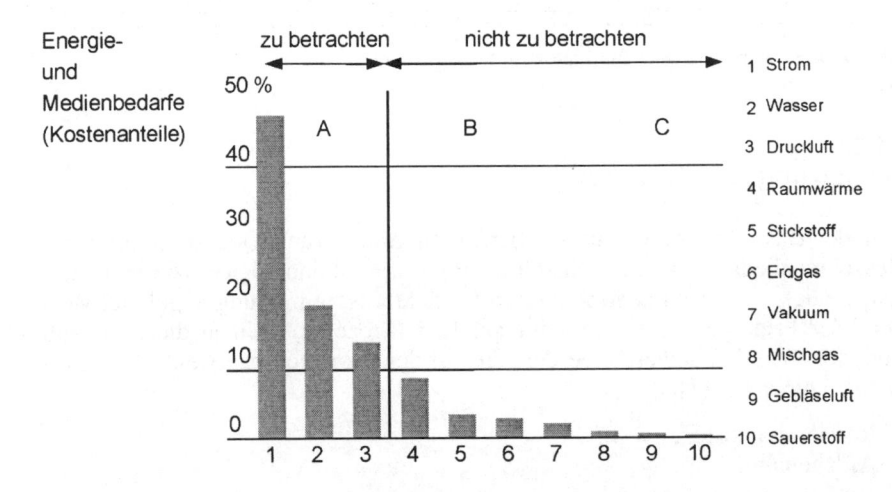

Abb. 11.2-2 Energie- und Medienbedarfe – Beispiel einer ABC-Analyse

Anschließend werden im IT-Tool CALA die Prozessketten für die einzelnen Produkte modelliert. Hierzu werden die Einzelprozesse auf der Grundlage von Prozessplänen definiert und über die entsprechenden Bezugsgüter kombiniert. Die relevanten Ressourcenbedarfe können in der Produktion durch Messungen und Berechnungen prozessspezifisch ermittelt und den entsprechenden Prozessen zugeordnet werden. Im Anschluss wird jedes betrachtete Produkt über die gesamte Prozesskette bilanziert. In Abbildung 11.2-3 wird beispielhaft die Darstellung eines Einzelprozesses im Programm CALA gezeigt.

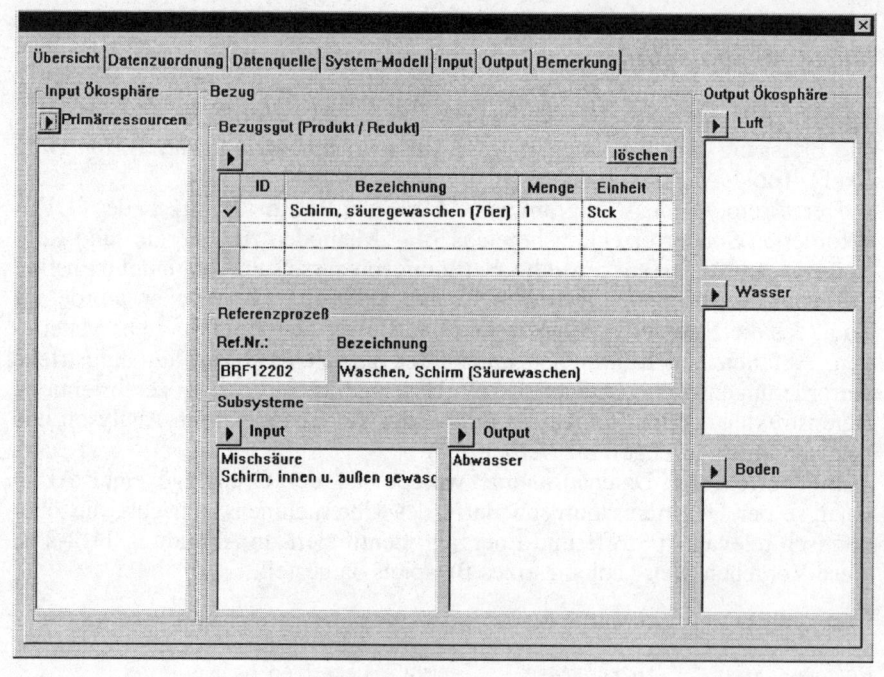

Abb. 11.2-3 Darstellung eines Einzelprozesses im IT-Tool CALA

11.2.4
Umsetzung und Erprobung

Auf der Basis der zuvor beschriebenen Zuordnung und Quantifizierung der Ressourcenbedarfe zu den einzelnen Prozessen, können potenzielle Handlungsfelder zur ressourcenorientierten Produktionsoptimierung abgeleitet werden. Zur Priorisierung der Handlungsfelder (Prozesse) können diese anhand von vier Kriterien bewertet werden, die auf der Basis von paarweisen Vergleichen zu gewichten sind:

- Ressourcenkosten,
- Anlagenalter,
- Vorhandene Ansätze und
- Vermutetes Potenzial.

Anhand eines Bewertungsschemas, exemplarisch in Abbildung 11.2-4 dargestellt, werden die ggf. zu betrachtenden Prozesse hinsichtlich der Bewertungskriterien in eine einheitliche kardinale Skala eingeordnet. Durch Multiplikation mit den Kriteriengewichtungen und Summierung der Produkte kann jeweils eine Gesamtbewertung für die einzelnen Handlungsfelder ermittelt werden.

Kriterium \ Bewertung	0	1	2	3	4	5	6	7	8	9	10
Energiekosten	< 10 TDM/a			100 TDM/a			500 TDM/a				> 1 Mio DM/a
Anlagenalter	1 Jahr					5 Jahre			10 Jahre		> 15 Jahre
Vorhandene Ansätze	Prüfung negativ					keine			1 Ansatz		> 5 Ansätze
Vermutetes Potential	gering < 10%					mittel < 50%					hoch 100%

Abb. 11.2-4 Bewertungsschema (exemplarisch)

Aus den Bewertungsergebnissen wird die Priorisierung der potenziellen Handlungsfelder abgeleitet. Im Anschluss sind für die priorisierten Prozesse konkrete Verbesserungsmaßnahmen bzw. alternative Prozesse auszuarbeiten. Die somit generierten Handlungsalternativen sind im Anschluss zu bewerten.

Dazu sind zunächst zugehörige Bilanzräume zu definieren; diese müssen für die zu bewertenden Alternativen identisch sein. Im Rahmen der anschließenden Sachbilanz werden die (relevanten) Ressourcenströme quantitativ erfasst, die die Bilanzgrenzen überschreiten. Probleme können bei der Aufstellung von Sachbilanzen für alternative Prozesse entstehen; hier muss oftmals mit Abschätzungen und Prognosen gearbeitet werden. Der angestrebte Genauigkeitsgrad dieser Daten sollte dabei nicht zu hoch angesetzt werden; für einen Großteil der Anwendungsfälle ist eine realistische Abschätzung der Größenordnung ausreichend.

Zur Auswertung der gesammelten Daten kann das IT-Tool CAPA eingesetzt werden. Die mathematischen Vorschriften für die Auswertung sind Kapitel 3.5.2 zu entnehmen. Das Programm CAPA dient der Unterstützung von Entscheidungsträgern bei der ökologischen und ökonomischen Bewertung alternativer Betrachtungsobjekte vor dem Hintergrund eines unternehmensspezifischen Zielsystems (vgl. Kapitel 3.5). Innerhalb der Bewertung erfolgt auch die ökonomische Beurteilung der betrachteten Alternativen. Dabei handelt es sich um eine Kostenvergleichsrechnung. Zu diesem Zweck müssen alle Kosten und Erlöse, die mit den zu betrachtenden Handlungsalternativen verbunden sind, erfasst werden. Dies beinhaltet neben den Anschaffungs- und Ressourcenkosten u.a. auch die anfallenden Entsorgungsausgaben. Die zu erwartenden Erlöse werden auf der Basis von Prognosen und Hochrechnungen abgeschätzt.

Für die ökologieorientierte Auswertung wird die ressourcenbezogene Prozessgüte ermittelt; diese stellt ein relatives Maß für die ökologische Bewertung der Handlungsalternativen dar und kann grafisch in einem Portfolio darstellt werden (s. Kapitel 11.1, Abbildung 11.1-5). Die Berücksichtigung ökonomischer Aspekte erfolgt mit Hilfe der Kostenvergleichsrechnung. Als Ergebnis werden die Gesamtkosten im Betrachtungszeitraum und die Kosten pro Ausbringungseinheit ermittelt. Die kombinierte Auswertung ergibt die umweltökonomische Prozesseffizienz. Eine exemplarische Darstellung der Ergebnisse ist in Abbildung 11.2-5 aufgeführt.

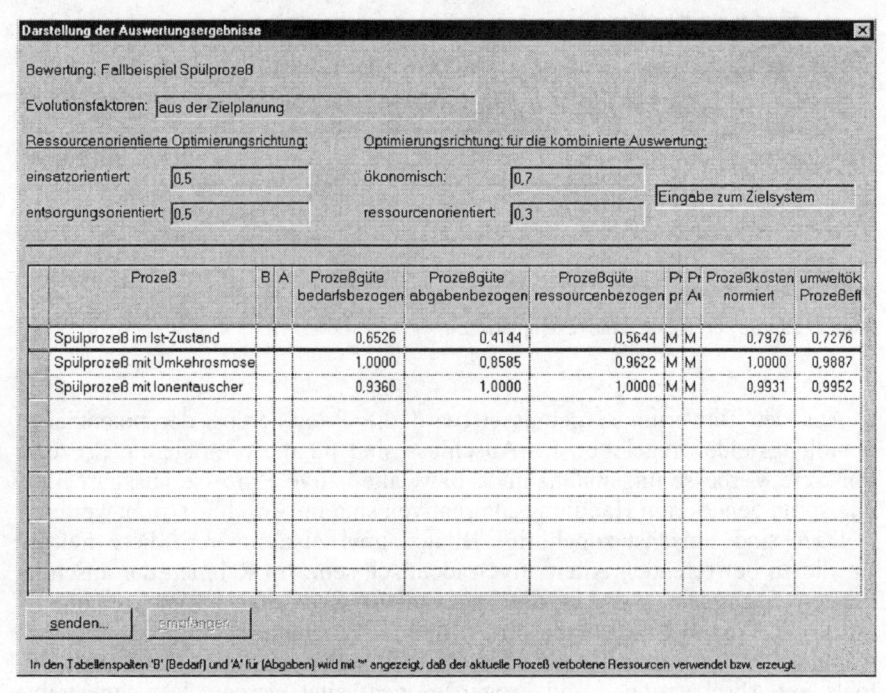

Abb. 11.2-5 Darstellung der Ergebnisse im IT-Tool CAPA

Ausgehend von den Ergebnissen der Bewertung werden geeignete Maßnahmen der Umsetzungsvorbereitung ergriffen. In diesem Zusammenhang sind insbesondere die Durchführung von Marktrecherchen und Testphasen zu nennen. Im Anschluss kann eine Entscheidung über die Umsetzung der am besten bewerteten Handlungsalternativen getroffen werden.

11.2.5
Konsolidierung und Projektabschluss

Mit der Umsetzung von Handlungsalternativen sind einzelne Teilprojekte zur ressourcenorientierten Produktionsoptimierung beendet. Der Projektverlauf und die erzielten (Teil-)Ergebnisse sind abschließend zu dokumentieren, um die Transparenz und Nachvollziehbarkeit der durchgeführten Arbeiten zu gewährleisten. Im Hinblick auf eine kontinuierliche umweltökonomische Optimierung der betrieblichen Leistungserstellung sind die zuvor beschriebenen Aktivitäten zur Identifizierung, Priorisierung und Umsetzung von Verbesserungsansätzen weiterzuführen.

Mit dem beschriebenen ressourcenorientierten Bilanzierungs- und Controllingkonzept (vgl. Kapitel 3.5, Kapitel 11.1) steht Entscheidungsträgern ein Hilfsmittel zur Verfügung, mit dem die Ressourceneffizienz in der Produktion fortlaufend kontrolliert und gesteigert werden kann. Das Konzept unterstützt einen kontinuierlichen Prozess, der die Erreichung zeitlich veränderlicher unternehmensspezifischer Zielvorgaben sicherstellt.

Zur Unterstützung dieses Prozesses ist der Aufbau eines ressourcenorientierten Kennzahlensystems sinnvoll. Es vermittelt einen umfassenden Überblick über die relevanten Ressourcenbedarfe und -abgaben auf Betriebsebene. Durch einen Ist-Soll-Vergleich wird zudem die einfache Ableitung des weiteren Handlungsbedarfs ermöglicht, indem Produktionsbereiche und -prozesse identifiziert werden, deren Ressourceneffizienz unter dem Durchschnitt liegt. Für diese sind in der Folge individuelle technische oder auch organisatorische Änderungs- bzw. Verbesserungsmaßnahmen abzuleiten und umzusetzen. Eine Verfolgung der eingeleiteten Maßnahmen ist wiederum mit Hilfe von Kennzahlen möglich.

Das beschriebene Vorgehen ermöglicht es, die Ressourceneffizienz bereichsübergreifend zu kontrollieren und gezielte Verbesserungsmaßnahmen abzuleiten. Dabei ist ein fortwährendes Durchlaufen der in Abschnitt 3.5.2 dargestellten Vorgehensweise sicherzustellen. Dies gelingt insbesondere dann, wenn die notwendigen Tätigkeiten an bereichsübergreifend tätige Personen mit weitreichenden Befugnissen im Controlling und Technologiemanagement geknüpft werden.

Teil C Weiterführende Aspekte des Integrierten Umweltschutzes

12 Integrierter Umweltschutz als Instrument Nachhaltigen Wirtschaftens

von Hans-Dietrich Haasis

12.1 Wirtschafts- und umweltpolitische Bedeutung eines Nachhaltigen Wirtschaftens

Nachhaltiges Wirtschaften, eine Wortkombination, welche zunehmend als die wirtschafts- und unternehmenspolitische Wirtschaftsweise für das neue Jahrhundert diskutiert und eingefordert wird. Je nach Gesprächspartner und Zusammenhang wird sie jedoch unterschiedlich interpretiert. Mittlerweile lässt sich bereits eine inflationäre Verwendung des Begriffs „nachhaltig" feststellen. Oftmals ist nicht in erster Linie die durch die Nachhaltigkeitsdebatte intendierte Interpretation zu vermuten, sondern vielmehr eine auf Marketingeffekte abgestimmte Verwendung. Zu Grunde gelegt wird zunächst – entsprechend einer nachhaltigen Entwicklung – das Wirtschaftsprinzip, das bekanntlich beinhaltet, dass künftige Generationen in ihrer Bedürfnisbefriedigung und der Wahl ihrer Lebensstile durch die Bedürfnisbefriedigung der heutigen Generation nicht gefährdet werden. Zur Realisierung ist dieses allgemeine Prinzip auf Unternehmensebene zu projizieren und in Management- und Gestaltungsansätze umzuformen.

Die politische Prioritätensetzung fokussiert derzeit mit auf die Umsetzung einer nachhaltigen Entwicklung. Ausdruck hierfür sind Gestaltungsinstrumente wie etwa die ökologische Steuerreform, das Stromeinspeisungsgesetz oder der „Generationenvertrag". Als Auslöser für diese Prioritätensetzung gelten bekanntlich globale Umweltprobleme und deren politische Lösungsdiskussionen etwa auch im Zusammenhang mit Klimaveränderungen sowie Unterschiede in den Entwicklungsniveaus einzelner Länder. So heißt es etwa in der Koalitionsvereinbarung zwischen der Sozialdemokratischen Partei Deutschland und Bündnis 90/Die Grünen vom 20. Oktober 1998: „Eine starke, wettbewerbsfähige unter Nachhaltigkeit orientierte Wirtschaft ist die Grundlage für Arbeitsplätze, für Wohlstand und für soziale Sicherheit. Unser Ziel ist eine nachhaltige, d.h. wirtschaftlich leistungsfähige, sozial gerechte und ökologisch verträgliche Entwicklung." In dieser Formulierung kommen bereits die drei wesentlichen Zielelemente eines Nachhaltigen Wirtschaftens zum Ausdruck: Ökologie, Ökonomie und Soziales. Ebenfalls findet sich das Ziel einer Umsetzung eines Nachhaltigen Wirtschaftens bereits in einzelnen Geschäftsberichten und/oder Umweltberichten ausgewählter Unternehmen wieder.

Den Ursprung dieser Überlegungen bildet zunächst der Bericht der Weltkommission für Umwelt und Entwicklung aus dem Jahre 1987. In diesem wird etwa übersetzt formuliert: „Nachhaltigkeit bedeutet, dass die Bedürfnisse gegenwärtig lebender Menschen befriedigt werden müssen, ohne die Möglichkeiten zukünftiger Generationen zur Befriedigung ihrer Bedürfnisse zu gefährden" (World Commission 1987). Aufbauend auf diesem Bericht entstand im Jahre 1992 während der Konferenz der Vereinten Nationen für Umwelt- und Entwicklung in Rio de Janeiro die Rio-Deklaration. Diese ist unter anderem mit einem Anhang, der Agenda 21 versehen. Sie enthält ein Aktionsprogramm zur Umsetzung einer nachhaltigen Entwicklung in einzelnen Ländern.

In seiner ursprünglichen Bedeutung basiert der Begriff der Nachhaltigkeit auf forstwirtschaftlichen Bewirtschaftungsgrundsätzen. Ein Abholzen von Wäldern ist nur in dem Maße durchführbar in dem es möglich ist, ein Nachwachsen von Bäumen zu gewährleisten. Dieser forstwirtschaftliche Fachausdruck hat unter dem Begriff „Sustainability" Eingang in die weltpolitische Debatte gefunden. Er beinhaltet in der derzeitigen Auslegung zwei wesentliche Umsetzungsbereiche: Einerseits sind die in der Nachhaltigkeit zu Grunde gelegten drei Zielelemente Ökonomie, Ökologie und Soziales zu berücksichtigen, andererseits wird auf die Entwicklungsfähigkeit zwischen Ländern und zwischen Generationen Wert gelegt. Damit impliziert eine Übertragung des Begriffes auf das Unternehmensumfeld sowohl eine Konkretisierung des Entscheidungskalküls als auch eine Konkretisierung der bei Entscheidungen heranziehbaren Zeitdimensionen. Die Betriebswirtschaftslehre ist u.a. gefordert, in diesem Zusammenhang Bewertungs- und Gestaltungsansätze bereitzustellen, welche in der Lage sind, ein Nachhaltiges Wirtschaften in Unternehmen zu realisieren. Zur Lösung dieser Aufgabe bedarf es einer interdisziplinären Herangehensweise. Diese begründet sich durch die im Zusammenhang mit der Identifizierung, Analyse und Bewertung von Gestaltungszusammenhängen notwendige Kenntnisnahme technischer, ökologischer, sozialer und wirtschaftlicher Sachverhalte.

12.2
Unternehmensbezogene Präzisierung eines Nachhaltigen Wirtschaftens

Den Ausgangspunkt für die Präzisierung bildet die forstwirtschaftliche Begriffsinterpretation. Diese wird kreislauforientiert übertragen auf die Inanspruchnahme der natürlichen Umwelt, des Arbeitsmarktes und der Gesellschaft sowie des Finanzmarktes (vgl. auch Hofmeister 1998). Die Vorgehensweise der Transformation des Begriffes eines Nachhaltigen Wirtschaftens auf Unternehmen ist in Abbildung 12.2-1 dargestellt. Einflussgrößen dieses Wirtschaftens sind der Massenfluss, das Zeitintervall und die entsprechende Flusskonzentration bzw. Flusszusammensetzung.

12.2 Unternehmensbezogene Präzisierung eines nachhaltigen Wirtschaftens 317

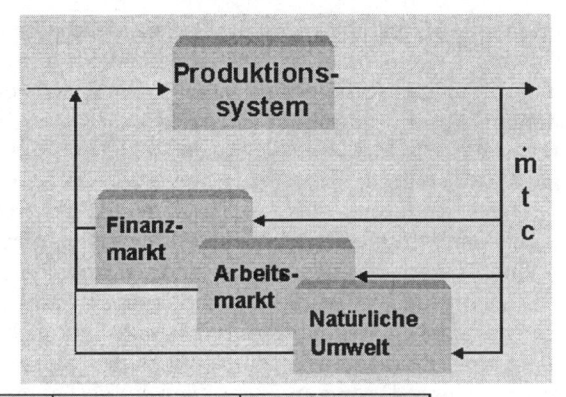

Dimensionen	ökonomische	ökologische	soziale
m	Effiziente Produktion	Ökoeffizienz	Arbeitsbedingungen
t	Amortisationszeitraum	Kreislauflogistik	Arbeitszeit
c	Reduzierte Volatilität der Wechselkurse	Emissionsreduktion, Einhalten der gesetzl. Standards	Qualifikationsniveau
	Finanzmarkt	Natürliche Umwelt	Arbeitsmarkt

Abb. 12.2-1 Transformation des Begriffes eines Nachhaltigen Wirtschaftens auf Unternehmen

Diese Größen beeinflussen sowohl produktionssystembezogene Entnahme- und Abgabemuster als auch die Regenerationsfähigkeit der drei Teilsegmente eines Nachhaltigen Wirtschaftens. Sie lassen sich ebenfalls auf die Nachhaltigkeitsprinzipien Effizienz, Suffizienz und Konsistenz übertragen. Die Effizienz, also insbesondere die Veränderung des Wirkungsgrades der Produktions- und Konsumtionssysteme, wird in erster Linie beeinflusst durch Massenfluss und Zeittakt. Dem gegenüber wird die Suffizienz, d.h. Bedarfsveränderungen und/oder -einschränkungen, beeinflusst durch Massenfluss und Konzentration. Die Zusammensetzung der Abgabe- und Entnahmeflüsse ist auch wesentlich für die Konsistenz, also die Verträglichkeit eines Nachhaltigen Wirtschaftens im Kreislauf.

Überträgt man diese Überlegungen von der natürlichen Umwelt auf den Bereich des Arbeitsmarktes und die Gesellschaft, so lässt sich hier fragen, was wird von diesem Umsystem verlangt und was wird gegeben. An die Stelle der Regenerationsfähigkeit der natürlichen Umwelt tritt hier die Aufrechterhaltung des gesellschaftlichen Umfeldes, also das soziale Engagement, die kulturelle Vielfalt und die Funktionsfähigkeit des Arbeitsmarktes. Diese Überlegungen fokussieren etwa auf neue Arbeitszeitmodelle, auf eine Chancengleichheit sowie auch auf „public privat partnership"-Ansätze in den Bereichen Kultur und Soziales. Bezogen auf den Finanzmarkt resultiert die übliche massenflussorientierte Rentabilitätsformel, also das Verhältnis zwischen erwirtschaftetem Gewinn und eingesetzten Investitionsmitteln bzw. Kapitalbedarf. Zeitintervall und Zusammensetzung sind etwa gekennzeichnet durch Liquiditätsanforderungen und die gewählte Finanzierungsart und Finanzierungslaufzeit. Auch Kreislaufwirtschaftsaspekte lassen sich hier – im übertragenen Sinne – etwa im Bereich einer Innenfinanzierung erkennen.

Damit zeigt sich, dass es möglich ist, ein Nachhaltiges Wirtschaften im Sinne einer forstwirtschaftlichen Begriffsinterpretation auf die drei für die Nachhaltigkeit wesentlichen Gestaltungsbereiche zu übertragen.

Zunehmend finden diese Überlegungen eines Nachhaltigen Wirtschaftens Eingang in Unternehmensleitlinien und Unternehmensstrategien. Dieses war nicht immer so. Im Geschäftsbericht der Siemens AG 1947-1950 steht zu lesen: „Unser Bestreben ist es, den aufgestauten Bedarf des innerdeutschen Marktes an elektrotechnischen Erzeugnissen in erstklassiger Qualität und mit verbesserten Konstruktionen zu befriedigen, den Auslandsmarkt wieder zu erschließen und den Kostenaufwand mit den erzielbaren Preisen in Übereinstimmung zu bringen." Diese Formulierung belegt die damals vorherrschende Sichtweise: eine produktionssystemisolierte Betrachtung, die Produktion als Engpass und eine länderbezogene Fokussierung hinsichtlich Produktionslösungen und resultierenden Problemen der Umweltinanspruchnahme.

Diese Sichtweise wird mittlerweile überlagert durch eine produktionssystemübergreifende Sichtweise, durch die Erkenntnis, dass nicht mehr allein die Produktion als Engpass anzusehen ist, auch nicht die Nachfrage, sondern die natürliche Umwelt, sowie eine nicht mehr nur länderbezogene, sondern eine globale Ausrichtung in Produktion und Konsumtion. Dadurch erfolgt auch ein Wandel in der Unternehmensphilosophie. Es hat ein Lernprozess stattgefunden, welcher in der Tat erst durch die „Hinzugabe von Katalysatoren" ausgelöst worden ist. Die Unternehmensphilosophie erweitert ihren Entscheidungshorizont. Der Wandel erfolgt ausgehend von einem allein wettbewerbsfähigen Wirtschaften, welches – etwa symbolisiert durch Altlasten – faktisch als nicht nachhaltig zu interpretieren war, hin zu einem Nachhaltigen Wirtschaften. Dieses zeigen etwa die Formulierungen im Geschäftsbericht der Siemens AG 1999, Seite 2: „Die Verantwortung gegenüber den Mitmenschen und der Umwelt prägt unser Unternehmen und unsere Produkte. Neben der Orientierung an den Wünschen des Kunden und an den Bedürfnissen unserer Mitarbeiter bestimmt die Verbesserung des Umweltschutzes maßgeblich unser Handeln."

Wesentliche Akteure und Multiplikatoren für Nachhaltiges Wirtschaften sind gerade international tätige Unternehmen. Die Herausforderung der Globalisierung bezieht sich nicht allein nur auf Beschaffungs- und Absatzmärkte, sondern ebenfalls auch auf die soziale und gesellschaftliche Rolle und Verantwortung. Gerade letztere sind imageprägend und wertbeeinflussend. Die Entwicklung etwa des Dow Jones Sustainability Group Index zeigt exemplarisch, dass die veränderte Unternehmensphilosophie, also die Hinwendung zu einem Nachhaltigen Wirtschaften, die Wettbewerbsfähigkeit eines Unternehmens stärkt.

12.3 Unternehmensbezogene Instrumente eines Nachhaltigen Wirtschaftens – die Bedeutung des Integrierten Umweltschutzes

Die Umsetzung eines Nachhaltigen Wirtschaftens in Unternehmen kann auf vielfältige Weise erfolgen. Die einzelnen Maßnahmen orientieren sich an den Nachhaltigkeitsprinzipien Effizienz, Suffizienz und Konsistenz. Ausgewählte Beispiele sind etwa:

- Produktdienstleistungen,
- integrierter Umweltschutz,
- regionale Netzwerke,
- neue Konsummuster,
- Einsatz von Informations- und Kommunikationstechnologien und
- Bewertungs- und Entscheidungsinstrumente.

Ein integrierter Umweltschutz verfolgt das Ziel, Maßnahmen zur Emissions-, Abwasser- und Abfallvermeidung und -verminderung sowie zur Abfallentsorgung und Aufarbeitung nicht einzeln, sondern gemeinsam auch im Hinblick auf medienübergreifende Problemverlagerungen und Auswirkungen auf den eigentlichen Produktionsprozess sowie auf die mit dem Prozess verbundenen betrieblichen und außerbetrieblichen Produktionsprozesse zu betrachten. Entsprechend der betrachteten Systemgrenze kann integrierter Umweltschutz in prozess-, produktions- und produktintegrierten Umweltschutz unterteilt werden. Beim produktionsintegrierten Umweltschutz werden die Systemgrenzen durch die Grenzen des Betriebes bzw. durch ausgewählte Betriebsteile festgelegt. Zur Realisierung eines integrierten Umweltschutzes werden sowohl auf verfahrenstechnischer als auch auf organisatorischer Ebene Maßnahmen ergriffen, um die Produktion umweltverträglicher zu gestalten (Haasis 1996).

Der mittlerweile stattfindende Vollzug des Übergangs von einem additiven zu einem integrierten Umweltschutz beinhaltet zunächst für Unternehmen aus Sicht ihrer betrieblichen Technologie- und Risikopolitik eine Erweiterung der Alternativenmenge im Umweltschutz, und damit auch die Möglichkeit – basierend auf gedachten additiven Umweltschutzkosten – nicht nur kurzfristig Kosteneinsparpotentiale durch geeignete Alternativenauswahl zu realisieren. Diese Einsparpotentiale haben Auswirkungen auf die Wettbewerbssituation und die wirtschaftlichen Entwicklungsmöglichkeiten eines Unternehmens. Gleichermaßen beinhaltet der Übergang jedoch auch ein verändertes wirtschaftliches und umweltbezogenes Risikopotential. Dieses Risikopotential lässt sich durch eine am integrierten Umweltschutz orientierte risikoabgestimmte Anlagen- und Verfahrenswahl mindern. Hierbei können auch Maßnahmenbündel Berücksichtigung finden (vgl. etwa Haasis et al. 2000).

Diese Umsetzung einer auf Dezentralität, Eigenverantwortung und Kooperation zusätzlich ausgelegten Umweltpolitik impliziert dadurch für Unternehmen nicht nur die Bereitstellung und den Einsatz technischer Möglichkeiten zur Vermeidung oder zumindest Verminderung der vom Betrieb ausgehenden Umweltinanspruchnahmen. Vielmehr ist auch Hilfestellung geboten bei der Entscheidungsvorbereitung und -realisierung im Bereich des strategischen und operativen Managements. Dieses zeigt sich etwa darin, dass die im Zuge der Realisierung eines entscheidungsorientierten Umweltmanagements bereitzustellenden Instrumente und Hilfsmittel ihren Niederschlag nicht allein in weiteren zusätzlichen Handbüchern (additive Systeme) finden sollten, sondern im Unternehmen durch eine geeignete Geschäftsprozessoptimierung ebenfalls integriert „lebbar" sein müssten, eingebunden in tägliche Ablaufstrukturen und langfristige Entscheidungskalküle sowie harmonisiert mit Systemen beteiligter Anspruchsgruppen. Dadurch ergeben sich Innovationsbereiche für Unternehmen sowohl in der Umwelttechnik als auch im Umweltmanagement. Gerade letztere kann dazu beitragen, Umweltschutz im vernetzten Betrieb wirtschaftlich umzusetzen und als Schlüsselfaktor im internationalen Wettbewerb nachhaltig einzusetzen.

Bewertet man den Beitrag eines integrierten Umweltschutzes für ein Nachhaltiges Wirtschaften, so ist hierbei zunächst wohl die Frage sowohl nach dem wirtschaftlichen als auch nach dem ökologischen Bezug unstrittig. Ziel eines integrierten Umweltschutzes ist es, Umweltinanspruchnahmen durch eine chancenorientierte, produktionssystemübergreifende Sichtweise und eine geeignete Gestaltung der Einflussgrößen Massenfluss, Zeitintervall und Zusammensetzung zu mindern. Durch eine auf einen längeren Zeitraum bezogene Investitionsprogrammentscheidung lassen sich gegenüber additiven Maßnahmen umweltschutzbezogene und wirtschaftliche Vorteile belegen. Das wirtschafts- und umweltbezogene Risikopotential wird vermindert.

Mit der Verfügbarkeit technischer Lösungen ist einem Nachhaltigen Wirtschaften jedoch noch nicht genüge getan. Vielmehr geht es auch darum, Informations-, Geschäfts- und Stoff- sowie Wertschöpfungsflüsse aufeinander abzustimmen. Dieses bedingt, das Prozessmanagement unter Berücksichtigung weiterer Kooperationsbeziehungen zu analysieren, zu bewerten und gegebenenfalls neu zusammenzufügen.

Die Entwicklung und der Einsatz von Maßnahmen eines integrierten Umweltschutzes, ein modifiziertes Prozessmanagement und ein Denken in betriebsübergreifenden Zusammenhängen erfordert auf der Mitarbeiterebene neue Qualifikationen. Innovative Berufsfelder, etwa das des Umwelt-, des Sozial-, des Kooperations- oder des Kommunikationsmanagers, entstehen und werden ihren Eingang im Betrieb finden. Zusammen ergeben sich Elemente, die durchaus einem sozialverträglichen Handeln zugestanden werden können.

Damit lässt sich zusammenfassend festhalten, dass integrierter Umweltschutz einen wesentlichen Baustein für ein Nachhaltiges Wirtschaften in Betrieben darstellt.

12.4
Konsequenzen für Unternehmensstrategien und -entscheidungen

Die Implementierung von Maßnahmen eines integrierten Umweltschutzes zeigt, dass zur Umsetzung eines Nachhaltigen Wirtschaftens in Unternehmen es einer neuen Herangehensweise an die Identifizierung von Gestaltungsmaßnahmen bedarf. Diese Herangehensweise lässt sich charakterisieren durch die Begriffe Dialog, Kooperation und Lernen. Sie hat Kommunikations- und Kooperationsbeziehungen nicht nur mit Anteilseignern, sondern auch mit weiteren, für das Unternehmen wesentlichen Anspruchsgruppen zu berücksichtigen. Wesentliche Beziehungen betreffen so etwa neben Zulieferern und Abnehmern Kreditinstitute, soziale Einrichtungen, Genehmigungsbehörden, wissenschaftliche Einrichtungen sowie unternehmensinterne Gesprächskreise. Damit wird der in Unternehmen übliche Identifikationsprozess beispielsweise über Innovationszirkel erweitert auf Einrichtungen, welche mit dem Unternehmen wesentliche Kommunikationsbeziehungen etwa in der Region bilden. Das Innovationspotential wird damit für die Unternehmen auch durch eine Einbindung in ein regionale Innovationskultur erheblich gestärkt.

Gleichermaßen erfolgt ein Wertewandel von neuen Technologien hin zu neuem Denken, und zwar einem Denken in mehrdimensionalen Entscheidungsbereichen im Sinne der Qualifizierung von Kommunikations- und Kooperationsbeziehungen. Dieser Wertewandel orientiert sich nicht an „einfachen Wegen", nicht an bisherigen Planungshorizonten (etwa Wahlperioden) und nicht an den üblichen Entscheidungskalkülen, sondern an Entscheidungszusammenhängen, welche die Chancen für die kommenden Generationen berücksichtigen. Hierzu werden weit weniger technische Innovationen als vielmehr organisatorische und soziale Innovationen benötigt.

Die Ausgestaltung eines Nachhaltigen Wirtschaftens in Unternehmen ist äußerst facettenhaft. Es geht schließlich nicht um die Anwendung eines Patentrezeptes. Vielmehr geht es darum, für das einzelne Unternehmen Gestaltungsmaßnahmen entsprechend einem erweiterten Entscheidungskalkül unter Berücksichtigung einer Entwicklungsdynamik und einem zu realisierenden Wertewandel kontinuierlich zu erarbeiten, zu bewerten und umzusetzen, und zwar entsprechend den für das Unternehmen vorgegebenen Randbedingungen. Möglichkeiten einer Ausgestaltung eines Nachhaltigen Wirtschaftens sind gegeben bzw. werden entwickelt. In gemeinsamen Gesprächskreisen können Innovationen gesucht und Umsetzungsmaßnahmen identifiziert werden. Hierzu bedarf es eines Dialogs, einer Umsetzung von Kooperations- und Kommunikationsbeziehungen und lernenden Unternehmen. Nachhaltiges Wirtschaften ist demnach weder Zauberformel noch Worthülse, sondern betriebswirtschaftliche und gesellschaftliche Notwendigkeit. Es erlaubt, die Entwicklungsfähigkeit von Unternehmen im globalen Wettbewerb zwischen Ländern und unter Berücksichtigung einer Bedürfnisbefriedigung künftiger Generationen bereits heute zu festigen.

Durch eine Internationalisierung sowohl der Unternehmensaktivitäten als auch der Umweltprobleme wird es hierfür notwendig, auch integrierten Umweltschutz etwa im Sinne eines Entscheidungsmanagements auf internationaler Ebene zu harmonisieren. Dadurch ergibt sich Forschungsbedarf etwa bezüglich einer an das soziale und kulturelle Umfeld angepassten Informations- und Koordinationsunterstützung.

13 Umweltinformationen – entscheidender Faktor für den Unternehmenserfolg

von Severin Beucker

Ziel des Projektes OPUS ist gewesen, Organisationsmodelle und Informationssysteme für eine Reduktion der Umweltbelastung entlang der Auftragsabwicklung produzierender Unternehmen zu entwickeln und somit den produktionsintegrierten Umweltschutz zu stärken. Der folgende Beitrag vertritt die These, dass Umweltinformationen[1] die Grundlage für neue Herausforderungen im betrieblichen Umweltmanagement darstellen und maßgeblich zur Integration des Umweltschutzes in die Produktion und die Produkte eines Unternehmens beitragen werden. Worin die neuen Herausforderungen an das betriebliche Umweltmanagement bestehen, verdeutlicht der folgende Abschnitt.

13.1 Die neuen Herausforderungen für das betriebliche Umweltmanagement

Unternehmen sehen sich seit einigen Jahren mit entscheidenden Herausforderungen konfrontiert, die sich aus Entwicklungen in Markt, Politik und Gesellschaft sowie neuen Möglichkeiten in den Informations- und Kommunikationstechnologien ergeben. Die im Folgenden geschilderten Entwicklungen wirken sich insbesondere auch auf das betriebliche Umweltmanagement aus.

- *Markt:* Der fortschreitende Globalisierungsprozess der Wirtschaft erhöht zunehmend den Wettbewerbsdruck auf Unternehmen und verstärkt so die Notwendigkeit, neue Wettbewerbsstrategien zu entwickeln und Effizienzpotentiale zu nutzen. Während der betriebliche Umweltschutz in der Vergangenheit hauptsächlich als Kostentreiber verstanden wurde, so rücken heute insbesondere die Potentiale zur Kostensenkung sowie die Chancen zur Herausbildung neuer Wettbewerbsstrategien und Alleinstellungsmerkmale über den Umweltschutz in das Blickfeld von Unternehmen (Dyllick et al. 1997). Im betrieblichen Umweltmanagement führt dies zur Entwicklung ökonomisch-ökologischer Geschäftsstrategien sowie zur konsequenten Nutzung eines betrieblichen Energie- und Stoffstrommanagements.

---

[1] Zu Umweltinformationen zählen sowohl Umweltdaten mit Zeit- oder Raumbezug, als auch umweltrelevante Informationen im Rahmen des betrieblichen Umweltschutzes, die nur mittelbaren Bezug zu Umwelteinwirkungen haben (vgl. Rautenstrauch 1999).

- *Politik und Gesellschaft*: Politik und Gesellschaft befinden sich hinsichtlich ihrer politischen Steuerungsmöglichkeiten in einer Neuordnungsphase. Die politische Steuerungsfähigkeit von Nationalstaaten und ihrer Regierungen schwindet zugunsten einer Heterarchie verschiedener Akteure. Neben Regierungen werden Umweltschutzorganisationen, Normungsvereinigungen, Unternehmen und Verbände zu wichtigen Kräften bei der Ausgestaltung neuer politischer Ordnungsstrukturen. Die veränderten Strukturen führen dazu, dass der Erfolg eines Unternehmens nicht mehr ausschließlich von Kunden, Wettbewerbern und staatlichen Rahmenbedingungen, sondern in zunehmendem Maße auch von neuen Marktkräften, wie den Medien, Umwelt- und Nichtregierungsorganisationen und Finanzdienstleistern abhängt (Fichter u. Schneidewind 1999). Unternehmen reagieren auf diesen Strukturwandel mit neuen Kommunikations- und Kooperationsformen. Der Dialog mit Anspruchsgruppen[2] und die Zusammenarbeit mit unterschiedlichsten Organisationen gewinnt zur Sicherung des langfristigen Unternehmenserfolgs an Bedeutung (Sustainability, UNEP 1999).
- *Informations- und Kommunikationstechnologien:* Der technologische Fortschritt im Bereich der Informations- und Kommunikationstechnologien ist ein wesentlicher Träger der beschriebenen Entwicklungen in Markt, Politik und Gesellschaft. Dies gilt sowohl für die verfügbare Technik in Form von Telekommunikation, Internet, usw., die eine rasche weltweite Verbreitung und Kommunikation von Informationen ermöglicht, als auch für die Leistungsfähigkeit von Software, durch die verschiedenste Informationen im Unternehmen ermittelt und aufbereitet und mit Partnern, Organisationen und Anspruchsgruppen ausgetauscht werden können. Im Rahmen des betrieblichen Umweltmanagements spielen hier v.a. Softwaresysteme in Form von Betrieblichen Umweltinformationssystemen (BUIS; vgl. Bullinger et al. 1998) eine wichtige Rolle. Sie unterstützen eine Vielzahl strategischer und operativer Aufgaben des betrieblichen Umweltmanagements von der Umweltorganisation, über das Energie- und Stoffstrommanagement bis hin zur ökologischen Produktgestaltung. Informations- und Kommunikationstechnologien in Verbindung mit Umweltinformationen sind auch Auslöser neuer Informations- und Kommunikationsformen zwischen einem Unternehmen und seinen Anspruchsgruppen. So werden Umweltinformationen und Umweltleistungen von Unternehmen beispielsweise über das Internet weiterverbreitet, eine Tatsache, die sich immer mehr Unternehmen im Rahmen neuer interaktiver Kommunikations- und Informationsformen, z.B. in Form von Umwelt- oder Nachhaltigkeitsberichterstattungen zunutze machen (Sustainability, UNEP 1999; siehe auch Kap. 13.3.3).

---

[2] Anspruchsgruppen (engl. Stakeholder) sind Individuen oder Gruppen, die Einfluss auf eine Organisation (Unternehmen) ausüben, bzw. durch diese beeinflusst werden. Anspruchsgruppen sind darüber hinaus selbstlegitimierend und sie können anhängig von Organisationsgrad und Größe erheblichen Einfluss ausüben (Schaltegger u. Sturm 1994).

13.2 Das 'House of Ecology' – Leitbild für den integrierten Umweltschutz

Auf Grundlage der in Kap. 13.1 geschilderten Herausforderungen für das betriebliche Umweltmanagement wurde im Rahmen des Projektes OPUS das ‚House of Ecology' als Leitbild für den integrierten[3] Umweltschutz im Unternehmen entwickelt (vgl. Abb. 13.2-1 sowie Jürgens u. Beucker 1999). In ihm werden die Gestaltungsfelder eines integrierten Umweltschutzes durch die drei Säulen Organisation, Information und Kooperation zusammengefasst.

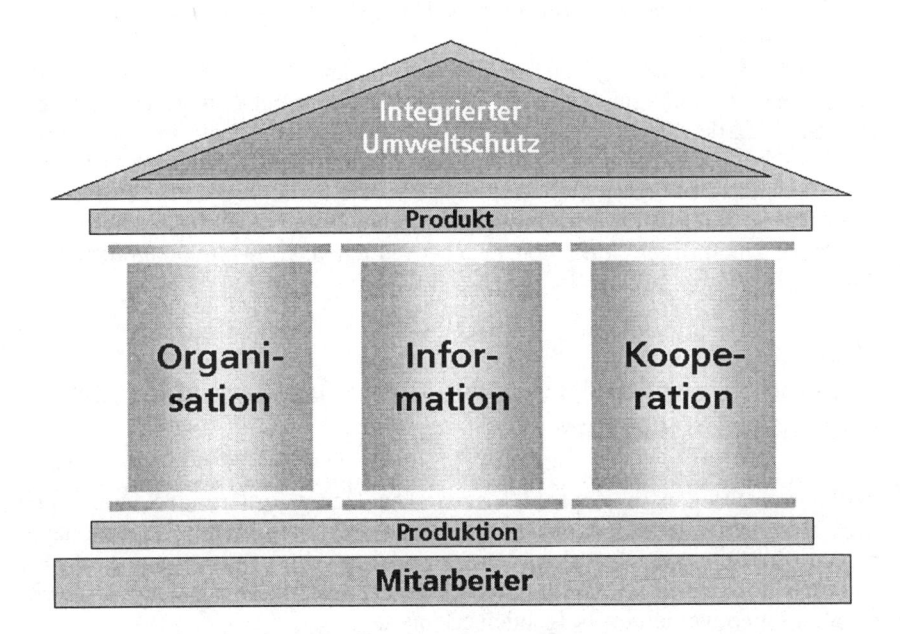

Abb. 13.2-1 Das ‚House of Ecology' (Jürgens u. Beucker 1999)

Die Inhalte der drei Säulen werden im Folgenden geschildert:

- *Organisation:* Die Säule der Organisation stellt die organisatorische Verankerung des Umweltschutzes am Produktionsstandort und innerhalb der Kooperationsbeziehungen im logistischen Netzwerk von Unternehmen dar. Auf Grundlage eines integrierten Managements[4] werden verschiedene Un-

---

[3] Integrierter Umweltschutz wird hier verstanden als die Verbindung einer produktions- und produktbezogenen Sichtweise, also die Verbindung von produktions- und produktintegriertem Umweltschutz.
[4] Zum Begriff des integrierten Managements vgl. Ellringmann et al. 1995.

ternehmensziele miteinander verbunden und mit den Anforderungen eines integrierten Umweltschutzes in Beziehung gesetzt.
- *Information:* Die Säule Information beinhaltet den Aufbau einer regelmäßig aktualisierten Informationsgrundlage zur Unterstützung strategischer und operativer umweltorientierter Entscheidungen am Produktionsstandort und im logistischen Netzwerk.
- *Kooperation:* Die Säule der Kooperation stellt die Zusammenarbeit von Mitarbeitern und Unternehmenspartnern entlang der Erstellung eines Produktes bzw. einer Dienstleistung dar und sichert so die Weitergabe und Kommunikation von Informationen und Wissen im Rahmen eines kontinuierlichen Verbesserungsprozesses (KVP).

Die Basis des ‚House of Ecology' bilden die Mitarbeiter, ihre aktive Beteiligung sichert die Umsetzung des Leitbildes. Das Dach des Gebäudes besteht aus der Integration des Umweltschutzes in die Produkte bzw. Dienstleistungen eines Unternehmens.

Im ‚House of Ecology' stehen die drei Säulen Organisation, Information und Kooperation als gleichwertige Gestaltungsfelder nebeneinander. Die zentrale Stellung der Säule Information deutet an, dass ihr für die Integration des Umweltschutzes in die Prozesse und die Produkte eines Unternehmens eine entscheidende Bedeutung zukommt. Die zentrale Rolle, die Umweltinformationen für die Integration des Umweltschutzes zukommt, wird Anhand einiger wichtiger zukünftiger Aufgaben des betrieblichen Umweltmanagements erläutert.

13.3
Umweltinformationen unterstützen neue Aufgaben des Umweltmanagements

Aufbauend auf den in Kap. 13.1 genannten Herausforderungen lassen sich neue entscheidende Aufgaben des operativen und strategischen Umweltmanagement beschreiben, für deren Ausgestaltung Umweltinformationen eine wichtige Rolle spielen. Die Aufgaben und ihre Unterstützung durch Umweltinformationen werden im Folgenden erläutert.

13.3.1
Integration und Unterstützung von strategischen und operativen Managementaufgaben

Die Anforderungen, die aus Markt, Politik und Gesellschaft an Unternehmen herangetragen werden (siehe auch Kap. 13.1), haben zur Ausbildung einer Vielzahl von spezifischen Managementsystemen geführt. Dazu zählen neben dem Umwelt- und dem Qualitätsmanagement auch der Arbeitsschutz sowie unterschiedlichste branchenspezifische Standards. Eine Verbindung der einzelnen Managementsysteme und ihrer Anforderungen zu integrierten Lösungen wird aus betriebswirtschaftlicher Sicht zunehmend notwendig, um die verschiedenen strategischen und operativen Ebenen des Managements (Produktqualität, Umweltschutz, Arbeitssicherheit) zusammenzuführen (Ellringmann et al. 1995) Durch eine Verbindung der einzelnen Systeme wird zudem der Aufwand für Organisation, Dokumentation und Berichtspflichten erheblich reduziert.

Die Integration verschiedener Managementsysteme zu einem integrierten Gesamtsystem wird jedoch auch aus umweltpolitischen Erwägungen gefordert. Das integrierte Management wird in diesem Zusammenhang als ein Einstieg in das Prinzip einer nachhaltigen Unternehmensführung gesehen, in der ökonomische, ökologische und soziale Entscheidungsebenen miteinander verbunden werden (Steinfeldt 1998).

Zu der Integration der unterschiedlichen Managementsysteme und Entscheidungsebenen können BUIS einen wichtigen Beitrag liefern. Die auf dem Markt angebotenen Systeme zur Unterstützung der Umweltorganisation im Unternehmen verfügen über erste Ansätze der Integration, so existieren bereits Systeme, die eine gemeinsame Unterstützung der Organisation und Dokumentation von Umwelt- und Qualitätsmanagement bzw. Umweltmanagement und Arbeitsschutz ermöglichen[5].

Für die Integration verschiedener betrieblicher Informationssysteme werden v.a. die Kombination und Anbindung von BUIS an ERP-Systeme[6] eine wichtige Rolle spielen (Bullinger et al. 1998). Ziel wird hier sein, die in ERP-Systemen vorhandenen Informationen für unterschiedlichste Auswertungen beispielsweise in Bezug auf Umwelt- oder Qualitätsaspekte in BUIS bzw. anderen Softwaresystemen zu nutzen.

Im Hinblick auf eine gemeinsame Datennutzung und die Integration verschiedener Managementsysteme ist auch die Einbeziehung weiterer Managementaufgaben, wie z.B. ein Sicherheits- oder Risikomanagement denkbar.

13.3.2
Ökonomisch-ökologische Prozess- und Produktoptimierung

Die Optimierung von Produktionsprozessen und Produkten unter ökonomisch-ökologischen Gesichtspunkten ist in den letzten Jahren zu einer wesentlichen Aufgabe des betrieblichen Umweltmanagements geworden.

Das verstärkte Interesse an der Erfassung ökomisch-ökologischer Optimierungspotentialen lässt sich dabei im wesentlichen auf zwei Gründe zurückführen:

- Viele Unternehmen befinden sich nach der Einführung von Umweltmanagementsystemen und der Erschließung leicht zugänglicher und kurzfristig wirksamer Optimierungspotentiale in einer Phase, in der zur Erschließung langfristig wirksamer Optimierungspotentiale zunehmend die systematische

---

[5] Vgl. hierzu insbesondere auch die Entwicklungen im Bereich der ERP-Systeme, beispielsweise das System Environmental, Health and Safety von SAP bzw. das System infor:EMS der infor AG (siehe Bullinger et al. 1999).

[6] ERP (Enterprise Resource Planning) Systeme stellen das zentrale betriebswirtschaftliche Informationssystem dar, in dem neben Aufgaben der Produktionsplanung und -steuerung (PPS) auch weitere Unternehmensfunktionen, wie z.B. die Finanzbuchhaltung und das Personalmanagement verwaltet werden.

und detaillierte Betrachtung der Produktions- und Unternehmensprozesse erfolgen muss (Rey et al. 1998).
- Ansätze der Umweltkostenrechnung haben gezeigt, dass auf Basis einer regelmäßigen betrieblichen Energie- und Stoffstromanalyse erhebliche ökonomische und ökologische Einsparpotentiale realisiert werden können (Loew u. Jürgens 1999). Ähnlich verhält es sich mit der ökologischen Produktoptimierung: auch hier ermöglicht die Erfassung energie- und stoffspezifischer Daten und Informationen die Erschließung langfristig wirksamer Optimierungspotentiale.

Das betriebliche Energie- und Stoffstrommanagement ist somit zu einer wichtigen Grundlage der ökomisch-ökologischen Prozess- und Produktoptimierung im Unternehmen geworden. Transparenz über die Energie- und Stoffströme im Unternehmen setzten wiederum die kontinuierliche und detaillierte Erfassung von prozessbezogenen Informationen und Daten voraus. Dies gilt in gleicher Weise für die ökologische Produktoptimierung und die Bewertung von lebenszyklusrelevanten Daten und Informationen.

Die auf dem Markt angebotenen BUIS stellen eine leistungsfähige Unterstützung des betrieblichen Energie- und Stoffstrommanagements sicher. Für die zukünftige Nutzung der Systeme steht insbesondere die Nutzung der in ERP-Systemen vorhandenen Daten durch BUIS im Vordergrund. Ein große Anzahl von prozess- und produktbezogenen Daten ist beispielsweise in Form von Stücklisten, Arbeitsplänen und Materialstammdaten in ERP-Systemen vorhanden. Die Nutzung dieser Informationen kann somit den Initialaufwand für die Einführung von BUIS erheblich reduzieren. Redundanzen und Mehrfacherhebungen bei der Informationserhebung werden vermieden.

Bezüglich der Umweltkostenrechnung besitzen die auf dem Markt verfügbaren BUIS bereits vielfache Auswertungsmöglichkeiten. Für die Verbindung des Energie- und Stoffstrommanagements mit Instrumenten der Umweltkostenrechnung ist daher die Ergänzung klassischer Kostenrechnungssysteme mit den Ergebnissen der Umweltkostenrechnung sinnvoll. Dieses ist ein Gebiet, auf dem BUIS im Gegenzug wichtige Daten für die Nutzung in betrieblichen Informationssystemen liefern können.

13.3.3
Zielgruppenspezifische Unternehmenskommunikation

In der Kultur der Unternehmenskommunikation hat sich in den letzten Jahren ein starker Wandel vollzogen (Dijk u. Elkington 1999). In Kap. 13.1 wurde erwähnt, dass sich in der Vergangenheit viele Unternehmen fast ausschließlich über ihre Wertschöpfung legitimierten. Dementsprechend war die Unternehmenskommunikation und Berichterstattung nur in geringem Maße ausdifferenziert und stellte die Geschäftsberichterstattung in den Mittelpunkt. Inzwischen treten eine Vielzahl von Anspruchsgruppen mit stark ausdifferenziertem Informationsbedarf an Unternehmen heran. Dies führt wiederum zu neuen Formen der Kommunikation und Berichterstattung. Informationen müssen in zunehmendem Maße zielgruppenspezifisch und für unterschiedlichste Medien

13.3 Umweltinformationen unterstützen neue Aufgaben des Umweltmanagements

aufbereitet werden. Dies gilt insbesondere auch für die Vermittlung von Umweltinformationen (Sustainability, UNEP 1999).

Der Wandel in der Kultur der Berichterstattung kann dabei auch als Entwicklung im Verhältnis zwischen einem Unternehmen und seinen Anspruchsgruppen von ‚trust me' über ‚tell me' zu ‚show me' interpretiert werden. Demnach wurde das Vertrauen der Anspruchsgruppen in ein Unternehmen (‚trust me') zunächst durch Erwartungen an die Berichterstattung abgelöst, (‚tell me') während heute eine aktive (‚show me') und seriöse Kommunikation spezifischer Daten und Fakten für unterschiedlichste Anspruchsgruppen erwartet wird (Dijk u. Elkington 1999). Die Veränderungen in der Kultur der Unternehmenskommunikation sind in Abbildung 13.3-1 dargestellt.

trust me ⇨ Legitimation über Wertschöpfung

⇩

tell me ⇨ Berichterstattung Unternehmenskommunikation

⇩

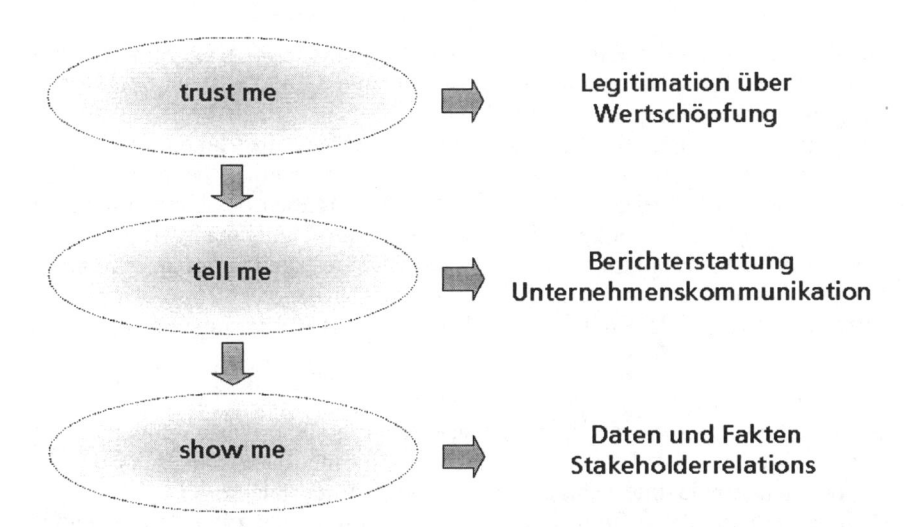

show me ⇨ Daten und Fakten Stakeholderrelations

Abb. 13.3-1 Entwicklung in der Kultur der Unternehmenskommunikation (erstellt nach Schneider 1999)

Der Dialog und die Kommunikation mit Anspruchsgruppen sind auch Bestandteil neuer Normung zum Umweltmanagement. So sieht beispielsweise der Entwurf der neuen EMAS-Verordnung die Kommunikation mit interessierten Kreisen vor (EMAS 1998).

Aber auch Politik und Finanzdienstleister formulieren ein zunehmend detailliertes Informationsbedürfnis, beispielsweise ergänzen Rating-Agenturen und Investmentgesellschaften und -fonds die klassischen finanziellen Bewertungssysteme um eine Risikoabschätzung auf Basis der Umweltleistungen eines Unternehmens (Flatz 1999). Die Anforderungen an die zu kommunizierenden Umweltinformationen können daher höchst unterschiedlich sein und erfordern neue Formen der Informationsaufbereitung und Berichterstattung.

Prognostiziert wird eine deutliche Veränderung der Berichterstattung von der aktuellen reaktiven Form, die auf der Nutzung vergangenheitsorientierter

Informationen beruht, hin zu einer proaktiven[7] Form, die aktuelle Informationen und Echtzeitdaten zur Erstellung zielgruppenspezifischer Berichte nutzt. Vorstellbar ist demnach auch, dass sich Anspruchsgruppen in Zukunft eigene Berichte aus spezifischen Informationen und Echtzeitdaten zusammenstellen (Sustainability, UNEP 1999). Dies würde insbesondere neue Anforderungen bezüglich der Intra- und Internetfähigkeit sowie an die Auswertungsmöglichkeiten von BUIS stellen.

13.4
Fazit: Umweltinformationen – Grundlage für neue Aufgaben des Umweltmanagements

Für die Integration des Umweltschutzes in Produktionsprozesse und Produkte stellen Umweltinformationen eine entscheidende Grundlage dar. Zur Erfassung und Auswertung der Informationen stehen geeignete BUIS zur Verfügung. Bisher werden BUIS jedoch meist als reaktive Instrumente zur Erfüllung der Anforderungen von Umweltmanagementsystemen genutzt. In Kap. 13.3 wurde deutlich, dass für die zukünftigen Aufgaben des Umweltmanagements Umweltinformationen eine zentrale Rolle einnehmen werden. Umweltinformationen und ihre Nutzung durch BUIS werden somit zu Instrumenten eines proaktiven und strategischen Umweltmanagements. An Umweltinformationen bzw. BUIS sollten deshalb folgende Anforderungen gestellt werden:

Anforderungen an Umweltinformationen
– Unterstützung verschiedener Managementaufgaben: Dazu zählen neben dem Umweltschutz Fragen der Qualitätssicherung, des Arbeitsschutzes und branchen- sowie unternehmensspezifische Anforderungen.
– Generierbarkeit von Berichten und Auswertungen, die zur Kommunikation mit unterschiedlichsten Anspruchsgruppen nutzbar sind.

Anforderungen an BUIS
– Integration in die Architektur bestehender betrieblicher Informationssysteme mit Nutzung der in ERP-Systemen vorhandenen Informationen und Daten.
– Intra- und Internetfähigkeit der Systeme, um sowohl Mitarbeitern als auch Partnern im Unternehmensnetzwerk sowie Anspruchsgruppen Einsicht in die für sie relevanten Informationen zu ermöglichen.

BUIS wirken gemäß dieser Anforderungen als Informationsdrehscheibe für unterschiedlichste Managementaufgaben (Abbildung 13.4-1).

---

[7] Der Begriff ‚proaktiv' wurde durch die Diskussion um das betriebliche Umweltmanagement geprägt. Als proaktiv gilt eine Unternehmen, das durch sein Engagement für den Umweltschutz zu betriebswirtschaftlichem Erfolg gelangt. (Bundesumweltministerium 1995)

13.4 Fazit: Umweltinformationen – Grundlage für neue Aufgaben des Umweltmanagements

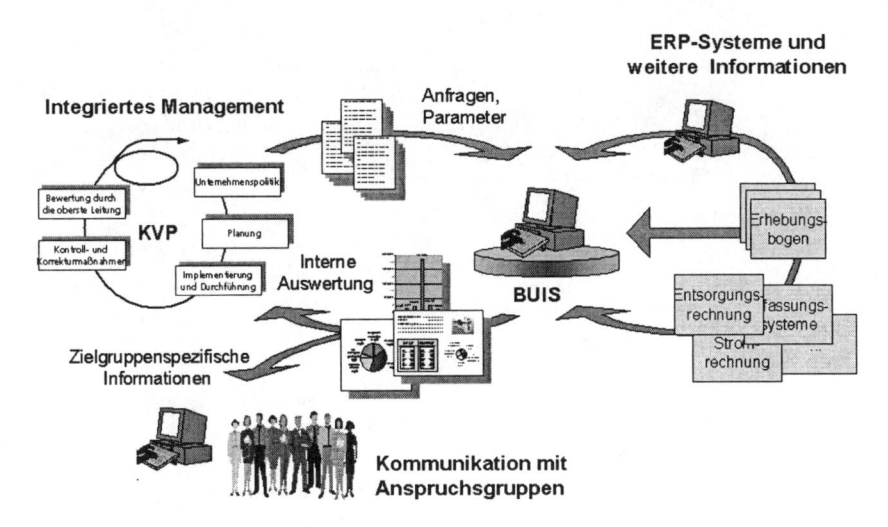

Abb. 13.4-1 BUIS als Informationsdrehscheibe eines proaktiven und integrierten Umweltmanagements

Die genannten Anforderungen verdeutlichen das umfangreiche Potential, welches BUIS für die Aufgaben eines strategischen und proaktiven Umweltmanagements besitzen. Der Schritt von der reaktiven und passiven Nutzung von Umweltinformationen hin zu einem aktiven steuernden Umgang ist jedoch zum einen von softwaretechnischen Voraussetzungen und zum anderen maßgeblich vom Stellenwert des Umweltmanagements im Unternehmen abhängig.

Erst der proaktive Umgang mit Umweltinformationen im Rahmen der neuen Aufgaben des betrieblichen Umweltmanagements erschließt dem Unternehmen ökologische Wettbewerbsfelder und Alleinstellungsmerkmale.

Anhang

Literatur

Aachener Werkzeugmaschinenkolloquium (1993): Wettbewerbsfaktor Produktionstechnik, Aachener Werkzeugmaschinen-Kolloquium '93 (Hrsg.), VDI-Verlag, Düsseldorf
Aachener Werkzeugmaschinenkolloquium (1999): Wettbewerbsfaktor Produktionstechnik, Aachener Werkzeugmaschinen-Kolloquium '93 (Hrsg.), VDI-Verlag, Düsseldorf
Abel, D. (1990): Petri-Netze für Ingenieure, Berlin, Heidelberg, New York etc.
Adam, D. (1988): Aufbau und Eignung klassischer PPS-Systeme; in: Fertigungssteuerung I, Adam (Hrsg.), Wiesbaden, S. 5–21
Aghte, I. et al. (1998): Standard PPS – umweltorientiert erweitert; in: PPS-Management, Jg. 3, Nr.2, S. 35–38
Aghte, I., Rey, U. (1998): Umweltgerechte Produktion durch eine kontinuierliche Optimierung der Planungsparameter und umweltorientierte Erweiterung der Planungsfunktionalität; in: Haasis, H.-D., Ranze, K.C., S. 112–128
Alting, L., Legarth, J.B. (1995): Life Cycle Engineering and Design, Annals of the CIRP Vol. 44/2/1995, pp. 1–11
Anderl, R., Grabowski, H., Polly A. (1993): Integriertes Produktmodell, Entwicklungen zur Normung von CIM, Beuth Verlag GmbH, Berlin
Anderson, J.A., Rosenfeld, E. (1988): Neurocomputing: Foundations of Research, MIT Press, Cambridge MA
Aue-Uhlhausen, H., Kühnle, H. (1988): Von ABS bis OPT – PPS-Methoden im Vergleich; in: PPS 88, AWF (Hrsg.), Eschborn, S. 177–230
Aulinger, A. (1996): (Ko-)Operation Ökologie, Marburg
Balzert, H. (1996): Lehrbuch der Software-Technik, Software-Entwicklung, Spektrum Akademischer Verlag, Heidelberg, Berlin, Oxford
Barankay, T., Jürgens, G., Rey, U., Rieg, R. (2000): Reststoffkosten aufgedeckt, Stoffstromanalysen machen versteckte Kostentreiber im betrieblichen Umweltschutz sichtbar; in: Müllmagazin Nr. 01/2000, Berlin
Baumann, M. (1995): Anwendungsspezifische Erweiterung von Konstruktionssystemen für geometrisch-gestalterische Tätigkeiten unter Berücksichtigung einer systemneutralen Datenhaltung, Dissertation, RWTH Aachen, Verlag Shaker, Aachen
Baumgarten, B. (1990): Petri-Netze, Mannheim
Bechte, W. (1984): Steuerung der Durchlaufzeit durch belastungsorientierte Auftragsfreigabe bei Werkstattfertigung, Fortschritt-Berichte VDI, Reihe 2, Nr. 70, Düsseldorf
Benz, T.M. (1990): Funktionsmodelle in CAD-Systemen, Dissertation TH Karlsruhe, VDI-Verlag, Düsseldorf
Bierwirth, C., Mattfeld, D.C., Kopfer, H. (1996): On Permutation Representations for Scheduling Problems; in: Voigt, H.M. et al. (eds.): Parallel Problem Solving from Nature IV, Berlin, pp. 310–318
BImSchG (1994): Bundes-Immissionsschutzgesetz, in der Fassung der Bekanntmachung vom 14. Mai 1990; in: Umweltrecht, Beck-Texte im dtv, 8. Aufl.
Bleicher, K. (1994): Normatives Management: Politik, Verfassung, und Philosophie des Unternehmens, Frankfurt, NewYork
Böhlke, U.H. (1994): Rechnerunterstützte Analyse von Produktlebenszyklen, Dissertation RWTH Aachen, Shaker Verlag, Aachen

Bogaschewsky, R. (1995): Natürliche Umwelt und Produktion: Interdependenzen und betriebliche Anpassungsstrategien; Wiesbaden
Bramsemann, R. (1990): Controlling: Methoden und Techniken, Hanser Verlag München, 2. Aufl., Wien
Bullinger, H.-J., Görsch, R., Rey, U. (1998): Betriebliche Umweltinformationssysteme als Integrationsbasis einer öko-effizienten Informationswirtschaft; in: Bullinger, H.-J., Hilty, L.M., Rautenstrauch, C., Rey, U., Weller, A. (Hrsg.): Betriebliche Umweltinformationssysteme in Produktion und Logistik; Marburg, S. 9–29
Bullinger, H.-J. (Hrsg.) (1997): Anforderungen an Methoden und Systeme für eine umweltorientierte Auftragsabwicklung, Projektbericht OPUS – Organisationsmodelle und Informationssysteme für einen produktionsintegrierten Umweltschutz, Stuttgart
Bullinger, H.-J., Jürgens, G. (1999): Betriebliche Umweltinformationssysteme als Grundlage für den Integrierten Umweltschutz; in: Bullinger, H.-J., Jürgens, G., Rey, U. (Hrsg.): Betriebliche Umweltinformationssysteme in der Praxis, Fraunhofer IRB, Stuttgart
Bullinger, H.-J., Jürgens, G., Rey, U. (Hrsg.) (1999): Betriebliche Umweltinformationssysteme in der Praxis, Fraunhofer IRB, Stuttgart
Bullinger, H.-J., Steinaecker, J.v., Weller A. (1997): Concepts and Methods for a Production Integrated Environmental Protection; in: Proceedings of the 14th International Congress on Production Research, Osaka, pp. 936–939
Bundesumweltministerium (1995): Handbuch Umweltcontrolling, Bundesumweltministerium und Umweltbundesamt (Hrsg.), Verlag Vahlen, München
Burghardt, M. (1997): Projektmanagement – Leitfaden für die Planung, Überwachung und Steuerung von Entwicklungsprojekten, 4. Wesentlich überarbeitete Aufl., Publics-MCD-Verlag
Butterbrodt, D. (1997): Praxishandbuch umweltorientiertes Management : Grundlagen, Konzepte, Praxisbeispiel, Berlin
Butterbrodt, D. et al. (1995): Umweltmanagement: moderne Methoden und Techniken, Kamiske, G.F. (Hrsg.), Hanser Verlag, München et al.
BUWAL (1996a): Ökoinventare für Verpackungen, Schriftenreihe Umwelt Nr. 250/I, Bundesamt für Umwelt, Wald und Landschaft, Bern
BUWAL (1996b): Ökoinventare für Verpackungen, Schriftenreihe Umwelt Nr. 250/II, Bundesamt für Umwelt, Wald und Landschaft, Bern
Chen, P. P.-S. (1976): The Entity-Relationship Model. Toward a Unified View of Data; in: ACM Transactions on Database Systems. Vol. 1, No. 1 (1976), pp. 9–36
Chin-Teng, L., Lee, C.S.G. (1991): Neural-Network-Based Fuzzy-Logic Control and Decision System. IEEE Transactions on Computers 40
Corino, C. (1995): Ökobilanzen, Entwurf und Beurteilung einer allgemeinen Regelung, Werner Verlag, Düsseldorf
Corsten, H., Gössinger, R. (1998): Allokationsmechanismen für kontraktbasierte unternehmungsinterne Märkte – Eine Analyse am Beispiel der dezentralen Produktionsplanung und -steuerung als unternehmungsinterne Dienstleistung; in: Schriften zum Produktionsmanagement, Kaiserslautern
Corsten, H., May, C. (1994): Dezentral organisierte Produktionsplanungs- und -steuerungssysteme – Unterstützungspotential und Gestaltungsoptionen; in: Wirtschaftswissenschaftliches Studium 23, S. 54–58
Corsten, H., May, C. (1995): Unterstützungspotential Künstlicher Neuronaler Netze für die Produktionsplanung und -steuerung; in: Information Management 10, S. 44–55
Daenzer, W.F.(1994): Systems Engineering : Methodik und Praxis, Verlag Industrielle Organisation, Zürich
Dahl, W. (1996): Energie und Rohstoffeinsparung, Sonderforschungsbereich 144 der Deutschen Forschungsgemeinschaft an der RWTH Aachen (Hrsg.), VDI Verlag, Düsseldorf
Davis, E.W., Patterson, J.H. (1975): A Comparison of Heuristics and Optimal Solution in Resource-Constraint Project Scheduling. Management Science 21, pp. 944–955
de Backer, P. (1996): Umweltmanagement im Unternehmen, Berlin
Dekorsy, T. (1993): Ganzheitliche Bilanzierung als Instrument zur bauteilspezifischen Werkstoff- und -verfahrensauswahl, Dissertation Universität Stuttgart

DIN EN ISO 14001 (1996): DIN EN ISO 14001 : Umweltmanagementsysteme; Spezifikation mit Anleitung und Anwendung, Beuth Verlag, Berlin
DIN EN ISO 14040 (1997): DIN EN ISO 14040 : Umweltmanagement; Ökobilanz, Prinzipien und allgemeine Anforderungen, Beuth Verlag, Berlin
Dinkelbach, Rosenberg (1997): Erfolgs- und umweltorientierte Produktionstheorie, Springer-Verlag, Berlin
Domany, E. (1988): Neural Networks: A Biased Overview. Journal of Statistical Physics 51
Döpper, F., Heitsch, J.-U., Kampmeyer, J. (1997): Anforderungen an die Gestaltung eines überbetrieblichen Umweltmanagement; in: Bullinger, H.-J., (Hrsg.): Anforderungen an Methoden und Systeme für eine umweltorientierte Auftragsabwicklung, Projektbericht OPUS – Organisationsmodelle und Informationssysteme für einen produktionsintegrierten Umweltschutz, Stuttgart
Dyckhoff, H. (1998): Umweltschutz : Gedanken zu einer allgemeinen Theorie umweltorientierter Unternehmensführung; in: Produktentstehung, Controlling und Umweltschutz – Grundlagen eines ökologieorientierten F&E Controlling, Dyckhoff, H., Ahn, H. (Hrsg.), Physica Verlag, Heidelberg
Dyllick T., Belz F., Schneidewind U. (1997): Ökologie und Wettbewerbsfähigkeit, Carl Hanser, München Wien; Verlag Neue Zürcher Zeitung
Ellringmann, H. (1996): Integration des Umweltschutzes in die Unternehmensführung; in: Zeitschrift für Organisation (zfo), 1/96, S. 23–27
Ellringmann H., Schmihing C., Chrobok R. (1995): Umweltschutz Management : Von der Öko-Audit-Verordnung zum integrierten Managementsystem, Luchterhand, Neuwied Kriftel Berlin
EMAS (1993): Verordnung (EWG) über des Rates vom 29. Juni 1993 über die freiwillige Beteiligung gewerblicher Unternehmen an einem Gemeinschaftssystem für das Umweltmanagement und die Umweltbetriebsprüfung; in: Amtsblatt der EG, Nr. L168/1-18 vom 10. Juli 1993
EMAS (1998): Vorschlag für eine Verordnung (EG) des Rates über die freiwillige Selbstbeteiligung von Organisationen an einem Gemeinschaftssystem für das Umweltmanagement und die Umweltbetriebsprüfung. Amtsblatt der Europäischen Gemeinschaft 22.12.98, C 400/7
Enquête-Kommission (1994): Die Industriegesellschaft gestalten, Perspektiven für einen nachhaltigen Umgang mit Stoff- und Materialströmen, Economica, Bonn
Eversheim, W. (1989): Organisation in der Produktionstechnik, Bd. Fertigung und Montage, 2. Aufl., Düsseldorf
Eversheim, W. (1990): Organisation in der Produktionstechnik, VDI-Verlag Düsseldorf, 2. Aufl.
Eversheim, W. (1994): Wirtschaftlichkeitsfragen der Fertigung, Vorlesungsumdruck, Lehrstuhl für Produktionssystematik der RWTH Aachen
Eversheim, W. (1997): Organisation in der Produktionstechnik, Bd. Arbeitsvorbereitung; 3. vollst. überarb. Aufl., Berlin u.a.
Eversheim, W. et al. (1998a): Wettbewerbsvorteile durch ressourcenschonende Produkte; in: VDI-Bericht 1400, VDI Verlag, Düsseldorf, S. 19–36
Eversheim, W. et al. (1998b): Organisation der Produktionstechnik, Bd. Konstruktion, Springer Verlag, Berlin Heidelberg New York
Eversheim, W. et al. (1999): Integrierter Umweltschutz – Ein strategischer Erfolgsfaktor; in: Aachener Werkzeugmaschinen-Kolloquium (Hrsg.): Wettbewerbsfaktor Produktionstechnik – Aachener Perspektiven. AWK Tagungsband, Shaker, Aachen, S. 49–72
Eversheim, W., Albrecht, T. (1996): Erstellung von Substitutionskriterien für Verfahren und Werkstoffe, in: Sonderforschungsbereich 144 der Deutschen Forschungsgemeinschaft an der RWTH Aachen (Hrsg.): Energie- und Rohstoffeinsparung, Methoden für ausgewählte Fertigungsprozesse, Abschlusskolloquium des SFB 144, VDI Verlag, Düsseldorf
Eversheim, W., Klocke, F., Döpper, F., Heitsch, J.-U. (1999): Produktionsintegrierter Umweltschutz in NRW (1/2); in: Umwelt, Bd. 29 (1999), Nr. 7/8, Springer-VDI-Verlag, Düsseldorf
Eversheim, W., Schuh, G. (1996): Betriebshütte – Produktion und Management, 7. Aufl., Berlin
Eyerer, P. (1996): Ganzheitliche Bilanzierung, Springer Verlag, Berlin, Heidelberg, New York

Feldmann, C. (1997): Eine Methode für die integrierte rechnergestützte Montageplanung, Berlin, Heidelberg, New York
Feldmann, K. (1992): Montageplanung in CIM, Köln
Ferstl, O.K., Sinz, E.J. (1994): Grundlagen der Wirtschaftsinformatik. Bd. 1. Oldenbourg
Fichter K., Schneidewind U. (1999): Neue Spielregeln für den Unternehmenserfolg; in: Ökologisches Wirtschaften 1/1999, S. 10–12
Flatz A. (1999): Sustainability und Shareholder Value; in: Ökologisches Wirtschaften 1/1999, S. 18–19
Frank, Chr. (1994): Strategische Partnerschaften in mittelständischen Unternehmen, Wiesbaden
Franke, M. (1984): Umweltauswirkungen durch Getränkeverpackungen, Dissertation TU Berlin
Franke, St., Tuma, A., Haasis, H.-D. (1998a): Entwicklung umweltschutzorientierter Produktionsleitstände auf Basis eines belastungsorientierten Kaskadenreglers; in: Bullinger, H.-J. et al. (Hrsg.): Betriebliche Umweltinformationssysteme in Produktion und Logistik, Metropolis, Marburg, S. 153–169
Franke, St., Tuma, A., Kriwald, T., Haasis, H.-D. (1998b): Konzeption eines umweltschutzorientierten Produktionsleitstands; in: Grützner R., Benz J. (Hrsg.): Werkzeuge für Modellierung und Simulation im Umweltbereich, Marburg, S. 179–189
Frey, B. (1996): Wirtschaftlichkeitsbeurteilung beim Umweltschutz; in: io Management, 5/96, S. 68–72
Gabler Wirtschafts-Lexikon (1993): 8. Aufl., Wiesbaden
GefStoffV (1993): Verordnung zum Schutz vor gefährlichen Stoffen; in: Beck-Texte: Umweltrecht. München 1994
Gege, M. (Hrsg.) (1997): Kosten senken durch Umweltmanagement, Verlag Vahlen, München
Genrich, H.-J. (1991): Predicate/Transition Nets; in: Jensen, K., Rosenberg, G. (Hrsg.): High-Level Petri Nets, Berlin, Heidelberg, 1991, pp. 3–43
Glaser, H., Geiger, W., Rohde, V. (1992): PPS – Produktionsplanung und -steuerung : Grundlagen – Konzepte – Anwendungen, Gabler, Wiesbaden
Goldberg, D.E. (1989): Genetic Algorithms in Search, Optimization and Machine Learning, Addison Wesley, Amsterdam et al.
Gordon, W.J.J. (1961): Synectics, the Development of Creative Capacity, Harper, New York
Grossberg, S. (1988): Neural Networks and Natural Intelligence, MIT Press, Cambridge MA
Günther, E. (1994): Ökologieorientiertes Controlling, Verlag Vahlen, München
Günther, K., Habermann, G., Jakubczick, D., Stein, H.H. (1997): Evaluierung und Ansätze für eine Effizienzsteigerung von Umweltmanagementsystemen in der Praxis, UNI/ASU-Umweltmanagementbefragung 1997, Projektbericht, Bonn
Gupta, Ch. (1997): Marktinduziertes Ressourcen- und Kostenmanagement, Dissertation RWTH Aachen, Shaker Verlag, Aachen
Haasis, H.-D. (1996): Betriebliche Umweltökonomie : Bewerten – Optimieren – Entscheiden, Springer, Berlin et al.
Haasis, H.-D., Hilty, L.M., Hunscheid, J., Kürzl, H., Rautenstrauch, C. (Hrsg.) (1995): Umweltinformationssysteme in der Produktion – Fachgespräch des Arbeitskreises Betriebliche Umweltinformationssysteme, Berlin, Marburg
Haasis, H.-D., Müller, W., Winter, G. (2000): Produktionsintegrierter Umweltschutz und Eigenverantwortung der Unternehmen, Frankfurt am Main et al.
Haasis, H.-D., Ranze, K.C. (Hrsg.) (1998): Umweltinformatik '98 : Vernetzte Strukturen in Informatik, Umwelt und Wirtschaft, 12. Internationales Symposium „Informatik für den Umweltschutz" der Gesellschaft für Informatik (GI), Bremen
Haasis, H.-D., Rentz, O. (1994): PPS-Systeme zur Unterstützung eines betrieblichen Umweltschutzes; in: CIM Management, 10(1994)3, S. 48–53
Hackstein, R. (1989): Produktionsplanung und -steuerung (PPS) – Ein Handbuch für die Betriebspraxis, 2. Aufl., VDI-Verlag, Düsseldorf
Hahn, D. (1989): Prozeßwirtschaft – Grundlegung; in: Hahn, D., Laßmann, G. (Hrsg.): Produktionswirtschaft – Controlling industrieller Produktion, Bd. 2, Physica, Heidelberg
Hallay, H. (1990): Die Ökobilanz – Ein betriebswirtschaftliches Informationssystem, Institut für ökologische Wirtschaftsforschung GmbH, Schriftenreihe des IÖW 27/89, Berlin

Hallay, H., Pfriem, R. (1992): Öko-Controlling, Campus-Verlag, Frankfurt am Main, New York
Hammer, M., Champy, J. (1995): Business Reengineering, Frankfurt/New York
Hammer, R.M. (1995): Unternehmensplanung, 6. durchges. Aufl., Oldenburg
Hartmann, M. (1993): Entwicklung eines Kostenmodells für die Montage – Ein Hilfsmittel zur Montageanlagenplanung, Dissertation RWTH Aachen
Hauk, W. (1973): Einplanung von Produktionsaufträgen nach Prioritätsregeln, Berlin
Haupt, R. (1989): A Survey of Priority Rule-Based Scheduling, OR Spektrum 11, pp. 3–16
Hauser, S., Höhnel, K., Neumann, K.-H., Reich, A., Schultz, H. (1995): Schließung von Stoffkreisläufen und Automatisierung von galvanotechnischen Prozeßstufen, Schlußbericht BMBF-Vorhaben 01ZH915A/8
Heitsch, J.-U. (2000): Multidimensionale Bewertung alternativer Produktionstechniken, Dissertation RWTH Aachen
Hellfritz, H. (1999): Innovation via Galeriemethode, Eigenverlag, Königstein/Taunus, 1978
Hilty, L.M., Schmidt, M. (1997): Der fraktale Lebenszyklus; in: Umweltwirtschaftsforum, 5(1997)3, S. 2–7
Hofmeister, S. (1998): Von der Abfallwirtschaft zur ökologischen Stoffwirtschaft – Wege zu einer Ökonomie der Reproduktion, Opladen
Hopfenbeck, W., Jasch, C. (1993): Öko-Controlling : Umdenken zahlt sich aus, Verlag Moderne Industrie, Landsberg am Lech
Hornung, V., et al. (1996): Aachener PPS-Modell – Das Prozeßmodell, Sonderdruck 10/95, Forschungsinstitut für Rationalisierung an der RWTH Aachen (Hrsg.), 2. Aufl., Aachen
Horváth, P. (1994): Controlling, Verlag Vahlen, München
Hutchinson, C. (1996): Integrating Environment Policy with Business Strategy, in: Long Range Planning, Vol. 29, No. 1/96, pp. 11–23
IKARUS (2000): Internetkatalog Betrieblicher Umweltinformationssysteme, URL: http://www.lis.iao.fhg.de/ikarus, Fraunhofer-IAO, Stuttgart
ISO 14001 (1996): Environmental management systems – Specification with guidance for use
Jürgens G., Beucker S. (1999): Strategische Ökologische Unternehmensführung; in: Umwelt 10/1999, S. 19–21
Jürgens, G., Steinaecker, J.v. (1999): Aufbau eines betrieblichen Stoffstrommanagement auf Basis von SAP R/3-Daten, Fachtagung „Environmental Management Accounting and the role of Information Systems", EMAN – Eco-Management Accounting Network, 10.12.1999, Wuppertal Institut für Klima Umwelt Energie, Wuppertal
Kaiser, H. et al. (1997): Anforderungen an eine ökologieorientierte Produktionsplanung und -steuerung (PPS); in: Anforderungen an Methoden und Systeme für eine umweltorientierte Auftragsabwicklung, Stuttgart
Kees, A. (1998): Entwicklung eines Verfahrens zur objektorientierten Modellierung der Produktionsplanung und -steuerung, Aachen
Kernler, H.K. (1995): PPS der 3. Generation : Grundlagen, Methoden, Anregungen; 3. überarb. Aufl., Heidelberg
Kerschbaummayr, G., Alber, S. (1996): Module eines Qualitäts- und Umweltmanagementsystems, Wien
Kiesgen, G. (1996): Entwicklung von ökologisch und ökonomisch effizienten Recycling- und Demontagestrategien für komplexe technische Verbrauchsgüter, Bochum
Kirchgeorg, M. (1990): Ökologisches Unternehmensverhalten : Typologien und Erklärungsansätze auf empirischer Grundlage, Wiesbaden
Kirn, S. (1996): Kooperativ-Intelligente Softwareagenten; in: Information Management 11, S. 18–28
Kläger, R. (1993): Modellierung von Produktanforderungen als Basis für Problemlösungsprozesse in intelligenten Konstruktionssystemen, Dissertation TH Karlsruhe
Kloock, J. (1990): Bilanz und Erfolgsrechnung, Werner Verlag, Düsseldorf
Kloock, J. (1993): Neuere Entwicklungen betrieblicher Umweltkostenrechnungen; in: Betriebswirtschaft und Umweltschutz, Wagner, G., Schäffer-Poeschel Verlag, Stuttgart
Kölscheid, W. (1999): Methodik zur lebenszyklusorientierten Produktgestaltung – Ein Beitrag zum Life Cycle Design, Dissertation RWTH Aachen, Shaker Verlag, Aachen

Kosko, B. (1992): Neural Networks and Fuzzy Systems – A Dynamic System Approach to Machine Intelligence, Prentice-Hall International, London et al.
Laakmann, J. (1995): Aachener PPS-Modell – Das Aufgabenmodell, 3. Aufl., Sonderdruck des Forschungsinstituts für Rationalisierung an der RWTH Aachen, Aachen
Landvater, D., Gray, C. (1988): MRP Standard System, Oliver Wight Companies
Laubscher, H.-P., Rey, U. (1995): Modell zur Planung von Stoffströmen in überbetrieblichen Logistik-Netzwerken – Ein objektorientierter Ansatz; in: Haasis, H.-D. et al., S. 109–121
Laux, H. (1998): Entscheidungstheorie, Springer Verlag, Berlin, Heidelberg
Leber, M. (1995): Entwicklung einer Methode zur restriktionsgerechten Produktgestaltung auf der Basis von Ressourcenverbräuchen, Dissertation RWTH Aachen, Verlag Shaker, Aachen
Lemiesz, D. (1983): Systematische Produktplanung, VDI Verlag, Düsseldorf
Löbel, J., Schörghuber, W. (1997): EU-Umweltaudits : Zukünftige Geschäftsprozesse gestalten, Berlin
Loew T., Jürgens G. (1999): Flusskostenrechnung versus Umweltkennzahlen – Was ist das richtige Instrument für das betriebliche Umweltmanagement?; in: Ökologisches Wirtschaften, 05-06/1999, S. 27–29
Luczak, H., Eversheim, W., Schotten, M. (1998): Produktionsplanung und –steuerung : Grundlagen, Gestaltung und Konzepte, Berlin
Mather, D. (1998): A framework for building spreadsheet based decision models; in: Journal of the Operational Research Society, 50(1998), pp. 70–74
McConnell, S. (1994): Code Complete, Microsoft Press, Unterschleißheim
Mehrmann, E. (1994): Schnell zum Ziel – Kreativitäts- und Problemlösungstechniken, ECON Taschenbuchverlag GmbH, Düsseldorf, Wien
Melzer-Ridiger, R. (1996): Die konzeptionelle Schwächen von MRP II, in: Beschaffung aktuell, 8(1996), S. 22–24
Mosig-Baumeister, G. (1994) (Hrsg.): Aktuelle EDV-Musterpflichtenhefte für alle technischen Unternehmensbereiche, WEKA Fachverlag für EDV, Stand Dez. 1994
Much, D., Nicolai, H. (1995): PPS-Lexikon, 1. Aufl., Cornelsen Verlag, Berlin
Müller, C. (1995): Strategische Leistungen im Umweltmanagement : ein Ansatz zur Sicherung der Lebensfähigkeit des Unternehmens, Wiesbaden
Müller-Merbach, H. (1992): Operations Research, Vahlen Verlag, München
Nebl, T. (1998): Einführung in die Produktionswirtschaft; 3. überarb. Aufl., München, Wien
Nicolai, H., Schotten, M., Much, D. (1999): Aufgaben; in: Luczak, H., Eversheim, W.: Produktionsplanung und –steuerung : Grundlagen, Gestaltung und Konzepte, 2. Aufl., Berlin, Heidelberg
Orwat, C. (1996): Informationsinstrumente des Umweltmanagements, Analytica-Verlagsgesellschaft, Berlin
Paegert, C. (1997): Entwicklung eines Entscheidungsunterstützungssystems zur Zeitparametereinstellung, Dissertation RWTH Aachen, Aachen
Pahl, G., Beitz, W. (1993): Konstruktionslehre : Methoden und Anwendung, Springer Verlag, Berlin, Heidelberg
Pawellek, G. (1993): Produktionslogistik – top-down planen und buttom-up regeln; in: Zeitschrift für Logistik, (1993)2, S. 6–14
Peitgen, H.-O., Jürgens, H., Saupe, D. (1996): Bausteine des Chaos – Fraktale, rororo science, Hamburg
Petrick, K., Eggert, R. (1995): Umwelt- und Qualitätsmanagementsysteme, Wien
Pfnür, A. (1995): Informationsinstrumente und -systeme im betrieblichen Umweltschutz, Heidelberg
Pillep, R., Schieferdecker, R. (1999): Standard-PPS – Umweltorientiert erweitert, Arbeitspapier des FIR, Aachen
Polly, A., Anderl, R., Warnecke, H.J. (1993): Integriertes Produktmodell, Deutsches Institut für Normung, Berlin
Pölzl, U. (1992): Umwelt-Controlling für Industriebetriebe, Dissertation TU Graz
Proth, J.-M., Xie, X. (1996): Petri Nets, Chichester New York etc.

Rautenstrauch, C. (1997): Fachkonzept für ein integriertes Produktions-, Recyclingplanungs- und Steuerungssystem (PrPS-System), Walter de Gruyter, Berlin
Rautenstrauch C. (1999): Betriebliche Umweltinformationssysteme : Grundlagen, Konzepte und Systeme. Springer, Berlin, Heidelberg, New York
REFA (1985): Methodenlehre der Planung und Steuerung, Bd. 3, 4. Aufl., München
Rey U., Jürgens G., Weller A. (1998): Betriebliche Umweltinformationssysteme – Anforderungen und Einsatz, Fraunhofer IRB Verlag, Stuttgart
Rey, U., Pillep, R., Kaiser, H. (1997): Anforderungen an die Arbeitsvorbereitung in einem überbetrieblich umweltorientierten Kontext; in: Bullinger, H.-J. (Hrsg.): Anforderungen an Methoden und Systeme für eine umweltorientierte Auftragsabwicklung, Projektbericht OPUS – Organisationsmodelle und Informationssysteme für einen produktionsintegrierten Umweltschutz, Fraunhofer IRB, Stuttgart, S. 49–76
Richard, P., Xie, X. (1997): Scheduling Sequential and Flexible Machines using Timed Petri Nets; in: Proceedings of Workshop on Manufacturing and Petri Nets, ICATPN'97, Toulouse, Juni, pp. 151–165
Rohrbach, B. (1969): Kreativ nach Regeln – Methode 635, eine neue Technik zum Lösen von Problemen; in: Absatzwirtschaft 12, S. 73–75
Rolf, A., Möller, A. (1996): Sustainable Development: Gestaltungsaufgabe für die Informatik; in: Informatik Spektrum, 19(1996)4, S. 206–213
Rotering, J. (1993): Zwischenbetriebliche Kooperation als alternative Organisationsform, Stuttgart
Rude, S. (1991): Rechnerunterstütze Gestaltfindung auf der Basis eines integrierten Produktmodells, Dissertation TH Karlsruhe
Rumelhardt, D.E., McClelland, J.L. (1987): Parallel Distributed Processing: Explorations in the Microstructure of Cognition, Vol. 1 and 2, MIT Press, Cambridge MA
Schaltegger S., Sturm A. (1994): Ökologieorientierte Entscheidungen in Unternehmen, Paul Haupt, Bern
Schaltegger, S., Sturm, A. (1995): Öko-Effizienz durch Öko-Controlling, Schäffer-Poeschel-Verlag, Stuttgart
Schaper, J., Schneider, B. (1997): Materialwirtschaft im Rahmen der Recyclingplanung und -steuerung; in: VDI-Zeitschrift, 13(1997)6, S. 44–47
Schimweg, R. (1996): Ökologieorientierter Gewerbepark für umweltintensive Betriebe, Verlag TÜV Rheinland
Schlögel, M. (1995): Recycling von Elektro- und Elektronikschrott, Würzburg
Schmidt, G. (1995): Methode und Techniken der Organisation, Götz Schmidt Verlag
Schmidt, M., Meyer, U., Mampel, U. (1996): Prozeßmodellierung und Datenstruktur in Stoffstromnetzen; in: Scheer, A.-W., Haasis, H.-D., Heimig, I., Hilty, L.M., Kraus, M., Rautenstrauch, C. (Hrsg.): Computergestützte Stoffstrommanagement-Systeme, Marburg, S. 25–38
Schneider, B. (1999): Umweltschutz im globalen Wettbewerb – Neue Spielregeln für den Unternehmenserfolg, Vortrag im Rahmen der IÖW/VÖW-Konferenz, 9./10. Juni 1999 in Hannover
Schomburg, E. (1980): Entwicklung eines betriebstypologischen Instrumentariums zur systematischen Ermittlung der Anforderungen an EDV-gestützte Produktionsplanungs- und Steuerungssysteme im Maschinenbau, Dissertation RWTH Aachen, Aachen
Schöneburg, E., Hansen, N., Gawelczyk, A. (1990): Neuronale Netzwerke, Markt & Technik, München
Schotten, M. (1999): Aachener PPS-Modell; in: Luczak, H., Eversheim, W.: Produktionsplanung und -steuerung : Grundlagen, Gestaltung und Konzepte, 2. Aufl., Berlin Heidelberg
Schreiner, M. (1993): Umweltmanagement in 22 Lektionen, Gabler Verlag, 3. Aufl., Wiesbaden
Schuh, G. (1989): Gestaltung und Bewertung von Produktvarianten, Dissertation RWTH-Aachen
Schütte, R. (1998): Grundsätze ordnungsmäßiger Referenzmodellierung : Konstruktion konfigurations- und anpassungsorientierter Modelle, Wiesbaden
Schweitzer, M. (1990): Industriebetriebslehre, Verlag Vahlen, München

SFB 346: Sonderforschungsbereich 346: „Rechnerintegrierte Konstruktion und Fertigung von Bauteilen", Universität Karlsruhe

SFB 361: Sonderforschungsbereich 361: „Modelle und Methoden zur Integrierten Produkt- und Prozessgestaltung", RWTH Aachen

Spath, D., Tritsch, C., Hartel, M. (1994): Multimedia-Unterstützung in der Demontage; in: VDI-Zeitschrift (1994), Nr. 6, S. 38–41

Specht, G. (1996): F&E-Management, Schäffer-Poeschel Verlag, Stuttgart

Spur, G. (1995): Life Cycle Modelling as a Management Challenge, Proceedings of the IFIP WG5.3 international conference on life-cycle modelling for innovative products and processes, Berlin

Spur, G., Stöferle, Th. (1994): Handbuch der Fertigungstechnik, Bd. 6, Fabrikbetrieb, Hanser-Verlag, München, Wien

Staal, R. (1990): Qualitätsorientierte Unternehmensführung – Strategie und operative Umsetzung, VDI Verlag, Düsseldorf

Stadtler, H., Wilhelm, St., Becker, M. (1995): Entwicklung des Einsatzes von Fertigungsleitständen in der Industrie; in: Management & Computer 3, S. 253–266

Staudt, E. (1992): Kooperationshandbuch – Ein Leitfaden für die Unternehmenspraxis, Düsseldorf

Steger, U. et al. (1998): Evaluierung von Umweltmanagementsystemen zur Vorbereitung der 1998 vorgesehenen Überprüfung des gemeinschaftlichen Öko-Audit-Systems, Beitrag zur Tagung: Umweltmanagementsysteme in der Praxis, 12. Mai 1998, Frankfurt

Steinaecker, J.v. (1997a): Modelle und Methoden zur Unterstützung einer ökologieorientierten Produktionsplanung und -steuerung, Beitrag zum Workshop, 7. Treffen der Arbeitsgruppe 5 der Gesellschaft für Informatik, 5.–6. Juni 1997, Oldenburg

Steinaecker, J.v. (1997b): Organisatorische und informatorische Anforderungen an eine ökologieorientierte Auftragsabwicklung unter besonderer Berücksichtigung überbetrieblicher Aspekte; in: Bullinger, H.-J. (Hrsg.): Anforderungen an Methoden und Systeme für eine umweltorientierte Auftragsabwicklung, Projektbericht, Universität Stuttgart, S. 181–218

Steinaecker, J.v., Kaiser, H., Pillep, R., Schieferdecker, R. (1997c): Anforderungen an eine ökologieorientierte Produktionsplanung und -steuerung (PPS); in: Bullinger, H.-J. (Hrsg.): Anforderungen an Methoden und Systeme für eine umweltorientierte Auftragsabwicklung, Projektbericht, Universität Stuttgart, S. 77–127

Steinfeldt, M. (1998): Einheitsbrei oder Menü in drei Gängen : Integrierte Managementsysteme; in: Ökologisches Wirtschaften 5/1997, S. 23–25

Steinle, C. (1996): Umweltorientiertes Management und Unternehmenserfolg; in: Der Betriebswirt 2/96, S. 8–12

Stoltenberg, U., Funke, M. (1996): Betriebliches Ökocontrolling, Wiesbaden

Sustainability, United Nations Environment Programme (1999): The Internet Reporting Report. Online-Report von Sustainability Ltd. unter http://www.sustainability.co.uk

Thaler, K. (1993): Regelbasierte Verfahren zur Montageablaufplanung in der Serienfertigung, Berlin

Tuma, A. (1994): Entwicklung emissionsorientierter Methoden zur Abstimmung von Stoff- und Energieströmen auf der Basis von fuzzyfizierten Expertensystemen, Neuronalen Netzen und Neuro-Fuzzy-Ansätzen – dargestellt am Anwendungsbeispiel der Produktionssteuerung in einer Färberei der Textilindustrie, Lang, Frankfurt am Main

Tuma, A., Franke, St., Haasis, H.-D. (1998): Innovation im Umweltschutz – Praxisbeispiele umweltschutzorientierter Produktionsleitstände; in: OR News 1, S. 16–21

Tuma, A., Haasis, H.-D., Rentz, O. (1996): A Comparison of Fuzzy Expert Systems, Neural Networks and Neuro-Fuzzy-Approaches Controlling Energy and Material Flows; in: Ecological Modelling 85, pp. 93–98

Tuma, A., Siestrup, G., Haasis, H.-D. (1997): Stoffstrommanagement auf der Basis von Fuzzy-Petri-Netzen; in: Grützner, R. (Hrsg.): Modellbildung und Simulation im Umweltbereich, Wiesbaden

Valous, A. (1993): Informationsrückkopplung zwischen NC-Fertigung und Arbeitsplanung – Ein Konzept zur Aktualisierung von Planungsinformationen und NC-Programmen, Warneke, G. (Hrsg.), Fertigungstechnik und Betriebsorganisation, Universität Kaiserslautern

van Dijk F., Elkington J. (1999): Social Accounting and Reporting; in: European Commission, Organisation for Economic Co-Operation and Development, United Nations Commission for Sustainable Development: The Sustainable Development Agenda 2000, Campden Publishing

VDI 2221 (1995): Methodik zum Entwickeln und Konstruieren technischer Systeme und Produkte, 3. Aufl., Berlin

VDI-Richtlinie 2243 (1991): Recyclingorientierte Gestaltung technischer Produkte, Düsseldorf

Vogts, S., Halfmann, M. (1995): Planung und Steuerung von Recyclingprozessen mit Hilfe traditioneller PPS-Systeme, Arbeitsberichte zum Umweltmanagement, Universität Köln

Voß, S. (1997): Optimization by strategically solving feasibility problems using tabu search; in: Modern Heuristics for Decision Support – Proceedings, Unicom, Uxbridge, pp. 29–47

Wagner, G.R. (1997): Betriebswirtschaftliche Umweltökonomie, Stuttgart

Warnecke, H.-J. (1995): Der Produktionsbetrieb 3, 3. Aufl., Berlin

Warnecke, H.-J., Sigl, M. (1994): Recycling ist Produktion; in: VDI-Zeitschrift (1994), Nr. 1/2, S. 18–20

Weber, J. (1993): Einführung in das Controlling, Schäffer-Poeschel-Verlag, Stuttgart

Weller, A., Steinaecker, J.v., Jürgens, G. (1997): Innovationschance produktionsintegrierter Umweltschutz – Potentiale und Lösungsansätze; in: Tagungsband zum 2. Internationalen Symposium „Produzieren in der Kreislaufwirtschaft" am 1./2. Oktober 1997 in Düsseldorf, S. 42-1–42-14

Wicke, L. et al. (1992): Betriebliche Umweltökonomie, Verlag Vahlen, München

Wiendahl, H.-P. (1983): Betriebsorganisation für Ingenieure, Carl Hanser Verlag, München, Wien

Wiendahl, H.-P. (1997): Fertigungsregelung – Logistische Beherrschung von Fertigungsabläufen auf Basis des Trichtermodells, Hanser, München

Wildemann, H. (1997): Logistik Prozeßmanagement, TCW, München

Winter, G. (1997): Ökologische Unternehmensentwicklung, Heidelberg

Witte, T. (1988): Fallstudie zur Fertigungssteuerung mit Prioritätsregeln; in: Adam, D. (Hrsg.): Fertigungssteuerung II., Wiesbaden

Wolfram, F. (1990): Energetische produktbezogene Bewertung von Fertigungsprozessen, Dissertation TU Chemnitz

Wolfrum, B. (1994): Strategisches Technologiemanagement, 2., überarbeitete Aufl., Gabler Verlag, Wiesbaden

World Commission on Environment and Development (1987): Our Common Future, Oxford

Zahn, E., Schmid, U. (1996): Produktionswirtschaft, Stuttgart

Zäpfel, G. (1989): Produktionswirtschaft – Operatives Produktions-Management. Springer, Berlin et al.

Zäpfel, G. (1993): Produktionsplanung und -steuerung in der „Fabrik der Zukunft"; in: Milling, P., Zäpfel, G. (Hrsg.): Betriebswirtschaftliche Grundlagen moderner Produktionsstrukturen. NWB, Herne et al.

Zelewski, S. (1998): Multi-Agenten-Systeme – ein innovativer Ansatz zur Realisierung dezentraler PPS-Systeme; in: Wildemann, H. (Hrsg.): Innovationen in der Produktionswirtschaft – Produkte, Prozesse, Planung und Steuerung, München, S. 133–166

Zimmermann, H.J. (1991): Fuzzy Set Theory and its Applications. Kluwer Academic Publishers, Boston et al.

Zwicky, F. (1971): Entdecken, Erfinden, Forschen im morphologischen Weltbild, München, Zürich

Druck: Mercedes-Druck, Berlin
Verarbeitung: Buchbinderei Lüderitz & Bauer, Berlin